015-1
Multimediales Zusatzangebot
über Webcode im Internet:

1. Webseite **www.cornelsen.de/zahlen-und-groessen** aufrufen
2. Buchkennung eingeben: **MZG002882**
3. Mediencode eingeben: z. B. 015-1

A…

Entscheide, ob die Aussagen richtig oder falsch sind.
Begründe deine Entscheidung im Heft und korrigiere gegebenenfalls.

1 Teiler und Vielfache
a) Weil 63 : 9 = 7 ist, ist 63 Teiler von 9.
b) 98 ist Vielfaches von 7.
c) 38 ist nicht durch 6 teilbar.
d) 184 ist durch 8 teilbar, weil sowohl 160 als auch 24 durch 8 teilbar sind.
e) 271 ist nicht durch 7 teilbar, denn 271 = 280 – 9 und 280 ist durch 7 teilbar, 9 aber nicht.
f) 162 ist nicht durch 9 teilbar, denn 162 = 150 + 12 und weder 150 noch 12 sind durch 9 teilbar.

2 Teilbarkeitsregeln
a) Die Teilbarkeit durch 2, 5 und 10 erkennt man an der letzten Ziffer der Zahl.
b) Die Zahl 328 ist durch 2, aber nicht durch 5 teilbar.
c) Eine Zahl, die durch 5 teilbar ist, ist auch immer durch 10 teilbar.
…l 7347 durch 3 teilbar.
…sind, müssen auf 0 enden. Aber nicht jede Zahl, …teilbar.

…eich große Gruppen einzuteilen.
…in ihrer Teilermenge.
…die einzige Primzahl, die gerade ist.
…200, ist 201.

…eilermengen bestimmt werden.
…d 17 ist 1, weil 7 und 17 Primzahlen sind.
…26.
…d 9 teilbar.
…r Holzbalken sollen in möglichst lange, gleich große …tücke jeweils 60 cm lang.

BEACHTE
Die Lösungen zu den Aufgaben auf dieser Seite sowie dazu passende Trainingsaufgaben findest du ab Seite 194.

5 Mit der Seite **Alles klar?** am Ende jedes Kapitels kannst du dein Wissen selbstständig überprüfen. Die Lösungen zu den Aufgaben und weitere passende Übungen stehen am Ende des Buches.

$\frac{x+y}{2}$

Weiterführende Aufgaben

8 Ergänze eine Ziffer so, dass die entstehende Zahl durch 3 teilbar ist.
Findest du alle Lösungen?
a) 52□ b) 3□51 c) 80□3
d) 22□57 e) □9875 f) 10000□

9 Bestimme die nächstkleinere Zahl, die durch 3 teilbar ist.
a) 56 b) 85 c) 235
d) 163 e) 328 f) 659
g) 865 h) 1247 i) 2255

10 Bestimme die nächstgrößere Zahl, die durch 3 teilbar ist.
a) 28 b) 64 c) 75
d) 122 e) 284 f) 361
g) 427 h) 1394 i) 3332
j) Erläutere, wie du in dieser und der vorherigen Aufgabe vorgangen bist.

11 Bestimme die nächstgrößere Zahl, die durch 3 und 5 teilbar ist.
a) 35 b) 43 c) 99
d) 120 e) 141 f) 262
g) 347 h) 1325 i) 2000

12 Bestimme die nächstkleinere Zahl, die durch 3 und 5 teilbar ist.
a) 23 b) 46 c) 67
d) 89 e) 125 f) 248
g) 333 h) 1412 i) 2063
j) Erläutere, wie du in dieser und der vorherigen Aufgabe vorgangen bist.

13 Ergänze eine Ziffer so, dass …
a) die entstehende Zahl durch 3 und 10 teilbar ist: 237□; 88□0; 58□□
b) die entstehende Zahl durch 3 und 5 teilbar ist: 825□; 775□; 86□5; 1□1□
c) die entstehende Zahl durch 2 und 3 teilbar ist: 536□; 124□; 97□6; 858□

14 Paul behauptet: „Wenn ich aus allen zehn Ziffern eine zehnstellige Zahl zusammenstelle, egal in welcher Reihenfolge, dann ist sie immer durch 3 teilbar.“
Stimmst du Paul zu? Begründe.

15 Hausnummern werden in Straßen häufig so vergeben, dass sich auf der einen Straßenseite die geraden und auf der anderen die ungeraden Hausnummern befinden.
„Addiert man drei nebeneinanderliegende Hausnummer, so ist die Summe durch 3 teilbar.“
a) Überprüfe die Aussage an mehreren Beispielen sowohl mit den geraden als auch mit den ungeraden Hausnummern.
b) Erkläre, warum die Aussage gilt.
c) Gilt die Aussage auch für Straßen, auf denen die Hausnummern nicht nach gerade und ungerade getrennt wurden? Begründe.

16 Bestimme die kleinste dreistellige Zahl, die …
a) durch 2 und 3 teilbar ist.
b) durch 2 und 5 teilbar ist.
c) durch 2, 3 und 5 teilbar ist.
d) Begründe, warum die in Aufgabenteil b) und c) gefundenen Zahlen auch durch 10 teilbar sind.

17 Du benötigst Kärtchen mit den Ziffern von 0 bis 9. Bilde mit diesen Ziffernkärtchen eine vierstellige Zahl. Es darf keine Ziffer doppelt genutzt werden und die Ziffern müssen nach ihrer Größe sortiert werden.
BEISPIEL 7521 geht, aber in 5721 sind die Ziffern nicht der Größe nach geordnet.
a) Finde mindestens fünf Zahlen, die durch 3 teilbar sind.
b) Welche Zahl ist die größtmögliche, die durch 3 teilbar ist?
c) Welche Zahl ist die kleinstmögliche, die durch 3 teilbar ist?

015-1
Unter diesem Webcode befinden sich Ziffernkärtchen zum Ausdrucken und Ausschneiden.

BEACHTE
Die Ziffernkärtchen kannst du noch auf Seite 18 gebrauchen.

Schwere Aufgabe

Aufgabe, die speziell prozessbezogene Kompetenzen fördert

Aufgabe auf Gymnasialniveau

6 Die **Zusammenfassung** enthält kurz und knapp das Wichtigste aus dem Kapitel. Sie dient dem schnellen Nachschlagen des gelernten Stoffes.

$\frac{x+y}{2}$

Zusammenfassung

→ Seite 8

Teiler und Vielfache

Kann man eine Zahl ohne Rest durch eine zweite Zahl teilen, so nennt man die zweite Zahl einen **Teiler** der ersten Zahl. Die erste Zahl nennt man ein **Vielfaches** der zweiten Zahl.	120 : 15 = 8 120 ist durch 15 teilbar. 15 ist Teiler von 120. 120 ist Vielfaches von 15.
Summenregel Wenn alle Summanden durch eine Zahl teilbar sind, dann ist auch die Summe durch die Zahl teilbar. Das gilt übertragen auch für Differenzen.	576 ist durch 8 teilbar, denn 576 = 560 + 16 und sowohl 560 als auch 16 sind durch 8 teilbar. 873 ist durch 9 teilbar, denn 873 = 900 – 27 und sowohl 900 als auch 27 sind durch 9 teilbar.

→ Seiten 12, 14

Teilbarkeitsregeln

Eine Zahl **ist teilbar durch** …	4812 ist …
– **2**, wenn ihre letzte Ziffer 0, 2, 4, 6 oder 8 ist. – **5**, wenn sie auf 0 oder 5 endet. – **10**, wenn ihre letzte Ziffer 0 ist. – **4**, wenn ihre letzten zwei Ziffern 00 sind oder diese zweistellige Zahl durch 4 teilbar ist. – **8**, wenn ihre letzten drei Ziffern 000 sind oder diese dreistellige Zahl durch 8 teilbar ist.	– durch **2** teilbar, weil die Zahl auf 2 endet, – nicht durch **5** teilbar, weil sie nicht auf 0 oder 5 endet, – nicht durch **10** teilbar, – durch **4** teilbar, weil 12 (die aus den letzten beiden Ziffern gebildete Zahl) durch 4 teilbar ist, – nicht durch **8** teilbar, weil 812 nicht durch 8 teilbar ist (Summenregel!),
– **3**, wenn ihre **Quersumme** durch 3 teilbar ist. – **9**, wenn ihre Quersumme durch 9 teilbar ist. – **6**, wenn sie durch 2 und 3 teilbar ist.	– durch **3** teilbar, weil ihre Quersumme 4 + 8 + 1 + 2 = 15 durch 3 teilbar ist, – nicht durch **9** teilbar, – durch **6** teilbar, weil die Zahl durch 2 und durch 3 teilbar ist.

→ Seite 20

Teilermengen und Primzahlen

Die Teilermenge einer Zahl ist die Menge aller Zahlen, durch die diese Zahl ohne Rest teilbar ist.	$T_{18} = \{1, 2, 3, 6, 9, 18\}$
Jede natürliche Zahl, die größer ist als 1 und nur durch 1 und sich selbst teilbar ist, heißt **Primzahl**.	Primzahlen sind z. B. 29, 31 oder 97. 201 ist keine Primzahl, weil sie auch durch 3 teilbar ist.
Die Teilermenge einer Primzahl besteht aus zwei Teilern.	$T_{29} = \{1, 29\}$

Was bietet das Buch noch?

Auf den **Themen- und Methodenseiten** lernst du z. B. den Umgang mit Werkzeugen oder Formen der Gruppenarbeit. Vielfach musst du Probleme lösen, Rechenwege erkunden und erklären, im Internet recherchieren oder eigene Arbeiten präsentieren. Dabei benötigst du Kenntnisse aus anderen Fächern und aus dem Alltag, die mit dem mathematischen Problem in Zusammenhang zu bringen sind.

In jedem Kapitel findest du unter den **Vermischten Übungen** weitere Aufgaben zu den Lerneinheiten des gesamten Kapitels. Auf der letzten dieser Seiten steht eine besonders spannende Aufgabe, bei der du selbst bestimmen kannst, wie tief du in die Mathematik „eintauchen“ möchtest.

Zahlen und Größen 6

Herausgegeben von Udo Wennekers

unter Mitarbeit
der Verlagsredaktion

Cornelsen

Herausgeber:
Udo Wennekers

Erarbeitet von:
Ilona Gabriel, Ines Knospe, Martina Verhoeven, Udo Wennekers

Unter Verwendung der Materialien von:
Helga Berkemeier, Bernhard Bonus, Wolfgang Hecht, Henning Heske, Reinhold Koullen †, Doris Ostrow, Hans-Helmut Paffen, Jutta Schäfer, Gabriele Schenk, Willi Schmitz, Herbert Strohmayer, Udo Wennekers

Redaktion: Christina Schwalm, Heike Schulz
Illustration: Roland Beier
Technische Zeichnungen: Ulrich Sengebusch †, Christian Görke, Christian Böhning
Layout und technische Umsetzung: Jürgen Brinckmann
Umschlaggestaltung: Hawemann und Mosch, Berlin

Begleitmaterialien zum Lehrwerk

für Schülerinnen und Schüler		**für Lehrerinnen und Lehrer**	
Arbeitsheft 6	978-3-06-002890-0	Lösungsheft 6	978-3-06-004138-1
Arbeitsheft mit CD-ROM 6	978-3-06-002884-9	Handreichungen	978-3-06-004134-3

www.cornelsen.de

Unter der folgenden Adresse befinden sich multimediale Zusatzangebote für die Arbeit mit dem Schülerbuch:
www.cornelsen.de/zahlen-und-groessen
Die Buchkennung ist **MZG002882**.

1. Auflage, 2. Druck 2015

Alle Drucke dieser Auflage sind inhaltlich unverändert und können im Unterricht nebeneinander verwendet werden.

Druck: Mohn Media Mohndruck, Gütersloh

ISBN Schülerbuch 978-3-06-002882-5

Inhalt

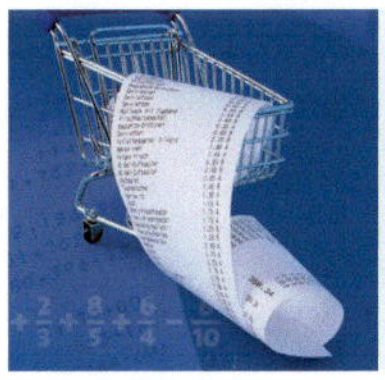

99 Dezimalbrüche multiplizieren und dividieren

119 Körper

153 Zuordnungen und negative Zahlen

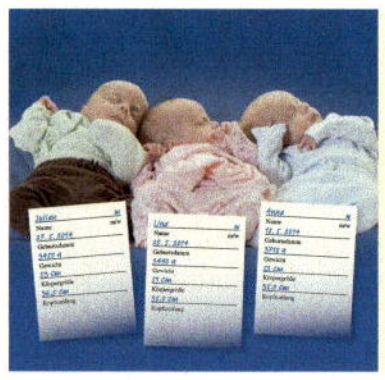

173 Daten

193 Anhang

Teilbarkeit

Beim Memory werden die Karten zu Beginn des Spiels verdeckt auf den Tisch gelegt. Will man die Karten als Rechteck auslegen, so hängt die Anzahl der möglichen Rechtecke von der Anzahl der Karten ab.
In diesem Kapitel lernst du Regeln kennen, mit denen du einfach entscheiden kannst, ob eine bestimmte Anzahl durch 2, 3, 5 oder 10 teilbar ist. So kann man leicht erkennen, ob sich Karten in 2er-, 3er-, 5er- und 10er-Reihen anordnen lassen.

Noch fit?

1 Erläutere die folgenden Rechenwege für die Divisionsaufgabe 1352 : 8.

a) 1352 : 8 = 169
8
55
48
72
72
0

b) 1352 : 8 = 169, denn
1000 : 8 = 125
320 : 8 = 40
32 : 8 = 4
125 + 40 + 4 = 169

c) 1352 : 8 = 169, denn
800 : 8 = 100
480 : 8 = 60
72 : 8 = 9
100 + 60 + 9 = 169

d) 1352 : 8 = 169, denn
2000 : 8 = 250
648 : 8 = 81
250 − 81 = 169

e) 1352 : 8 = 169, denn
1600 : 8 = 200
240 : 8 = 30
8 : 8 = 1
200 − 30 − 1 = 169

f) 1352 : 8 = 169, denn
1352 : 2 = 676
676 : 2 = 338
338 : 2 = 169

2 Berechne 796 : 4 auf möglichst vielen Rechenwegen.
Wie rechnest du am liebsten? Warum?

3 Berechne.

2520 : 2	2520 : 3	2520 : 4	2520 : 5	2520 : 6	2520 : 7
2520 : 8	2520 : 9	2520 : 10	2520 : 12	2520 : 14	2520 : 15

4 Setze die Zahlenfolgen um drei Zahlen fort und formuliere eine Regel.
a) 8, 16, 24, 32, …
b) 768, 384, 192, 96, …
c) 1, 4, 9, 16, …
d) 1, 1, 2, 6, 24, …
e) 2, 6, 9, 27, 30, 90, …
f) 126, 63, 62, 31, 30, …

5 Überlege dir einige Zahlenfolgen. Denke dir dazu eine Regel aus, beginne die Zahlenfolge und lasse sie von einem Partner fortsetzen.
Welche Schwierigkeiten traten dabei auf?

6 Bei welcher Aufgabe bleibt ein Rest?
a) 238 : 3 **b)** 238 : 4 **c)** 238: 5 **d)** 238 : 6 **e)** 238 : 7

Bunt gemischt

1. Es ist 7:45 Uhr. Wie spät ist es in …
   a) drei Stunden? **b)** 12 Minuten? **c)** 2 Stunden und 8 Minuten?
2. Es ist 19:10 Uhr. Wie spät war es vor …
   a) 8 Minuten? **b)** $4\frac{1}{2}$ Stunden? **c)** 333 Minuten?
3. Berechne.
   ① 4 + 14 · 5 ② 8 · 11 − 7 ③ 17 · (3 + 1)
4. Berechne geschickt. Welches Rechengesetz darfst du verwenden? 18 · 7 + 18 · 13
5. Benenne die gesuchte Zahl mit mathematischem Fachausdruck und berechne sie.
   ① 18 · ▢ = 90 ② ▢ : 9 = 108 ③ 48 − ▢ = 19 ④ 102 : ▢ =17
6. Berechne die Hälfte von 42, von 52 und von 152.

Teiler und Vielfache

Erforschen und Entdecken

Material: 24 Memorykarten

BEACHTE
Statt die Karten selbst herzustellen, reicht es aus, auf Karopapier für jede Karte ein Kreuz zu zeichnen.

BEISPIEL

1 Beim Memory werden die Spielkarten in Form eines Rechtecks auf dem Tisch ausgebreitet.

a) Welche Möglichkeiten gibt es, deine 24 Karten auf dem Tisch als Rechteck anzuordnen? Übertrage dazu die Tabelle in dein Heft und fülle sie aus.

Anzahl der Reihen	1	2	3	4	5	6	7
Anzahl der Karten pro Reihe							
übrig gebliebene Karten							

b) Formuliere zu jeder Spalte eine Multiplikationsaufgabe.

c) Gibt es weitere Möglichkeiten, die Karten ohne Rest als Rechteck auszulegen?

d) Welche Rechtecke lassen sich bilden, wenn zwei Karten fehlen?

e) Der Inhalt des klassischen Memorys besteht aus 72 Karten (36 Bildpaare). Welche Rechtecke lassen sich bilden?

2 Erkundet zu dritt: Jede Gruppe arbeitet zunächst mit 8 Pärchen, also mit 16 Karten.

a) Lassen sich alle eure Karten auf zwei (drei, vier, sechs, acht) Reihen verteilen? Begründet.

b) Warum lassen sich die Karten beim Memory immer auf zwei Reihen verteilen?

c) Nehmt vier Pärchen hinzu. Lassen sich die Karten genauso auf zwei (drei, vier, sechs, acht) Reihen verteilen? Begründet das Ergebnis.

d) Arbeitet nun mit 20 Karten. Lassen sich 20 Karten nun noch auf zwei (drei, vier, sechs, acht) Reihen verteilen? Begründet das Ergebnis.

Lesen und Verstehen

Bei einer Gruppenarbeit teilt der Lehrer die 28 Schülerinnen und Schüler der Klasse 6 b in sieben Vierergruppen ein.

Man sagt: 28 ist durch 4 **teilbar**.
28 ist **Vielfaches** von 4, denn $28 = 7 \cdot 4$.
4 ist **Teiler** von 28, denn $28 : 4 = 7$.

Die 29 Schülerinnen und Schüler der Klasse 6 a lassen sich nicht in Vierergruppen einteilen.
29 ist **nicht** durch 4 **teilbar**, denn $29 : 4 = 7$ Rest 1 bzw. $29 = 4 \cdot 7 + 1$.

Der Lehrer überlegt, ob sich alle 832 Schülerinnen und Schüler der Schule in Vierergruppen einteilen lassen.

ERINNERE DICH
$12 - 4 = 8$
12 ist Minuend,
4 ist Subtrahend,
8 ist der Wert der Differenz aus 12 und 4.

Summenregel der Teilbarkeit
Wenn alle Summanden durch eine Zahl teilbar sind, dann ist auch die Summe durch diese Zahl teilbar.
Wenn sowohl Minuend als auch Subtrahend durch eine Zahl teilbar sind, dann ist auch die Differenz durch diese Zahl teilbar.

BEISPIEL
832 ist durch 4 teilbar, weil $832 = 800 + 32$ und sowohl 800 als auch 32 durch 4 teilbar sind.
Oder: $832 = 840 - 8$

Basisaufgaben

1 Welche der folgenden Zahlen sind …
a) durch 3 teilbar?
7; 9; 12; 16; 18; 22; 26; 29; 33; 38
b) durch 5 teilbar?
8; 12; 15; 19; 20; 37; 45; 137; 145
c) durch 7 teilbar?
15; 32; 35; 42; 63; 84; 98; 104; 140; 210
d) durch 8 teilbar?
15; 40; 56; 62; 98; 102; 104; 240; 256; 258
e) durch 12 teilbar?
12; 26; 38; 48; 60; 84; 94; 102; 144; 168

2 Welche der folgenden Zahlen sind …
a) Vielfache von 3?
7; 9; 12; 16; 18; 22; 26; 29; 33; 38
b) Vielfache von 4?
12; 14; 17; 22; 24; 34; 47; 52; 157
c) Vielfache von 13?
36, 39, 51, 65, 79, 81, 99, 113, 130, 143, 169

3 Welche der folgenden Zahlen sind …
a) Teiler von 30?
1; 2; 3; 4; 5; 6; 7; 8; 9; 10; 12; 15; 30
b) Teiler von 50?
1; 2; 3; 4; 5; 6; 7; 8; 9; 10; 15; 25; 50
c) Teiler von 78?
1; 2; 3; 4; 5; 6; 9; 13; 18; 26; 39; 78

4 Ergänze den Lückentext in deinem Heft:
Weil $9 \cdot 9 = 81$ ist, ist 81 □ von 9 und 9 □ von 81. Man sagt auch: 81 ist durch 9 □.

5 Schreibe im Heft an die Stelle des Kästchens „|" (als Abkürzung für „ist Teiler von") oder „∤" (als Abkürzung für „ist nicht Teiler von").

a) 4 □ 16	**b)** 5 □ 45	**c)** 7 □ 38
d) 6 □ 68	**e)** 3 □ 69	**f)** 8 □ 96
g) 9 □ 109	**h)** 10 □ 5	**i)** 11 □ 111
j) 11 □ 121	**k)** 12 □ 119	**l)** 12 □ 144

6 Übertrage ins Heft. Ergänze die fehlende Ziffer so, dass die Aussage richtig ist.
a) 7 ist Teiler von 1□.
b) 8 ist Teiler von 2□.
c) 9 ist Teiler von 3□.
d) 10 ist Teiler von 4□.
e) 11 ist Teiler von 5□.
f) 12 ist Teiler von 6□.
g) 15 ist Teiler von 7□.

7 Ergänze die fehlende Ziffer im Heft. Bei einigen Aufgaben gibt es keine oder mehrere Möglichkeiten.
a) 6□ ist Vielfaches von 9.
b) 4□ ist Vielfaches von 16.
c) 22□ ist Vielfaches von 11.
d) □4 ist Vielfaches von 12.
e) 14□ ist Vielfaches von 17.
f) 1□7 ist Vielfaches von 13.

8 Die 146 Schüler der Jahrgangsstufe 6 machen eine Paddeltour in Viererkajaks. 10 Lehrer begleiten sie. Bleiben Plätze in den Booten frei?

9 Wende die Summenregel an.
Welche der folgenden Zahlen sind teilbar …
a) durch 6?
64; 126; 312; 598; 620; 1264; 6054
b) … durch 7?
714; 784; 252; 500; 644; 2821; 3510
c) … durch 12?
132; 144; 250; 492; 624; 1230; 2450
d) … durch 15?
165; 225; 250; 375; 450; 1550; 3065

10 Rechne im Kopf.
a) Ist 4208 durch 7 teilbar?
b) Ist 1622 durch 8 teilbar?
c) Ist 12 ein Teiler von 143?
d) Ist 14 ein Teiler von 168?

11 Überprüfe die Aussagen.
a) 2232 ist Vielfaches von 9.
b) 7 ist Teiler von 4608.
c) 1112 ist durch 8 teilbar.
d) 12 ist Teiler von 9468.
e) 11 111 ist Vielfaches von 11.
f) 3468 ist durch 17 teilbar.

Weiterführende Aufgaben

12 Kati, Jana und Tim haben von ihrer Oma Geld geschenkt bekommen. Können sie den Betrag gerecht aufteilen? Begründe deine Entscheidung.

13 Für welche der Zahlen 12, 40, 54 und 60 gilt:
a) Die Zahl ist ein Vielfaches von 4 und durch 6 teilbar.
b) Die Zahl hat die Teiler 2, 3 und 4 und ist Vielfaches von 5.
c) Die Zahl ist durch 3 teilbar, aber nicht durch 4.
d) Erstelle eine eigene Aufgabe.

14 Ayla sagt: „Die Zahl 42 041 ist nicht durch 7 teilbar, denn 42 000 ist durch 7 teilbar und 41 ist nicht durch 7 teilbar. Dann kann die Summe auch nicht durch 7 teilbar sein.“ Prüfe mit selbst gewählten Zahlen.

15 Jan sagt: „Sind beide Zahlen einer Summe durch dieselbe Zahl nicht teilbar, so ist auch die Summe durch diese nicht teilbar.“ Überprüfe. Ein Gegenbeispiel reicht aus, dann ist Jans Behauptung falsch.

16 Zeichne aus freier Hand ab und ergänze.

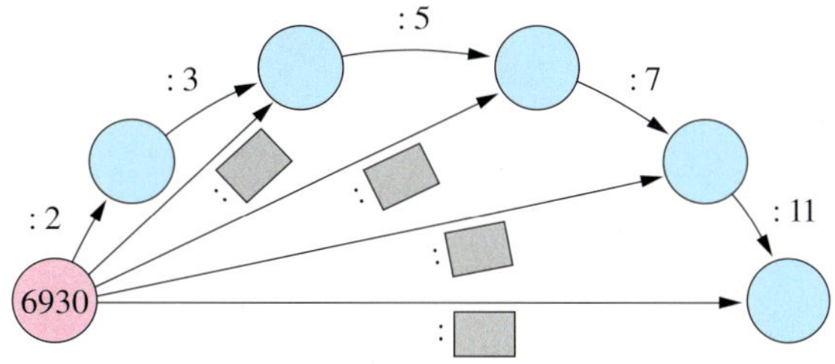

START
ZIEL
1
2
3
4
5
6
7
8
9
10
11
12
13
14
15
16
17
18
19
20
21
22
23
24
25
26
27
28
29
30
31
32
33
34
35
36
37
38
39
40
41
42
43
44
45
46
47
48
49
50
51
52
53
54
55
56
57
58
59
60

Teilbarkeit durch 2, 5 und 10

Erforschen und Entdecken

1 Teilbarkeitsrallye (für 2 bis 4 Mitspieler)

Material: ein Würfel, eine Spielfigur pro Mitspieler

Spielregeln:
Die Figuren werden zu Beginn auf die ① des Spielfelds links gestellt. Es beginnt der jüngste Mitspieler. Ein Spieler rückt jeweils bis zu der nächsten Zahl vor, die durch seine gewürfelte Ziffer teilbar ist.

BEISPIEL Ein Spieler steht auf der 9 und würfelt eine 1. Er darf bis zur 10 vorgehen. Würfelt er eine 2 oder 5, darf er auch nur bis zur 10. Würfelt er eine 3, 4 oder 6, darf er zur 12 gehen. Es wird ohne rauswerfen gespielt. Gewonnen hat, wer als Erster das Ziel mit der 60 erreicht.

Spielt das Spiel und beantwortet dann die Fragen.

a) Ergänze die Sätze:
① Ein Spieler, der auf der 17 steht und eine 5 würfelt, darf bis zur ▢ vorrücken.
② Ein Spieler, der auf der 25 steht und eine 6 würfelt, darf bis zur ▢ vorrücken.
③ Ein Spieler, der eine 1 würfelt, darf ▢.
b) Finde mindestens drei weitere Beispiele wie in Teilaufgabe a).
c) In welchen Fällen kommt man beim Würfeln der 2 nur ein Feld weiter? Wann kommt man mit einer 2 zwei Felder weiter?
d) Welche Felder kann man durch das Würfeln der 5 erreichen?
e) Welche Bedingungen müssen jeweils gegeben sein, um genau die Anzahl der Felder vorrücken zu können, die der Würfel anzeigt?
f) Begründe, warum als Zielzahl die 60 gewählt wurde.

2 Übertrage die Tabelle in dein Heft.

1	2	3	4	5	6	7	8	9	10
11	12	13	14	15	16	17	18	19	20
21	22	23	24	25	26	27	28	29	30
31	32	33	34	35	36	37	38	39	40
41	42	43	44	45	46	47	48	49	50
51	52	53	54	55	56	57	58	59	60
61	62	63	64	65	66	67	68	69	70
71	72	73	74	75	76	77	78	79	80
81	82	83	84	85	86	87	88	89	90
91	92	93	94	95	96	97	98	99	100

011-1
Unter diesem Webcode befindet sich eine Tabelle mit den Zahlen 1 bis 100 zum Ausdrucken.

a) Kreise alle Zahlen rot ein, die durch 2 teilbar sind.
b) Durchkreuze alle Zahlen, die durch 5 teilbar sind, mit Blau.
c) Welche Zahlen sind durch 2 und durch 5 teilbar? Warum?
d) Ergänze die Satzanfänge im Heft:
Eine Zahl ist durch 5 teilbar, wenn …
Eine Zahl ist durch 2 teilbar, wenn …
Eine Zahl ist durch 10 teilbar, wenn …
e) Die Teilbarkeitsregeln für die 2, 5 und 10 bezeichnet man als Endstellenregeln. Warum?

Lesen und Verstehen

Die Teilbarkeit durch 2, 5 und 10 erkennt man an der letzten Ziffer (Endstelle) der Zahl.

> Eine Zahl ist durch **10** teilbar, wenn ihre letzte Ziffer **0** ist.
> **5** teilbar, wenn ihre letzte Ziffer **0** oder **5** ist.
> **2** teilbar, wenn ihre letzte Ziffer **0**, **2**, **4**, **6** oder **8** ist.
>
> Eine durch **2** teilbare Zahl heißt **gerade Zahl**, alle anderen Zahlen heißen **ungerade Zahlen**.

BEISPIELE

Die Zahl 2340 ist durch 10, 5 und 2 teilbar, weil ihre letzte Ziffer 0 ist.
Die Zahl 2345 ist eine ungerade Zahl, weil ihre letzte Ziffer 5 ist. Sie ist durch 5 teilbar, aber weder durch 2 noch durch 10.
Die Zahl 2348 ist eine gerade Zahl. Sie ist durch 2 teilbar, aber nicht durch 5 und 10.

Basisaufgaben

1 Welche der Zahlen sind …

a) durch 10 teilbar?
120; 131; 425; 560; 700; 752; 893; 1100; 1110; 1111; 1280; 2000; 2505; 2502; 2520

b) durch 5 teilbar?
25; 53; 60; 105; 501; 600; 625; 643; 644; 650; 1000; 1025; 1205; 1250; 1502; 1520

c) durch 2 teilbar?
42; 56; 60; 65; 102; 120; 201; 210; 599; 955; 995; 1000; 1025; 1052; 2501; 5012

45; 54; 405; 450; 504; 540; 677; 767; 776; 2058; 2085; 2508; 2580; 2805; 2850

2 Übertrage die Tabelle in dein Heft und ordne die Zahlen aus der Randspalte ein.

gerade	ungerade	durch 5	durch 10

3 Kann man passend mit 2-€-Stücken (5-€-Scheinen; 10-€-Scheinen) bezahlen?

a) 146 € **b)** 235 € **c)** 605 € **d)** 193 €
e) 1245 € **f)** 4400 € **g)** 804 € **h)** 1229 €

4 Schreibe die Zahlen von 302 bis 330 geordnet ins Heft. Kreise alle durch 2 teilbaren Zahlen grün, alle durch 5 teilbaren Zahlen blau und alle durch 10 teilbaren Zahlen rot ein. Was fällt dir auf?

012-1
Eine Tabelle mit den Zahlen von 302 bis 330 findest du unter diesem Webcode.

5 Bilde aus den Ziffern 4, 5 und 6 alle sechs möglichen dreistelligen Zahlen.

a) Welche der Zahlen sind gerade?
b) Welche der Zahlen sind durch 5 teilbar?
c) Begründe, warum keine der Zahlen durch 10 teilbar ist.

6 Welche Ziffern kann man in die Lücken einsetzen, damit die Zahlen …

a) durch 10 teilbar sind:
3▢; 40▢; 5▢0; 8▢▢; ▢1▢

b) durch 5 teilbar sind:
3▢; 40▢; 6▢0; 7▢▢; ▢3▢

c) durch 2 teilbar sind:
3▢; 40▢; 4▢2; 5▢▢; ▢6▢

d) durch 5 teilbar und ungerade sind:
3▢; 40▢; 6▢0; 6▢5; 7▢▢; ▢3▢

7 Bei einem Reitturnier werden am Eingang A Stehplatzkarten für 2 €, am Eingang B Sitzplatzkarten für 5 € und am Eingang C VIP-Karten für 10 € verkauft. Der Hauptkassierer hat sich die Einnahmen der Kassen notiert:
725 €, 494 € und 440 €.

a) Ordne die Einnahmen den Eingängen zu.
b) Wie viele Gäste besuchten das Reitturnier?

$\frac{x + y}{2}$

Teilbarkeit durch 3

Erforschen und Entdecken

Material: Euro-Scheine

1 Jeder Euro-Schein trägt eine Nummer, z. B.:

X	12 268 659 215
Ländercode	Seriennummer und Prüfziffer

Der erste Buchstabe ist ein Ländercode für das Herstellungsland.
Darauf folgt eine zehnstellige Seriennummer und eine Prüfziffer.

Ländercodes:	
Belgien	Z
Deutschland	X
Finnland	L
Frankreich	U
Griechenland	Y
Italien	S
Irland	T
Luxemburg	R
Niederlande	P
Österreich	N
Portugal	M
Spanien	V

Berechne mit der Nummer eines Euro-Scheins.

a) Addiere die elf Ziffern der Seriennummer und der Prüfziffer.
BEISPIEL $1 + 2 + 2 + 6 + 8 + 6 + 5 + 9 + 2 + 1 + 5 = 47$

b) Ersetze den Buchstaben durch seine Position im Alphabet (A wird durch 1 ersetzt, B durch 2 usw.)
BEISPIEL X ist der 24. Buchstabe im Alphabet.

c) Addiere die Buchstabenposition zur Summe der Ziffern aus Aufgabenteil a). **BEISPIEL** $47 + 24 = 71$

d) Addiere die Ziffern der entstandenen Summe, bis die Zahl einstellig wird. **BEISPIEL** $7 + 1 = 8$

e) Vergleicht eure Ergebnisse. Was fällt euch auf?

f) Welche Prüfziffer muss der 5-€-Schein mit der Nummer X 7157 940 297 ▢ besitzen, wenn er echt ist?
Warum heißt die letzte Ziffer Prüfziffer?

NACHGEDACHT
Welche Länder gehören zur EU (Europäische Union)?
Haben alle Länder der EU den Euro eingeführt?
Erkundige dich, ob es noch weitere Länder gibt, die Euro als Währung haben.

2 Finde eine Teilbarkeitsregel für die 3.

a) Ergänze die Reihe im Heft: 2100; 2103; 2106; …; 2130

b) Begründe, dass alle Zahlen der Reihe durch 3 teilbar sind.

c) Betrachte die Einerstellen der Zahlenreihe. Welche Ziffern treten auf?
Kann man über die Teilbarkeit durch 3 mit einer Endstellenregel (wie bei Teilbarkeit durch 2, 5 und 10) entscheiden?

d) Addiere die Ziffern jeder Zahl in der Zahlenreihe. Die Ergebnisse nennt man Quersumme.
Die Quersumme von 2103 ist $2 + 1 + 0 + 3 = 6$. Was fällt dir an den Ergebnissen auf?

Lesen und Verstehen

Paul, Piet und Joost wollen ihre 582 Sammelkarten gerecht untereinander aufteilen. Geht das?

Die Summe aller Ziffern einer Zahl nennt man **Quersumme**.

Eine Zahl ist durch **3** teilbar, wenn ihre Quersumme durch 3 teilbar ist.

BEISPIEL
Die Quersumme von 582 ist 15,
denn $5+8+2=15$.

Weil die Quersumme 15 durch 3 teilbar ist, ist auch 582 durch 3 teilbar.

Die Sammelkarten lassen sich also gerecht aufteilen. Jeder bekommt gleich viele Karten.

Basisaufgaben

BEACHTE
Die Lösungen zu Aufgabe 1 ergeben in der richtigen Reihenfolge den Namen einer europäischen Hauptstadt. Zu welchem Land gehört die Stadt?
7 (R); 9 (E); 16 (A); 17 (J); 18 (Y); 24 (K); 25 (I); 39 (V); 46 (K)

1 Berechne die Quersumme.
a) 25 **b)** 153 **c)** 990
d) 1986 **e)** 8054 **f)** 10 942
g) 578 964 **h)** 2 500 657 **i)** 5 987 458

2 Würfle mit drei Würfeln und bilde aus den gewürfelten Ziffern dreistellige Zahlen. Berechne die Quersumme dieser Zahlen. Was fällt dir auf?

3 Übertrage die Tabelle in dein Heft. Fülle sie aus und kreuze bei Teilbarkeit an.

Zahl	Quersumme der Zahl	teilbar durch 3
411		
414		
955		
3294		
7032		

4 Überprüfe, ob die Zahl durch 3 teilbar ist. Wenn ja, gib das Ergebnis der Division an.
a) 39 **b)** 49 **c)** 126 **d)** 405
e) 753 **f)** 939 **g)** 1265 **h)** 7009
i) 8613 **j)** 46 725 **k)** 59 114 **l)** 82 503

5 Finde mindestens drei dreistellige Zahlen mit der folgenden Quersumme. Beschreibe anschließend, wie du vorgegangen bist.
a) 6 **b)** 8 **c)** 11
d) 3 **e)** 2 **f)** 25

6 Jakob behauptet: „Je größer eine Zahl ist, desto größer ist auch die Quersumme.“ Hat Jakob Recht?

7 Kennst du dich mit Euro-Scheinen aus?
a) In welchem Land wurden die unten abgebildeten Euro-Scheine hergestellt?
b) Überprüfe, ob die Scheine echt sind.
c) Suche nach weiteren Merkmalen, mit denen man die Echtheit eines Euro-Scheins überprüfen kann.
d) Sind die Scheine mit den Nummern X10 708 483 799, V05 987 323 561, R10 834 290 436, M 5381 038 921 echt? Begründe.

Weiterführende Aufgaben

8 Ergänze eine Ziffer so, dass die entstehende Zahl durch 3 teilbar ist. Findest du alle Lösungen?

a) 52□	b) 3□51	c) 80□3
d) 22□57	e) □9875	f) 10000□

9 Bestimme die nächstkleinere Zahl, die durch 3 teilbar ist.

a) 56	b) 85	c) 235
d) 163	e) 328	f) 659
g) 865	h) 1247	i) 2255

10 Bestimme die nächstgrößere Zahl, die durch 3 teilbar ist.

a) 28	b) 64	c) 75
d) 122	e) 284	f) 361
g) 427	h) 1394	i) 3332

j) Erläutere, wie du in dieser und der vorherigen Aufgabe vorgangen bist.

11 Bestimme die nächstgrößere Zahl, die durch 3 und 5 teilbar ist.

a) 35	b) 43	c) 99
d) 120	e) 141	f) 262
g) 347	h) 1325	i) 2000

12 Bestimme die nächstkleinere Zahl, die durch 3 und 5 teilbar ist.

a) 23	b) 46	c) 67
d) 89	e) 125	f) 248
g) 333	h) 1412	i) 2063

j) Erläutere, wie du in dieser und der vorherigen Aufgabe vorgangen bist.

13 Ergänze eine Ziffer so, dass …

a) die entstehende Zahl durch 3 und 10 teilbar ist: 237□; 88□0; 58□□
b) die entstehende Zahl durch 3 und 5 teilbar ist: 825□; 775□; 86□5; 1□1□
c) die entstehende Zahl durch 2 und 3 teilbar ist: 536□; 124□; 97□6; 858□

14 Paul behauptet: „Wenn ich aus allen zehn Ziffern eine zehnstellige Zahl zusammenstelle, egal in welcher Reihenfolge, dann ist sie immer durch 3 teilbar.“
Stimmst du Paul zu? Begründe.

15 Hausnummern werden in Straßen häufig so vergeben, dass sich auf der einen Straßenseite die geraden und auf der anderen die ungeraden Hausnummern befinden.
„Addiert man drei nebeneinanderliegende Hausnummer, so ist die Summe durch 3 teilbar.“

a) Überprüfe die Aussage an mehreren Beispielen sowohl mit den geraden als auch mit den ungeraden Hausnummern.
b) Erkläre, warum die Aussage gilt.
c) Gilt die Aussage auch für Straßen, auf denen die Hausnummern nicht nach gerade und ungerade getrennt wurden? Begründe.

16 Bestimme die kleinste dreistellige Zahl, die …

a) durch 2 und 3 teilbar ist.
b) durch 2 und 5 teilbar ist.
c) durch 2, 3 und 5 teilbar ist.
d) Begründe, warum die in Aufgabenteil b) und c) gefundenen Zahlen auch durch 10 teilbar sind.

17 Du benötigst Kärtchen mit den Ziffern von 0 bis 9. Bilde mit diesen Ziffernkärtchen eine vierstellige Zahl. Es darf keine Ziffer doppelt genutzt werden und die Ziffern müssen nach ihrer Größe sortiert werden.

BEISPIEL 7521 geht, aber in 5721 sind die Ziffern nicht der Größe nach geordnet.

a) Finde mindestens fünf Zahlen, die durch 3 teilbar sind.
b) Welche Zahl ist die größtmögliche, die durch 3 teilbar ist?
c) Welche Zahl ist die kleinstmögliche, die durch 3 teilbar ist?

015-1
Unter diesem Webcode befinden sich Ziffernkärtchen zum Ausdrucken und Ausschneiden.

BEACHTE
Die Ziffernkärtchen kannst du noch auf Seite 18 gebrauchen.

Expertenpuzzle: Weitere Teilbarkeitsregeln

Für die Teilbarkeit durch 2, 5 und 10 gibt es die Endstellenregeln, für die Teilbarkeit durch 3 gilt die Quersummenregel. Nun sollen Teilbarkeitsregeln für die Zahlen 4, 6, 8 und 9 gefunden werden.

1. Expertenrunde
Die Gruppenmitglieder erarbeiten sich ein Expertenwissen.

Bildet vier gleich große Expertengruppen, die jeweils eine Teilbarkeitsregel erkunden.

2. Unterrichtsrunde
Die Experten informieren die anderen Mitglieder ihrer Gruppe über ihr Thema.

Nun finden sich je vier „Experten“ aus verschiedenen Gruppen neu zusammen und stellen ihre Ergebnisse vor.

1. Expertengruppe: Teilbarkeit durch 4

1 Überprüft durch schriftliche Division, ob die folgenden Zahlen durch 4 teilbar sind: 322, 340, 241, 312, 420, 321.

2 *Überprüfung einer Quersummenregel*
Bestimmt die Quersumme der Zahlen aus 1. Kann die Teilbarkeit durch 4 mit Hilfe einer Quersummenregel entschieden werden?

3 *Überprüfung einer Endstellenregel*
a) Sind alle geraden Zahlen durch 4 teilbar?
b) Kann man mit Hilfe der letzten Ziffer entscheiden, ob eine Zahl durch 4 teilbar ist?
c) Gibt es ungerade Zahlen, die durch 4 teilbar sind?
d) Die Zahl 100 ist durch 4 teilbar. Begründet, dass dann auch 200, 300, … durch 4 teilbar sind.
e) Gebt alle Zahlen zwischen 300 und 325 an, die durch 4 teilbar sind. Nutzt dazu die Summenregel.

4 Formuliert eine Regel für die Teilbarkeit durch 4.

2. Expertengruppe: Teilbarkeit durch 6

Die Teilbarkeit durch 6 stellt einen Sonderfall dar, da sie eine Kombination aus Endstellen- und Quersummenregel ist.

Zahl	teilbar durch 2	teilbar durch 3	teilbar durch 6
124			
408			
513			
756			
822			
1232			

1 Übertragt die Tabelle ins Heft. Ergänzt ein +, wenn die Zahl durch 2 bzw. 3 teilbar ist, ein –, wenn die Zahl nicht teilbar ist. Nutzt dabei die bekannten Teilbarkeitsregeln.

2 Überprüft durch schriftliche Division, ob die Zahlen durch 6 teilbar sind. Tragt in die Tabelle ebenfalls + bzw. – ein.

3 Habt ihr eine Vermutung, welche Regel für die Teilbarkeit durch 6 gilt? Überprüft eure Vermutung an fünf Beispielen eurer Wahl. Formuliert eine Regel für die Teilbarkeit durch 6.

3. Expertengruppe: Teilbarkeit durch 8

1 Überprüft durch schriftliche Division, ob die folgenden Zahlen durch 8 teilbar sind: 1048, 1408, 4081, 6328, 5428, 5008.

2 *Überprüfung einer Quersummenregel*
Bestimmt die Quersumme der Zahlen aus 1. Kann die Teilbarkeit durch 8 mit Hilfe einer Quersummenregel entschieden werden?

3 *Überprüfung einer Endstellenregel*

a) Sind alle geraden Zahlen durch 8 teilbar?
b) Kann man mit Hilfe der letzten Ziffer entscheiden, ob eine Zahl durch 8 teilbar ist?
c) Gibt es ungerade Zahlen, die durch 8 teilbar sind?
d) Die Zahl 1000 ist durch 8 teilbar. Begründe, dass dann auch die Zahlen 2000, 3000, … durch 8 teilbar sind.
e) Gebt alle Zahlen zwischen 3000 und 3035 an, die durch 8 teilbar sind. Nutzt dazu die Summenregel.

4 Formuliert eine Regel für die Teilbarkeit durch 8.

4. Expertengruppe: Teilbarkeit durch 9

1 Überprüft durch schriftliche Division, ob die Zahlen in der Tabelle durch 9 teilbar sind. Übertragt dazu die Tabelle in eure Hefte und füllt sie dort aus.

Zahl	teilbar durch 9	nicht teilbar durch 9
261		
562		
882		
5094		
8937		
8024		

2 *Überprüfung einer Quersummenregel*
Bestimmt die Quersumme der Zahlen. Kann die Teilbarkeit durch 9 mit Hilfe einer Quersummenregel entschieden werden?

3 *Überprüfung einer Endstellenregel*
Gebt die ersten zehn Vielfachen von 9 an. Kann die Teilbarkeit durch 9 mit einer Endstellenregel entschieden werden?

4 Formuliert eine Regel für die Teilbarkeit durch 9.

Addition mit Ziffernkarten

018-1
Unter diesem Webcode befinden sich Ziffernkärtchen zum Ausdrucken und Ausschneiden.

Vorbereitung: Erstelle zehn Ziffernkärtchen mit den Ziffern 0 bis 9.

1 Bilde nach dem Schema rechts eine vierstellige und zwei dreistellige Zahlen. Beachte, dass die Ziffer 0 nie an führender Stelle stehen darf: 0123 oder 056 sind nicht erlaubt.

a) Addiere die drei entstandenen Zahlen. Übertrage die Tabelle unten in dein Heft und trage das Ergebnis dort ein. Prüfe das Ergebnis auf Teilbarkeit durch 2, 3, 5 und 10.

BEISPIEL

$$\begin{array}{r} 9876 \\ +\ 532 \\ +\ 410 \\ \hline 10818 \end{array}$$

Ergebnis	teilbar durch			
	2	**3**	**5**	**10**
10818	+	+	–	–

b) Führe die Addition mit den Ziffernkärtchen mindestens fünfmal durch und fülle die Tabelle.

c) Was stellst du fest? Findest du eine Erklärung für die Feststellung?

BEACHTE
Falls im Unterricht auch die Teilbarkeit durch 4, 6, 8 und 9 behandelt wurde, kann die Tabelle entsprechend ergänzt werden.

2 Bilde aus den Ziffernkärtchen eine vierstellige und zwei dreistellige Zahlen so, dass …

a) der Wert der Summe möglichst groß wird.

b) der Wert der Summe möglichst klein wird.

c) der Wert der Summe genau 9000 ist. Eine Möglichkeit ist es, mit 8504 als vierstellige Zahl zu beginnen. Finde weitere Möglichkeiten.

d) Begründe, warum die Summe nie genau 5000 sein kann.

NACHGEDACHT
Finde verschiedene Möglichkeiten, sodass der Wert der Summe möglichst nah an 5000 ist.

3 Lege ein Ziffernkärtchen weg und bilde aus den verbleibenden neun Ziffernkärtchen drei dreistellige Zahlen. Addiere die Zahlen.
Welche Ziffernkärtchen dürfen fehlen, damit der Wert der Summe bei jeder entstehenden Aufgabe durch 3 teilbar ist?

4 Lasse nun das Ziffernkärtchen mit der 9 weg. In der Additionsaufgabe unten kommt jedes Ziffernkärtchen von 0 bis 8 genau einmal vor: sechs Ziffernkärtchen als zwei dreistellige Summanden und drei Ziffernkärtchen als Wert der Summe.

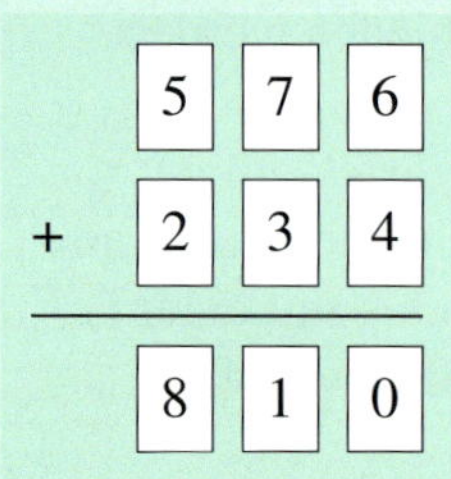

a) Finde – sofern möglich – eine weitere Additionsaufgabe mit dem Ergebnis 810 (630; 210).

b) Finde weitere Beispiele für solche Additionsaufgaben.

c) Betrachte die gefundenen Ergebnisse. Was fällt dir auf?

Teilermengen und Primzahlen

Erforschen und Entdecken

1 Gummibärchen sollen gleichmäßig in Tüten abgepackt werden.

a) Nenne drei mögliche Anzahlen von Tüten bei 72 (42 oder 36) Gummibärchen.

b) Übertrage die Tabelle in dein Heft. Verschaffe dir einen Überblick über mögliche Anzahlen von Tüten, indem du die Zahlen auf Teilbarkeit durch 2, 3, 4, 5, 6, 7, 8, 9 und 10 überprüfst.

Zahl	Anzahl der Tüten (Teilbarkeit durch)								
	2	3	4	5	6	7	8	9	10
72	+	+	+	–	+	–	+	+	–
42									
36									

c) Formuliere zu jeder Zahl und zu jedem Teiler die zugehörige Multiplikationsaufgabe.
BEISPIEL $72 = 2 \cdot 36 = 3 \cdot 24 = 4 \cdot \square = 6 \cdot \square = \ldots$

d) Bei allen Zahlen fehlt am Anfang je ein weiteres Produkt. Welches ist es? Warum ist es als Tütenanzahl nicht sinnvoll?

e) Die Teilermenge einer Zahl ist die Menge aller Zahlen, durch die diese Zahl ohne Rest teilbar ist. Gib die Teilermengen der drei gegebenen Zahlen an. Schreibe:
$T_{72} = \{1, 2, 3, 4, \square, \square, \square, \square, 36, 72\}$

f) Leander meint: „Die Tabelle kann man sich sparen, das Aufschreiben der Produkte reicht völlig aus. Außerdem kann man die Suche nach Teilern abbrechen, wenn man als nächstes eine Zahl testen würde, von der man schon weiß, dass sie Teiler ist."
Erläutere Leanders Aussage am Beispiel der Zahl 72.

g) Du hast 72 rote, 42 gelbe und 36 weiße Gummibärchen.
Ist es möglich, diese farblich gemischt in Tüten abzufüllen, so dass jede Tüte die gleiche Anzahl von roten, gelben und weißen Gummibärchen enthält?

2 Das Sieb des Eratosthenes

Übertrage die Tabelle in dein Heft.

a) Kreise die Zahl 2 ein und streiche alle Vielfachen von 2 (aber nicht die 2 selbst) durch.

b) Verfahre ebenso mit der 3, der 5 und der 7.

c) Warum kann man mit der 4, 6, 8, 9 und 10 nicht genauso verfahren?

	2	3	4	5	6	7	8	9	10
11	12	13	14	15	16	17	18	19	20
21	22	23	24	25	26	27	28	29	30
31	32	33	34	35	36	37	38	39	40
41	42	43	44	45	46	47	48	49	50
51	52	53	54	55	56	57	58	59	60
61	62	63	64	65	66	67	68	69	70
71	72	73	74	75	76	77	78	79	80
81	82	83	84	85	86	87	88	89	90
91	92	93	94	95	96	97	98	99	100

d) Kreise die verbleibenden Zahlen in der Tabelle ein. Welche Eigenschaft haben die eingekreisten Zahlen? Kennst du ihren Namen?

019-1
Unter diesem Webcode befindet sich eine Tabelle mit den Zahlen bis 100 zum Ausdrucken.

019-2
Hier findest du Informationen zu Eratosthenes von Kyrene.

Lesen und Verstehen

Die **Teilermenge** einer Zahl ist die Menge aller Zahlen, durch die diese Zahl ohne Rest teilbar ist.
In der Teilermenge befinden sich für Zahlen, die größer als 1 sind, immer mindestens zwei Teiler: nämlich die 1 und die Zahl selber.

Bei der Suche nach möglichen Teilern sollte man systematisch vorgehen. Man untersucht, ob die Zahl durch 2, 3, 4, 5, … teilbar ist und schreibt das zugehörige Produkt auf. Man kann aufhören, wenn man zu einem Teiler kommt, der bereits in einem der Produkte vorkommt.
Alle gefundenen Faktoren bilden die Teilermenge der Zahl.

Alle Zahlen, die größer als 1 und nur durch 1 und sich selbst teilbar sind, heißen **Primzahlen**. Ihre Teilermenge besteht aus genau zwei Teilern.

BEISPIELE

$T_{30} = \{1, 2, 3, 5, 6, 10, 15, 30\}$

In der Teilermenge von 30 sind die Zahlen 1 und 30 enthalten.

30 ist durch 2 teilbar, denn $30 = 2 \cdot 15$
30 ist durch 3 teilbar, denn $30 = 3 \cdot 10$
30 ist nicht durch 4 teilbar.
30 ist durch 5 teilbar, denn $30 = 5 \cdot 6$
6 ist als Teiler bereits bekannt, also bricht das Verfahren ab.

30 ist keine Primzahl, denn ihre Teilermenge enthält acht Teiler.
7 ist eine Primzahl, denn 7 ist nur durch 1 und 7 teilbar, also $T_7 = \{1, 7\}$.

Basisaufgaben

1 Übertrage. Ergänze die fehlenden Teiler.
a) $T_{35} = \{\square, 5, \square, 35\}$
b) $T_{28} = \{\square, \square, 4, \square, 14, \square\}$
c) $T_{24} = \{\square, 2, \square, \square, \square, \square, \square, 24\}$
d) $T_{32} = \{\square, \square, 4, \square, \square, 32\}$

2 Bestimme die Teilermenge.
a) T_{10} b) T_{15} c) T_{20} d) T_{21}
e) T_{22} f) T_{36} g) T_{60} h) T_{81}
i) T_{95} j) T_{124} k) T_{168} l) T_{192}

3 Finde mindestens ein Gegenbeispiel und widerlege so die Aussagen.
a) Je größer eine Zahl, desto mehr Teiler enthält ihre Teilermenge.
b) Gerade Zahlen besitzen immer eine gerade Anzahl an Teilern in der Teilermenge.

4 Vergleiche. Was fällt dir auf?
a) T_7 und T_{14} b) T_{15} und T_{30}
c) T_{12} und T_{24} d) T_{18} und T_{36}

5 Bestimme die Teilermengen und kennzeichne die Primzahlen rot.
a) T_6 b) T_{19} c) T_{23} d) T_{27} e) T_{29}

6 Präge dir alle Primzahlen bis 50 ein.

7 Richtig oder falsch? Begründe.
a) Es gibt Primzahlen, die auf 0 enden.
b) Es gibt nur eine Primzahl, deren letzte Ziffer eine 5 ist.
c) Es gibt keine geraden Primzahlen.

8 Zwei Primzahlen, deren Differenz 2 ist, heißen Primzahlzwillinge.
BEISPIEL 11 und 13 sind Primzahlzwillinge.
a) Finde mindestens drei Primzahlzwillinge.
b) Finde mindestens zwei Primzahlzwillinge, die größer sind als 100.

Weiterführende Aufgaben

9 Übertrage in dein Heft und ergänze. Findest du mehrere Möglichkeiten?
a) $T_{\square} = \{1, 5, \square\}$
b) $T_{\square} = \{1, 2; 4; 5, \square, \square\}$
c) $T_{\square} = \{1, \square, 3; \square\}$
d) $T_{\square} = \{1, \square; 5; \square\}$
e) $T_{\square} = \{1, 2; \square; \square\}$
f) $T_{\square} = \{1, \square, \square, 5; \square, \square\}$
g) $T_{\square} = \{1, \square, \square, \square; 7; \square, \square; \square\}$

10 Nenne mindestens zwei Zahlen mit …
a) genau zwei Teilern.
b) genau drei Teilern.
c) genau vier Teilern.
d) genau fünf Teilern.
e) Welche Zahlen haben eine ungerade Anzahl Teiler in ihrer Teilermenge?

11 Eine vollkommene Zahl lässt sich als Summe schreiben, die aus allen Teilern der Zahl, außer der Zahl selbst, besteht. Die kleinste vollkommene Zahl ist 6:
$T_6 = \{1, 2, 3, 6\}$ und $6 = 1+2+3$
a) Zeige, dass die Zahl 12 keine vollkommene Zahl ist.
b) Die zweite vollkommene Zahl liegt zwischen 25 und 30. Welche Zahl ist es?
c) Zeige, dass auch 496 und 8128 vollkommene Zahlen sind.
d) Suche im Internet nach weiteren vollkommenen Zahlen.

12 Beschreibt, wie die Zahlen auf dem Bild angeordnet wurden.

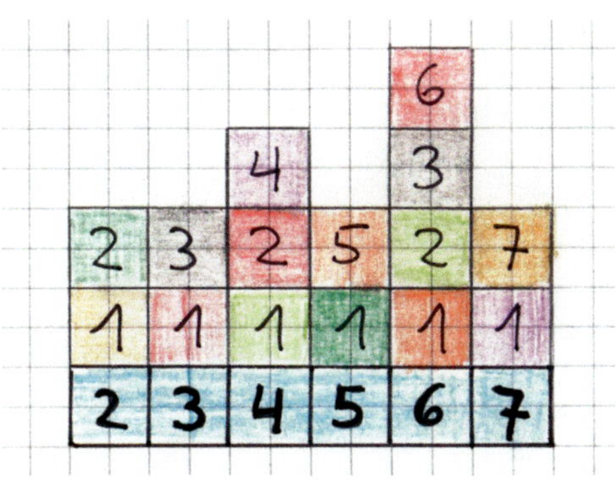

Erstellt selbst eine „Teiler-Skyline“ mit den Zahlen von 1 bis 60.

13 Zeichne das Teilermengen-Puzzle in dein Heft und fülle die leeren Felder aus.

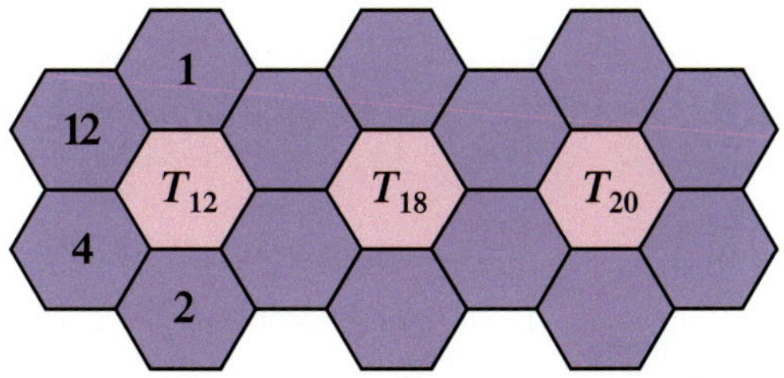

14 Jede natürliche Zahl, die nicht Primzahl ist, kann man als ein Produkt aus lauter Primzahlen schreiben. Man nennt dies **Primfaktorzerlegung**.
BEISPIEL $18 = 2 \cdot 3 \cdot 3$
Führe für die Zahlen 6, 26, 35, 12, 66, 105, 36, 60, 210 eine Primfaktorzerlegung durch.

15 Begründe, dass die Aussage stimmt: Es gibt abgesehen von den Zahlen 2 und 5 keine zwei Primzahlen, deren Differenz 3 ist.

16 Begründe:
Abgesehen von den Zahlen 3, 5 und 7 gibt es keine Primzahldrillinge. (Primzahldrillinge sind drei aufeinanderfolgende Primzahlen, bei denen die Differenz zwischen zwei benachbarten Zahlen immer 2 ist.)

17 Im 18. Jahrhundert stellte der Mathematiker Christian Goldbach eine Vermutung auf, die bis heute nicht bewiesen wurde.
Er vermutete, dass sich jede gerade Zahl, die größer ist als 2, als Summe von zwei Primzahlen schreiben lässt.
BEISPIEL $90 = 59 + 31$
a) Überprüfe die Vermutung mit den Zahlen 16, 20, 56, 78, 100.
Findest du mehrere Möglichkeiten?
b) Begründe, dass die Vermutung nicht für ungerade Zahlen gelten kann.
c) Goldbach vermutete außerdem, dass sich jede ungerade Zahl als Summe von drei Primzahlen schreiben lässt.
Überprüfe diese Vermutung mit den Zahlen 17, 45, 79, 101.

Methode: Bestimmung des größten gemeinsamen Teilers (ggT)

Der größte gemeinsame Teiler (ggT) von zwei Zahlen ist die größte Zahl, die diese beiden Zahlen teilt.
BEISPIEL Der größte gemeinsame Teiler der Zahlen 30 und 42 ist 6.
Man schreibt: ggT (30, 42) = 6.

Um den größten gemeinsamen Teiler zu bestimmen, gibt es mehrere Möglichkeiten.

Methode 1: Vergleich der Teilermengen

Eine einfache Möglichkeit zur Bestimmung des größten gemeinsamen Teilers ist es, die Teilermengen der beiden Zahlen zu vergleichen und die größte Zahl herauszusuchen, die in beiden Teilermengen vorkommt.

$T_{30} = \{1, 2, 3, 5, 6, 10, 15, 30\}$ und $T_{42} = \{1, 2, 3, 6, 7, 14, 21, 42\}$
Die gemeinsamen Teiler sind 1, 2, 3, 6 und ggT (30, 42) = 6.

Methode 2: Primfaktorzerlegung

Jede natürliche Zahl, die nicht Primzahl ist, kann man als ein Produkt aus Primzahlen schreiben. Man nennt dies **Primfaktorzerlegung**.
BEISPIEL $30 = 2 \cdot 3 \cdot 5$
Um den ggT zweier Zahlen zu finden, kann man die Primfaktorzerlegung der beiden Zahlen vergleichen. Der größte gemeinsame Teiler ist das Produkt aus den gemeinsamen Primfaktoren der beiden Zahlen.

$30 = 2 \cdot 3 \cdot 5$
$42 = 2 \cdot 3 \cdot 7$ Die gemeinsamen Primfaktoren sind 2 und 3.
ggT (30, 42) = $2 \cdot 3 = 6$

1 Bestimme mit einer Methode deiner Wahl den größten gemeinsamen Teiler.
a) ggT (12, 20) b) ggT (30, 140) c) ggT (84, 126) d) ggT (112, 144)

2 Der größte gemeinsame Teiler von zwei Zahlen ist 6. Gib drei Möglichkeiten für die beiden Zahlen an und erkläre, wie du vorgegangen bist.

3 Zahlen, deren größter gemeinsamer Teiler 1 ist, heißen **teilerfremd**.
Sind die Zahlen teilerfremd?
a) 10 und 21 b) 16 und 45 c) 48 und 52 d) 55 und 84 e) 30 und 147

4 Gib den größten gemeinsamen Teiler an.
a) ggT (12, 36, 100) b) ggT (40, 64, 104) c) ggT (60, 150, 180)

5 Thea hat eine Holzplatte, die 52 cm breit und 76 cm hoch ist. Sie möchte diese mit möglichst großen, quadratischen Mosaiksteinen bekleben.
a) Welche Seitenlänge hat solch ein Mosaikstein?
b) Wie viele dieser Steine passen auf die Holzplatte?

Methode: Bestimmung des kleinsten gemeinsamen Vielfachen (kgV)

Das kleinste gemeinsame Vielfache (kgV) von zwei Zahlen ist die kleinste Zahl (ungleich null), die durch beide gegebenen Zahlen teilbar ist.
BEISPIEL Das kleinste gemeinsame Vielfache der Zahlen 15 und 20 ist die Zahl 60.
Man schreibt: kgV (15, 20) = 60.

Um das kleinste gemeinsame Vielfache zu bestimmen, gibt es mehrere Möglichkeiten.

Methode 1: Vergleich der Vielfachenmengen

Eine einfache Möglichkeit zur Bestimmung des kleinsten gemeinsamen Vielfachen ist es, die **Vielfachenmengen** der beiden Zahlen zu vergleichen und die kleinste Zahl herauszusuchen, die sich in beiden Vielfachenmengen befindet.

$V_{15} = \{15, 30, 45, 60, 75, 90, 105, 120, 135, \dots\}$ und
$V_{20} = \{20, 40, 60, 80, 100, 120, 140, 160, \dots\}$
Die gemeinsamen Vielfachen sind 60, 120, … und kgV (15, 20) = 60.

Methode 2: Primfaktorzerlegung

Auch das kleinste gemeinsame Vielfache zweier Zahlen lässt sich bestimmen, indem man die Primfaktorzerlegung der beiden Zahlen vergleicht.
Man erhält das kgV, indem man alle Faktoren multipliziert, die in mindestens einer Primfaktorzerlegung vorkommen.
Kommt eine Primzahl in beiden Zerlegungen vor, so wird sie nur einmal verwendet.

$15 = 3 \cdot 5$
$20 = 2 \cdot 2 \cdot 5$ Es kommen die Primfaktoren 2, 2, 3 und 5 vor.
kgV (15, 20) = $2 \cdot 2 \cdot 3 \cdot 5 = 60$

1 Bestimme mit einer Methode deiner Wahl das kleinste gemeinsame Vielfache.
a) kgV (6, 9) **b)** kgV (9, 12) **c)** kgV (6, 8) **d)** kgV (14, 21) **e)** kgV (18, 60)

2 Nenne zwei Zahlen mit folgendem kgV:
a) 10 **b)** 15 **c)** 12 **d)** 20 **e)** 42 **f)** 36 **g)** 60 **h)** 100

3 Die Gangster Al und Capone tauchen regelmäßig in der Kneipe „Black Sheep“ auf. Al kommt jeden dritten, Capone jeden fünften Tag. An jedem wievielten Tag treffen sie sich?

4 Prüfe mit Hilfe von Beispielen.
a) Der größte gemeinsame Teiler von zwei Primzahlen ist immer 1.
b) Zwei gerade Zahlen sind nie teilerfremd.
c) Zwei ungerade Zahlen sind immer teilerfremd.
d) Der größte gemeinsame Teiler von einer Primzahl und einem Vielfachen der Primzahl ist immer 1.
e) Das kleinste gemeinsame Vielfache von zwei teilerfremden Zahlen ist immer das Produkt der beiden Zahlen.

Vermischte Übungen

1 Übertrage ins Heft. Ergänze die fehlende Ziffer so, dass eine richtige Aussage entsteht. Bei einigen Aufgaben gibt es keine oder mehrere Möglichkeiten.

a) 7 ist Teiler von 6__.
b) 1__ ist Vielfaches von 8.
c) 8__ ist durch 9 teilbar.
d) 10__ ist Vielfaches von 11.
e) 3 ist Teiler von 2__.
f) 9 ist Vielfaches von __.
g) __8 ist Vielfaches von 6.
h) 1__9 ist durch 9 teilbar.

2 Spielt zu dritt oder viert das Würfelspiel „Teiler suchen“.
Ihr benötigt: drei Würfel, Papier, Stift.
Es wird der Reihe nach gewürfelt.
Der Würfelnde sortiert nach seinem Wurf die drei Würfel in beliebiger Reihenfolge und gibt so eine dreistellige Zahl vor.
Innerhalb von einer Minute versuchen nun alle Mitspieler möglichst viele Teiler der Zahl zu finden.
Jeder erhält so viele Punkte, wie er Teiler gefunden hat.

3 Für welche der Zahlen 3, 6, 9, 12, 16, 24, 36 und 48 gilt folgende Aussage?

a) Die Zahl ist durch 8 teilbar.
b) Die Zahl ist Vielfaches von 6.
c) Die Zahl hat genau 5 Teiler.
d) Die Zahl ist Vielfaches von 2, aber nicht durch 3 teilbar.
e) Die Zahl ist Teiler aller angegebenen Zahlen außer der 16.

4 Übertrage in dein Heft und kreuze an, wenn Teilbarkeit vorliegt.

	2	3	5	10
15				
96				
120				
185				
555				
1002				
2020				

5 Übertrage in dein Heft und kreuze an, wenn Teilbarkeit vorliegt.

	2	3	4	5	6	7	8	9	10
450									
488									
522									
580									
692									
728									
911									
1000									
7848									
8181									

6 Überprüfe auf Teilbarkeit durch 3:
265, 378, 547, 789, 863, 1095, 2567, 4908, 7174, 9589, 29457, 56086

7 Um das Kreisfeld mit der 21 sind alle Teiler von 21 in die benachbarten Felder eingetragen. Übertrage ins Heft und fülle aus. Schreibe zuerst alle Teilermengen auf.

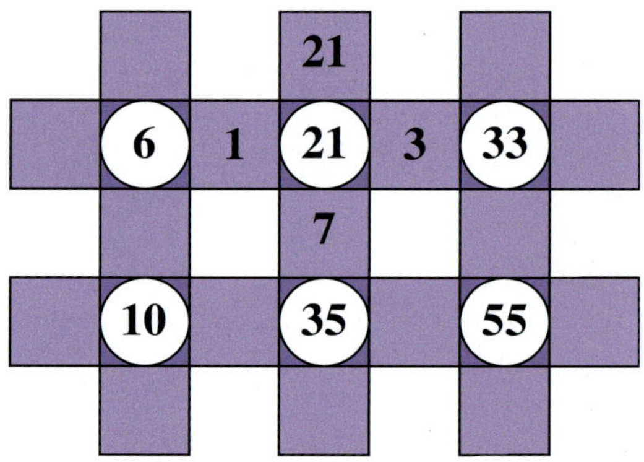

8 Ergänze die fehlenden Teiler im Heft.

a) $T_{22} = \{\square, 2, \square, 22\}$
b) $T_{45} = \{\square, \square, 5, \square, 15, \square\}$
c) $T_{54} = \{\square, 2, \square, \square, \square, \square, \square, 54\}$
d) $T_{56} = \{1, \dots, 56\}$
e) $T_{80} = \{1, \dots, 80\}$
f) $T_{102} = \{1, \dots, 102\}$
g) $T_{\square} = \{1, 2, \square\}$
h) $T_{\square} = \{1, 2, 3, 4, \square, \square\}$
i) $T_{\square} = \{1, \square, \square, 5, 6, \square, \square, \square\}$
j) $T_{\square} = \{1, \square, 4, \square, 14, \square\}$
k) $T_{\square} = \{1, \square, 9, \square, \square, \square\}$

9 Welche der Zahlen sind Primzahlen?

31 35 37 39 41 43 57 72
95 97 101 111 121 141 157

10 Der russische Mathematiker Tschebyscheff hat bewiesen, dass zwischen jeder Zahl, die größer als 1 ist, und ihrem Doppelten mindestens eine Primzahl liegt.
Nenne mindestens eine Primzahl zwischen den Zahlen …

a) 2 und 4 b) 4 und 8
c) 8 und 16 d) 15 und 30
e) 33 und 66 f) 98 und 196

11 Bestimme erst die Teilermenge der angegebenen Zahlen und dann den ggT (siehe Randspalte).

a) 18 und 24 b) 12 und 26
c) 15 und 33 d) 24 und 56
e) 36 und 48 f) 28 und 70

12 Ermittle den ggT.

a) 15 und 24 b) 24 und 60
c) 52 und 128 d) 78 und 85
e) 72 und 192 f) 84 und 315

13 Finde mindestens ein Zahlenpaar.

a) Der ggT der beiden Zahlen ist 6.
b) Der ggT der beiden Zahlen ist 30.
c) Der ggT der beiden Zahlen ist 72.

14 Welche Zahlen können eingesetzt werden?

a) ggT (3, □) = 1 b) ggT (3, □) = 3
c) ggT (10, □) = 5 d) ggT (10, □) = 2

15 In Mikes Klasse sind 30 Schülerinnen und Schüler. Der Klassenlehrer lässt in Gruppen arbeiten. Welche Möglichkeiten hat er? Welche Gruppengrößen sind sinnvoll, welche nicht?

16 In einem Kinderzimmer, das 3,24 m lang und 4,68 m breit ist, sollen quadratische Teppichfliesen verlegt werden.
Welche größtmögliche Länge sollte eine Teppichfliese haben, damit das Zimmer ohne Verschnitt ausgelegt werden kann?

17 Ein Container ist 2,40 m hoch, 3,20 m breit und 5,40 m tief. Er soll mit würfelförmigen Kartons bepackt werden.
Welche Kartongrößen sind möglich?

18 Bestimme das kgV (siehe Randspalte).

a) 4 und 10 b) 8 und 12
c) 12 und 18 d) 36 und 60
e) 40 und 48 f) 52 und 182

19 Übertrage die Tabelle in dein Heft und vervollständige sie. Was fällt dir auf?

	(6, 8)	(12, 18)	(16, 4)	(11, 17)
ggT				
kgV				
ggt · kgV				

BEACHTE
Der größte gemeinsame Teiler (ggT) von zwei Zahlen ist die größte Zahl, die diese beiden Zahlen teilt (siehe Seite 22).
Das kleinste gemeinsame Vielfache (kgV) von zwei Zahlen ist die kleinste Zahl (ungleich null), die durch beide gegebenen Zahlen teilbar ist.

BEACHTE
Die Lösungen zu Aufgabe 12 ergeben in der richtigen Reihenfolge den Namen einer europäischen Hauptstadt. Zu welchem Land gehört diese Stadt?
1 (R); 3 (Z); 4 (G); 12 (A); 21 (B); 24 (E)

20 Auf einer Straßenseite von 50 m Länge werden Stände für einen Flohmarkt aufgestellt. Jedoch wird die Fläche für die Stände durch zwei jeweils 1 m breite Stromkästen unterbrochen. Der erste Stromkasten befindet sich nach 12 m, der zweite nach insgesamt 22 m.

a) Lege dein Heft quer und zeichne eine maßstabsgetreue Skizze von der Straße (1 m ≙ 1 Karokästchen). Denke daran, die 1 m breiten Stromkästen mit einzuzeichnen.
b) Wie viel Meter sind es nach dem zweiten Stromkasten bis zum Ende der Straße?
c) Wie viele Stände haben insgesamt auf der Straße Platz, wenn alle Stände die gleiche maximale Länge haben sollen?

Fahrpläne

Die Abbildung zeigt einen Busfahrplan.

2 Redtenbacherstraße – Leopoldplatz – Sonnenhof

Fahrplan gültig ab 04.01.2014! Am 24. und 31.12 Verkehr wie samstags. An Heiligabend Betriebsende um 19.00 Uhr. Am 25.12. und 01.01. Betriebsbeginn ab 8.00 Uhr.

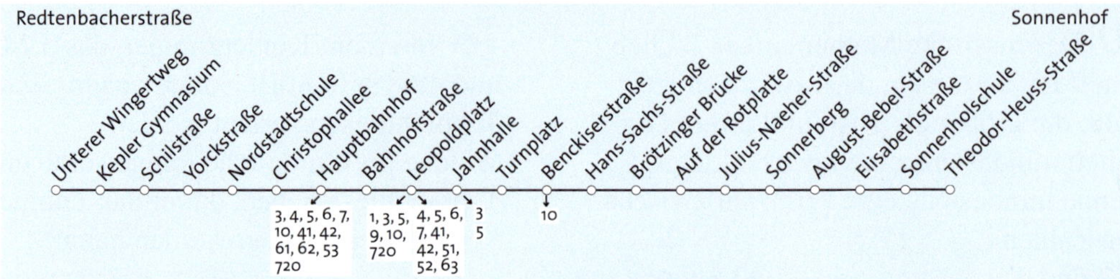

Montag–Freitag	5	6					7–18				19		20–23		0		1
VERKEHRSHINWEIS				EZ											fr	fr	
Pforzheim Unterer Wingertweg	56	11	21	26	41	56	11	26	41	56	11	41	11	41	11	41	
– Nordstadtschule	00	15	23	30	45	00	15	30	45	00	15	45	15	45	15	45	
– ZOB Mitte/Hbf (Stg. 5)	04	19	27	34	49	04	19	34	49	04	19	49	19	49	19	49	
– Leopoldplatz (Stg. 1)	07	22	–	37	52	07	22	37	52	07	22	52	22	52	22	52	
– Jahnhalle	09	24	–	39	54	09	24	39	54	09	24	54	24	54	24	54	
– Turnplatz (Stg. 1)	11	26	–	41	56	11	26	41	56	11	26	56	26	56	26	56	
– Brötzinger Brücke	15	30	–	45	00	15	30	45	00	15	30	00	30	00	30	00	
– Sonnerberg (Strg. 1)	18	33	–	48	03	18	33	48	03	18	33	03	33	03	33	03	
– Theodor-Heuss-Str.	22	37	–	52	07	22	37	52	07	22	37	07	37	07	37	07	

a) Wann fährt der erste Bus am „Unteren Wingertweg“ los?

b) Wie lange benötigt der Bus vom „Unteren Wingertweg“ bis zur „Theodor-Heuss-Straße“?

c) Untersuche, in welchen zeitlichen Abständen die Busse am „Unteren Wingertweg“ abfahren. Diese Abschnitte nennt man Takt. Begründe, warum sich der Takt ändert.

d) An einer anderen Haltestelle fahren zur vollen Stunde ein Bus und eine S-Bahn ab. Der Bus fährt im 15-Minuten-Takt, die S-Bahn im 20-Minuten-Takt.
Ergänze im Heft den Abfahrtsplan für Bus und S-Bahn jeweils bis 10 Uhr.

Bus	8:00	8:15	…
S-Bahn	8:00	…	

Alle wie viel Minuten fahren die S-Bahn und der Bus gleichzeitig ab?

e) An einer anderen Haltestelle fährt der Bus alle 6 Minuten und die S-Bahn alle 15 Minuten ab.
Bestimme mit einer Rechnung, nach wie viel Minuten hier S-Bahn und Bus jeweils wieder gleichzeitig abfahren.

f) In welchem Takt könnten ein Bus und eine S-Bahn fahren, wenn sie alle 20 Minuten gleichzeitig an einer Haltestelle abfahren. Sind alle gefundenen Lösungen realistisch?

g) Begründe, warum für die „Takte“ immer Teiler von 60 gewählt werden, und gib T_{60} an.

h) Die Zahl 60 ist die kleinste Zahl, die durch alle Zahlen zwischen 1 und 6 teilbar ist. Bestimme die kleinste Zahl, die durch alle Zahlen zwischen 1 und 7 teilbar ist.

i) Zeige, dass 2520 die kleinste Zahl ist, die durch alle Zahlen zwischen 1 und 10 teilbar ist.

j) Die Teilermenge der Zahl 2520 besteht aus 48 Teilern. Schaffst du es, T_{2520} vollständig anzugeben? Beschreibe, wie du vorgegangen bist.

Alles klar?

Entscheide, ob die Aussagen richtig oder falsch sind.
Begründe deine Entscheidung im Heft und korrigiere gegebenenfalls.

1 Teiler und Vielfache

a) Weil 63 : 9 = 7 ist, ist 63 Teiler von 9.

b) 98 ist Vielfaches von 7.

c) 38 ist nicht durch 6 teilbar.

d) 184 ist durch 8 teilbar, weil sowohl 160 als auch 24 durch 8 teilbar sind.

e) 271 ist nicht durch 7 teilbar, denn 271 = 280 − 9 und 280 ist durch 7 teilbar, 9 aber nicht.

f) 162 ist nicht durch 9 teilbar, denn 162 = 150 + 12 und weder 150 noch 12 sind durch 9 teilbar.

2 Teilbarkeitsregeln

a) Die Teilbarkeit durch 2, 5 und 10 erkennt man an der letzten Ziffer der Zahl.

b) Die Zahl 328 ist durch 2, aber nicht durch 5 teilbar.

c) Eine Zahl, die durch 5 teilbar ist, ist auch immer durch 10 teilbar.

d) Nach der Quersummenregel ist die Zahl 7347 durch 3 teilbar.

e) Zahlen, die durch 2, 3, 5 und 10 teilbar sind, müssen auf 0 enden. Aber nicht jede Zahl, die auf 0 endet, ist durch 2, 3, 5 und 10 teilbar.

3 Teilermengen und Primzahlen

a) $T_{20} = \{2, 4, 5, 10\}$

b) Es gibt 8 Möglichkeiten, 28 Leute in gleich große Gruppen einzuteilen.

c) Primzahlen besitzen genau zwei Teiler in ihrer Teilermenge.

d) Die Zahl 2 ist die kleinste Primzahl und die einzige Primzahl, die gerade ist.

e) Die kleinste Primzahl, die größer ist als 200, ist 201.

4 ggT und kgV

a) Der ggT kann über den Vergleich der Teilermengen bestimmt werden.

b) Der größte gemeinsame Teiler von 7 und 17 ist 1, weil 7 und 17 Primzahlen sind.

c) ggT (70, 126) = 7, denn 7 teilt 70 und 126.

d) kgV (6, 9) = 36, denn 36 ist durch 6 und 9 teilbar.

e) Ein 3,60 m langer und ein 4,20 m langer Holzbalken sollen in möglichst lange, gleich große Stücke zersägt werden. Dann sind die Stücke jeweils 60 cm lang.

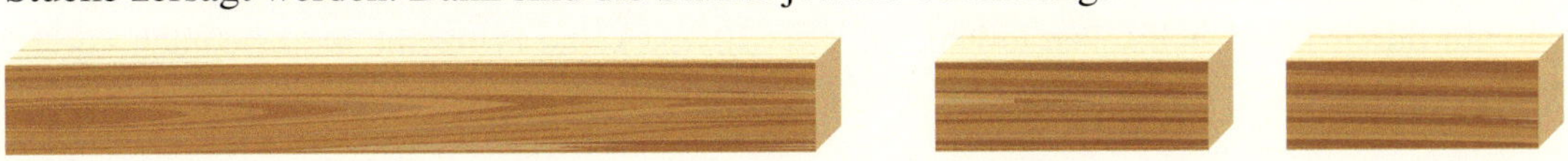

BEACHTE
Die Lösungen zu den Aufgaben auf dieser Seite sowie dazu passende Trainingsaufgaben findest du ab Seite 194.

Zusammenfassung

→ Seite 8

Teiler und Vielfache

Kann man eine Zahl ohne Rest durch eine zweite Zahl teilen, so nennt man die zweite Zahl einen **Teiler** der ersten Zahl.
Die erste Zahl nennt man ein **Vielfaches** der zweiten Zahl.

$120 : 15 = 8$
120 ist durch 15 teilbar.
15 ist Teiler von 120.
120 ist Vielfaches von 15.

Summenregel
Wenn alle Summanden durch eine Zahl teilbar sind, dann ist auch die Summe durch die Zahl teilbar.
Das gilt übertragen auch für Differenzen.

576 ist durch 8 teilbar, denn $576 = 560 + 16$ und sowohl 560 als auch 16 sind durch 8 teilbar.
873 ist durch 9 teilbar, denn $873 = 900 - 27$ und sowohl 900 als auch 27 sind durch 9 teilbar.

→ Seiten 12, 14

Teilbarkeitsregeln

Eine Zahl **ist teilbar durch** …
- **2**, wenn ihre letzte Ziffer 0, 2, 4, 6 oder 8 ist.
- **5**, wenn sie auf 0 oder 5 endet.
- **10**, wenn ihre letzte Ziffer 0 ist.
- **4**, wenn ihre letzten zwei Ziffern 00 sind oder diese zweistellige Zahl durch 4 teilbar ist.
- **8**, wenn ihre letzten drei Ziffern 000 sind oder diese dreistellige Zahl durch 8 teilbar ist.
- **3**, wenn ihre **Quersumme** durch 3 teilbar ist.
- **9**, wenn ihre Quersumme durch 9 teilbar ist.
- **6**, wenn sie durch 2 und 3 teilbar ist.

4812 ist …
- durch **2** teilbar, weil die Zahl auf 2 endet,
- nicht durch **5** teilbar, weil sie nicht auf 0 oder 5 endet,
- nicht durch **10** teilbar,
- durch **4** teilbar, weil 12 (die aus den letzten beiden Ziffern gebildete Zahl) durch 4 teilbar ist,
- nicht durch **8** teilbar, weil 812 nicht durch 8 teilbar ist (Summenregel!),
- durch **3** teilbar, weil ihre Quersumme $4+8+1+2 = 15$ durch 3 teilbar ist,
- nicht durch **9** teilbar,
- durch **6** teilbar, weil die Zahl durch 2 und durch 3 teilbar ist.

→ Seite 20

Teilermengen und Primzahlen

Die Teilermenge einer Zahl ist die Menge aller Zahlen, durch die diese Zahl ohne Rest teilbar ist.

$T_{18} = \{1, 2, 3, 6, 9, 18\}$

Jede natürliche Zahl, die größer ist als 1 und nur durch 1 und sich selbst teilbar ist, heißt **Primzahl**.

Primzahlen sind z. B. 29, 31 oder 97.
201 ist keine Primzahl, weil sie auch durch 3 teilbar ist.

Die Teilermenge einer Primzahl besteht aus zwei Teilern.

$T_{29} = \{1, 29\}$

Brüche und Dezimalbrüche

Der Anteil des Wassers am menschlichen Körper beträgt $\frac{3}{5}$. Das Gehirn hat einen Anteil von $\frac{1}{50}$. Die Muskelmasse nimmt **40 %** ein und nur **12 %** entfallen auf das Skelett.

7,1 Milliarden Menschen leben auf der Erde.
1,4 Milliarden leben allein in China.
Nur **0,08** Milliarden wohnen in Deutschland.

In diesem Kapitel lernst du, wie man Brüche vergleicht und ordnet und wie man Brüche in Dezimalbrüche und in Prozentschreibweise umwandelt.

Noch fit?

1 Bestimme den Teil der Fläche, der rot (grün) eingefärbt ist.

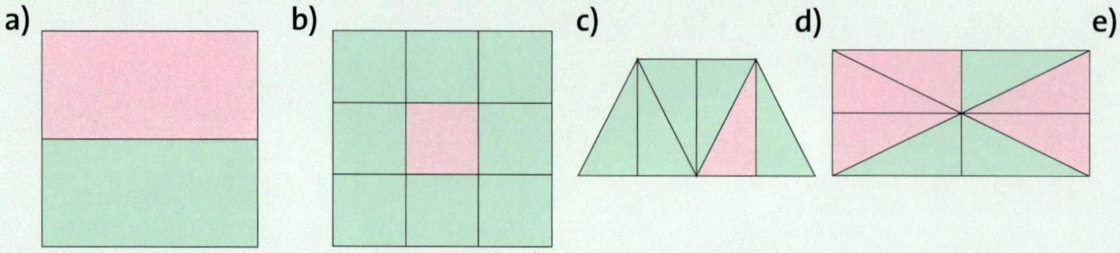

e)

2 Gib an, welcher Teil der Figur gefärbt ist.

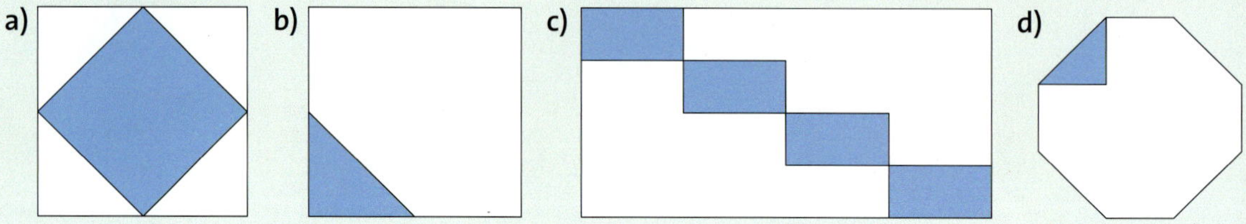

3 Übertrage die Flächen in dein Heft und zeichne den angegebenen Flächenteil in die Figur. Findest du mehrere Möglichkeiten?

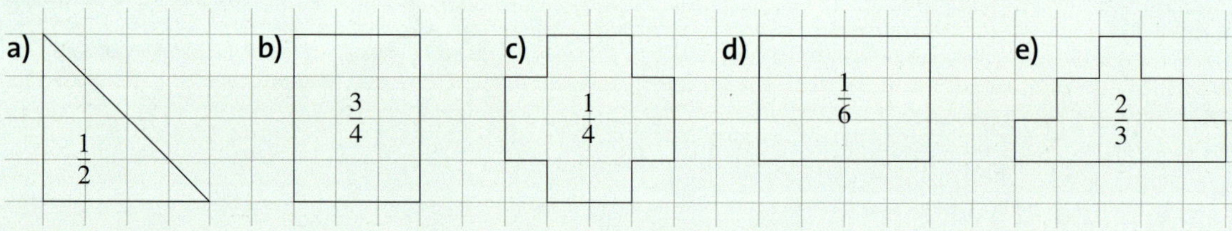

4 Berechne.

a) $\frac{1}{2}$ von 12 kg b) $\frac{1}{3}$ von 12 kg c) $\frac{1}{4}$ von 12 kg

d) $\frac{3}{4}$ von 10 m e) $\frac{2}{9}$ von 360 € f) $\frac{3}{4}$ von 124 kg

g) $\frac{7}{11}$ von 176 € h) $\frac{5}{6}$ von 720 t i) $\frac{3}{10}$ von 4210 m²

5 Schreibe in der nächstkleineren Einheit.

a) $\frac{7}{12}$ h b) $\frac{11}{12}$ h c) $\frac{1}{2}$ Jahr d) $\frac{1}{12}$ Jahr e) $\frac{4}{5}$ m f) $\frac{7}{8}$ kg g) $\frac{3}{5}$ kg h) $\frac{1}{4}$ kg

6 Runde auf Zehner, Hunderter und Tausender.

a) 4286 b) 25 498 c) 300 499 d) 4505 e) 190 050 f) 75 468

Bunt gemischt

1. Von 450 Personen sind drei Fünftel blond. Wie viele sind das?
2. 18 Schülerinnen und Schüler sind zwei Drittel der Klasse 6 b. Wie viele Schülerinnen und Schüler gehen insgesamt in die Klasse?
3. Mache zunächst eine Überschlagsrechnung und berechne dann genau: 141 071 : 7
4. Richtig oder falsch? 1 km² = 100 ha = 1 000 000 m²
5. Was ist größer: 10 dm² oder 1 000 000 mm²?

Brüche kürzen und erweitern

Erforschen und Entdecken

1 Falte ein Blatt Papier zweimal mittig und male ein Viertel des Blatts farbig aus.
Falte das Blatt wieder zusammen und knicke es ein drittes Mal mittig. So erhältst du acht gleich große Unterteilungen.

a) Gib den gefärbten Anteil von $\frac{1}{4}$ noch mit einem weiteren Bruch an.

b) Falte das Blatt weiter. Dadurch erhältst du feinere Unterteilungen. Finde für den gefärbten Anteil weitere Brüche.

2 Conny, Paul und Mona haben ihre Pizza mit Salami, Pilzen und Paprika belegt und anschließend gebacken. Die Pizza hat jeder in gleich große Teile zerschnitten.

Connys Pizza | Pauls Pizza | Monas Pizza

a) Bestimme den mit Salami belegten Anteil bei Connys, Pauls und Monas Pizza.

b) Bestimme den mit Pilzen belegten Anteil bei den drei Pizzen.

c) Zeichne drei 6 cm lange und 8 cm breite Rechtecke auf ein Blatt Papier und skizziere in den Rechtecken die unterschiedlichen Beläge.
Vergleiche die Belaganteile auf den einzelnen Pizzen, z. B. indem du die Rechtecke zerschneidest. Was fällt dir auf?

d) Conny, Paul und Mona haben noch drei weitere Kinder zum Pizzaessen eingeladen. Wie viel Pizza kann jedes der sechs Kinder essen, wenn die Pizzen gerecht aufgeteilt werden?

e) Kann jedes der sechs Kinder von jedem Belag den gleichen Anteil bekommen, wenn die Pizzen wie auf den Bildern geteilt sind?
Was ist zu tun? Nutze für die Lösung die Rechtecke aus Aufgabenteil c).

3 Zeichne die drei Figuren in dein Heft. Färbe in jeder Figur $\frac{3}{4}$ der Fläche ein.
Vergleicht eure Lösungen untereinander.
Erklärt euch, wie ihr vorgegangen seid.

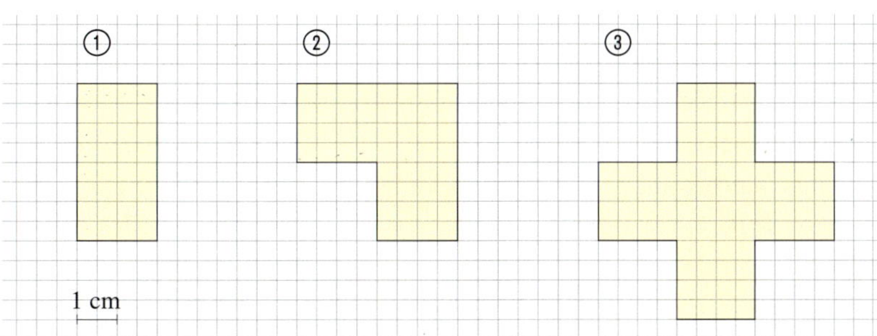

031-1
Hier findest du die drei Figuren zum Ausdrucken.

Lesen und Verstehen

Tom und Stella wollten sich eine Pizza teilen und haben sie in der Mitte durchgeschnitten. Nun kommen vier Freunde dazu. Deshalb teilen sie jede Pizzahälfte noch einmal in drei Teile. In Zahlen übersetzt bedeutet das: Sie haben $\frac{1}{2}$ erweitert auf $\frac{3}{6}$.

Erweitern eines Bruchs bedeutet, Zähler und Nenner des Bruchs mit derselben natürlichen Zahl zu multiplizieren.

Kürzen eines Bruchs bedeutet, Zähler und Nenner des Bruchs durch die gleiche natürliche Zahl zu dividieren.

BEISPIEL 1

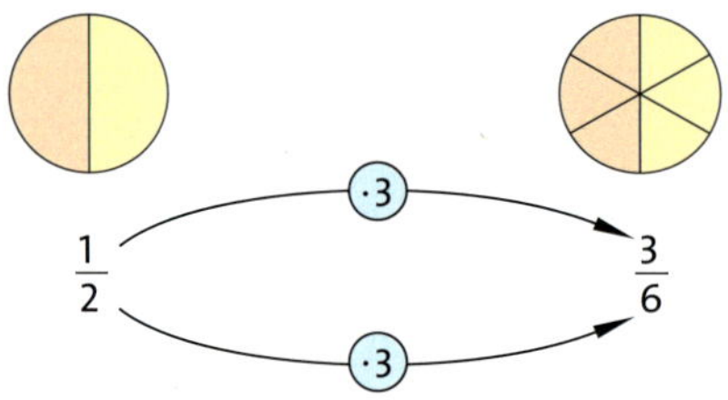

$$\frac{1}{2} = \frac{1 \cdot 3}{2 \cdot 3} = \frac{3}{6}$$

BEISPIEL 2

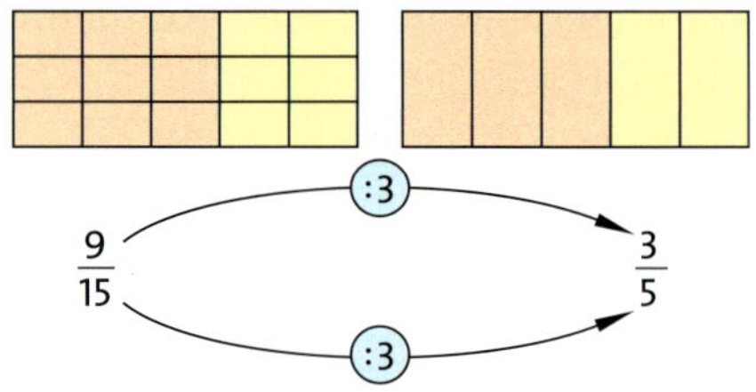

$$\frac{9}{15} = \frac{9 : 3}{15 : 3} = \frac{3}{5}$$

Erweitern kann als Verfeinern der Einteilung gedeutet werden, Kürzen als Vergröbern. Der Wert des Bruchs verändert sich durch Kürzen und Erweitern nicht: $\frac{9}{15} = \frac{3}{5} = \frac{6}{10}$.

Basisaufgaben

1 Notiere die zugehörigen Brüche und entscheide, ob gekürzt oder erweitert wurde.

a) 

b) 

c) 

d)

2 Übertrage in dein Heft und verfeinere zeichnerisch. Notiere auch die zugehörigen Brüche. Verfeinere …

a) jedes Viertel in zwei Teile

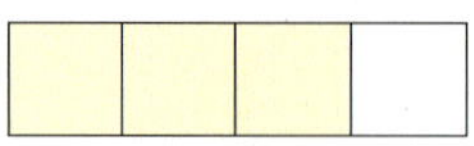

b) jedes Drittel in vier Teile

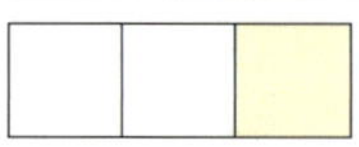

c) jede Hälfte in drei Teile

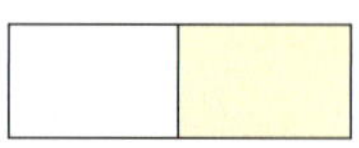

3 Zeichne passende Abbildungen.

a) $\frac{1}{2} = \frac{2}{4}$ b) $\frac{6}{9} = \frac{2}{3}$ c) $\frac{3}{4} = \frac{6}{8}$

d) $\frac{4}{5} = \frac{12}{15}$ e) $\frac{3}{7} = \frac{12}{28}$ f) $\frac{25}{40} = \frac{5}{8}$

4 Setze die Zahlen und Wörter der Randspalte passend ein:

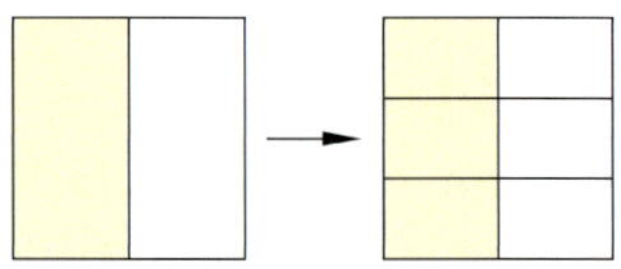

Die Abbildung zeigt, wie ein Bruch ___ wird. Die Einteilung des Ganzen wird ___. So wird der Bruch ___ zum Bruch ___. Zähler und Nenner des Bruchs wurden mit dem Faktor ___ multipliziert. Der ___ des Bruchs hat sich nicht verändert, denn die markierte ___ bleibt gleich.

verfeinert | Fläche | erweitert | $\frac{3}{6}$ | $\frac{1}{2}$ | 3 | Wert

5 Erkläre mit Hilfe der Abbildung den Begriff „kürzen“.

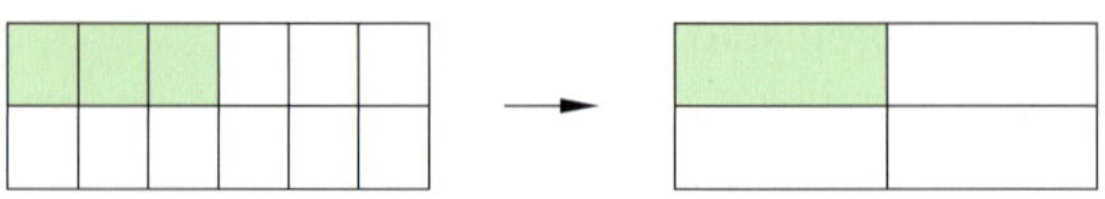

6 Ordne den Abbildungen die Brüche zu, die den gleichen Wert haben.

a) 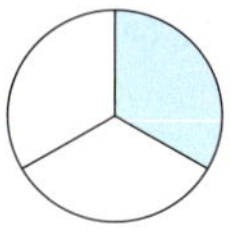

b) 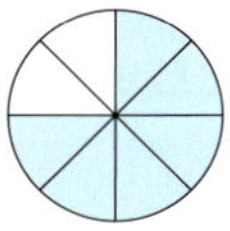

$\frac{2}{3}$ $\frac{1}{2}$ $\frac{10}{15}$ $\frac{4}{12}$ $\frac{3}{5}$ $\frac{4}{9}$ $\frac{2}{6}$ $\frac{12}{16}$ $\frac{6}{8}$ $\frac{3}{4}$ $\frac{2}{5}$ $\frac{1}{4}$ $\frac{15}{20}$ $\frac{3}{9}$ $\frac{1}{3}$ $\frac{20}{24}$

7 Kürze mit 5.

a) $\frac{15}{25}$ b) $\frac{40}{100}$ c) $\frac{35}{45}$ d) $\frac{30}{50}$ e) $\frac{10}{55}$
f) $\frac{65}{75}$ g) $\frac{20}{30}$ h) $\frac{45}{60}$ i) $\frac{80}{95}$ j) $\frac{105}{125}$

8 Erweitere mit 3.

a) $\frac{2}{5}$ b) $\frac{3}{4}$ c) $\frac{6}{11}$ d) $\frac{5}{7}$ e) $\frac{4}{9}$
f) $\frac{1}{3}$ g) $\frac{5}{6}$ h) $\frac{7}{8}$ i) $\frac{12}{23}$ j) $\frac{25}{31}$

9 Gib an, mit welcher Zahl erweitert bzw. gekürzt wurde.

a) $\frac{2}{6}=\frac{1}{3}$ b) $\frac{12}{36}=\frac{2}{6}$ c) $\frac{12}{36}=\frac{1}{3}$
d) $\frac{4}{12}=\frac{12}{36}$ e) $\frac{2}{6}=\frac{4}{12}$ f) $\frac{1}{3}=\frac{4}{12}$
g) $\frac{24}{48}=\frac{1}{2}$ h) $\frac{28}{35}=\frac{4}{5}$ i) $\frac{7}{8}=\frac{28}{32}$

10 Bestimme die fehlende Zahl.

a) $\frac{5}{8}=\frac{\square}{32}$ b) $\frac{4}{5}=\frac{\square}{30}$ c) $\frac{5}{6}=\frac{\square}{24}$
d) $\frac{4}{7}=\frac{\square}{49}$ e) $\frac{2}{3}=\frac{\square}{27}$ f) $\frac{8}{9}=\frac{\square}{63}$

11 Vervollständige die Tabelle im Heft.

Bruch	erweitert mit		
	3	5	7
$\frac{2}{3}$			
$\frac{4}{5}$			
$\frac{3}{8}$			
$\frac{5}{7}$			
$\frac{6}{11}$			
$\frac{12}{13}$			

12 Fehlen $\frac{2}{8}$ oder $\frac{1}{4}$ der Schmelzkäseecken? Begründe.

13 Bestimme die fehlende Zahl.

a) $\frac{\square}{7}=\frac{15}{35}$ b) $\frac{\square}{9}=\frac{45}{81}$ c) $\frac{\square}{5}=\frac{12}{20}$
d) $\frac{\square}{11}=\frac{35}{77}$ e) $\frac{\square}{3}=\frac{7}{21}$ f) $\frac{\square}{15}=\frac{56}{120}$

14 Bestimme x.

a) $\frac{3}{x}=\frac{24}{56}$ b) $\frac{7}{x}=\frac{84}{108}$ c) $\frac{x}{9}=\frac{50}{90}$
d) $\frac{72}{90}=\frac{8}{x}$ e) $\frac{40}{96}=\frac{10}{x}$ f) $\frac{x}{16}=\frac{66}{96}$

15 Schreibe als Bruch mit dem Nenner 24.

a) $\frac{2}{3}$ b) $\frac{7}{12}$ c) $\frac{3}{8}$ d) $\frac{1}{2}$ e) $\frac{5}{6}$

16 Schreibe als Bruch mit dem Nenner 48.

a) $\frac{1}{2}$ b) $\frac{5}{6}$ c) $\frac{7}{12}$ d) $\frac{23}{24}$ e) $\frac{7}{3}$

17 Stimmt das Gleichheitszeichen? Begründe.

a) $\frac{8}{9}=\frac{96}{108}$ b) $\frac{7}{8}=\frac{63}{64}$ c) $\frac{1}{9}=\frac{5}{95}$
d) $\frac{96}{104}=\frac{12}{13}$ e) $\frac{154}{214}=\frac{15}{21}$ f) $\frac{105}{213}=\frac{34}{71}$

18 Jeweils drei Brüche haben den gleichen Wert. Schreibe sie zusammen ins Heft.

$\frac{2}{7}$ $\frac{1}{3}$ $\frac{5}{6}$ $\frac{3}{5}$ $\frac{1}{9}$ $\frac{9}{15}$ $\frac{15}{18}$ $\frac{4}{36}$ $\frac{9}{27}$ $\frac{6}{21}$ $\frac{10}{90}$ $\frac{21}{35}$ $\frac{7}{21}$ $\frac{20}{70}$ $\frac{25}{30}$

19 Erstelle ein Bruchdomino. Schneide zehn Rechtecke mit einer Größe von 5 cm × 2,5 cm aus. Teile die Rechtecke mit einer Linie in zwei Quadrate. Schreibe in das rechte Quadrat einen beliebigen Bruch und auf einem anderen Rechteck in das linke Feld einen wertgleichen gekürzten oder erweiterten Bruch.
Wichtig: Im ersten Rechteck links und im letzten Rechteck rechts müssen wertgleiche Brüche stehen, damit das Domino geschlossen werden kann.

BEACHTE
Die Lösungen zu Aufgabe 13 ergeben in der richtigen Reihenfolge den Namen einer europäischen Hauptstadt. Zu welchem Land gehört die Stadt?
1 (I); 3 (B); 3 (D); 5 (L); 5 (U); 7 (N)

$\frac{x+y}{2}$

Weiterführende Aufgaben

20 Bestimme die fehlenden Zahlen im Heft.

a) $\frac{60}{180} = \frac{\square}{90} = \frac{\square}{18} = \frac{\square}{6} = \frac{\square}{3}$

b) $\frac{72}{270} = \frac{36}{\square} = \frac{\square}{45} = \frac{4}{\square}$

c) $\frac{\square}{360} = \frac{48}{\square} = \frac{12}{\square} = \frac{\square}{6} = \frac{2}{3}$

d) $\frac{240}{\square} = \frac{\square}{72} = \frac{20}{24} = \frac{10}{\square} = \frac{\square}{6}$

e) $\frac{\square}{630} = \frac{45}{\square} = \frac{\square}{105} = \frac{5}{35} = \frac{1}{\square}$

f) $\frac{\square}{360} = \frac{72}{\square} = \frac{24}{60} = \frac{\square}{15} = \frac{2}{\square}$

BEACHTE
Zahlen, die nur die 1 als gemeinsamen Teiler haben, heißen **teilerfremd**.

21 Kürze so weit wie möglich, also bis Zähler und Nenner teilerfremd sind.

a) $\frac{32}{40}$ b) $\frac{25}{30}$ c) $\frac{72}{84}$ d) $\frac{56}{64}$

e) $\frac{24}{60}$ f) $\frac{8}{12}$ g) $\frac{16}{20}$ h) $\frac{15}{35}$

i) $\frac{75}{105}$ j) $\frac{80}{120}$ k) $\frac{20}{24}$ l) $\frac{39}{65}$

m) $\frac{105}{120}$ n) $\frac{60}{108}$ o) $\frac{102}{216}$ p) $\frac{216}{276}$

BEACHTE
Um Lösungen untereinander leicht vergleichen zu können, werden sie meistens so angegeben, dass Zähler und Nenner teilerfremd sind.

BEISPIELE
Schrittweises Kürzen:

$\frac{168}{210} \overset{:2}{=} \frac{84}{105} \overset{:3}{=} \frac{28}{35} \overset{:7}{=} \frac{4}{5}$

Kürzen in einem Schritt:

$\frac{168}{210} \overset{:42}{=} \frac{4}{5}$

22 Kürze so weit wie möglich, also bis Zähler und Nenner teilerfremd sind.

a) $\frac{96}{120}$ b) $\frac{42}{126}$ c) $\frac{60}{144}$ d) $\frac{48}{128}$

e) $\frac{96}{162}$ f) $\frac{44}{132}$ g) $\frac{30}{42}$ h) $\frac{84}{112}$

Hast du schrittweise oder in einem Schritt gekürzt? Welche Vor- und Nachteile hat das jeweils?

23 Erweitere die Brüche nacheinander auf die Nenner 100, 108 und 420 oder begründe, warum das nicht möglich ist.

a) $\frac{1}{2}$ b) $\frac{2}{3}$ c) $\frac{3}{4}$ d) $\frac{4}{5}$

e) $\frac{1}{6}$ f) $\frac{7}{8}$ g) $\frac{4}{9}$ h) $\frac{3}{10}$

24 Erweitere die Brüche so, dass sie den gleichen Nenner haben.

BEISPIEL $\frac{5}{6}$ und $\frac{3}{5}$: $\frac{5}{6} = \frac{25}{30}$; $\frac{3}{5} = \frac{18}{30}$

a) $\frac{1}{2}$ und $\frac{2}{3}$ b) $\frac{4}{7}$ und $\frac{1}{6}$

c) $\frac{2}{5}$ und $\frac{7}{12}$ d) $\frac{11}{18}$ und $\frac{7}{12}$

25 Jakob meint: „Das Kürzen kehrt das Erweitern um." Begründe.

26 Untersuche den Bruch $\frac{252}{378}$.

a) Kürze den Bruch schrittweise, bis Zähler und Nenner teilerfremd sind.

b) Mit welcher Zahl kannst du den Bruch in nur einem Schritt kürzen?

c) Finde die größte Zahl, durch die sich 252 und auch 378 teilen lassen. Vergleiche mit b).

d) Bei der Suche nach einem gemeinsamen Teiler hilft manchmal das Berechnen der Differenz aus Nenner und Zähler. Ist das beim Bruch $\frac{252}{378}$ ebenfalls hilfreich?

e) Kürze auch die folgenden Brüche so weit wie möglich:
$\frac{252}{336}$; $\frac{576}{720}$; $\frac{840}{960}$; $\frac{720}{1080}$

f) Welche Gemeinsamkeiten haben die vollständig gekürzten Brüche aus Aufgabenteil e)? Warum hilft das Bestimmen der Differenz nur beim Kürzen solcher Brüche?

27 Bei einer Lotterie mit mehreren Ausspielungen soll der Gewinnanteil immer gleich sein. Berechne die fehlenden Zahlen.

		a)	b)	c)
Anzahl der Gewinne	400	1000		68
Anzahl der Lose	1500		120	
Gewinnanteil	$\frac{400}{1500} = \frac{4}{15}$	$\frac{4}{15}$	$\frac{4}{15}$	$\frac{4}{15}$

28 Finde die Fehler und berichtige sie.

a) $\frac{54}{60} = \frac{22}{30} = \frac{11}{15}$ b) $\frac{4}{7} = \frac{48}{74} = \frac{96}{148}$

c) $\frac{48}{60} = \frac{12}{15} = \frac{2}{5}$ d) $\frac{2}{5} = \frac{4}{10} = \frac{12}{30} = \frac{121}{330}$

29 Sind die Aussagen richtig oder falsch? Begründe deine Entscheidung.

a) Stammbrüche lassen sich nicht kürzen.

b) Ist der Zähler eines Bruchs eine Primzahl, so lässt sich der Bruch nicht kürzen.

c) Ist der Zähler eines Bruchs gerade und der Nenner ungerade, so lässt sich der Bruch nicht kürzen.

d) Sind Zähler und Nenner eines Bruchs verschiedene Primzahlen, so lässt sich der Bruch nicht kürzen.

Brüche vergleichen und ordnen

Erforschen und Entdecken

1 Abbildung und Rechnung gehören zusammen.

①
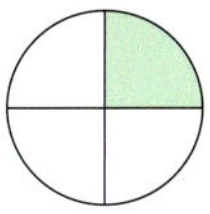

$1 : 4 = \frac{1}{4}$

②
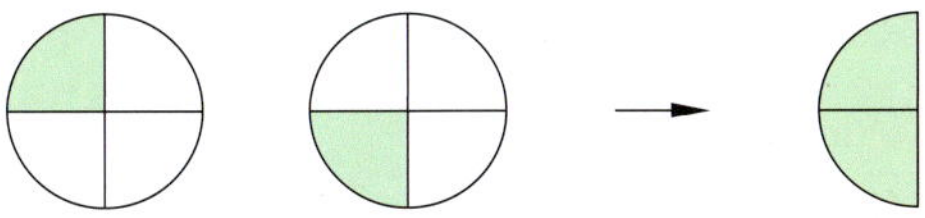

$2 : 4 = \frac{2}{4} = \frac{1}{2}$

a) Erkläre jeweils den Zusammenhang zwischen Abbildung und Rechnung.
b) Fertige für die Aufgaben 3 : 4 und 4 : 4 und 5 : 4 ähnliche Zeichnungen an und löse die Aufgaben.
c) Für die Aufgabe 6 : 4 hat Lea als Ergebnis $\frac{6}{4}$ herausbekommen, Christina $\frac{3}{2}$, Mark $1\frac{2}{4}$ und Adrian $1\frac{1}{2}$. Welches Ergebnis ist richtig? Begründe deine Entscheidung.

2 Übertrage den Zahlenstrahl in dein Heft.

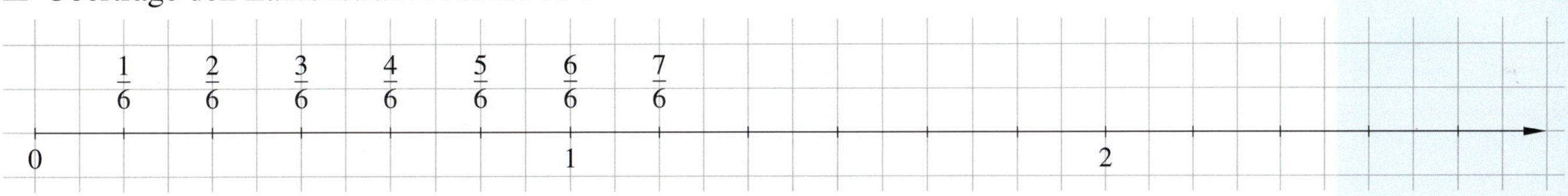

a) Begründe die Lage der Brüche $\frac{1}{6}$ und $\frac{3}{6}$ und ergänze die fehlenden Brüche bis $\frac{16}{6}$.
b) Oleg meint, dass man statt $\frac{3}{6}$ auch $\frac{1}{2}$ schreiben darf. Hat Oleg Recht?
c) Kürze alle Brüche, bei denen dies möglich ist. Schreibe den gekürzten Bruch an die gleiche Stelle unter den Zahlenstrahl.
d) Warum befinden sich $\frac{6}{6}$ und 1 an der gleichen Stelle des Zahlenstrahls?
e) Bestimme die Lage der Brüche $\frac{1}{4}$ und $\frac{3}{4}$ auf dem Zahlenstrahl.
f) Welcher Bruch liegt auf dem Zahlenstrahl genau zwischen $\frac{1}{2}$ und $\frac{2}{3}$?
g) Florian möchte lieber $1\frac{1}{6}$ statt $\frac{7}{6}$ schreiben. Darf er das? Begründe.

3

a) Gib jeweils das Verhältnis „Pizzen zu Personen" als Bruch an.
b) Welcher der vier Brüche ist der kleinste? Warum ist das so?
Was bedeutet das beim Pizzaessen?
c) Welcher der vier Brüche ist der größte? Begründe.
Was bedeutet das beim Pizzaessen?
d) Vergleiche die beiden verbleibenden Brüche. Wie gehst du vor, um den größeren der beiden zu bestimmen? Vergleicht gemeinsam eure Lösungen.

Lesen und Verstehen

Zu Halloween haben Lisa, Anna, Naomi und Pia neun Tafeln Schokolade erhalten. Nun überlegen sie, wie sie die Tafeln untereinander aufteilen können.

In der Menge der Bruchzahlen lassen sich natürliche Zahlen uneingeschränkt dividieren.

Brüche, deren Nenner 1 ist oder auf 1 gekürzt werden kann, entsprechen natürlichen Zahlen.

Brüche, deren Zähler größer ist als der Nenner, sind größer als 1 und lassen sich als **gemischte Zahlen** schreiben.

BEISPIEL 1

$1:4=\frac{1}{4}$ $\qquad 3:5=\frac{3}{5}$

$8:4=\frac{8}{4}=\frac{2}{1}=2$

$9:4=\frac{9}{4}=2\frac{1}{4}$ (vorher $9:4=2$ Rest 1)

natürliche Zahl ↑ ↖ Bruch

Jedes Mädchen bekommt also $2\frac{1}{4}$ Tafeln.

Brüche, die durch Kürzen oder Erweitern auseinander hervorgehen, geben den gleichen Anteil an und werden an der gleichen Stelle auf dem Zahlenstrahl eingetragen.

BEACHTE
Bringt man Brüche auf denselben Nenner, nennt man dies Gleichnamigmachen. Das kgV (vgl. S. 22) der Nenner heißt **Hauptnenner**.

Jedem Bruch lässt sich ein Punkt auf dem Zahlenstrahl zuordnen.
Ein Bruch ist größer als ein anderer Bruch, wenn er auf dem Zahlenstrahl weiter rechts liegt.

Gleichnamige Brüche werden verglichen, indem man die Zähler vergleicht.
Brüche mit verschiedenen Nennern kann man vergleichen, indem man sie mit demselben Nenner schreibt.

BEISPIEL 2

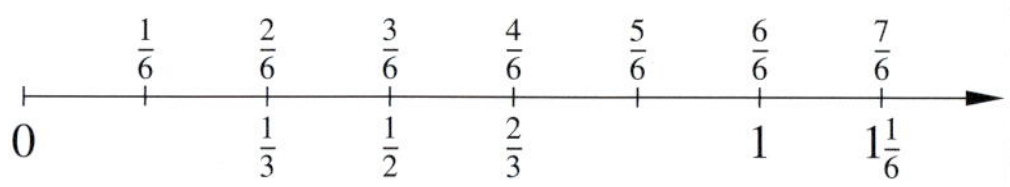

$\frac{5}{6}>\frac{1}{6}$ $\qquad \frac{2}{3}>\frac{1}{2}$ $\qquad \frac{1}{3}<\frac{5}{6}$

$\frac{2}{5}<\frac{4}{5}$, weil $2<4$

$\frac{5}{12} > \frac{3}{8}$, weil

$\frac{5}{12}=\frac{10}{24}>\frac{9}{24}=\frac{3}{8}$

Basisaufgaben

1 Welche Brüche sind größer als 1 (als 2)?
$\frac{2}{3}$; $\frac{3}{2}$; $\frac{7}{3}$; $\frac{3}{7}$; $\frac{14}{11}$; $\frac{15}{14}$; $\frac{15}{7}$; $\frac{11}{23}$

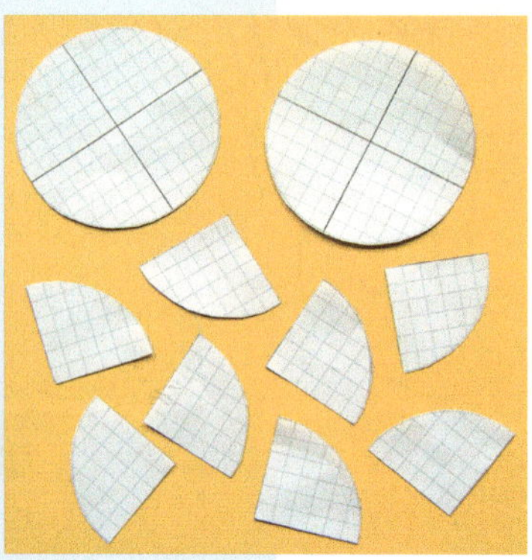

2 Zeichne vier Kreise mit 3 cm Radius, unterteile sie in Viertel und schneide die Viertel aus.

a) Lege und schreibe als gemischte Zahl:
$\frac{7}{4}$; $\frac{9}{4}$; $\frac{14}{4}$; $\frac{4}{4}$; $\frac{15}{4}$; $\frac{12}{4}$; $\frac{2}{4}$.

b) Lege und schreibe als Bruch:
$1\frac{1}{4}$; $2\frac{3}{4}$; 4; $2\frac{1}{2}$; $3\frac{3}{4}$; 2.

3 Gib den dargestellten Bruch als Bruch und als gemischte Zahl an.

a) 

b) 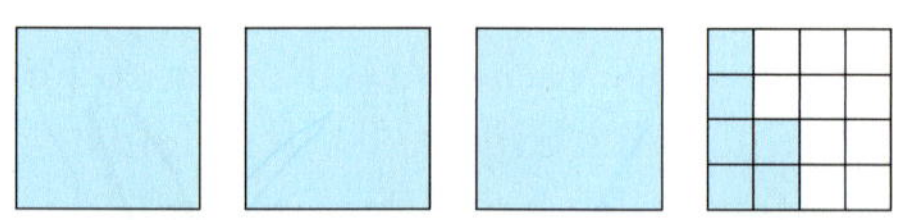

c) 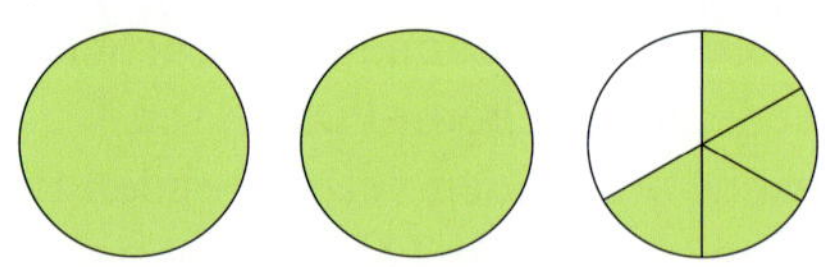

4 Stelle die gemischte Zahl wie in Aufgabe 3 durch ein geeignetes Bild dar.

a) $2\frac{1}{2}$ b) $1\frac{3}{4}$ c) $3\frac{5}{6}$ d) $1\frac{2}{3}$

5 Schreibe als gemischte Zahl.

BEISPIEL $\frac{13}{4} = 13 : 4 = 3$ Rest 1, also $\frac{13}{4} = 3\frac{1}{4}$

a) $\frac{16}{3}$ b) $\frac{61}{5}$ c) $\frac{25}{4}$ d) $\frac{26}{3}$ e) $\frac{37}{6}$

f) $\frac{67}{13}$ g) $\frac{41}{8}$ h) $\frac{35}{12}$ i) $\frac{53}{7}$ j) $\frac{81}{5}$

6 Schreibe als Bruch.

BEISPIEL $3\frac{2}{5} = \frac{\square}{5}$; $3 = \frac{3 \cdot 5}{1 \cdot 5} = \frac{15}{5}$, also $3\frac{2}{5} = \frac{17}{5}$

Der Zähler berechnet sich als $3 \cdot 5 + 2 = 17$.

a) $1\frac{3}{4}$ b) $2\frac{3}{8}$ c) $2\frac{7}{11}$ d) $1\frac{2}{3}$ e) $5\frac{8}{9}$

f) $4\frac{5}{6}$ g) $4\frac{3}{5}$ h) $3\frac{7}{10}$ i) $3\frac{2}{7}$ j) $5\frac{1}{2}$

7 Schreibe als Bruch und als gemischte Zahl. Kürze das Ergebnis, falls möglich.

BEISPIEL $14 : 8 = 1$ Rest 6, also $\frac{14}{8} = 1\frac{6}{8} = 1\frac{3}{4}$

a) 7 : 6 b) 5 : 3 c) 12 : 5
d) 18 : 10 e) 17 : 5 f) 13 : 2
g) 22 : 4 h) 34 : 3 i) 74 : 14

8 Ändert sich das Ergebnis im Beispiel zu Aufgabe 7, wenn man erst kürzt und dann als gemischte Zahl schreibt?

9 Lies die markierten Brüche vom Zahlenstrahl ab. Kürze, falls möglich.

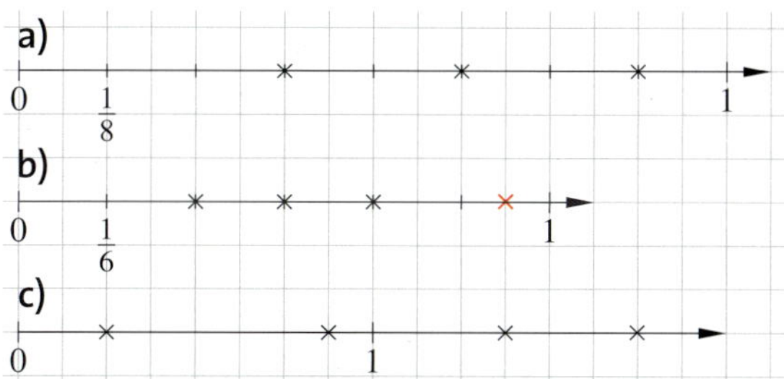

10 Welche Brüche sind hier markiert?

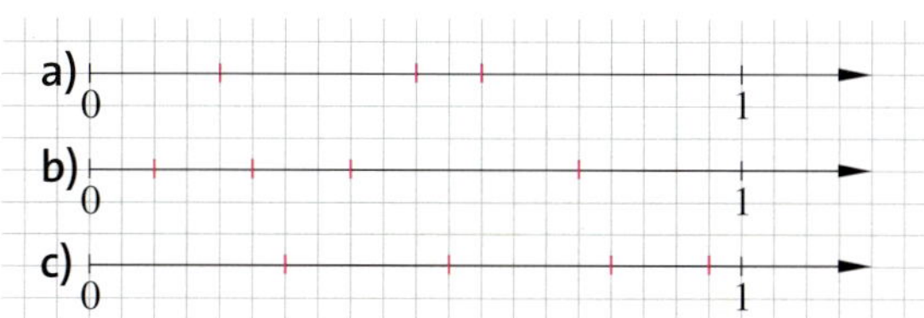

11 Übertrage den Zahlenstrahl in dein Heft.

Markiere die Brüche:

$\frac{1}{12}; \frac{5}{12}; \frac{7}{12}; \frac{1}{6}; \frac{5}{6}; \frac{2}{3}; \frac{1}{4}; \frac{3}{4}; \frac{1}{2}; \frac{11}{24}; 1\frac{1}{3}; 1\frac{5}{24}$

12 Zeichne einen Zahlenstrahl mit dem genannten Abstand zwischen 0 und 1 (Einheit) und trage die Zahlen ein.

a) Einheit 4 cm:
$\frac{1}{4}; \frac{3}{4}; \frac{1}{2}; \frac{5}{8}; \frac{7}{4}; \frac{8}{4}; 2\frac{1}{2}; \frac{5}{2}; \frac{18}{8}$

b) Einheit 3 cm:
$\frac{1}{3}; \frac{5}{6}; \frac{1}{2}; 3\frac{2}{3}; \frac{1}{12}; \frac{12}{6}; \frac{9}{3}; 1\frac{1}{6}$

c) Einheit 6 cm:
$\frac{4}{6}; \frac{1}{3}; \frac{1}{2}; \frac{1}{4}; 1\frac{3}{4}; \frac{10}{6}; \frac{5}{12}; \frac{7}{24}; \frac{13}{12}$

13 Welcher Anteil ist größer? Begründe.

a) $\frac{5}{24}$ oder $\frac{11}{24}$ b) $\frac{7}{12}$ oder $\frac{5}{12}$

c) $\frac{9}{12}$ oder $\frac{4}{12}$ d) $\frac{1}{2}$ oder $\frac{1}{4}$

e) $\frac{5}{6}$ oder $\frac{5}{8}$ f) $\frac{1}{8}$ oder $\frac{1}{6}$

g) $\frac{3}{4}$ oder $\frac{9}{12}$ h) $\frac{2}{3}$ oder $\frac{3}{4}$

14 Übertrage ins Heft. Setze < oder > ein.

a) $\frac{7}{12} \square \frac{5}{12}$ b) $\frac{3}{4} \square \frac{1}{4}$ c) $\frac{1}{3} \square \frac{2}{3}$

d) $\frac{1}{6} \square \frac{5}{6}$ e) $\frac{11}{12} \square \frac{7}{12}$ f) $\frac{2}{5} \square \frac{4}{5}$

15 Übertrage ins Heft. Setze < oder > ein.

a) $\frac{2}{3} \square \frac{2}{5}$ b) $\frac{3}{4} \square \frac{3}{7}$ c) $\frac{5}{6} \square \frac{5}{9}$

d) $\frac{6}{7} \square \frac{6}{13}$ e) $\frac{7}{12} \square \frac{7}{11}$ f) $\frac{13}{15} \square \frac{13}{14}$

16 Ergänze die Sätze in deinem Heft.

a) Haben zwei Brüche den gleichen Nenner, so ist derjenige größer, der …

b) Haben zwei Brüche den gleichen Zähler, so ist derjenige größer, der …

17 Mache gleichnamig und vergleiche die Größe der beiden Brüche.

a) $\frac{2}{3}$ und $\frac{1}{2}$ b) $\frac{2}{5}$ und $\frac{3}{4}$ c) $\frac{4}{5}$ und $\frac{7}{10}$

d) $\frac{2}{3}$ und $\frac{7}{12}$ e) $\frac{5}{8}$ und $\frac{7}{9}$ f) $\frac{7}{12}$ und $\frac{4}{5}$

Weiterführende Aufgaben

18 Welche Brüche sind auf dem Zahlenstrahl markiert?

a) b) c)

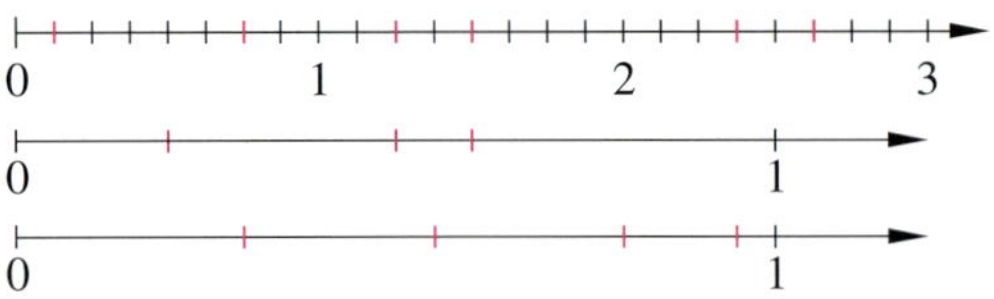

19 Zeichne zu jeder Aufgabe einen geeigneten Zahlenstrahl und markiere die Lage der folgenden Brüche.

a) $\frac{1}{5}; \frac{3}{5}; \frac{4}{5}$ b) $\frac{1}{6}; \frac{5}{6}; \frac{1}{2}$ c) $\frac{1}{9}; \frac{5}{9}; \frac{2}{3}$ d) $\frac{5}{12}; \frac{1}{2}; \frac{3}{4}$

20 Bestimme die fehlenden Zahlen.

a) $\frac{8}{\square} = 2$ b) $\frac{\square}{3} = 4$ c) $2\frac{\square}{7} = \frac{18}{7}$

d) $\frac{7}{\square} = 3\frac{1}{\square}$ e) $\frac{10}{\square} = 1\frac{\square}{4}$ f) $3\frac{\square}{10} = \frac{19}{\square}$

21 Überprüfe die Aussagen.
Begründe oder gib für falsche Behauptungen ein Gegenbeispiel an.

a) Jede natürliche Zahl lässt sich als Bruch schreiben.
b) Ist der Zähler ein Teiler des Nenners, kann man den Bruch als natürliche Zahl schreiben.
c) Haben zwei Brüche den gleichen Nenner, liegt der Bruch mit dem größeren Zähler auf dem Zahlenstrahl weiter rechts.
d) Haben zwei Brüche den gleichen Zähler, liegt der Bruch mit dem größeren Nenner auf dem Zahlenstrahl weiter links.

22 ***Bruchlandung*** – ein Spiel für drei oder vier Mitspieler

Vorbereitung: Jeder Mitspieler schreibt drei Brüche auf je einen Klebezettel. Dabei muss der Zähler kleiner sein als der Nenner. Der Nenner darf nicht größer sein als 12. Zudem muss jeder Bruch eines Spielers unterschiedliche Nenner besitzen.

Spiel: Spieler 1 legt einen seiner Brüche aus. Spieler 2 legt einen seiner Brüche links daneben, wenn er kleiner ist, oder rechts daneben, wenn er größer ist. Nach und nach werden so alle Brüche geordnet. Wer einen Fehler macht (Bruchlandung), erhält einen Strafpunkt.

23 Bestimme den Hauptnenner, mache gleichnamig und vergleiche.

a) $\frac{5}{6}; \frac{3}{8}$ b) $\frac{3}{10}; \frac{4}{15}$ c) $\frac{7}{8}; \frac{11}{12}$ d) $\frac{5}{12}; \frac{7}{9}$

e) $\frac{3}{16}; \frac{5}{24}$ f) $\frac{5}{14}; \frac{10}{21}$ g) $\frac{14}{27}; \frac{11}{18}$ h) $\frac{11}{20}; \frac{13}{25}$

24 Suche einen Bruch, der auf dem Zahlenstrahl …

a) möglichst nahe links von der Eins liegt.
b) möglichst nahe rechts von der Eins liegt.

25 Welcher Bruch liegt genau in der Mitte?

a) $\frac{2}{7}; \frac{4}{7}$ b) $\frac{1}{6}; \frac{1}{18}$ c) $\frac{5}{7}; \frac{6}{7}$ d) $\frac{1}{2}; \frac{3}{4}$ e) $\frac{8}{13}; \frac{5}{26}$

26 Ordne die Brüche der Größe nach in aufsteigender Reihenfolge.

a) $\frac{3}{4}; \frac{2}{3}; \frac{5}{8}$ b) $\frac{11}{7}; \frac{3}{2}; \frac{7}{6}$ c) $\frac{4}{7}; \frac{2}{5}; \frac{1}{2}$

d) $\frac{11}{15}; \frac{13}{20}; \frac{3}{5}$ e) $\frac{9}{4}; \frac{15}{6}; \frac{8}{3}$ f) $\frac{5}{3}; \frac{5}{12}; \frac{11}{9}$

27 Vergleiche die Brüche. Kürze vorher.

a) $\frac{10}{14}$ und $\frac{16}{21}$ b) $\frac{8}{40}$ und $\frac{7}{30}$ c) $\frac{13}{26}$ und $\frac{15}{30}$

d) $\frac{9}{64}$ und $\frac{15}{120}$ e) $\frac{8}{18}$ und $\frac{11}{33}$ f) $\frac{48}{16}$ und $\frac{14}{5}$

28 Übertrage in dein Heft. Setze das richtige Zeichen (<, >, =) ein. Begründe.

a) $\frac{4}{12} \square \frac{3}{9}$ b) $\frac{2}{5} \square \frac{18}{45}$ c) $\frac{7}{12} \square \frac{5}{6}$

d) $\frac{12}{14} \square \frac{40}{35}$ e) $\frac{27}{18} \square \frac{6}{4}$ f) $\frac{36}{42} \square \frac{30}{36}$

29 In welchem Gefäß in der Randspalte ist die Chance, eine orangefarbene Kugel zu ziehen, am geringsten? Bei welchem Gefäß ist sie am höchsten? Begründe.

Gefäß 1

Gefäß 2

Gefäß 3

30 Untersuche die Brüche $\frac{1}{2}, \frac{2}{3}, \frac{3}{4}$ und $\frac{4}{5}$.

a) Vergleiche Zähler und Nenner.
Welche Eigenschaft entdeckst du?
b) Ordne die Brüche von klein nach groß.
Begründe deine Anordnung.
c) Vergleiche die Brüche $\frac{10}{13}, \frac{11}{14}, \frac{12}{15}$ und $\frac{13}{16}$.
d) Ergänze den Satz:
Ist bei zwei Brüchen die Differenz zwischen Zähler und Nenner gleich groß, so ist der Bruch der größere …

$\frac{x+y}{2}$

Dezimalschreibweise und Prozentschreibweise

Erforschen und Entdecken

1 Die Klasse 6a hat im Sportunterricht einen Einbein-Weitsprung-Wettbewerb durchgeführt: Jeder Schüler musste mit dem Bein, mit dem er abgesprungen ist, auch wieder landen. Der Sportlehrer hat auf dem Hallenboden die Landestellen einiger Schüler markiert.

a) Wer ist am weitesten gesprungen? Wer belegte den zweiten und wer den dritten Platz?
b) Zeichne in dein Heft zwei Zahlenstrahlen (1 m ≙ 10 cm) und markiere getrennt die Weiten der Jungen und der Mädchen.
c) Mareike war erfolgreicher als Jana, ist aber nicht so weit gesprungen wie Anna. Wie weit ist sie gesprungen?
d) Murat war nach Daniel der zweitbeste Junge. Wie weit kann er gesprungen sein?
e) Führt in eurer Klasse einen Einbein-Weitsprung-Wettbewerb durch und markiert die Ergebnisse auf einem Zahlenstrahl.

2 Bei den Olympischen Winterspielen 2010 in Vancouver kam es zu folgenden Ergebnissen.

	Langlauf 50 km Herren		Rodeln Einer Damen		Viererbob Herren	
	Name	**Zeit (in h)**	**Name**	**Zeit (in min)**	**Team**	**Zeit (in min)**
Gold	Northug	2:05:35,5	Hüfner	2:46,524	USA	3:24,46
Silber	Teichmann	2:05:35,8	Reithmayer	2:47,014	Deutschland	3:24,84
Bronze	Olsson	2:05:36,6	Geisenberger	2:47,101	Kanada	3:24,85

a) Welche Bedeutung haben die jeweiligen Zahlen und Nachkommastellen bei einer Zeit von 2:05:35,5 h und bei einer Zeit von 3:24,46 min?
b) Warum wird beim Ergebnis des 50 km Langlaufs nur eine Nachkommastelle angegeben, während die Ergebnisse beim Rodeln sogar auf drei Nachkommastellen genau angegeben werden? Recherchiert, wie genau die Zeit bei anderen Sportarten gemessen wird.
c) Häufig werden Rennergebnisse auch in der folgenden Form angegeben:
1. Northug 2:05:35,5 h   2. Teichmann +0,3 s   3. Olsson +1,1 s
Welche Bedeutung haben die Zeitangaben hinter dem Zweit- und Drittplazierten? Gebt die Ergebnisse beim Rodeln und beim Viererbob in gleicher Form an.

3 Das Gewicht der Schultasche soll 10 % des Körpergewichts nicht überschreiten.
a) Wie schwer sollte die Tasche eines 40 kg schweren Schülers maximal sein? Was bedeutet „10 %“?
b) Übertragt die Tabelle in euer Heft und ergänzt sie.
c) Untersucht, ob das Gewicht eurer Schultaschen der Regel entspricht.

Körpergewicht	Gewicht der Tasche
35 kg	
38 kg	
	4 kg
	4,2 kg
48 kg	
	3,9 kg

Lesen und Verstehen

Natalja Lissowskaja hält im Kugelstoßen der Frauen einen der ältesten Weltrekorde in der Leichtathletik. Im Jahr 1987 verbesserte sie den Weltrekord von 22,6 m auf 22,63 m.

BEACHTE
22,63 liest man so: zweiundzwanzig Komma sechs drei.

Dezimalbrüche lassen sich in einer erweiterten Stellenwerttafel darstellen. Die Ziffern nach dem Komma sind von links nach rechts Zehntel (z), Hundertstel (h), Tausendstel (t) usw.

Dezimalbrüche sind Brüche in einer anderen Schreibweise.

Dezimalbrüche lassen sich am Zahlenstrahl darstellen. Die Zerlegung einer Einheit in zehn Teilstrecken ist hierbei hilfreich.

BEACHTE
Endnullen hinter dem Komma verändern den Wert eines Dezimalbruchs nicht: 22,6 = 22,60

BEISPIEL 1

H	Z	E		z	h	t	
	2	2	,	6			$22{,}6 = 22\frac{6}{10}$
	2	2	,	6	0		$22{,}60 = 22\frac{60}{100}$
	2	2	,	6	3		$22{,}63 = 22\frac{63}{100}$

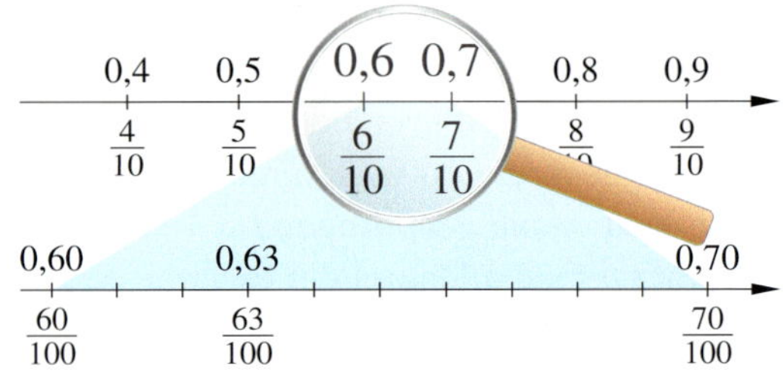

Von zwei Dezimalbrüchen ist derjenige größer, der am Zahlenstrahl weiter rechts steht. $0{,}63 > 0{,}6$

Prozentschreibweisen findest du häufig in statistischen Angaben oder bei Rabatten.

BEACHTE
Schon im Mittelalter haben italienische Kaufleute die Prozentschreibweise benutzt. Für „Pro Cento", das soviel wie „von Hundert" bedeutet, schrieben sie cto. Heute schreiben wir das Prozentzeichen so: %.

Brüche mit dem Nenner Hundert kann man auch in **Prozentschreibweise** angeben.

BEISPIEL 2
$0{,}19 = \frac{19}{100} = 19\,\%$ $\qquad 0{,}01 = \frac{1}{100} = 1\,\%$

NACHGEDACHT
Was haben die Begriffe „Cent" und „Zentimeter" mit 100 zu tun?

Basisaufgaben

1 Ergänze die Stellenwerttafel im Heft.

H	Z	E		z	h	t	
		1	,	4	5		1,45
	2	8	,	3	2	7	
				4	2		
					3		
							27,51
							2,047
							0,008

2 Trage in eine Stellenwerttafel ein und schreibe als Bruch.
a) 0,9 **b)** 0,7 **c)** 0,17 **d)** 0,03
e) 0,101 **f)** 0,1 **g)** 0,003 **h)** 0,097

3 Trage in eine Stellenwerttafel ein und schreibe als Dezimalbruch.
a) $\frac{5}{10}$ **b)** $\frac{3}{100}$ **c)** $\frac{13}{100}$ **d)** $\frac{247}{1000}$ **e)** $\frac{1}{1000}$

4 Schreibe als Bruch. Kürze so weit wie möglich.
BEISPIEL $0{,}26 = \frac{26}{100} = \frac{13}{50}$
a) 0,4 **b)** 0,5 **c)** 0,12 **d)** 0,08
e) 0,25 **f)** 0,84 **g)** 0,125 **h)** 0,005

5 Schreibe als Dezimalbruch.
a) $\frac{7}{10}$ **b)** $\frac{3}{10}$ **c)** $\frac{76}{100}$ **d)** $\frac{556}{1000}$
e) $2\frac{9}{10}$ **f)** $15\frac{14}{100}$ **g)** $64\frac{176}{1000}$ **h)** $\frac{33}{1000}$

6 Übertrage den Zahlenstrahl in dein Heft und vervollständige die Beschriftung.

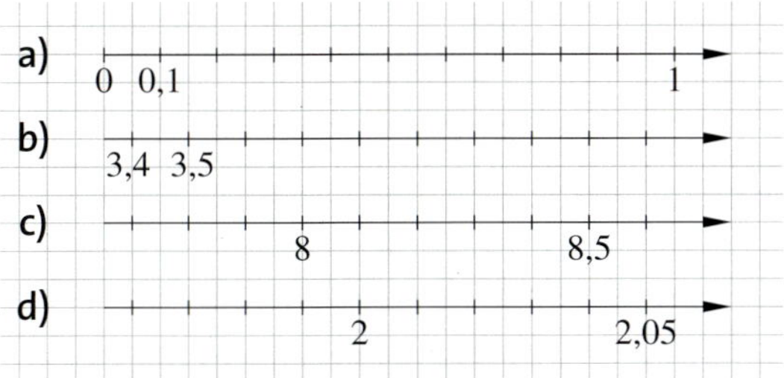

7 Lies die markierten Zahlen ab.

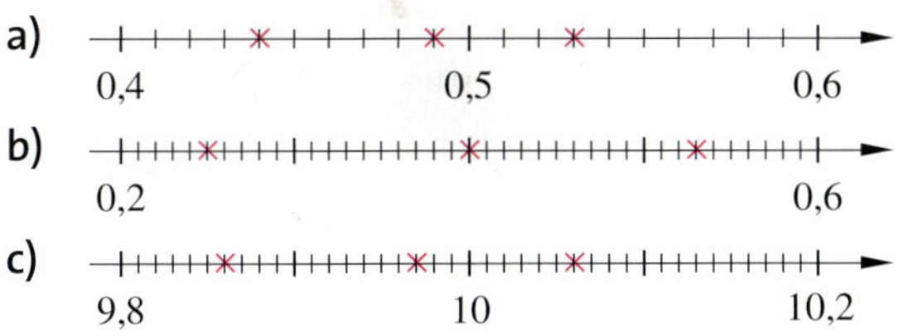

8 Zeichne den Zahlenstrahl in dein Heft. Trage die Zahlen auf dem Zahlenstrahl ein: 0,992; 1,01; 1,001; 0,995; 1,018; 0,989; 1,004; 0,987; 1,009.

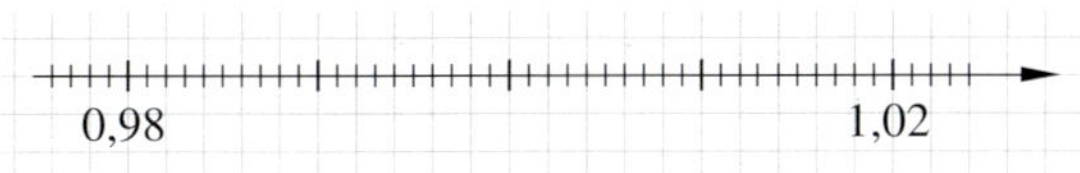

9 Nenne fünf Dezimalbrüche, die …
a) größer als 1 und kleiner als 2 sind.
b) größer als 1,5 und kleiner als 1,6 sind.
c) größer als 3,8 und kleiner als 3,83 sind.
d) größer als 0,87 und kleiner als 0,9 sind.
e) größer als 3,5 und kleiner als 3,51 sind.

10 Welche Zahlen sind gleich?

$\frac{2}{10}$ | 2 | $\frac{20}{100}$ | 0,020 | $\frac{2}{100}$ | $\frac{1}{5}$ | 0,2 | 0,02 | 0,200 | $\frac{1}{50}$ | 2,00 | 0,20 | $\frac{2}{1}$ | 2,0

11 Übertrage in dein Heft und setze das richtige Zeichen ein (>, < oder =).
a) 0,5 □ 0,7 b) 4,3 □ 4,30 c) 2,4 □ 4,2
d) 0,3 □ 0,04 e) 5 □ 5,00 f) 0,37 □ 0,3
g) 0,07 □ 0,007 h) 0,99 □ 0,989 i) 0,1 □ 1,0

12 Setze in die Kästchen die Ziffern 0, 3 und 6 ein: □,□□. Jede Ziffer muss genau einmal vorkommen.
a) Wie viele Dezimalbrüche ergibt das?
b) Bilde alle diese Dezimalbrüche und ordne sie. Beginne mit der kleinsten Zahl.

13 Ordne die Zahlen von klein nach groß.
a) 0,9; 0,99; 0,31; 0,314; 0,413; 0,341
b) 2,7; 2,07; 0,77; 0,207; 0,707; 0,077
c) 0,21; 2,01; 2,1; 1,2; 1,021; 1,1
d) 17,3; 14,80; 15,75; 17,28; 14,09; 15,5

14 Dies sind die Ergebnisse einiger Schüler bei den Sommerbundesjugendspielen.
Gib jeweils die drei besten Schüler im Weitsprung, im 50-m-Lauf und im Ballwurf an.

	Weitsprung	50-m-Lauf	Ballwurf
Daniel	3,45 m	10,0 s	27,5 m
Alexander	3,24 m	9,9 s	26,0 m
Erkan	2,98 m	10,4 s	27,0 m
Justus	3,14 m	10,8 s	26,5 m
Toni	3,46 m	10,2 s	28,5 m

15 Gib als Bruchteil von 1 m an und wandle in einen Dezimalbruch um.

BEISPIEL 24 cm = $\frac{24}{100}$ m = 0,24 m

a) 42 cm b) 60 cm c) 85 cm
d) 4 cm e) 100 cm f) 260 cm

16 Gib als Bruchteil von 1 km an und wandle in einen Dezimalbruch um.

BEISPIEL 321 m = $\frac{321}{1000}$ km = 0,321 km

a) 725 m b) 792 m c) 850 m
d) 900 m e) 1000 m f) 3450 m

17 Schreibe in der Einheit, die in Klammern angegeben ist.
a) 3 € 18 Cent (€) b) 2 € 9 Cent (€)
c) 1800 m (km) d) 7 m 5 dm (m)
e) 7 m 4 cm (m) f) 7 m 5 dm 4 cm (m)
g) 80 m (km) h) 2500 kg (t)
i) 65 kg (t) j) 5 kg 800 g (kg)
k) 5 kg 80 g (kg) l) 30 min (h)
m) 2 h 15 min (h) n) 3 min (h)

Methode: Dezimalbrüche runden

An Tankstellen sind die Preise bis auf die dritte Nachkommastelle angegeben. Will man die Kosten für das Tanken überschlagen, so ist es sinnvoll zu runden.

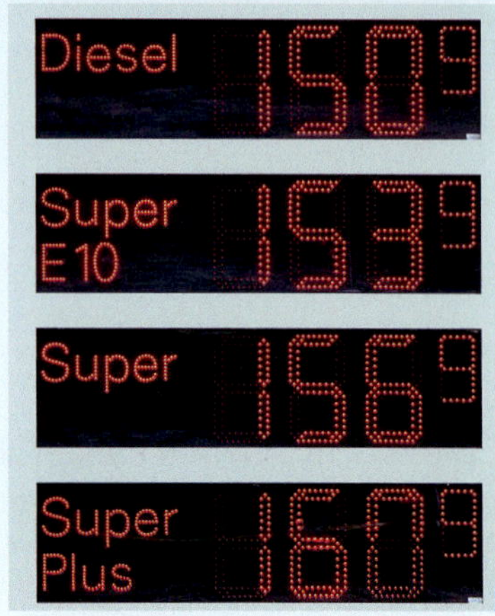

Runden von Dezimalbrüchen

1. Lege die Stelle fest, auf die gerundet werden soll.
2. Betrachte die nächstfolgende Ziffer:
   – Ist diese Ziffer **0**, **1**, **2**, **3** oder **4**, so rundet man ab.
   – Ist diese Ziffer **5**, **6**, **7**, **8** oder **9**, so rundet man auf.

BEISPIELE

Preis für Super gerundet auf Zehntel: 1,569 ≈ 1,6
Preis für Super gerundet auf Hundertstel: 1,569 ≈ 1,57

18 Übertrage die Tabelle und ergänze.

	Zahl	Rundungsstelle	gerundete Zahl
	0,3815	Tausendstelstelle	0,382
a)	0,438	Hundertstelstelle	
b)	0,09	Zehntelstelle	
c)	1,8299	Zehntelstelle	
d)	1,8299	Hundertstelstelle	
e)	1,8299	Tausendstelstelle	

19 Runde an der Zehntelstelle.
a) 8,51 b) 6,29 c) 13,07 d) 5,505
e) 16,11 f) 0,334 g) 12,99 h) 6,04

20 Runde an der Hundertstelstelle.
a) 0,473 b) 0,028 c) 0,009
d) 6,6666 e) 0,7009 f) 1,996

21 Runde an der Tausendstelstelle.
a) 8,946 34 b) 9,090 44 c) 8,633 84

22 Runde an der Zehntelstelle.
a) 0,099 876 b) 0,953 c) 0,604

23 Runde die Zahl 37,089 526 3 an der
a) Zehnerstelle, b) Einerstelle,
c) Zehntelstelle, d) Hundertstelstelle.

24 Gib mindestens fünf Dezimalbrüche an, die auf 2,3 gerundet werden können.

25 Runde auf volle Euro.
a) 1,90 € b) 0,95 € c) 19,05 € d) 2,98 €

26 Runde auf Cent.
a) 335,7869 € b) 426,844 €
c) 1216,8495 € d) 5,384 €
e) 0,039 € f) 8,008 €

27 Runde alle Preise der Tankstelle oben auf Zehntel und auf Hundertstel.

28 Johanna ist der Meinung, dass der Dieselpreis von 1,499 € nicht auf Hundertstel gerundet werden kann. Hat Johanna Recht? Begründe.

29 Schreibe in der nächstgrößeren Einheit und runde auf zwei Stellen nach dem Komma.
a) 3458 m b) 33 423,4 m c) 852,4 m
d) 725,6 mg e) 48 684 g f) 243,7 kg

30 Warum sind die folgenden Größenangaben in unserem Alltag nicht sinnvoll? Begründe und gib die Werte sinnvoll an.
a) Paul ist 1,4369 m groß.
b) Der Telefonhörer ist 22,482 cm lang.
c) Annika wiegt 40,196 42 kg.
d) Der Elefant wiegt 2,0364 t.
e) Das Mathebuch hat 232,5 Seiten.
f) Die Maus ist 0,000 084 5 km lang.

31 Schreibe zunächst als Bruch und dann als Dezimalbruch.

BEISPIEL $36\,\% = \frac{36}{100} = 0{,}36$

a) 17 % b) 25 % c) 10 % d) 50 %
e) 8 % f) 100 % g) 250 % h) 0,5 %

32 Gib die Brüche in Prozentschreibweise an.

BEISPIEL $\frac{12}{300} = \frac{4}{100} = 4\,\%$

a) $\frac{37}{100}$ b) $\frac{99}{100}$ c) $\frac{9}{100}$ d) $\frac{28}{200}$
e) $\frac{25}{500}$ f) $\frac{27}{50}$ g) $\frac{9}{20}$ h) $\frac{19}{25}$

33 Gib als Dezimalbruch und in Prozentschreibweise an.

a) $\frac{27}{100}$ b) $\frac{9}{100}$ c) $\frac{1}{100}$ d) $\frac{9}{10}$
e) $\frac{3}{5}$ f) $\frac{1}{4}$ g) $\frac{100}{100}$ h) $\frac{150}{100}$

34 Welcher Bruchteil ist rosa eingefärbt? Gib in Prozent an.

a) 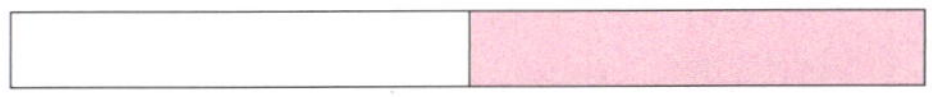

b) 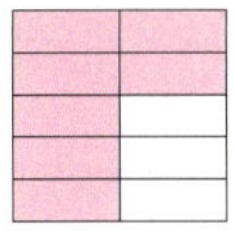 c) 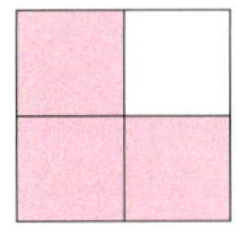 d) 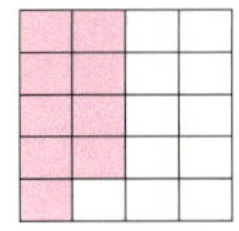

35 Ordne jedem Bruch die passende Dezimalzahl und die passende Prozentangabe zu.

75 %	0,5	$\frac{1}{5}$	0,25	$\frac{1}{4}$	0,1
$\frac{1}{2}$	50 %	0,2	$\frac{1}{10}$	10 %	0,01
1 %	$\frac{1}{100}$	20 %	$\frac{3}{4}$	0,75	25 %

Weiterführende Aufgaben

36 Übertrage den Zahlenstrahl dreimal in dein Heft.

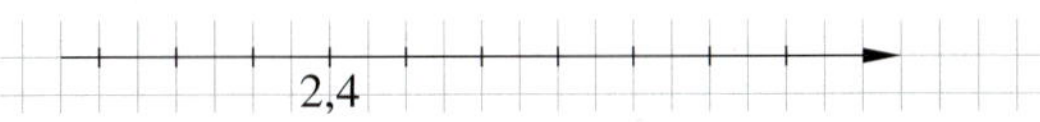

Beschrifte ihn so, dass ein Skalenstrich …
a) einem Zehntel entspricht,
b) einem Hundertstel entspricht,
c) einem Tausendstel entspricht.

37 Lies die markierten Dezimalbrüche vom Zahlenstrahl ab.

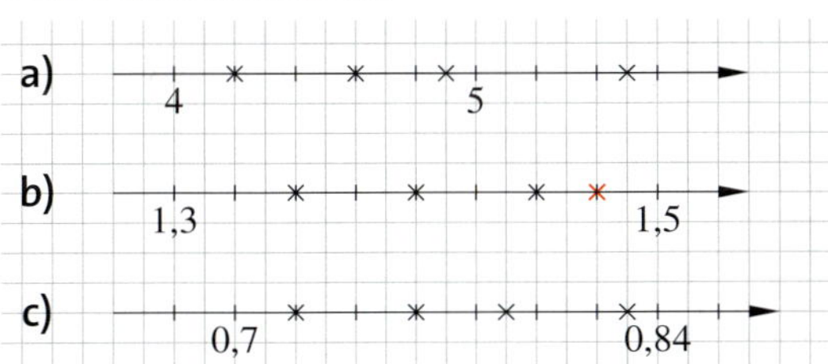

38 Zeichne einen Zahlenstrahl (1 LE = 10 cm). Überlege vorher, wie lang er sein muss.
Markiere darauf die gegebenen Zahlen:
0,75; 1,5; 0,6; 1,4; 1,25; 1,05; 0,95; 1,1.

39 Zeichne zu jeder Aufgabe einen geeigneten Zahlenstrahl und markiere die Lage der Dezimalbrüche.
a) 0,5; 0,6; 0,75; 1
b) 0,3; 0,34; 0,39; 0,4
c) 0,304; 0,32; 0,332; 0,34

40 Übertrage in dein Heft und setze das richtige Zeichen ein (>, <, =).

a) $0{,}2 \;\square\; \frac{1}{2}$ b) $0{,}7 \;\square\; \frac{7}{10}$ c) $\frac{2}{5} \;\square\; 0{,}25$
d) $\frac{2}{100} \;\square\; 0{,}2$ e) $1{,}5 \;\square\; 1\frac{1}{5}$ f) $\frac{3}{7} \;\square\; 0{,}3$
g) $\frac{1}{25} \;\square\; 0{,}125$ h) $5\,\% \;\square\; \frac{1}{50}$ i) $\frac{1}{12} \;\square\; 10\,\%$

41 Gib den Bruch in Prozentschreibweise an. Lässt sich der Nenner nicht auf 100 erweitern, so prüfe, ob der Bruch vorher gekürzt werden kann.

a) $\frac{6}{25}$ b) $\frac{19}{20}$ c) $\frac{3}{4}$
d) $\frac{12}{40}$ e) $\frac{28}{80}$ f) $\frac{13}{65}$
g) $\frac{15}{60}$ h) $\frac{27}{150}$ i) $\frac{9}{4}$

BEACHTE
Die Lösungen zu Aufgabe 41 ergeben in der richtigen Reihenfolge den Namen einer europäischen Hauptstadt. Zu welchem Land gehört die Stadt?
18 (C); 20 (R); 24 (P); 25 (I); 30 (G); 35 (O); 75 (D); 95 (O); 225 (A)

42 Johanna soll für ihre Mutter im Supermarkt 500 g Hackfleisch einkaufen. Welche Verpackung sollte sie nehmen?

43 Beim Qualifying zum Großen Preis von Ungarn auf dem Hungaro-Ring erzielten die Fahrer folgende Zeiten:

Fahrer	Team	Zeit (in min)
Alonso	Ferrari	1:19,791
Grosjean	Lotus	1:19,595
Hamilton	Mercedes	1:19,388
Massa	Ferrari	1:19,929
Raikkönen	Lotus	1:19,851
Rosberg	Mercedes	1:19,720
Vettel	Red Bull	1:19,426

a) Stelle eine Rangliste auf.
b) Zwischen welchen beiden Fahrern fiel die Entscheidung am knappsten aus?
c) Welche Fahrer hätten die gleichen Zeiten, wenn nur auf Zehntelsekunden genau gemessen würde?

44 Ordne den Abbildungen die passenden Anteile in Bruch-, Dezimalbruch- und Prozentschreibweise aus der Randspalte zu.

a) 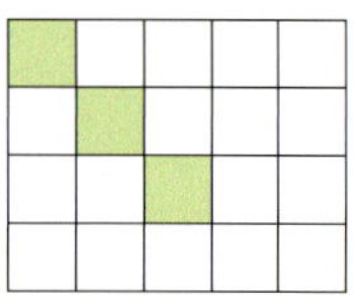
b) 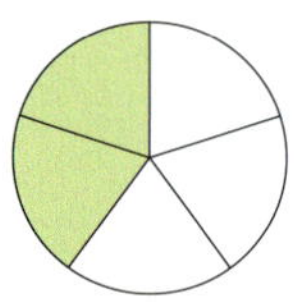
c) 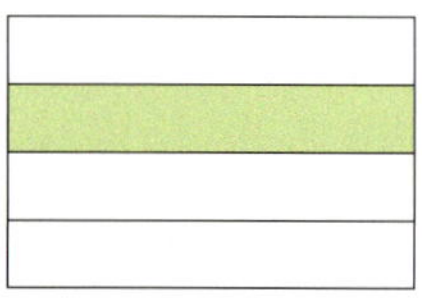
d) 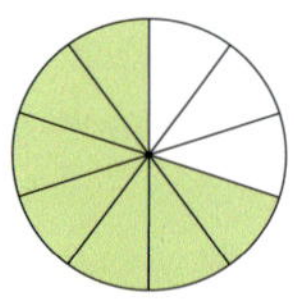
e) 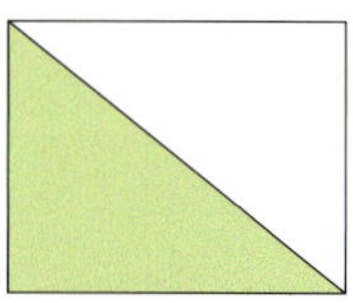
f) 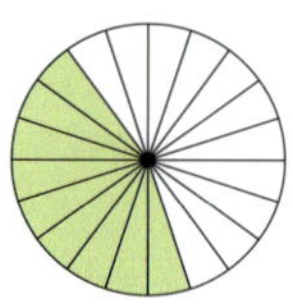

$\frac{1}{4}$	$\frac{9}{20}$
$\frac{7}{10}$	$\frac{1}{2}$
$\frac{3}{20}$	$\frac{2}{5}$
0,4	0,25
0,15	0,7
0,5	0,45
70 %	45 %
40 %	15 %
25 %	50 %

45 Was ist größer? Begründe.

a) $\frac{1}{2}$; 10 % b) 0,25; $\frac{25}{10}$ c) 0,67; 67 %
d) $\frac{6}{25}$; 1,8 e) $\frac{9}{20}$; 46 % f) 1,13; 131 %

46 Auf Verpackungen, Kleidungsstücken und Prospekten findet man häufig Prozentangaben.

a) Sammle Beispiele für Prozentangaben, indem du sie z. B. ausschneidest oder fotografierst.
b) Erkläre die Bedeutung der Prozentangaben.

47 Weltweit gibt es viele große Städte.

Istanbul	13 820 194	London	8 173 900
New York	8 244 910	Peking	15 796 450
Moskau	11 551 930	Tokio	8 726 529
Düsseldorf	592 393	Paris	2 181 371
Mexiko City	19 981 801	Berlin	3 515 473

a) Runde die Einwohnerzahlen auf Millionen mit einer Stelle hinter dem Komma.
BEISPIEL Hamburg 1773218 ≈ 1,8 Mio.
b) In welchen Ländern liegen die Städte?

48 Finde die Zahl.

a) Welche Zahl hat den gleichen Abstand zur 1 wie 0,9999?
b) Welche Zahl hat den gleichen Abstand zur 5 wie 3,01?
c) Welche Zahl liegt genau in der Mitte zwischen 0,1 und 0,11?
d) Welche Zahl liegt genau zwischen $\frac{1}{5}$ und 0,5?

Umwandeln von Brüchen in Dezimalbrüche

Erforschen und Entdecken

1 Finde mindestens drei unterschiedliche Sprechweisen für die folgenden Größen.

BEISPIEL 0,75 m oder 75 cm oder $\frac{3}{4}$ m

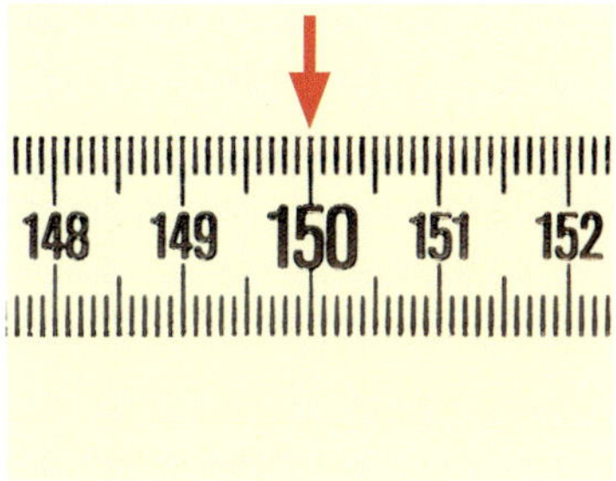

2 Ihr benötigt:
einen Eimer mit einem Fassungsvermögen von mindestens 5 Litern und fünf Messbecher mit einem Fassungsvermögen von mindestens einem Liter.
Nehmt folgende Verteilungen vor.
Bestimmt dann jeweils an der Skala den Wasserstand und notiert das Ergebnis.

a) 3 ℓ Wasser gleichmäßig auf vier Messbecher verteilen.
b) 4 ℓ Wasser gleichmäßig auf fünf Messbecher verteilen.
c) 3 ℓ Wasser gleichmäßig auf fünf Messbecher verteilen.
d) 2 ℓ Wasser gleichmäßig auf drei Messbecher verteilen.
e) Nehmt weitere Verteilungen vor und notiert das Ergebnis.

3 Melissa soll den Bruch $\frac{3}{4}$ in einen Dezimalbruch umwandeln.

a) Bringe die Rechenschritte in die richtige Reihenfolge und erläutere sie.

Ⓐ
$\frac{3}{4} = 3 : 4$

Ⓑ
3,00 : 4 = 0,
0
30

Ⓒ
3,00 : 4 = 0
0
3

Ⓓ
3,00 : 4 = 0,75
0
30
28
20
20
0

Ⓔ
3,00 : 4 = 0,7
0
30
28
2

Ⓕ
3 : 4 = 3,00 : 4

b) Melissas Bruder Piet geht wie folgt vor: $\frac{3}{4} = \frac{75}{100} = 0{,}75$
Erläutere auch hier jeden Rechenschritt.

c) Warum lässt sich der Bruch $\frac{5}{6}$ nicht mit Piets Methode in einen Dezimalbruch umwandeln?

d) Wandle den Bruch $\frac{5}{6}$ mit Melissas Methode in einen Dezimalbruch um.
Was fällt dir auf?

Lesen und Verstehen

Eileen arbeitet nur ungerne mit Brüchen. Daher möchte sie die Brüche $\frac{1}{4}$, $\frac{28}{200}$, $\frac{56}{25}$, $\frac{2}{9}$ und $\frac{5}{6}$ in Dezimalbrüche umwandeln.

Für das **Umwandeln eines Bruchs in einen Dezimalbruch** gibt es zwei Möglichkeiten:

1. Möglichkeit
Der Nenner lässt sich durch Erweitern oder Kürzen auf 10, 100, 1000 usw. bringen. Brüche mit einer 10, 100, 1000 usw. im Nenner heißen **Zehnerbrüche**.

BEISPIEL 1

$\frac{1}{4} = \frac{25}{100} = 0{,}25$

$\frac{28}{200} = \frac{14}{100} = 0{,}14$

$\frac{56}{25} = \frac{224}{100} = 2{,}24$

$\frac{56}{25} = 2\frac{6}{25} = 2\frac{24}{100} = 2{,}24$

2. Möglichkeit
Brüche können durch schriftliche Division in Dezimalbrüche umgewandelt werden. Der Bruchstrich kann bei allen Brüchen als Divisionszeichen gedeutet werden. Bei vielen Brüchen führt diese Rechnung dazu, dass sich Ziffern im Ergebnis wiederholen.

BEISPIEL 2

$1 : 4 = 1{,}00 : 4 = 0{,}25$
0
10 ← Komma-überschreitung, denn 1 = 1,00
8
20
20
0

$2 : 9 = 0{,}22\ldots = 0{,}\overline{2}$
0
20
18
20
18
2

$0{,}\overline{2}$ ist **reinperiodisch**.

$5 : 6 = 0{,}833\ldots = 0{,}8\overline{3}$
0
50
48
20
18
2

$0{,}8\overline{3}$ ist **gemischt-periodisch**.

BEACHTE
Sobald beim Dividenden das Komma überschritten wird, wird im Ergebnis ein Komma gesetzt.
Du kannst beim Dividenden unendlich viele Nullen nach dem Komma ergänzen, ohne den Wert des Dividenden zu verändern.

BEACHTE
$0{,}\overline{2}$ lies: Null Komma Periode 2.
$0{,}8\overline{3}$ lies: Null Komma 8 Periode 3.

Ein Dezimalbruch heißt **reinperiodisch**, wenn sich eine Ziffer oder eine Ziffernfolge direkt nach dem Komma ständig wiederholt.
Ein Dezimalbruch heißt **gemischtperiodisch**, wenn nach dem Komma eine oder mehrere Ziffern vorkommen, die nicht zur Periode gehören.

Basisaufgaben

1 Erweitere auf einen Zehnerbruch und schreibe als Dezimalbruch.

a) $\frac{1}{2}$ b) $\frac{1}{5}$ c) $\frac{3}{4}$ d) $\frac{19}{50}$
e) $\frac{7}{20}$ f) $\frac{13}{25}$ g) $\frac{37}{500}$ h) $\frac{9}{250}$

2 Kürze auf einen Zehnerbruch und schreibe als Dezimalbruch.

a) $\frac{14}{20}$ b) $\frac{21}{70}$ c) $\frac{27}{30}$ d) $\frac{9}{90}$
e) $\frac{36}{60}$ f) $\frac{28}{400}$ g) $\frac{99}{300}$ h) $\frac{114}{200}$

3 Kürze und erweitere zu einem Zehnerbruch und schreibe als Dezimalbruch.

BEISPIEL $\frac{6}{30} = \frac{1}{5} = \frac{2}{10} = 0{,}2$

a) $\frac{7}{14}$ b) $\frac{14}{35}$ c) $\frac{4}{80}$ d) $\frac{33}{60}$
e) $\frac{12}{75}$ f) $\frac{42}{150}$ g) $\frac{30}{48}$ h) $\frac{56}{64}$

4 Verwandle in Dezimalbrüche und ordne der Größe nach.

a) $\frac{1}{4}, \frac{1}{8}, \frac{3}{4}, \frac{4}{5}, \frac{1}{2}, \frac{2}{5}$ b) $\frac{3}{20}, \frac{17}{25}, \frac{3}{50}, \frac{7}{10}, \frac{3}{5}, \frac{7}{8}$

046-1
Unter dem Webcode findest du eine interaktive Übung zur Umwandlung von Brüchen in Dezimalbrüche.

5 Welche Zahlen sind gleich?

a) 0,1; 0,2; 0,03; 0,05; $\frac{1}{10}$; $\frac{1}{20}$; $\frac{1}{5}$; $\frac{3}{100}$

b) $\frac{2}{5}$; $\frac{5}{10}$; $\frac{2}{8}$; $\frac{1}{4}$; $\frac{2}{4}$; $\frac{4}{10}$; $\frac{1}{2}$; 0,5; 0,25; 0,4

c) 0,4; 0,5; 0,6; 0,25; 0,100; $\frac{3}{12}$; $\frac{3}{5}$; $\frac{1}{10}$; $\frac{3}{6}$; $\frac{1}{4}$; $\frac{2}{5}$

d) $\frac{1}{5}$; $\frac{4}{5}$; $\frac{7}{10}$; $\frac{1}{4}$; $\frac{1}{25}$; $\frac{1}{20}$;
0,8; 0,25; 0,7; 0,04; 0,05; 0,2

6 Wandle in einen Dezimalbruch um.

BEISPIEL $4\frac{3}{5} = 4\frac{6}{10} = 4{,}6$

a) $4\frac{3}{10}$ b) $3\frac{1}{5}$ c) $5\frac{1}{2}$ d) $6\frac{3}{100}$

e) $1\frac{1}{4}$ f) $5\frac{9}{20}$ g) $12\frac{11}{25}$ h) $17\frac{3}{8}$

i) $9\frac{19}{40}$ j) $3\frac{7}{125}$ k) $5\frac{3}{20}$ l) $1\frac{1}{8}$

7 In vielen Rezepten werden Mengenangaben als Brüche angegeben. Um Apfeltörtchen zu backen, benötigt man folgendes Rezept. Schreibe die Zutatenliste neu und ersetze dabei die Brüche durch Dezimalbrüche.

$\frac{3}{8}$ Liter Apfelmus, $\frac{1}{4}$ Liter saure Sahne, 1 TL Zitronensaft, 1 P. Vanillezucker, $\frac{1}{2}$ Liter Schokoladensauce, $\frac{1}{8}$ Liter Sahne, 7 Blatt Gelatine, Minze und gebratene Apfelspalten.

8 Wandle die Brüche durch schriftliche Division in Dezimalbrüche um.

a) $\frac{4}{5}$ b) $\frac{3}{4}$ c) $\frac{5}{8}$ d) $\frac{7}{8}$

e) $\frac{9}{16}$ f) $\frac{13}{16}$ g) $\frac{7}{32}$ h) $\frac{25}{32}$

9 Can meint, dass man die Brüche $\frac{1}{3}$ und $\frac{1}{6}$ nicht in Zehnerbrüche umwandeln kann. Hat Can Recht? Begründe deine Entscheidung.

10 Wandle die Brüche durch schriftliche Division in Dezimalbrüche um. Gib an, ob es sich um einen reinperiodischen oder einen gemischtperiodischen Dezimalbruch handelt.

a) $\frac{1}{3}$ b) $\frac{4}{9}$ c) $\frac{1}{6}$ d) $\frac{2}{11}$

e) $\frac{7}{15}$ f) $\frac{5}{12}$ g) $\frac{4}{7}$ h) $\frac{9}{14}$

11 Gib für jede Farbe den vollständig gekürzten Bruchteil an und schreibe diesen ebenfalls als Dezimalbruch.

a)
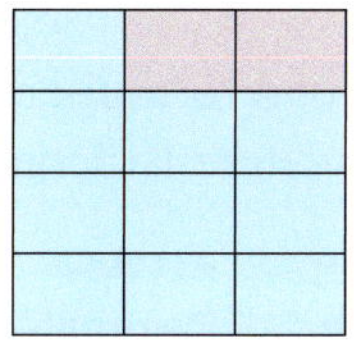

b)
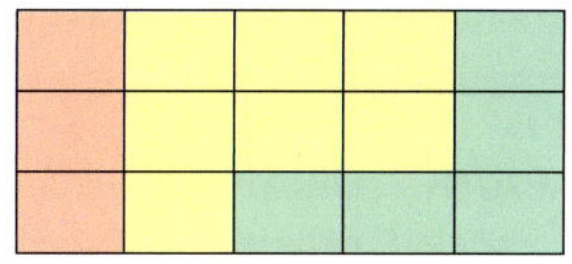

c)
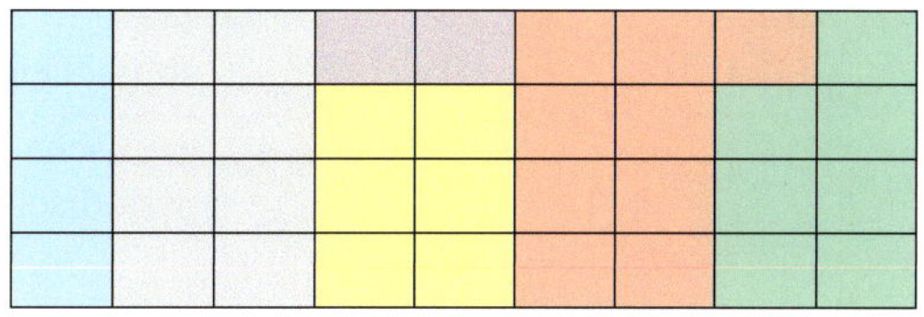

12 Übertrage die Tabelle in dein Heft, fülle sie aus und kreuze richtig an.

Bruch	Dezimalbruch	abbrechend	reinperiodisch	gemischtperiodisch
$\frac{3}{4}$	0,75	×		
$\frac{1}{3}$				
$\frac{1}{6}$				
$\frac{5}{12}$				
$\frac{3}{5}$				
$\frac{7}{10}$				
$\frac{8}{15}$				
$\frac{4}{9}$				
$\frac{17}{90}$				
$\frac{2}{7}$				

13 Schreibe als Dezimalbruch. Was fällt dir auf?

a) $\frac{1}{9}$; $\frac{2}{9}$; $\frac{4}{9}$; $\frac{7}{9}$ b) $\frac{10}{99}$; $\frac{13}{99}$; $\frac{40}{99}$; $\frac{58}{99}$

c) $\frac{1}{11}$; $\frac{2}{11}$; $\frac{3}{11}$; $\frac{4}{11}$

d) Schreibe die Dezimalbrüche $0{,}\overline{8}$ und $0{,}\overline{37}$ als Bruch.

e) Erläutere den Zusammenhang zwischen den Ergebnissen aus Teilaufgabe b) und c).

f) Schreibe als Dezimalbruch ohne zu rechnen: $\frac{123}{999}$; $\frac{25}{999}$; $\frac{8}{111}$

BEACHTE
Die Lösungen zu Aufgabe 8 ergeben in der richtigen Reihenfolge den Namen einer europäischen Hauptstadt. Zu welchem Land gehört die Stadt?
0,21875 (V); 0,5625 (J); 0,625 (R); 0,75 (A); 0,78125 (O); 0,8 (S); 0,8125 (E); 0,875 (A)

MERKE
$\frac{1}{3} = 0{,}\overline{3}$
$\frac{2}{3} = 0{,}\overline{6}$
$\frac{1}{6} = 0{,}1\overline{6}$

Weiterführende Aufgaben

BEACHTE
Jede natürliche Zahl, die nicht Primzahl ist, kann man als ein Produkt schreiben, dessen Faktoren alles Primzahlen sind.
Man nennt dies **Primfaktorzerlegung**.

Beispiel
$420 = 2 \cdot 2 \cdot 3 \cdot 5 \cdot 7$

14 Welche Brüche ergeben abbrechende Dezimalbrüche, welche reinperiodische und welche gemischtperiodische?
Fülle die Tabelle im Heft aus und formuliere einen Merksatz. Untersuche weitere Brüche.

Bruch	Dezimalbruch	Primfaktorzerlegung Nenner	Art des Dezimalbruchs
$\frac{3}{10}$	0,3	$10 = 2 \cdot 5$	abbrechend
$\frac{5}{6}$	$0{,}8\overline{3}$	$6 = 2 \cdot 3$	gemischtperiodisch
$\frac{7}{9}$			
$\frac{7}{12}$			
$\frac{4}{25}$			
$\frac{11}{15}$			
$\frac{3}{8}$			
$\frac{1}{7}$			
$\frac{5}{11}$			

15 Setze das richtige Zeichen (<; >).

a) $0{,}3 \;\square\; 0{,}\overline{3}$ b) $0{,}\overline{5} \;\square\; 0{,}5$
c) $0{,}\overline{7} \;\square\; 0{,}7$ d) $0{,}6 \;\square\; 0{,}\overline{5}$
e) $0{,}\overline{75} \;\square\; 0{,}76$ f) $3{,}35 \;\square\; 3{,}3\overline{5}$
g) $8{,}92 \;\square\; 8{,}\overline{82}$ h) $5{,}\overline{75} \;\square\; 5{,}78$

16 Setze das richtige Zeichen (<; >).

a) $0{,}35 \;\square\; 0{,}\overline{35}$ b) $0{,}\overline{62} \;\square\; 0{,}62$
c) $0{,}\overline{70} \;\square\; 0{,}71$ d) $0{,}\overline{97} \;\square\; 0{,}98$
e) $0{,}36 \;\square\; 0{,}3\overline{5}$ f) $0{,}\overline{35} \;\square\; 0{,}36$
g) $6{,}\overline{46} \;\square\; 8{,}\overline{82}$ h) $5{,}\overline{75} \;\square\; 5{,}78$

17 Setze das richtige Zeichen (<; >; =).

a) $\frac{1}{3} \;\square\; 0{,}3$ b) $\frac{1}{3} \;\square\; 0{,}\overline{3}$ c) $0{,}\overline{6} \;\square\; \frac{2}{3}$
d) $0{,}6 \;\square\; \frac{6}{10}$ e) $\frac{3}{9} \;\square\; 0{,}\overline{4}$ f) $\frac{3}{9} \;\square\; 0{,}4$

18 Ordne die Zahlen nach der Größe.

a) $0{,}3$ $0{,}\overline{3}$ $0{,}334$ $0{,}33$ $0{,}333$
b) $0{,}\overline{9}$ $0{,}9$ $0{,}99$ $0{,}09$ $0{,}\overline{09}$
c) $0{,}\overline{1}$ $0{,}1$ $0{,}11$ $0{,}\overline{01}$ $0{,}01$
d) $2{,}37$ $2{,}\overline{37}$ $2{,}377$ $2{,}378$ $2{,}373$
e) $0{,}16$ $0{,}1\overline{6}$ $0{,}166$ $0{,}167$ $0{,}17$

19 Setze die richtigen Zeichen (<; >; =).

a) $0{,}3 \;\square\; \frac{1}{3} \;\square\; 0{,}4$ b) $0{,}\overline{3} \;\square\; \frac{1}{3} \;\square\; 0{,}4$
c) $0{,}32 \;\square\; \frac{1}{3} \;\square\; 0{,}\overline{3}$ d) $0{,}\overline{4} \;\square\; \frac{1}{3} \;\square\; 0{,}3$
e) $\frac{2}{9} \;\square\; \frac{2}{10} \;\square\; \frac{2}{11}$ f) $\frac{2}{9} \;\square\; 0{,}\overline{2} \;\square\; 0{,}2$
g) $0{,}5 \;\square\; \frac{5}{9} \;\square\; \frac{6}{9}$ h) $0{,}5 \;\square\; \frac{5}{9} \;\square\; \frac{6}{10}$

20 Wandle $\frac{1}{7}, \frac{2}{7}, \frac{3}{7}, \frac{4}{7}, \frac{5}{7}, \frac{6}{7}$ in Dezimalbrüche um. Was fällt dir auf?

21 Wandle in Dezimalbrüche um und runde auf zwei Stellen nach dem Komma.

a) $\frac{2}{3}, \frac{5}{8}, \frac{3}{7}, \frac{5}{6}, \frac{4}{9}, \frac{15}{7}, \frac{18}{11}$ b) $\frac{35}{9}, \frac{55}{13}, \frac{11}{6}, \frac{13}{16}, \frac{7}{12}, \frac{19}{6}$

22 Dies ist der Notenspiegel für die Mathematikarbeit in der Klasse 6a.

Note	1	2	3	4	5	6
Anzahl	3	8	10	6	3	0

Gib den Notendurchschnitt als gemischten Bruch und in Dezimalschreibweise an.

23 Wie kann das sein? $0{,}\overline{9}$ gleich 1?
Zum Beweis wird häufig die folgende Argumentation genutzt:

a) Ergänze die Lücken in deinem Heft:
$\frac{1}{9} = \square$ $\frac{\square}{9} = 0{,}\overline{2}$ …
$\frac{\square}{\square} = 0{,}\overline{9}$ und $\frac{9}{9} = \square$

b) Recherchiere im Internet nach weiteren Beweisen. Kannst du sie nachvollziehen?

24 Präge dir diese Brüche mit den entsprechenden Dezimalbrüchen und Prozentangaben gut ein. Sie werden dir immer wieder begegnen.

Prozent	1 %	10 %	20 %	25 %	50 %	75 %	100 %
Bruch	$\frac{1}{100}$	$\frac{1}{10}$	$\frac{1}{5}$	$\frac{1}{4}$	$\frac{1}{2}$	$\frac{3}{4}$	$\frac{100}{100}$
Dezimalbruch	0,01	0,1	0,2	0,25	0,5	0,75	1

Töne und Klänge

Der berühmte griechische Mathematiker Pythagoras beobachtete beim Besuch einer Schmiede, dass unterschiedliche Töne entstanden, wenn der Schmied mit verschieden schweren Hämmern auf den Amboss schlug. Diese Beobachtung veranlasste ihn, sich mit harmonischen Klängen zu beschäftigen.
Er baute für seine Untersuchungen ein Saiteninstument, um die Höhe von Tönen vergleichen zu können. Dabei stellte er fest, dass eine fest eingespannte Saite einen bestimmten Ton erzeugt, wenn man sie anzupft.

Intervall	Anteil an der Grundsaite
Prime	$\frac{1}{1}$
Sekunde	$\frac{8}{9}$
Terz	$\frac{4}{5}$
Quarte	$\frac{3}{4}$
Quinte	$\frac{2}{3}$
Sexte	$\frac{3}{5}$
Septime	$\frac{8}{15}$
Oktave	$\frac{1}{2}$

Zupft man drei Viertel ihrer Saitenlänge an, entsteht ein Ton, der eine **Quarte** höher ist als der ursprüngliche.

Zupft man die Hälfte ihrer Saitenlänge an, entsteht ein Ton, der eine **Oktave** höher ist als der ursprüngliche.

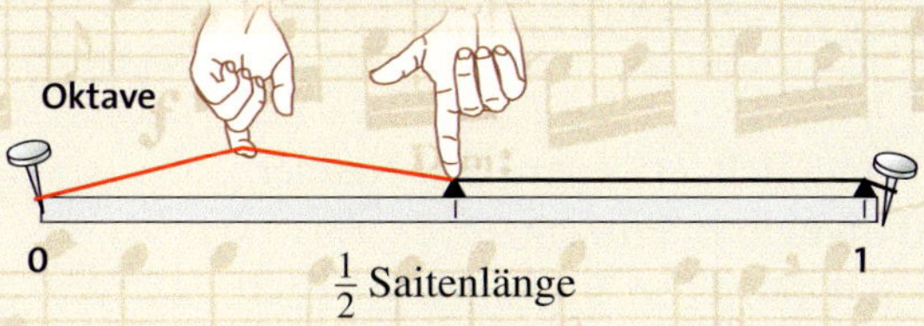

Zupft man zwei Drittel ihrer Saitenlänge an, entsteht ein Ton, der eine **Quinte** höher ist als der ursprüngliche.

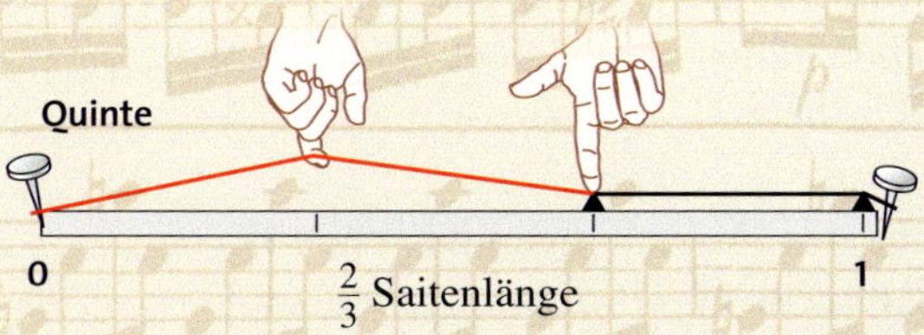

Intervall	Länge der gezupften Saite
Prime	600 mm
Sekunde	533 mm
Terz	
Quarte	
Quinte	
Sexte	360 mm
Septime	
Oktave	

1 Gesucht werden die Intervalllängen.

a) Für eine 60 cm lange Grundsaite ergeben sich die in der Tabelle angegebenen Längen. Berechne die anderen Längen.

b) Berechne die angezupften Saitenlängen, wenn die Grundsaite 120 cm lang ist. Gib ihre Länge in mm an.

2 Die Saitenlänge einer Grundsaite ist 80 cm lang.

a) Sie wird auf 48 cm verkürzt. Wie nennt man das entstehende Intervall?

b) Sie wird auf 60 cm verkürzt. Wie heißt das entstehende Intervall?

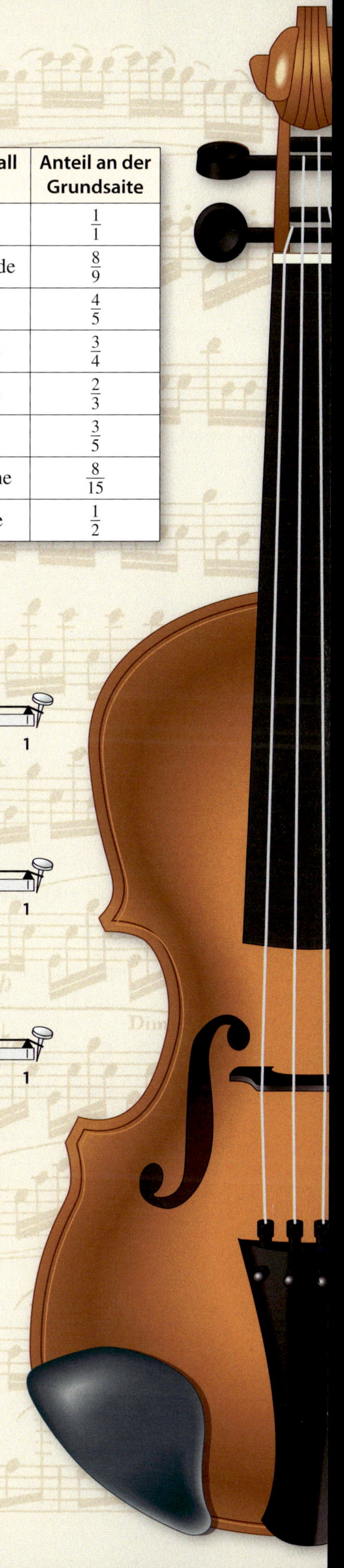

Vermischte Übungen

1 In einer Mindmap werden Zusammenhänge zwischen verschiedenen Begriffen mit Linien und Pfeilen dargestellt.
Zeichne eine Mindmap zum Thema „Brüche und Dezimalbrüche“.

2 Erläutere die Abbildungen.

a)

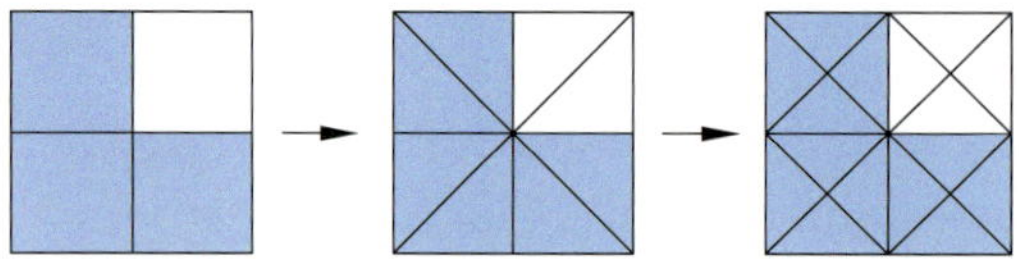

b)

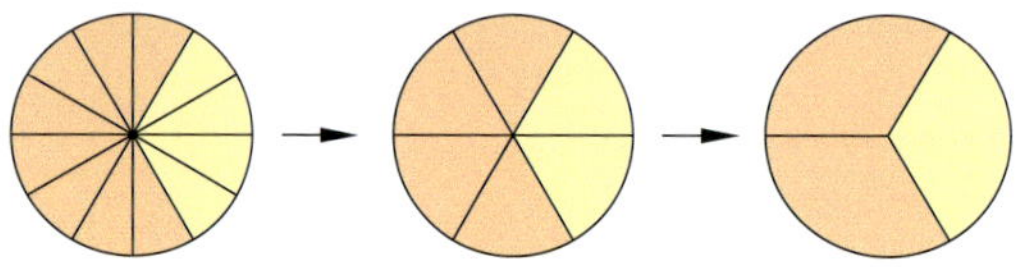

c)

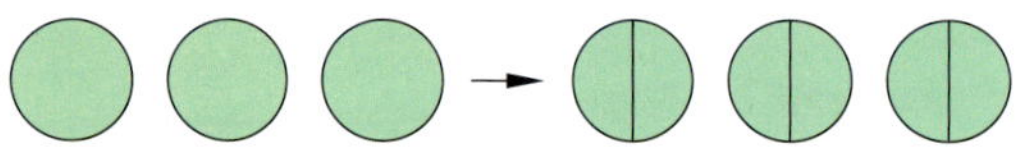

3 Welche Brüche sind gleich?
$\frac{4}{24}$; $\frac{1}{3}$; $\frac{2}{6}$; $\frac{2}{12}$; $\frac{1}{6}$; $\frac{3}{18}$; $\frac{40}{240}$; $\frac{3}{9}$; $\frac{4}{12}$; $\frac{20}{60}$; $\frac{10}{30}$

4 Falls möglich, erweitere den Nenner auf 100 und gib in Prozent an.
$\frac{1}{2}$; $\frac{1}{3}$; $\frac{3}{4}$; $\frac{3}{5}$; $\frac{5}{6}$; $\frac{2}{8}$; $\frac{3}{8}$; $\frac{7}{10}$; $\frac{8}{12}$; $\frac{9}{12}$; $\frac{10}{12}$; $\frac{11}{12}$; $\frac{7}{13}$
In welchen Fällen lässt sich der Nenner nicht auf 100 bringen?

5 Ordne den Darstellungen passende Brüche, Dezimalbrüche und Prozentangaben zu:

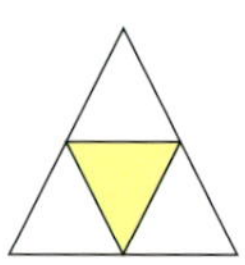

25 %   60 %

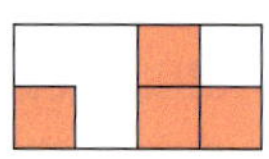

0,6   0,25

$\frac{6}{24}$ $\frac{4}{10}$ $\frac{3}{6}$

50 %   0,75

$\frac{3}{5}$ 75 %

0,5

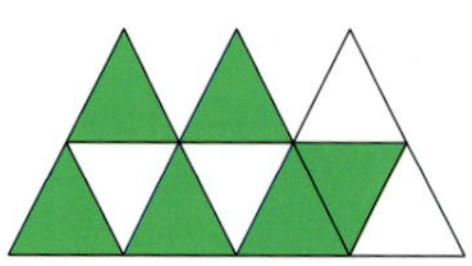

6 Erstelle mit deinem Nachbarn ein Quartett. Schneide dazu aus Plakatkarton 25 Rechtecke der Größe 9 cm × 6 cm aus. Schreibe wie im Bild auf je vier Rechtecke den gleichen Wert in verschiedenen Darstellungen.

Ein Rechteck bleibt frei oder wird als „Schwarzer Peter“ gekennzeichnet.
Spiele nun nach den bekannten Regeln mit deinem Nachbarn „Schwarzer Peter“.

7 Welche Brüche sind auf dem Zahlenstrahl markiert? Gib sie als Bruch und als Dezimalbruch an.

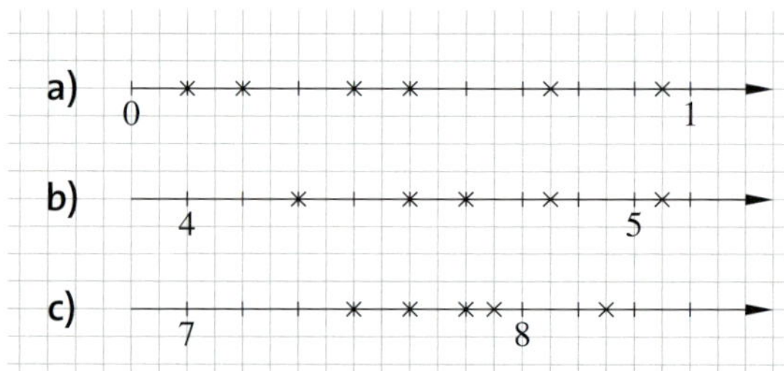

8 Zeichne einen Zahlenstrahl mit dem genannten Abstand zwischen 0 und 1 (Einheit) und trage die Zahlen ein.
a) Einheit 5 cm:
$\frac{2}{5}$; $\frac{4}{5}$; $1\frac{3}{5}$; 0,2; 0,6; 1,3
b) Einheit 8 cm:
$\frac{1}{8}$; $\frac{3}{4}$; $\frac{1}{2}$; $\frac{7}{16}$; 0,25; 0,875

9 Ordne die Dezimalbrüche. Beginne mit dem kleinsten.
a) 0,12   0,012   0,1   0,2
b) 2,3   2,23   2,32   2,2
c) 0,23   0,2   0,3   0,123

050-1
Unter dem Webcode befindet sich eine interaktive Übung zu gleichwertigen Brüchen.

NACHGEDACHT
Suche die Brüche zu den Buchstaben.

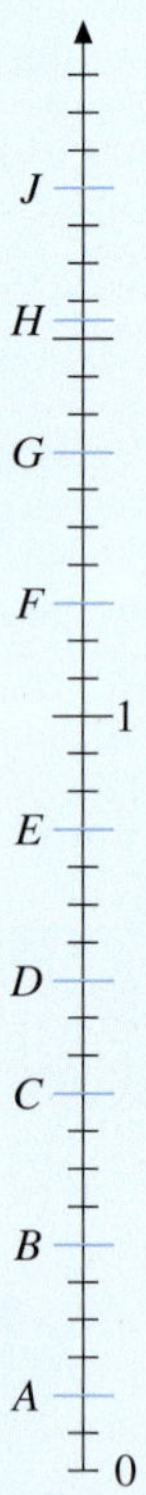

10 Ordne von klein nach groß.

a) $\frac{1}{2}$; $\frac{3}{4}$; 0,7; $0,\overline{6}$; $\frac{3}{7}$

b) 3,7; $\frac{7}{3}$; 2,3; $2\frac{1}{2}$; 2,03

c) 0,34; $0,3\overline{4}$; $0,\overline{34}$; $\frac{1}{3}$; $0,\overline{343}$

11 Übertrage in dein Heft und setze das richtige Zeichen ein (>, <, =).

a) $0,7$ ■ $0,\overline{7}$ b) 0,08 ■ 0,8

c) $1\frac{1}{4}$ ■ 1,4 d) 9 % ■ 0,9

e) $\frac{1}{3}$ ■ $0,\overline{3}$ f) $\frac{2}{3}$ ■ 0,6

g) $\frac{4}{25}$ ■ 0,425 h) $\frac{2}{5}$ ■ 0,400

12 Wahr oder falsch? Begründe.

a) 0,17 = 0,170 b) $1,3 = 1\frac{3}{10}$

c) 0,3 = 3 % d) 0,3 = 0,03

e) 2,8 = 28 % f) 0,99 = 99 %

13 Klassensprecherwahl in der 6 a:
Jeder Vierte hat Amelie gewählt.
2 von 5 haben Jonas ihre Stimme gegeben.
35 % wollten Elias als Klassensprecher.
Wer wurde Klassensprecher? Begründe.

14 Gib als Dezimalbruch und als vollständig gekürzten Bruch an.

a) 30 % b) 50 % c) 8 %
d) 60 % e) 15 % f) 34 %
g) 75 % h) 120 % i) 0,2 %

15 Finde fünf Dezimalbrüche und drei Brüche, die größer als 1,2 und kleiner als 1,3 sind. Erkläre, wie du vorgegangen bist.

16 Begründe oder widerlege die Aussage.

a) Es gibt keine kleinste Zahl, die größer als Null ist.
b) Zwischen zwei verschiedenen Dezimalbrüchen liegen unendlich viele andere Dezimalbrüche.
c) Jeder Bruch kann als Dezimalbruch dargestellt werden.
d) Hat ein Bruch einen einstelligen Nenner, so ist der zugehörige Dezimalbruch abbrechend.

17 Jannis denkt sich einen Dezimalbruch mit zwei Nachkommastellen. Er rundet und erhält dann 6,4.
Welche Zahl kann er sich gedacht haben?

18 Eine Zahl mit drei Nachkommastellen wurde auf 11,3 gerundet.
Bestimme die kleinst- und größtmögliche Ausgangszahl.

19 Die Tabelle zeigt die Anzahl der Schülerinnen und Schüler in den verschiedenen Schulformen in Deutschland 2011/2012.

Schulform	Anzahl (in Mio.)
Grundschule	2,79
int. Gesamtschule	0,63
Gymnasium	2,43
Hauptschule	0,66
Realschule	1,13
Sekundarschulen (u. ä.)	0,40

a) Ordne die angegebenen Werte von klein nach groß.
b) Schreibe die Zahlenangaben ohne Komma und gib an, auf welche Stelle die Schülerzahlen gerundet wurden.
c) Gib für jede Schulform den kleinst- und größtmöglichen wirklichen Wert an.
d) Warum werden große Zahlen häufig gerundet und als Dezimalbruch geschrieben?

20 In den Niederlanden bezahlt man nicht mit 1- und 2-Cent-Münzen. An der Kasse werden die Beträge so gerundet, dass 1- und 2-Cent-Münzen nicht benötigt werden.

BEISPIEL Statt 4,37 € bezahlt man 4,35 €.
Statt 12,03 € zahlt man 12,05 €.

a) Welche Beträge sind zu zahlen?
12,39 €; 18,41 €; 24,16 €; 2,44 €; 5,13 €
b) In welchen Fällen wird zu Gunsten des Käufers gerundet?
c) In welchen Fällen wird zu Gunsten des Verkäufers gerundet?
d) Hältst du das Verfahren für sinnvoll?

BEACHTE
Wenn 3 von 8 Losen Gewinne sind, so beträgt die Gewinnwahrscheinlichkeit $\frac{3}{8} = 0{,}375 = 37{,}5\,\%$

Niete oder Hauptgewinn?

Auf einem Schulfest stehen drei Lostrommeln.
Die Schülerinnen und Schüler können selbst wählen, aus welcher Trommel sie ein Los ziehen.

a) Gib in einer Tabelle die Gewinnwahrscheinlichkeit für die drei Lostrommeln jeweils als Bruch, als Dezimalbruch und in Prozentschreibweise an.

b) Übertrage den Zahlenstrahl in dein Heft, ergänze die Beschriftung an den markierten Stellen und trage die Gewinnwahrscheinlichkeiten der einzelnen Lostrommeln ein.

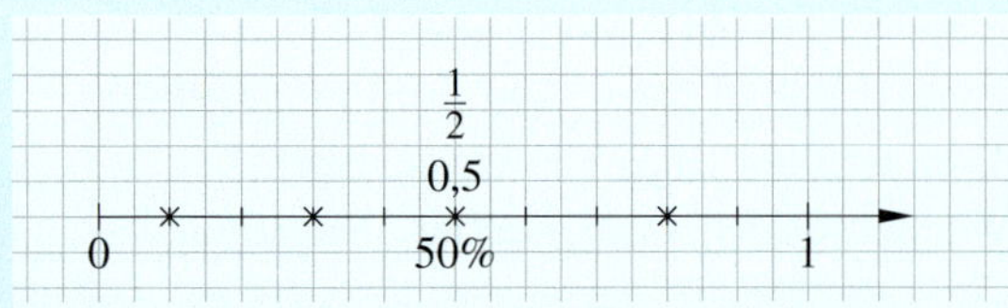

c) Die Lostrommeln 1, 2 und 3 sollen mit je 600 Losen bestückt werden.
Wie viele Lose in den einzelnen Trommeln sind Nieten?

d) Die Gewinnwahrscheinlichkeit in einer vierten Lostrommel soll größer sein als die in Lostrommel 2 und kleiner als die in Lostrommel 1.
Gib mindestens fünf unterschiedliche Gewinnwahrscheinlichkeiten in Bruch-, Dezimalbruch- und Prozentschreibweise an.

e) Richtig oder falsch: Wenn ich bei Lostrommel 2 fünf Lose ziehe, so gewinne ich in jedem Fall.

f) In jeder der drei Lostrommeln befinden sich 600 Lose. Sie werden in einer großen Lostrommel zusammengeschüttet. Gib wieder die Gewinnwahrscheinlichkeit als Bruch, Dezimalbruch und in Prozentschreibweise an. Beschreibe dein Vorgehen.

g) 300 Lose aus der ersten, 200 Lose aus der zweiten und 400 Lose aus der dritten Lostrommel werden in einer großen Lostrommel zusammengeschüttet.
Bestimme die neue Gewinnwahrscheinlichkeit. Warum kann man nicht einfach die alten Gewinnwahrscheinlichkeiten addieren und durch 3 dividieren?

Alles klar?

Entscheide, ob die Aussagen richtig oder falsch sind.
Begründe deine Entscheidung im Heft und korrigiere gegebenenfalls.

1 Brüche kürzen und erweitern

a) $\frac{1}{2} = \frac{7}{14} = \frac{14}{28} = \frac{140}{280}$

b) $\frac{60}{140} = \frac{6}{14} = \frac{3}{7} = \frac{1}{5}$

c) Wird ein Bruch mit 2 erweitert, so wird der Wert des Bruchs verdoppelt.

d) Sind Zähler und Nenner eines Bruchs ungerade, so kann der Bruch nicht gekürzt werden.

e) In einem Bruch sind Zähler und Nenner sowohl durch 3 als auch durch 7 teilbar. Kürzt man diesen Bruch erst mit 3 und dann mit 7, so erhält man das gleiche Ergebnis, wie wenn man den Bruch erst mit 7 und dann mit 3 kürzt.

2 Brüche vergleichen und ordnen

a) Für den Zahlenstrahl unten gilt: A = $\frac{2}{10} = \frac{1}{5}$; B = $\frac{7}{20}$ und C = $\frac{15}{20} = \frac{3}{4}$

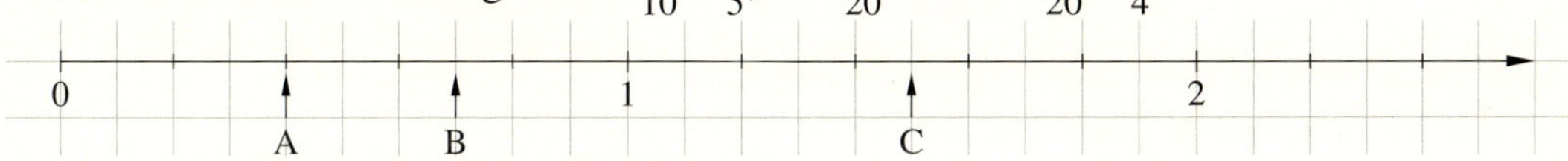

b) $\frac{4}{5} > \frac{1}{5}$

c) $\frac{3}{7} < \frac{3}{8}$

d) $\frac{3}{7} < \frac{1}{3}$

e) $\frac{7}{12} < \frac{5}{8}$

f) $\frac{3}{4} = \frac{4}{3}$

g) $\frac{18}{5} = 3\frac{3}{5}$

3 Dezimale Schreibweise und Prozentschreibweise

a) 0,23 wird „Null Komma dreiundzwanzig" gelesen.

b) $0{,}2 = \frac{2}{10} = \frac{1}{5}$

c) $\frac{18}{10} = 0{,}18$

d) $0{,}04 = 0{,}040000$

e) $1{,}5 = 1\frac{1}{5}$

f) $2{,}07 < 2{,}7 < 2{,}70$

g) $\frac{19}{100} = 0{,}19 = 19\,\%$

h) $5\,\% = \frac{1}{5}$

4 Dezimalbrüche runden

a) Rundet man 0,2591 auf Tausendstel, so erhält man 0,26.

b) Rundet man 9,971 auf Zehntel, so erhält man 10.

5 Umwandeln von Brüchen in Dezimalbrüche

a) $0{,}\overline{2}$ ist ein reinperiodischer Bruch, $0{,}\overline{12}$ ein gemischtperiodischer Bruch.

b) $0{,}\overline{25}$ wird „Null Komma zwei fünf Periode" gelesen.

c) $9\frac{3}{20} = 9\frac{15}{100} = 9{,}15$

d) $\frac{7}{6} = 7 : 6 = 1{,}1\overline{6}$

e) $1{,}3 < 1{,}\overline{3} < 1{,}33 < 1{,}4 < 1{,}\overline{4}$

BEACHTE
Die Lösungen zu den Aufgaben auf dieser Seite sowie dazu passende Trainingsaufgaben findest du ab Seite 196.

Zusammenfassung

→ Seite 32

Brüche kürzen und erweitern

Erweitern eines Bruchs bedeutet, Zähler und Nenner mit derselben natürlichen Zahl zu multiplizieren.
Kürzen eines Bruchs bedeutet, Zähler und Nenner durch die gleiche natürliche Zahl zu dividieren.
Beides verändert den Wert des Bruchs nicht.

$\frac{2}{3} = \frac{2 \cdot 2}{3 \cdot 2} = \frac{4}{6}$

$\frac{12}{15} = \frac{12 : 3}{15 : 3} = \frac{4}{5}$

→ Seite 36

Brüche vergleichen und ordnen

Brüche, bei denen der Zähler größer ist als der Nenner, lassen sich als **gemischte Zahlen** schreiben.
Ein Bruch ist größer als ein anderer Bruch, wenn er auf dem Zahlenstrahl weiter rechts liegt.
Brüche können verglichen werden, indem man sie zuerst gleichnamig macht und dann die Zähler vergleicht.

$\frac{9}{4} = \frac{8+1}{4} = 2\frac{1}{4}$

$0 < \frac{1}{3} < \frac{1}{2} < \frac{2}{3} < 1$

$\frac{2}{5} < \frac{4}{5}$, weil $2 < 4$

$\frac{1}{3} = \frac{2}{6} < \frac{3}{6} = \frac{1}{2}$

→ Seite 40

Dezimale Schreibweise und Prozentschreibweise

Dezimalbrüche lassen sich in einer erweiterten Stellenwerttafel darstellen. Die Ziffern nach dem Komma sind: Zehntel (z), Hundertstel (h), Tausendstel (t) usw.
Dezimalbrüche sind Brüche in einer anderen Schreibweise. Brüche mit dem Nenner Hundert kann man auch in **Prozentschreibweise** angeben.

H	Z	E		z	h	t
	4	2	,	1	9	0

$42{,}190 = 42\frac{190}{1000} = 42\frac{19}{100}$

$0{,}25 = \frac{25}{100} = 25\,\%$

→ Seite 42

Runden

Lege die Stelle fest, auf die gerundet werden soll.
Betrachte die nächstfolgende Ziffer:

- Ist diese Ziffer **0, 1, 2, 3** oder **4**, so rundet man ab.
- Ist die Ziffer **5, 6, 7, 8** oder **9**, so rundet man auf.

$1{,}\underline{4}49$	$1{,}4\underline{4}9$	$0{,}6\underline{0}2$
1,449	1,449	0,602
≈	≈	≈
1,4	1,45	1,60

→ Seite 46

Umwandeln von Brüchen in Dezimalbrüche

Den Bruchstrich kann man als Divisionszeichen deuten.

Umwandeln von Brüchen in Dezimalbrüche (2 Varianten):

1. Der Nenner lässt sich durch Erweitern oder Kürzen auf 10, 100, 1000 usw. bringen.
2. Brüche können auch durch schriftliche Division in Dezimalbrüche umgewandelt werden.

Man unterscheidet **reinperiodische** ($0{,}\overline{2}$) und **gemischtperiodische** ($0{,}1\overline{6}$) Dezimalbrüche.

$\frac{5}{6} = 5 : 6 = 0{,}8\overline{3}$

$\frac{1}{4} = \frac{25}{100} = 0{,}25 \quad \frac{3}{8} = \frac{375}{1000} = 0{,}375$

$2 : 9 = 0{,}\overline{2}$
0
20
18
2

$1 : 6 = 0{,}1\overline{6}$
0
10
6
40
36
4

Lies: Null Komma Eins Periode Sechs

Winkel

Brücken verbinden Stadtteile, Länder und Kontinente. So verschieden wie Brücken sein können, haben sie doch bestimmte Gemeinsamkeiten: Für Stabilität sorgen Stahlträger, die parallel zueinander stehen und senkrecht zur Fahrbahn verlaufen. In ihren Verstrebungen kann man vielfältige geometrische Formen erkennen wie z. B. Winkel und Dreiecke.
In diesem Kapitel erfährst du, welche verschiedenen Arten von Winkeln es gibt. Außerdem lernst du, wie man die Größe von Winkeln misst und wie man Winkel mit dem Geodreieck zeichnet.

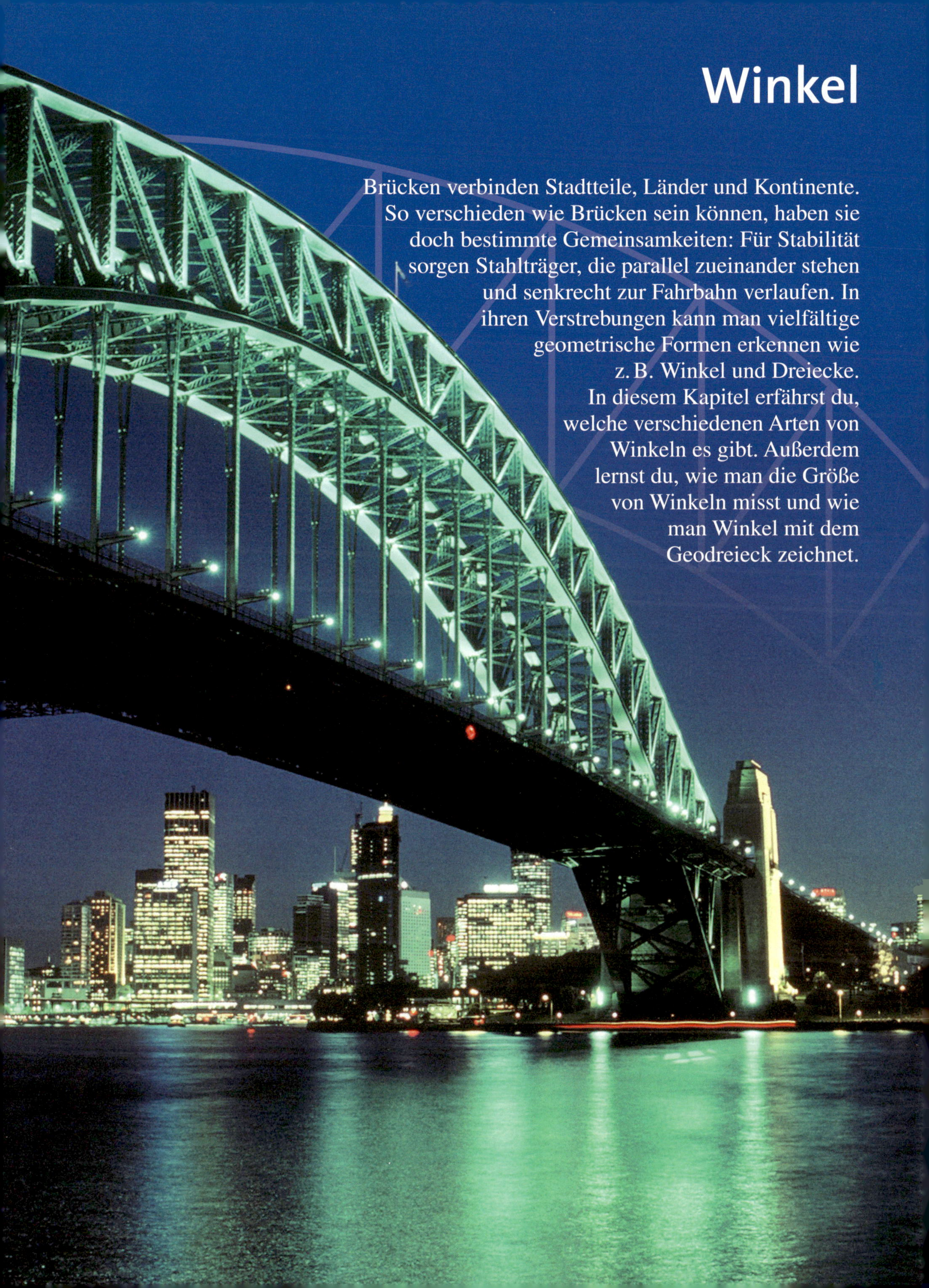

Noch fit?

1 Erkläre genau, woran man die folgenden geraden Linien erkennt.
Bilde dazu Sätze wie „Eine Strecke hat einen Anfangspunkt und ■ Endpunkt."
Skizziere die Linie und beschrifte sie.

a) Strecke **b)** Strahl **c)** Gerade

2 Betrachte das „Gesicht" im Koordinatensystem.

a) Gib im Heft die Koordinaten der Punkte *A* bis *L* an.

b) Zeichne ein Koordinatensystem und trage diese Punkte ein:
$A(0|0)$; $B(0|2)$; $C(2|4)$; $D(2|6)$; $E(3|9)$; $F(4|6)$; $G(4|4)$; $H(11|4)$; $I(13|2)$; $J(13|0)$
Verbinde die Punkte in der Reihenfolge des Alphabets. Benutze dazu ein Lineal. Welche Figur entsteht?

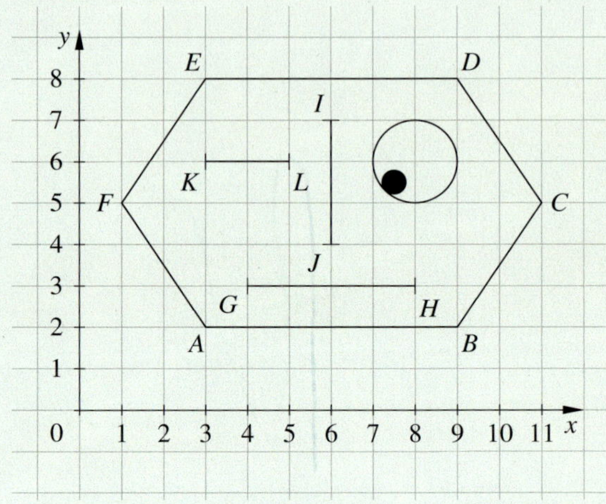

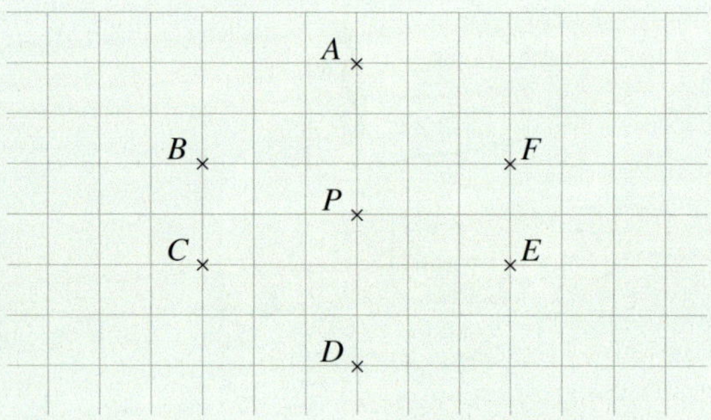

3 Übertrage die Abbildung links ins Heft.

a) Zeichne vom Punkt *P* aus Strahlen durch die Punkte *A* bis *F*.

b) Zeichne die Strecken $\overline{AB}$, $\overline{AC}$, $\overline{AE}$, $\overline{AF}$, $\overline{BC}$, $\overline{BF}$, $\overline{CD}$, $\overline{CE}$, $\overline{DE}$ und $\overline{EF}$.

c) Welche dieser Strecken sind gleich lang? Miss ihre Längen und schreibe sie auf. Zeichne gleich lange Strecken mit der gleichen Farbe nach.

4 Ergänze die Sätze im Heft. Nutze dazu die Textstücke unten. Manchmal passen auch mehrere Textstücke.

a) Im Rechteck …
b) Im Parallelogramm …
c) Ein Quadrat …
d) Eine Raute …

- hat vier gleich lange Seiten
- stehen … senkrecht zueinander
- benachbarte Seiten
- verlaufen … parallel zueinander
- gegenüberliegende Seiten

Bunt gemischt

1. Nenne mindestens fünf Zahlen, durch die 360 teilbar ist.
2. Erkläre den Fehler: $12 + 4 \cdot 12 = 16 \cdot 12 = 192$
3. Berechne.
   a) $\frac{1}{6}$ von 360 **b)** $\frac{2}{3}$ von 360 **c)** $\frac{1}{5}$ von 360
4. Wandle um: 150 m = ■ cm; 400 mm = ■ cm; 0,03 km = ■ m

Winkel und Winkelarten

Erforschen und Entdecken

1 Auf dem Foto mit dem Liegestuhl wurden unterschiedliche Winkel markiert.

a) Übertrage die beiden anderen Bilder auf eine Folie und markiere verschiedene Winkel.

b) Finde weitere Beispiele aus deiner Umgebung, bei denen Winkel vorkommen. Suche dazu Bilder oder fertige selbst Skizzen an.

2 Bastele dir eine Winkelscheibe.
Material: weißes und farbiges Papier, Kreisvorlage oder Zirkel, Schere
Zeichne auf weißem Papier einen Kreis mit einem Radius von z. B. 7 cm und schneide ihn aus.
Zeichne dann einen gleich großen Kreis auf das farbige Papier und schneide auch ihn aus.
Schneide beide Kreisflächen vom Rand bis zur Mitte ein.
Schiebe die beiden Kreisflächen ineinander.

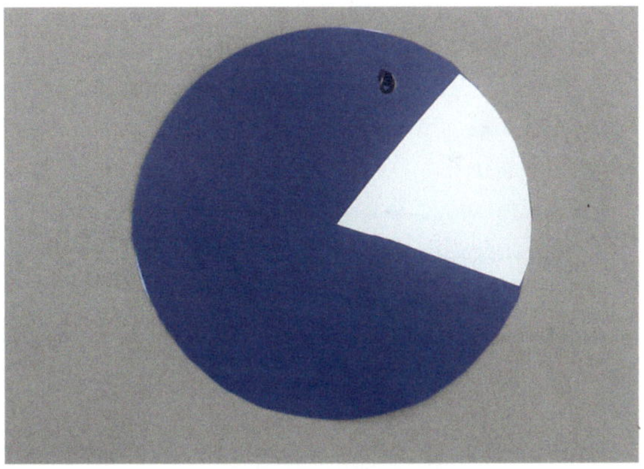

Arbeitet nun zu zweit.

a) Stellt eure Winkelscheibe wie auf den Bildern ein. Ordnet dann die Winkelarten aus der Randspalte und die Bilder einander zu. Die weiße Fläche stellt die Winkelart dar.

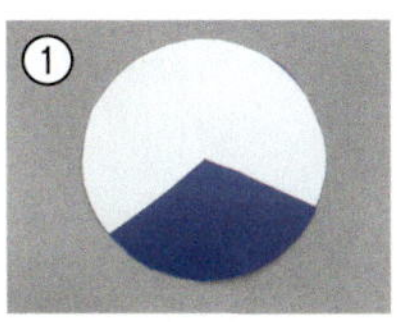

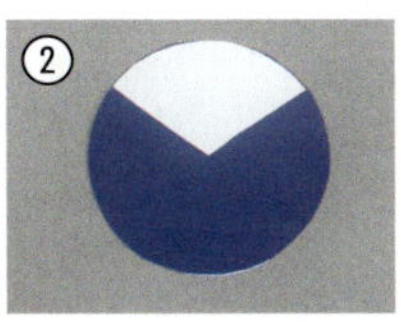

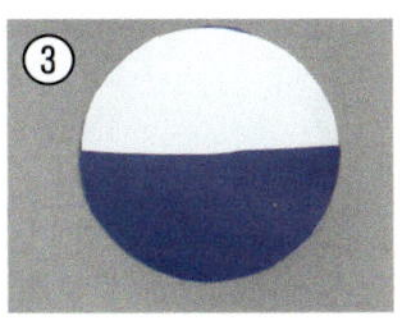

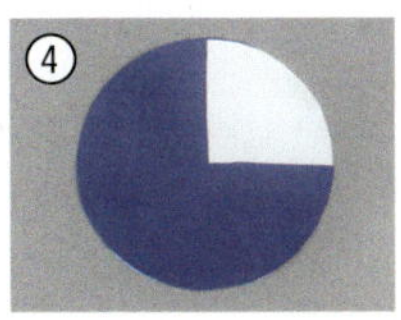

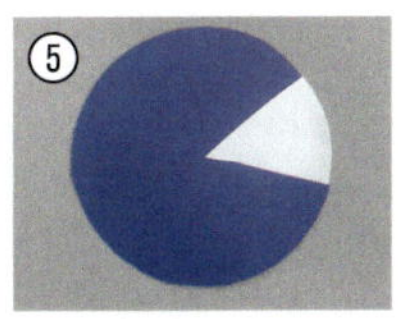

b) Stellt selbst abwechselnd verschiedene Winkel ein. Einer stellt seine Winkelscheibe, der andere muss die Winkelart bestimmen.

rechter Winkel

überstumpfer Winkel

spitzer Winkel

stumpfer Winkel

gestreckter Winkel

Lesen und Verstehen

Stellt man eine Leiter an die Wand, so darf der Winkel zwischen Boden und Leiter nicht zu klein werden, da die Leiter sonst rutscht.

Ein Winkel wird durch zwei Strahlen (**Schenkel** 1 und 2) begrenzt, die von einem gemeinsamen Punkt ausgehen. Diesen Punkt nennt man **Scheitelpunkt *S***.

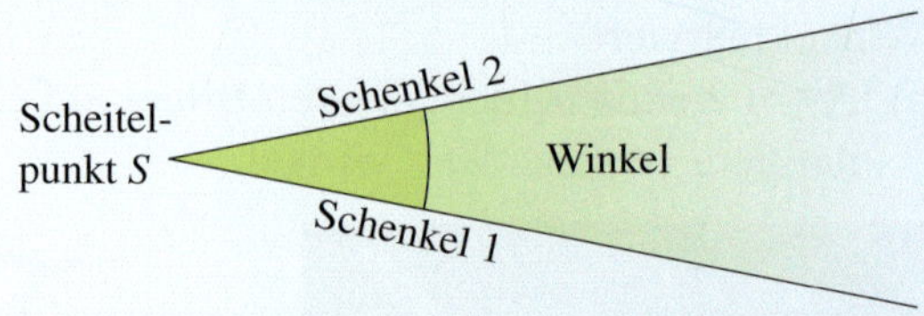

Winkel werden mit kleinen griechischen Buchstaben bezeichnet.

Alpha: α Beta: β Gamma: γ Delta: δ Epsilon: ε

Manchmal benennt man einen Winkel auch nach den beiden Strahlen, von denen er eingeschlossen wird: $\sphericalangle(g, h)$

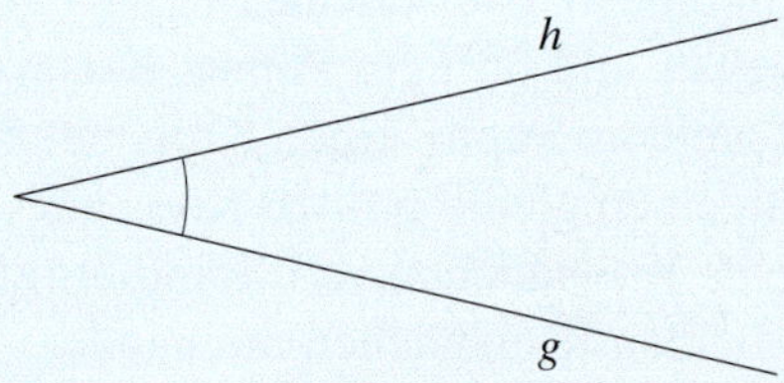

Die Größe des Winkels wird in Grad (°) gemessen. 1° erhält man, indem ein Kreis (Vollwinkel) in 360 gleich große Teile geteilt wird.
Man sagt: Der Winkel Alpha ist 40° groß.
Man schreibt: $\alpha = 40°$

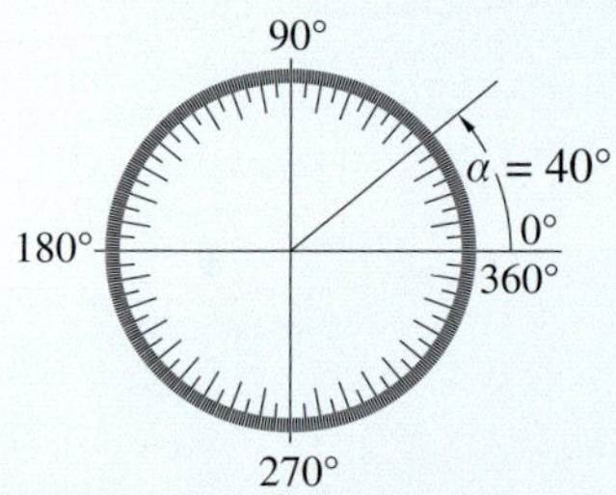

Winkelarten im Überblick

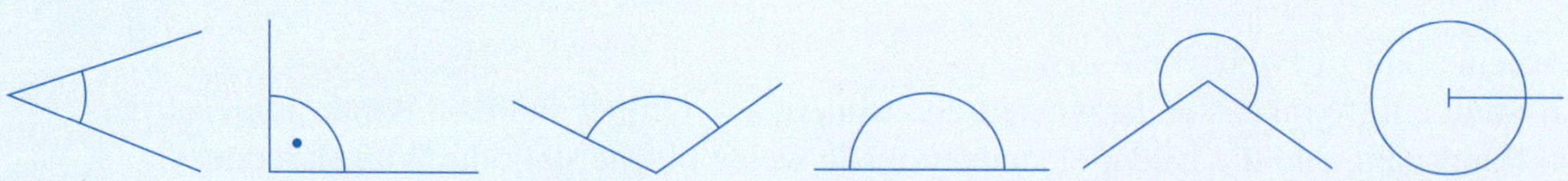

spitzer Winkel größer als 0°, kleiner als 90°

rechter Winkel genau 90°, Schenkel sind senkrecht zueinander

stumpfer Winkel größer als 90°, kleiner als 180°

gestreckter Winkel genau 180°

überstumpfer Winkel größer als 180°, kleiner als 360°

Vollwinkel genau 360°

Basisaufgaben

1 Erkläre, wo sich Scheitelpunkt und Schenkel der Winkel an folgenden Gegenständen befinden: Uhr, Bücherschrank, geöffnete Tür, Stuhl.

2 Spielt zu zweit: Einer stellt auf seiner Winkelscheibe einen Winkel ein, der andere muss die Art des Winkels nennen.

3 Jede Netzgiraffe hat ihr eigenes, unverwechselbares Muster auf dem Fell.

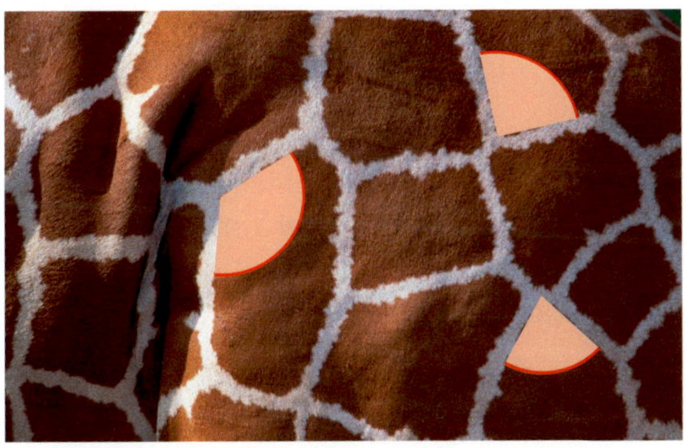

a) Gib für die gekennzeichneten Winkel die Winkelart an.
b) Finde zu jeder Winkelart ein weiteres Beispiel.

4 Welche Winkelart wurde auf dem Geobrett gespannt? Oft gibt es zwei Möglichkeiten.

a) 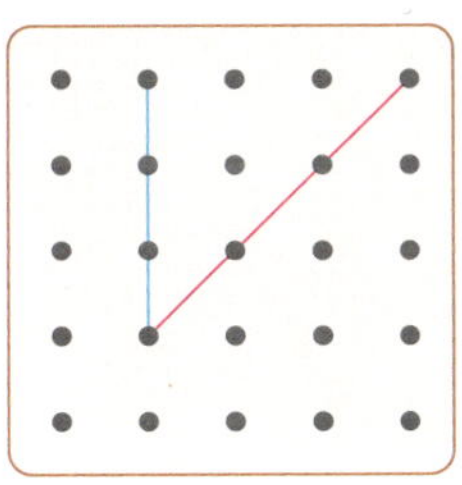

b) 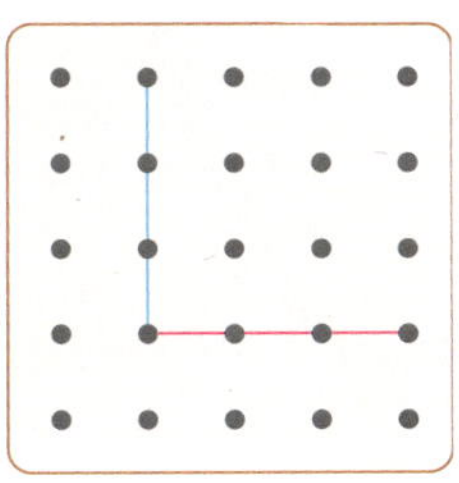

c) 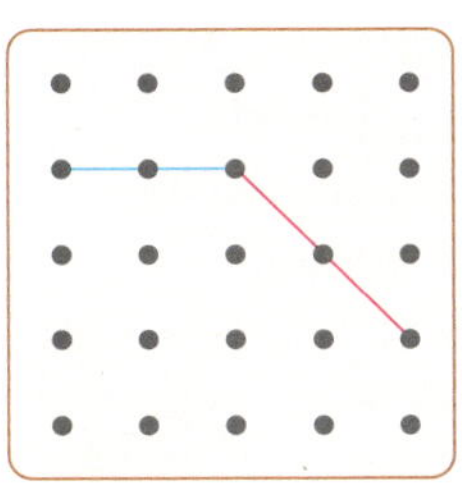

d) 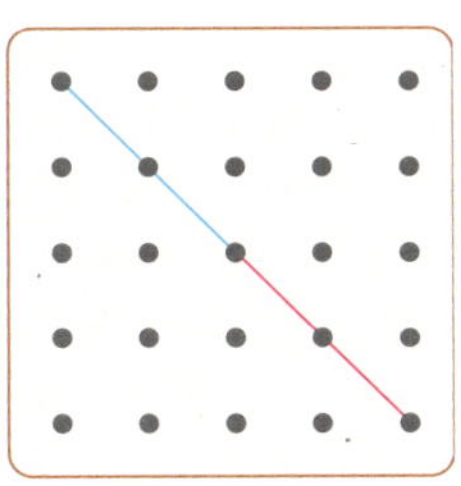

5 Arbeitet zu zweit: Jeder spannt auf dem Geobrett mit zwei Gummis folgende Winkelarten. Vergleicht miteinander.
a) rechter Winkel
b) spitzer Winkel
c) überstumpfer Winkel
d) gestreckter Winkel

6 Übertrage die Winkel nach Augenmaß in dein Heft und beschrifte sie mit je einem griechischen Buchstaben. Beschrifte auch den Scheitelpunkt und die Schenkel.

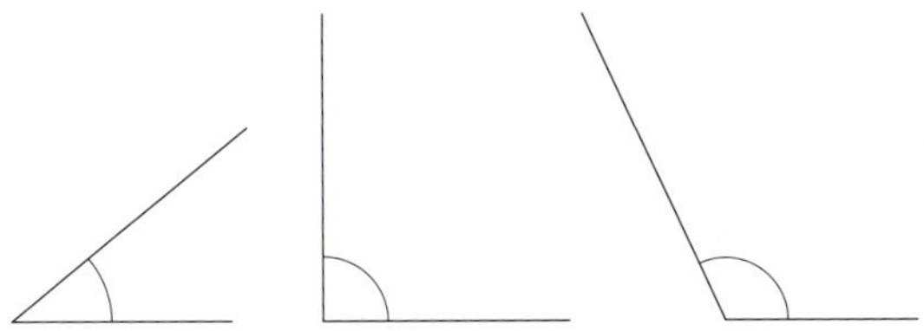

7 Skizziere Dinge aus deiner Umgebung, an denen verschiedene Winkel vorkommen. Markiere und benenne jeweils Winkel, Scheitelpunkt und Schenkel.

8 Hier hat Elisa einige Fehler eingebaut. Finde und korrigiere sie im Heft.

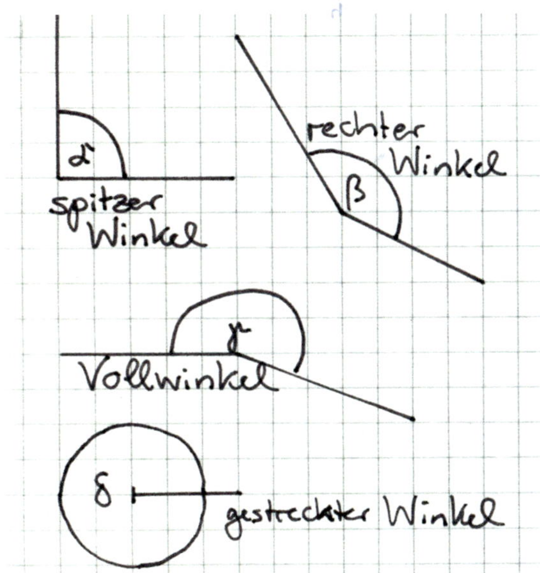

9 Bilde mit deinen Armen, Beinen oder deinem gesamten Körper spitze, rechte, stumpfe und gestreckte Winkel. Schätze dann die Größe der gebildeten Winkel.

059-1
Hier findest du vorgezeichnete Geobretter auf Papier, um Winkel einzutragen.

10 Ordne Winkelgröße und Winkelart einander zu: 45°, 90°, 360°, 180°, 181°, 179°

stumpfer Winkel | Vollwinkel | rechter Winkel | gestreckter Winkel | überstumpfer Winkel | spitzer Winkel

11 Begründe, welche Winkelart vorliegt: 190°, 40°, 4°, 90°, 360°, 251°, 91°, 178°

BEISPIEL Ein Winkel von 45° ist ein spitzer Winkel, weil er kleiner als 90°, aber größer als 0° ist.

12 Gib die Winkelart an und begründe.

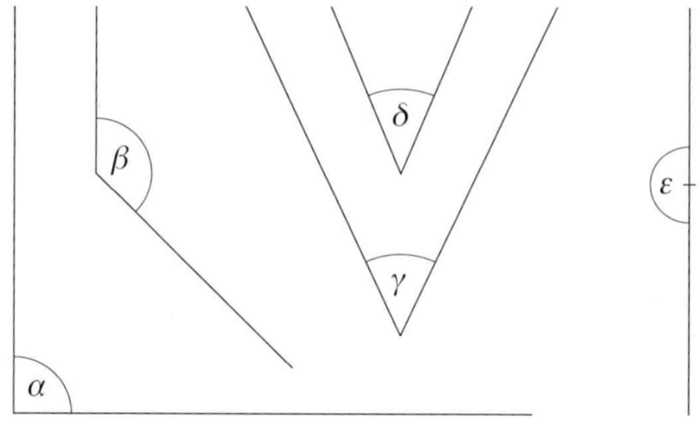

a) Bei welchen Winkeln kannst du auf den ersten Blick die Größe genau angeben?

b) „Winkel γ ist größer als Winkel δ, weil die Schenkel länger sind.“ Begründe.

Weiterführende Aufgaben

13 Gib für jeden Winkel in den Dreiecken und Vierecken an, ob es ein spitzer, rechter oder stumpfer Winkel ist. Schätze ihre Größe und diskutiert, wenn nötig, zu zweit.

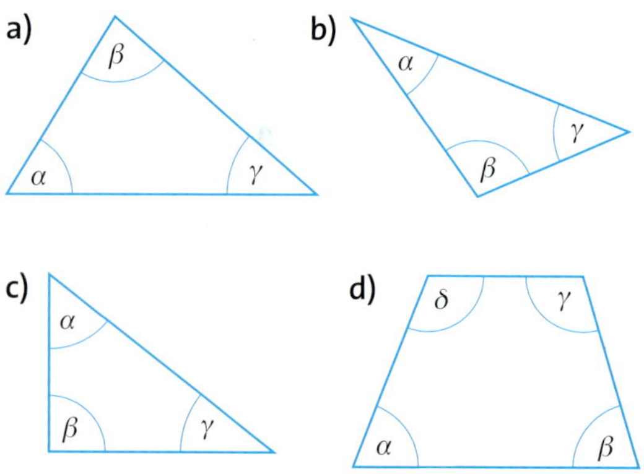

14 Klassenspiel „Synchrondrehen“
Legt die Handflächen aneinander und haltet die Hände nach vorne zur Tafel, ein Zeiger ist entstanden.
Dreht euch einmal um euch selbst.
Das nennt man eine 360°-Drehung.
Eine Linksdrehung (gegen den Uhrzeigersinn) wird positiv gezählt, eine Rechtsdrehung (im Uhrzeigersinn) negativ.

a) 1. Runde: +180°, −180°, +90°, −90°

b) 2. Runde: −90°, +180°, +45°, −180°

c) 3. Runde: +180°, −35°, +95°, …

15 Die Abbildung zeigt einen Ausschnitt aus dem Stadtplan von New York. Beginne beim ✖ mit Blick in Richtung Pennsylvania Station.

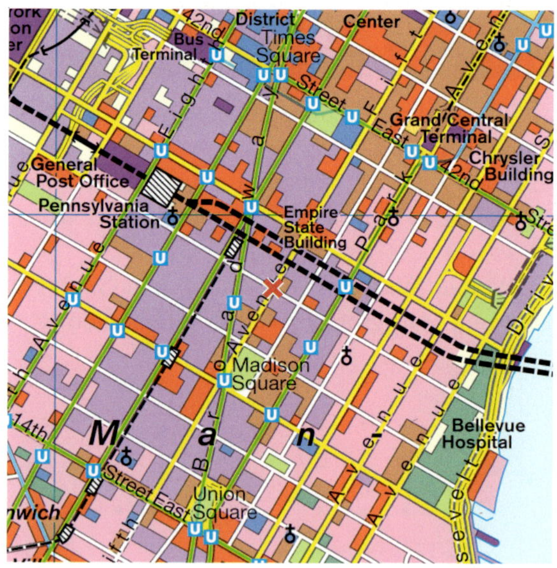

a) Wohin blickst du, wenn du dich um +180° (−90°) drehst? (Drehrichtung s. Aufgabe 14)

b) Erfinde selbst solch eine Aufgabe.

c) Plane einen Weg so, dass drei rechte Winkel eingeschlossen werden.

d) Plane einen Weg, der über den Broadway führt. Verwende beim Beschreiben ungefähre Winkelangaben.

Winkelgrößen messen

Erforschen und Entdecken

1 Die beiden roten Strahlen bilden einen Winkel, dessen Größe in Grad (°) gemessen werden soll.
Tim hat das Geodreieck angelegt und meint: „Der Winkel beträgt 145°.“
Lisa widerspricht: „Das kann nicht stimmen, die Winkelgröße beträgt 45°.“

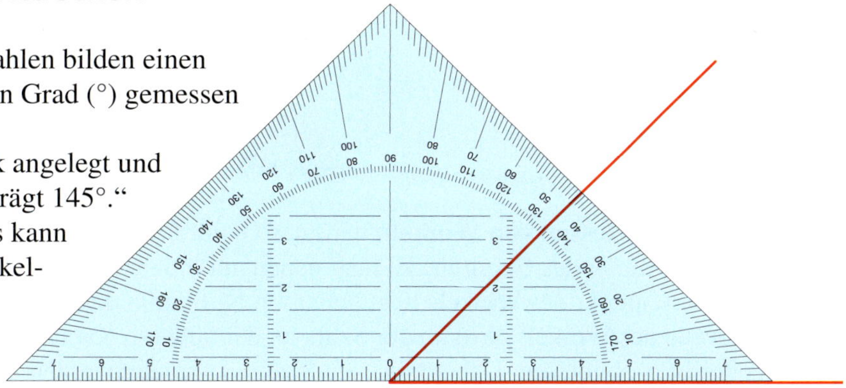

a) Was meint ihr? Begründet.
b) Warum ist sich Lisa sicher, dass 145° nicht stimmen können?
c) Ist es möglich, dass der Winkel 135° groß ist?
d) Stellt eine Regel auf, mit der dieses Problem geklärt wird.

2 Falte einen Papierflieger wie in der Anleitung.
Beachte: Nach dem zweiten Schritt muss das Blatt um 90° gedreht werden.

a) Übertrage die Tabelle unten in dein Heft und ergänze die Lücken in der ersten Zeile.
Miss an deinem Flieger alle Winkel, die mit den griechischen Buchstaben α_1, α_2, β_1, β_2, γ_1, γ_2, δ_1 und δ_2 markiert sind.
Ordne die gemessenen Winkelgrößen in die Tabelle ein. Schreibe dazu $\alpha_1 = \square°$ in die entsprechende Spalte.
b) Markiere an deinem Papierflieger spitze Winkel mit blau, rechte Winkel mit rot und stumpfe Winkel mit grün.

spitze Winkel (größer als □°, kleiner als □°)	rechte Winkel (□°)	stumpfe Winkel (größer als □°, kleiner als □°)

Lesen und Verstehen

Lennard und Robert untersuchen einen Papierflieger.
Sie möchten wissen, wie viel Grad der Winkel an der Spitze der Tragflächen genau beträgt.

Für das genaue **Messen von Winkeln** wird das Geodreieck benutzt:
1. Die untere Kante des Geodreiecks liegt genau auf einem Schenkel des Winkels.
2. Der Scheitelpunkt des Winkels liegt genau im Nullpunkt des Geodreiecks.
3. Die Größe des Winkels wird an der Skala an der äußeren Kante bzw. am Halbkreis des Geodreiecks abgelesen. Dabei muss die Skala verwendet werden, die an der angelegten Kante mit 0° beginnt. Manchmal muss man dazu einen Schenkel verlängern.

BEISPIELE

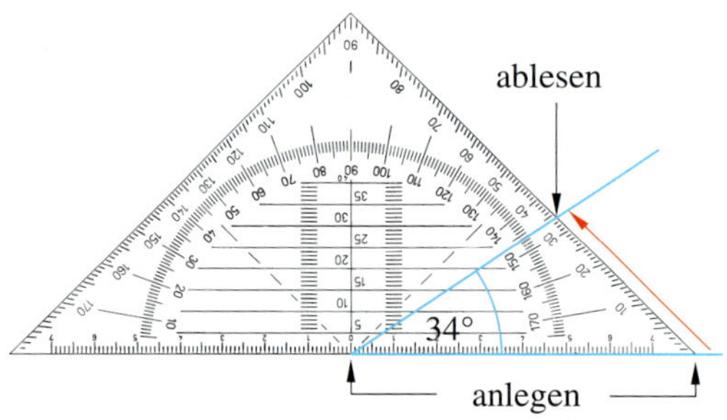

Hier wird ein spitzer Winkel gemessen, der kleiner als 90° ist.

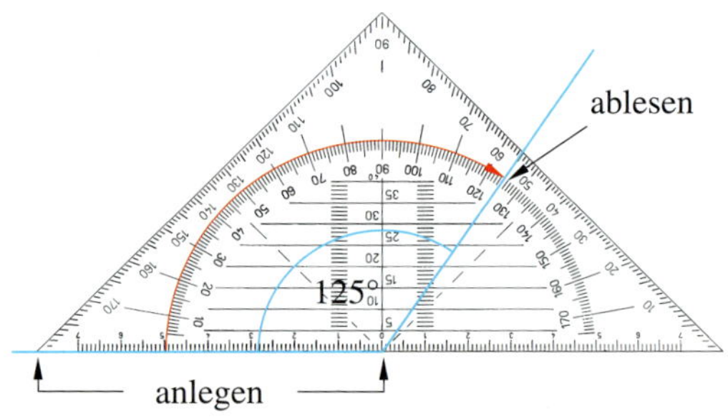

Hier wird ein stumpfer Winkel gemessen, der größer als 90° ist.

Der Winkel an der Spitze der Tragfläche des Papierfliegers beträgt 63°.

Basisaufgaben

1 Gib die Winkelart an und lies die Größe des Winkels ab.

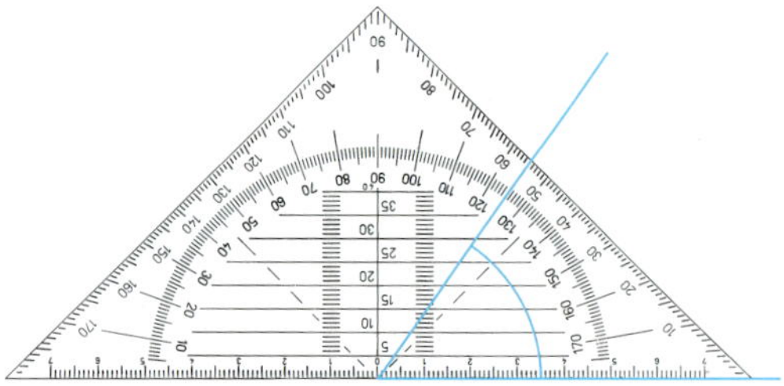

2 Stelle auf der Winkelscheibe einen beliebigen Winkel ein.
a) Schätze die Winkelgröße und notiere sie. Überprüfe mit dem Geodreieck. Wie groß ist der Unterschied?
b) Arbeitet zu zweit: Stellt beide auf eurer Winkelscheibe folgende Winkelgrößen ein, so gut es geht: 45°, 70°, 10°, 90°, 145°, 110°, 210°, 270°, 300°, 360°
Wer hat die Winkelgröße genauer eingestellt?

3 Schätze und miss die Größe der Winkel. Stelle deine Ergebnisse übersichtlich in einer Tabelle wie unten dar.

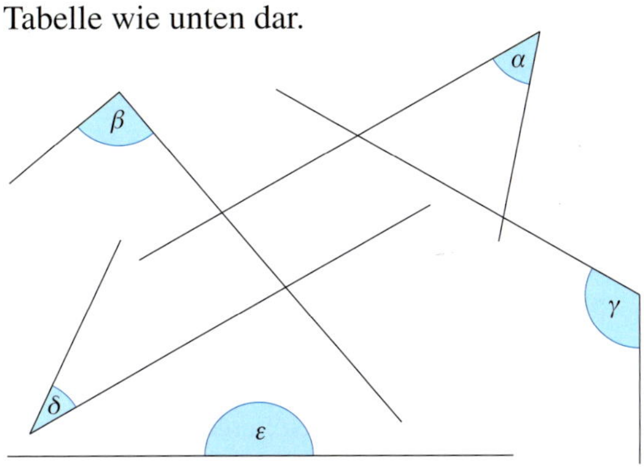

	Winkelgröße		Unterschied
	geschätzt	gemessen	
α			

4 Falte aus einem quadratischen Blatt Papier einen Becher. Die Anleitung findest du in der Randspalte.

a) Markiere spitze Winkel mit blau, rechte Winkel mit rot und stumpfe Winkel mit grün.
b) Schätze und miss die Größe jedes Winkels.

5 Übertrage die Teile des Tangramspiels auf Folie oder Transparentpapier.

a) Miss und notiere die Größe der Winkel jeder farbigen Teilfläche.
b) Welche Winkelgrößen könntest du auch ohne messen bestimmen? Notiere deine Überlegungen.

6 Betrachte die Zeichnungen ① und ②.
a) Welche Aussage passt zu welchem Bild?
„Mia hat einen Winkel von 50° gemessen."
„Jan hat einen Winkel von 130° gemessen."

①

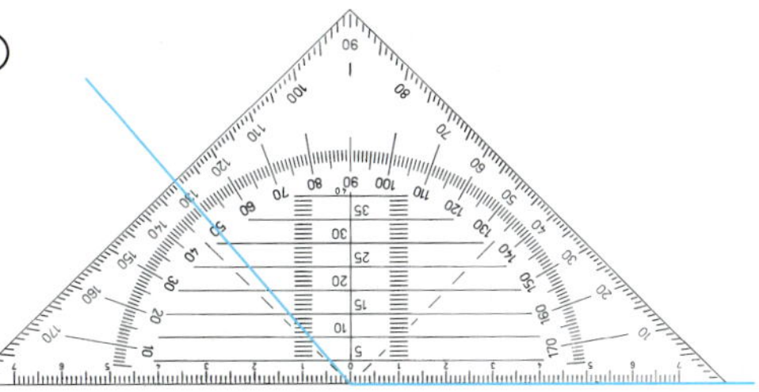

②

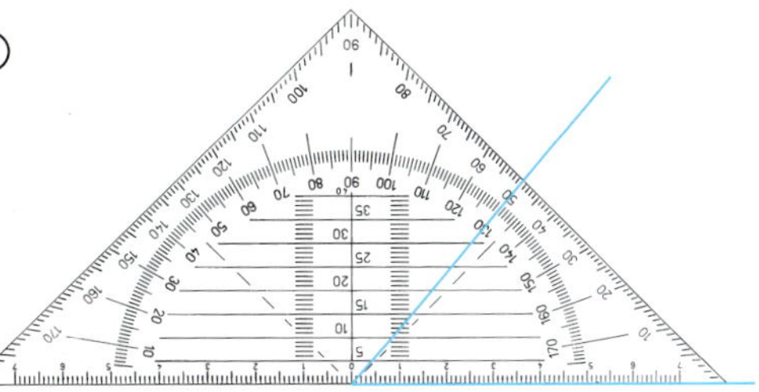

b) Beschreibe anhand der Zeichnungen, welche Fehler beim Messen von Winkeln auftreten können.

7 Gib die Größe der beiden Teilwinkel und die Größe des gesamten Winkels an. Vergleiche.

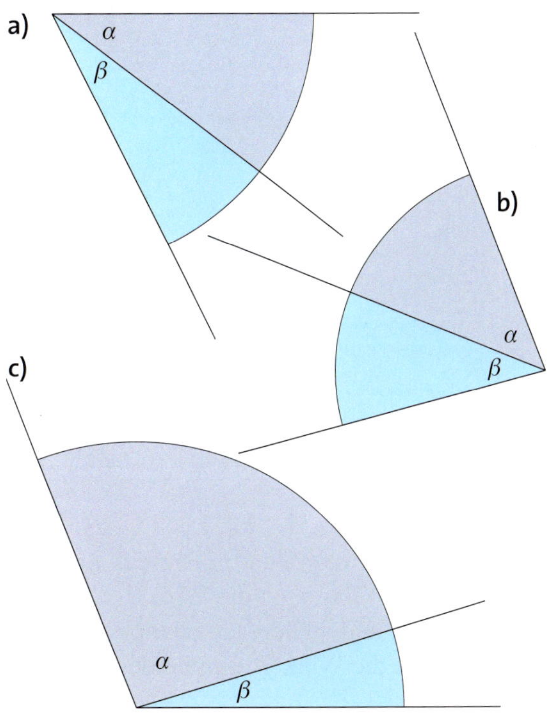

ANLEITUNG
zu Aufgabe 4:

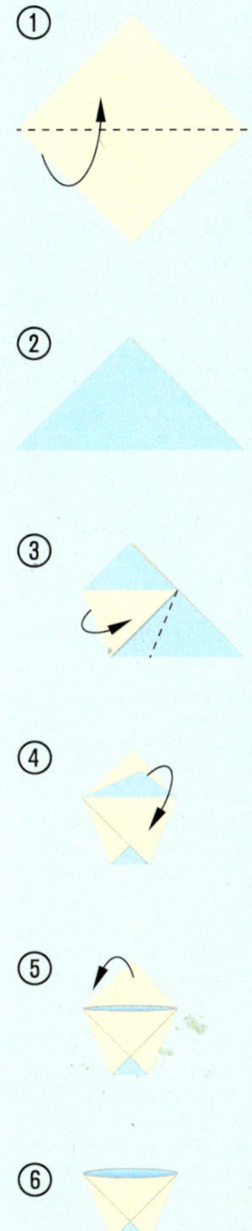

063-1
Unter diesem Webcode ist das Tangramspiel als Kopiervorlage abgelegt.

Weiterführende Aufgaben

BEACHTE
Die Winkelgrößen zu Aufgabe 8 ergeben in der richtigen Reihenfolge den Namen einer europäischen Hauptstadt. Zu welchem Land gehört die Stadt?
13° (T); 32° (S); 55° (R); 76° (E); 79° (B); 90° (U); 103° (K); 125° (A)

8 Miss die Größe jedes eingezeichneten Winkels und bestimme seine Winkelart.

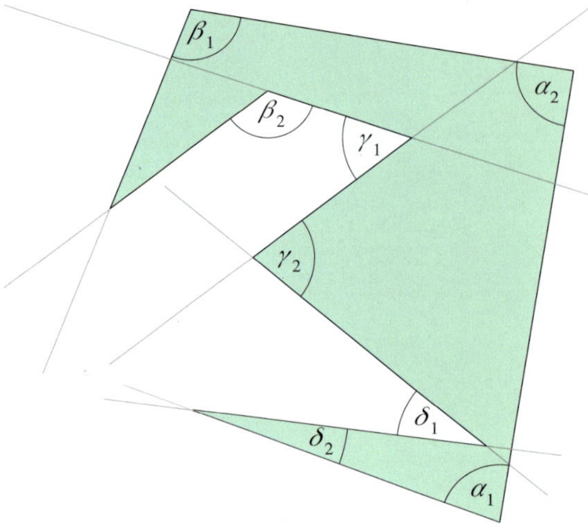

9 Untersuche die Innenwinkel der Figuren.

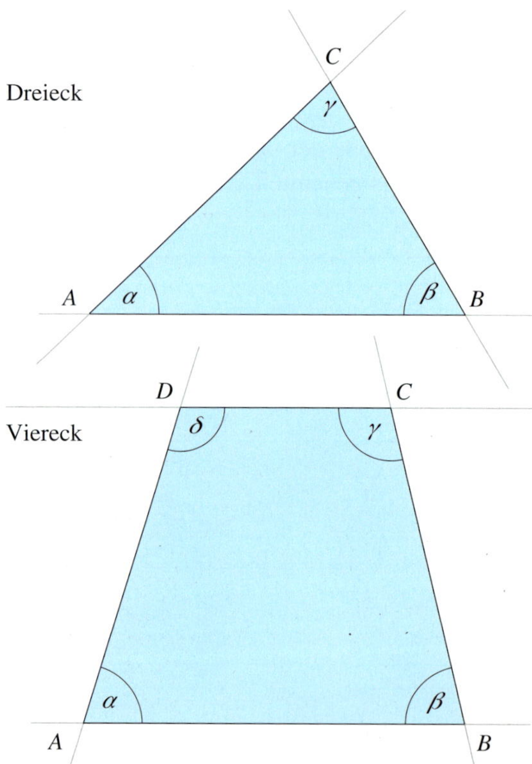

a) Miss die Winkelgrößen im Dreieck und addiere sie. Miss dann die Winkelgrößen im Viereck und addiere sie ebenfalls.
b) Vergleiche die Winkelsummen der beiden Figuren.

10 Zeichne in ein Koordinatensystem die Punkte $A(0|0)$, $B(6|0)$, $C(1|7)$, $D(6|8)$ und $E(9|10)$.
Trage die Winkel ein und miss ihre Größe:
a) Trage den Winkel α ein: A ist der Scheitelpunkt von α, ein Schenkel von α geht durch B und der andere Schenkel durch C.
b) Zeichne den Winkel β mit dem Scheitelpunkt B. Seine Schenkel gehen durch D und durch A.
c) Zeichne den stumpfen Winkel γ mit dem Scheitelpunkt C. Die Schenkel gehen durch A und durch D.
d) Zeichne den überstumpfen Winkel δ mit dem Scheitelpunkt D, dessen Schenkel durch B und durch E gehen.

11 Übertrage die Figuren mit der vierfachen Länge ins Heft. Miss die Winkelgrößen in der Originalfigur und der Bildfigur. Vergleiche.

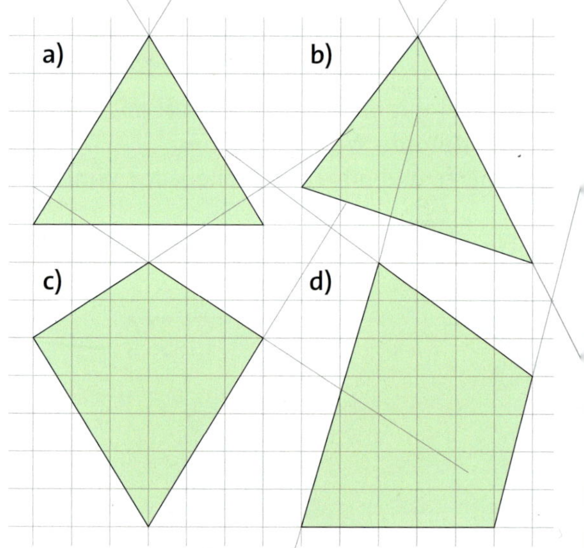

12 Welche beiden Winkel schließen die Uhrzeiger um 16:00 Uhr ein?
Zeichne sie in dein Heft, gib die Winkelart an und miss ihre Winkelgrößen.

13 Wie groß ist der Winkel, den der große Zeiger einer Uhr überstreicht in …
a) 15 Minuten?
b) 30 Minuten?
c) 2 Minuten?
d) 12 Minuten?

Winkel zeichnen

Erforschen und Entdecken

065-1
Unter diesem Webcode findest du eine Kopiervorlage mit einem Geodreieck.

1 Euer Geodreieck besteht aus durchsichtigem Kunststoff und ist ein rechtwinkliges, gleichschenkliges Dreieck.
Gestaltet zu zweit ein Plakat.

a) Ordnet folgende Begriffe zu:
- Lineal
- Nullpunkt
- äußere Winkelskala
- innere Winkelskala
- Winkelmarkierung 45°
- Winkelmarkierung 90°

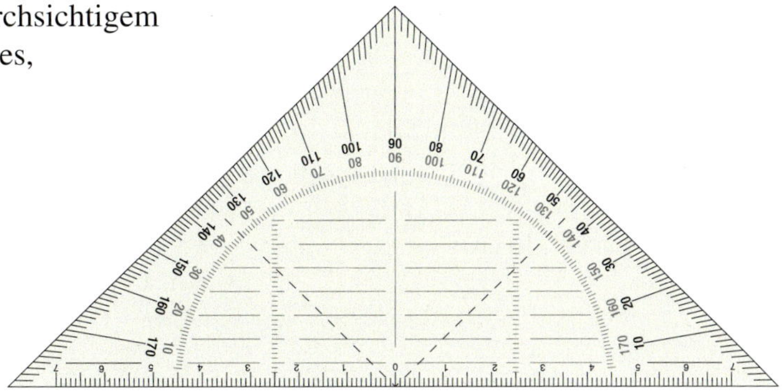

b) Zeichnet die Winkel zuerst nach Augenmaß und dann mit dem Geodreieck. Vergleicht eure Ergebnisse.

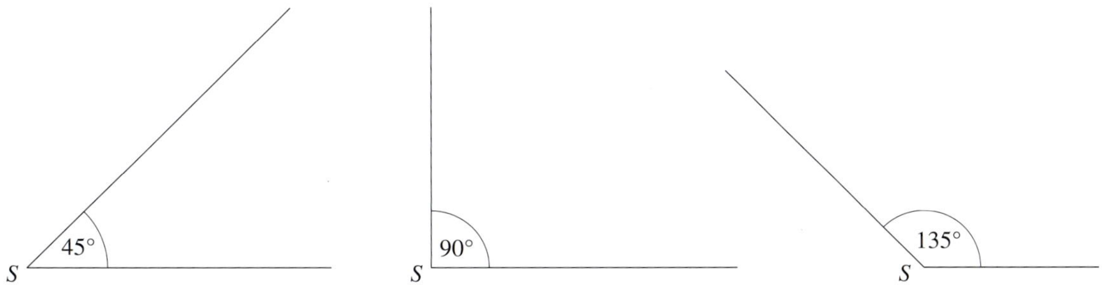

2 Segelboote sind Sportboote, die vor allem durch die Kraft des Windes bewegt werden. Die meisten von ihnen haben nur einen Mast, an dem ein oder zwei Segel in dreieckiger Form geführt werden.

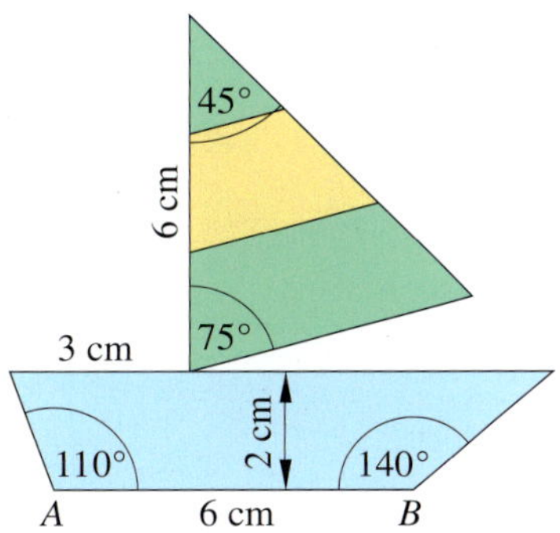

a) Übertrage die Segel des linken Segelboots so genau wie möglich in dein Heft. Beschreibe, wie du vorgegangen bist.

b) Zeichne das rechte Segelboot. Beginne mit der Strecke $\overline{AB}$.

Lesen und Verstehen

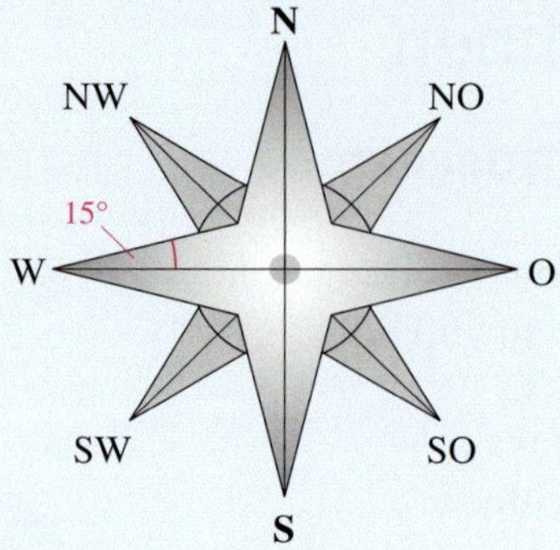

Benedikt möchte eine Windrose in sein Heft zeichnen. Dafür misst er alle Winkel und zeichnet sie mit dem Geodreieck nach.

Zum Zeichnen von Winkeln kannst du zwei verschiedene Verfahren benutzen.

Markierungsverfahren

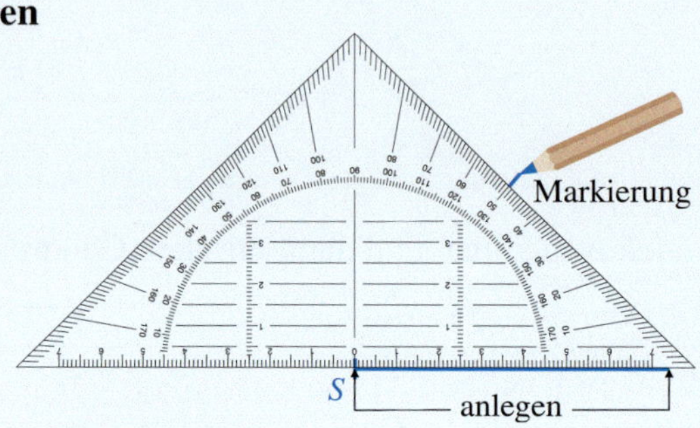

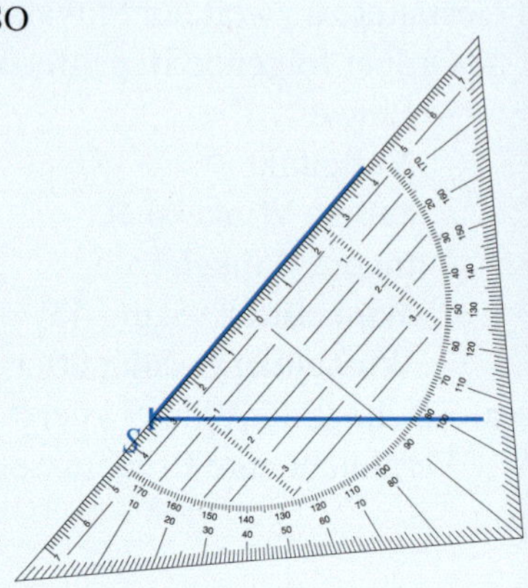

Schritt 1:
Zeichne einen der Schenkel und markiere die Stelle, an der sich der Scheitelpunkt *S* befindet.

Schritt 2:
Lege den Nullpunkt des Geodreiecks genau auf den Scheitelpunkt.
Die untere Kante des Geodreiecks muss genau auf dem Schenkel liegen.
Markiere die gesuchte Winkelgröße an der Winkelskala.
Achte auf die richtige Skala!

Schritt 3:
Verbinde den Scheitelpunkt mit der Markierung. So erhältst du den zweiten Schenkel.

Drehverfahren

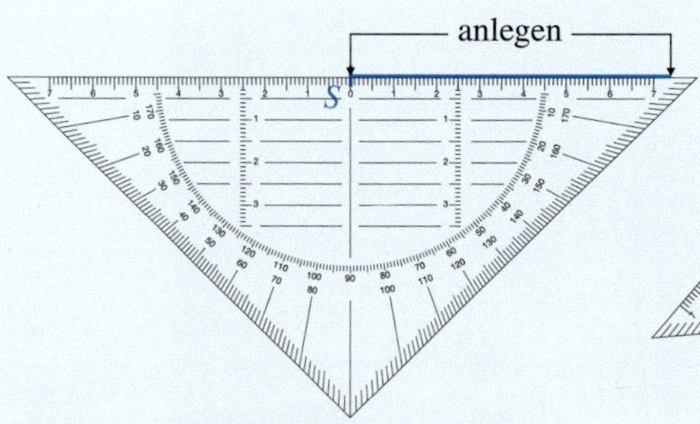

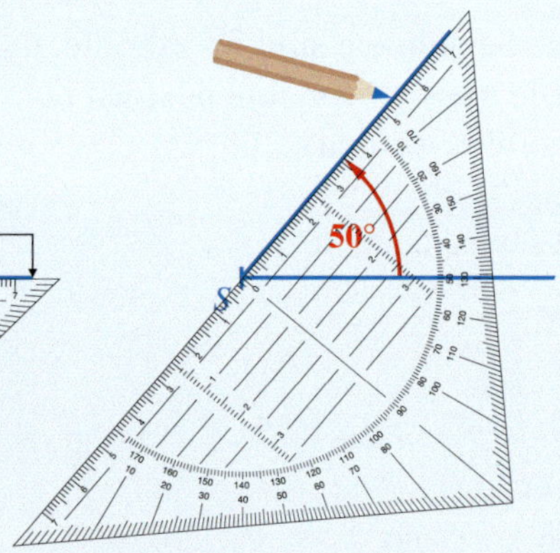

Schritt 1:
Zeichne einen der Schenkel und markiere die Stelle, an der sich der Scheitelpunkt *S* befindet.

Schritt 2:
Lege den Nullpunkt des Geodreiecks genau auf den Scheitelpunkt.
Die obere Kante des Geodreiecks muss genau auf dem Schenkel liegen.

Schritt 3:
Drehe das Geodreieck so weit, bis die Winkelgröße der mit Null beginnenden Skala genau auf dem Schenkel erscheint.
Zeichne entlang der oberen Kante den zweiten Schenkel.

Basisaufgaben

1 Lies die Größe der beiden Winkel ab. Zeichne die Winkel in dein Heft.

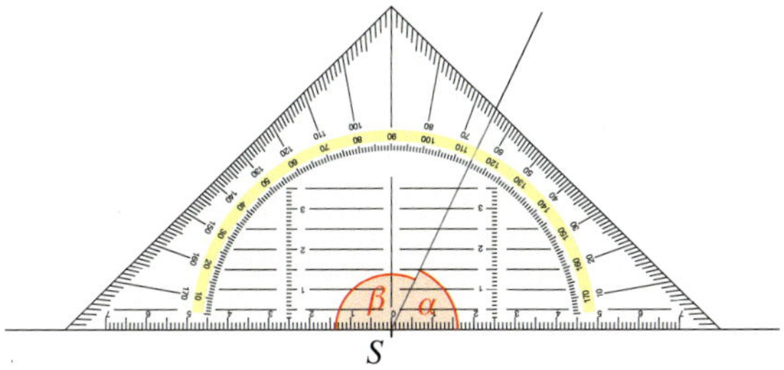

2 Zeichne die Winkel. Beginne mit dem ersten Schenkel und dem Scheitelpunkt.
a) Spitze Winkel: 15°, 39°, 48°, 66°, 73°
b) Rechter Winkel
c) Stumpfe Winkel: 177°, 95°, 135°, 160°

3 Gib erst die Größe des Winkels an und zeichne diesen Winkel dann in dein Heft.

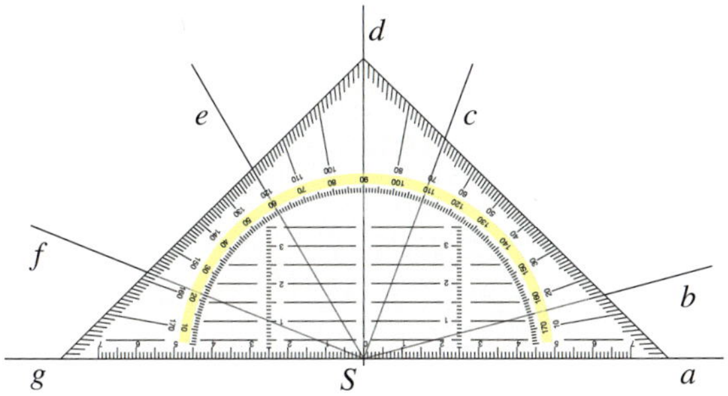

Lies ab und zeichne den Winkel zwischen …
a) *a* und *c*. b) *a* und *b*. c) *a* und *e*.
d) *e* und *g*. e) *b* und *f*.

4 Zeichne eine Gerade *g* und einen Punkt *P*, der auf der Geraden *g* liegt. Trage in *P* den Winkel mit der gegebenen Größe an.
a) 35° b) 77° c) 94° d) 120° e) 165°

5 Zeichne das Viereck *ABCD* in ein Koordinatensystem. Wähle als Einheit ein Kästchen des Karopapiers.
Lies die Koordinaten des Punktes *D* ab.
Welches besondere Viereck entsteht?
a) $A(4|11)$, $B(7|2)$, $C(10|11)$, $\alpha = \gamma = 125°$
b) $A(2|4)$, $B(15|4)$, $C(21|10)$, $\alpha = 135°$, $\gamma = 45°$
c) $A(2|1)$, $B(18|1)$, $C(12|8)$, $\alpha = 74°$, $\gamma = 131°$

6 Zeichne zwei Winkel …
a) γ und δ so, dass γ und δ gleich groß sind.
b) α und β so, dass α halb so groß wie β ist.

7 Zeichne den Briefumschlag ab, benenne alle Winkel und bestimme ihre Größe.

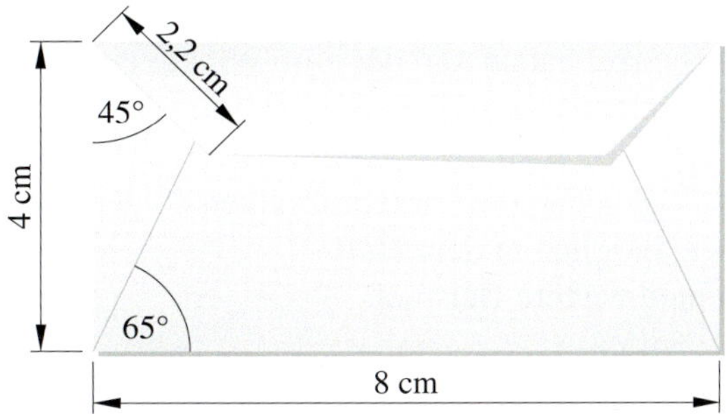

8 Zeichne diesen Drachen. Beginne mit der Strecke $\overline{AB}$.

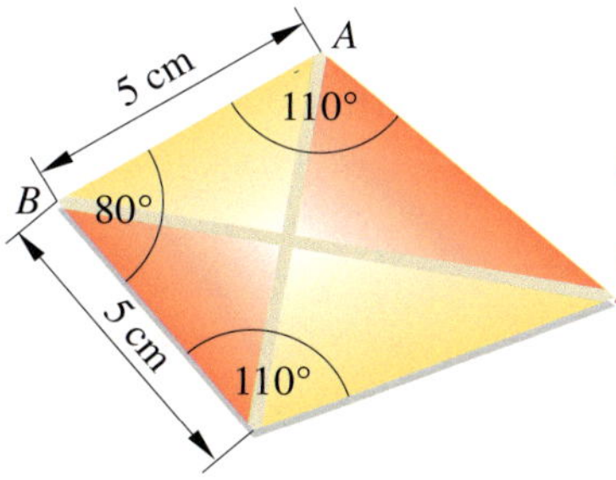

9 Zeichne die Winkel in dein Heft. Gib die Größe des Winkels α an. Überlege zuerst, welche Größe ein gestreckter Winkel hat.

a)
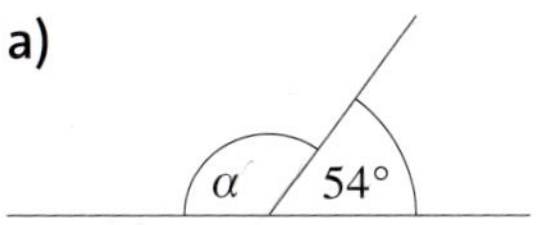

b)
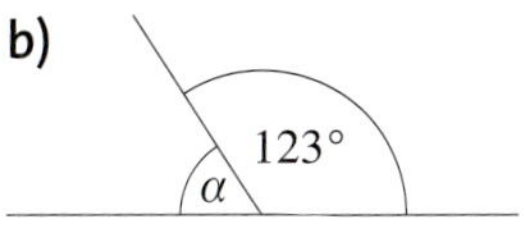

c)
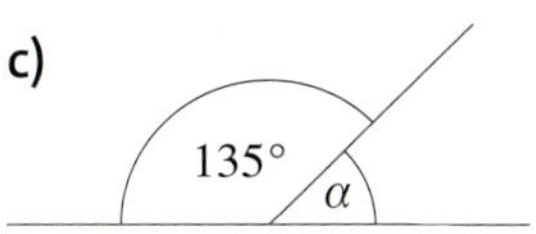

d)
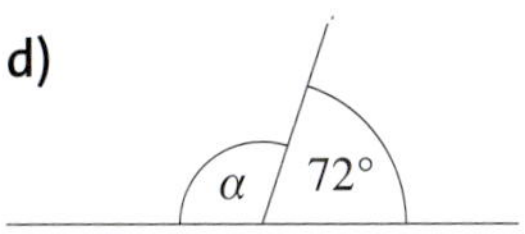

e)
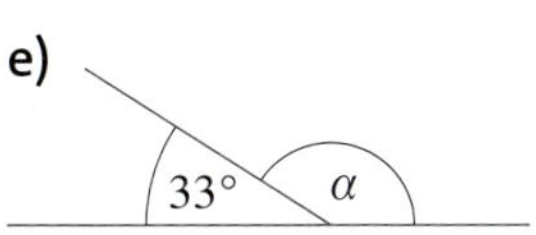

f)
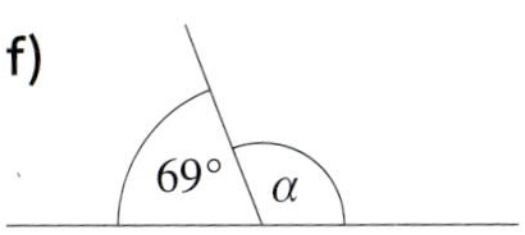

10 Überprüfe jeweils durch eine Zeichnung.
a) Maik behauptet: „Ein Dreieck kann zwei rechte Winkel haben."
b) Lisa sagt: „Es gibt ein Dreieck mit zwei stumpfen Winkeln."

BEACHTE
Dies sind die Lösungen zu Aufgabe 5:
$D(8|10)$, $D(4|8)$, $D(7|15)$

Weiterführende Aufgaben

11 Zeichne zwei gleich große Winkel α und β so, dass beide Winkel einen gemeinsamen Scheitel haben, aber keinen gemeinsamen Schenkel. Vergleicht eure Ergebnisse.

12 Zeichne zwei Winkel γ und δ so, dass γ kleiner als δ ist, beide einen gemeinsamen Schenkel haben und der eine Winkel ein Teil des anderen ist.

13 Zeichne die Verkehrszeichen so genau wie möglich in dein Heft.
Finde weitere Beispiele.

14 Zeichne den Stern. Beginne mit der Strecke $\overline{AB}$.

a)

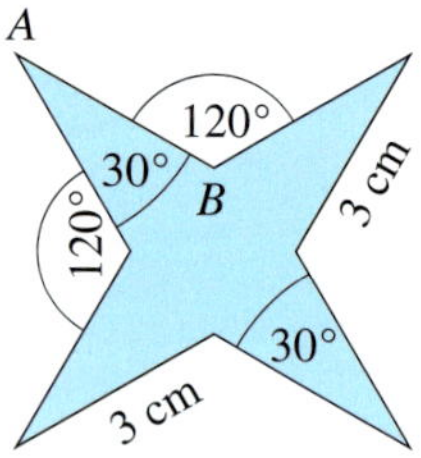

b)

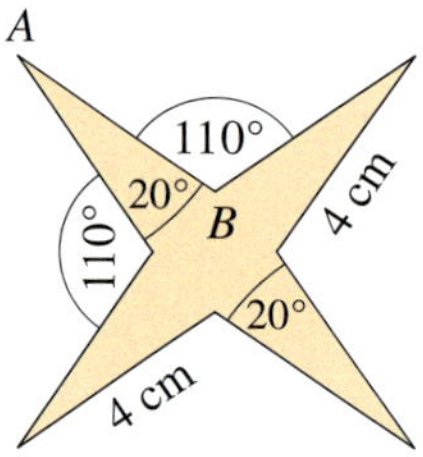

15 Zeichne in einen Kreis mit dem Radius $r = 8\,\text{cm}$ ein regelmäßiges Neuneck. Die Winkel am Kreismittelpunkt sind alle gleich groß. Berechne zuerst α mit Hilfe des Vollwinkels.

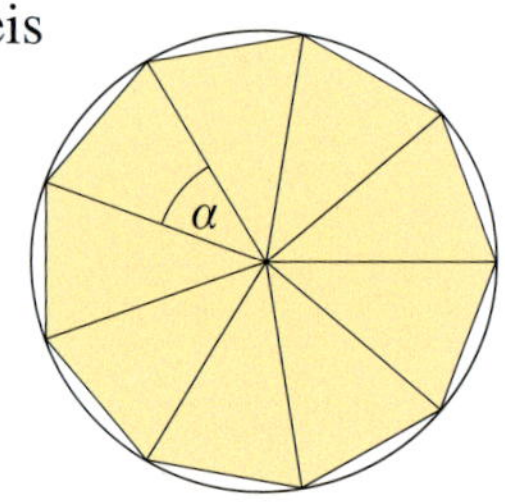

16 Überlege dir zuerst, wie du vorgehst.

a) Zeichne einen Winkel von 123°. Teile ihn auf in zwei Winkel von 24° und $\square$°. Wie viel Grad misst der zweite Winkel?

b) Zeichne einen Winkel von 88°. Unterteile ihn in zwei gleich große Winkel.

c) Zeichne einen Winkel von 86° und direkt daneben einen Winkel von 112°. Wie groß sind beide Winkel zusammen?

17 Ermittle die Größen der Winkel α, β, γ, δ und ε. Wie oft musst du mindestens messen? Übertrage die Abbildung in dein Heft.

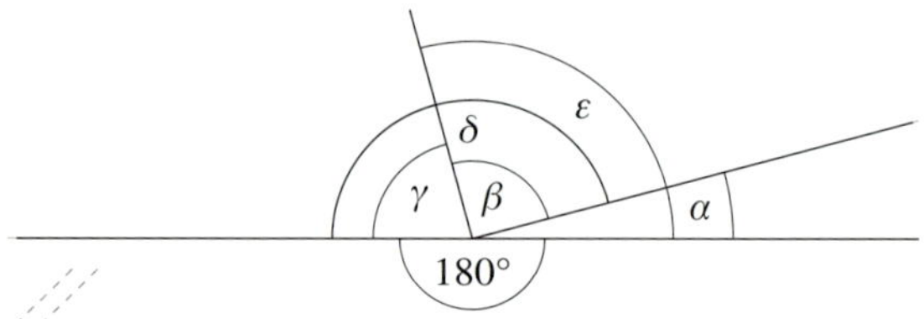

18 Zeichne die Figur mit einem Radius von 5 cm. Die Lage der Punkte P, Q und R kannst du frei auf dem Kreis wählen. Miss die Größe der Winkel α, β und γ. Was stellst du fest?

a)

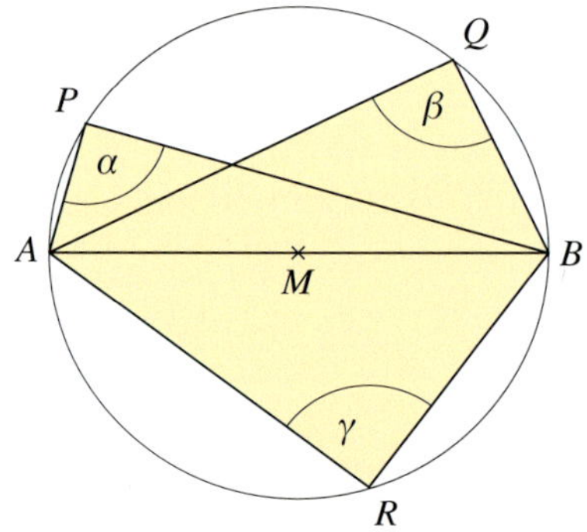

b)

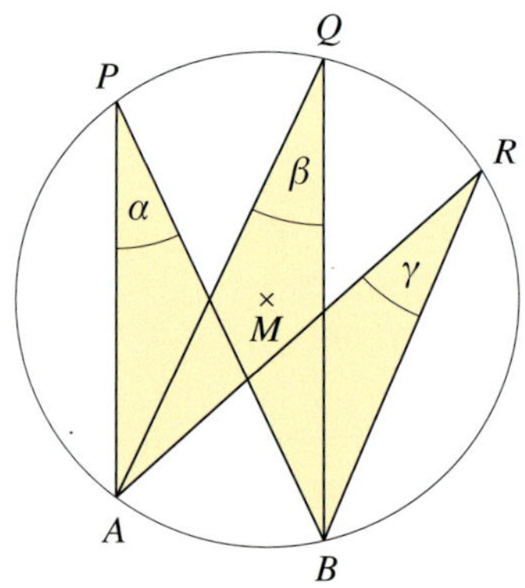

19 Der Winkel β ist genauso groß wie α. Für welche Rechtecke ist γ ein rechter Winkel? Überprüfe durch eine Zeichnung.

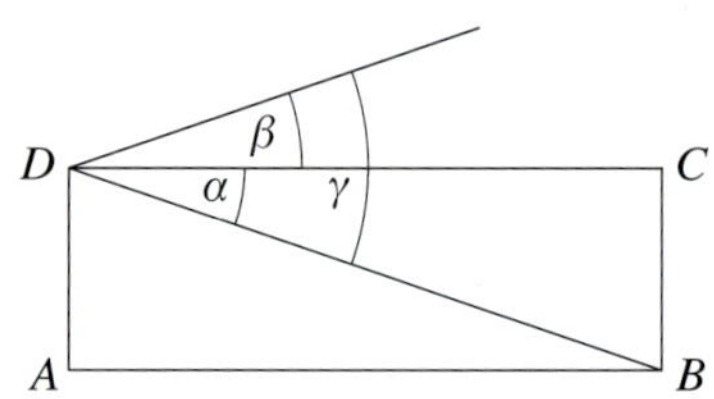

Methode: Überstumpfe Winkel messen und zeichnen

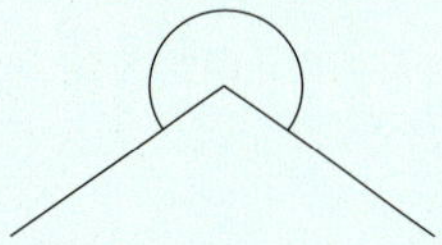

Überstumpfe Winkel sind größer als 180° und kleiner als 360°.
Mit dem Geodreieck lassen sich überstumpfe Winkel nicht direkt messen oder zeichnen, weil die Skala dort nur bis 180° geht.

Edda und Franka sollen einen Winkel von 230° messen und dann nachzeichnen.
Franka will vom Vollwinkel mit 360° ausgehen: „Vom Winkel der Größe 230° bis zum Vollwinkel sind es nur noch 130°. Und einen 130°-Winkel können wir schon messen."

Edda hat eine andere Idee. Sie will von 180° ausgehen und den Rest bis zu 230° ergänzen:

Bild	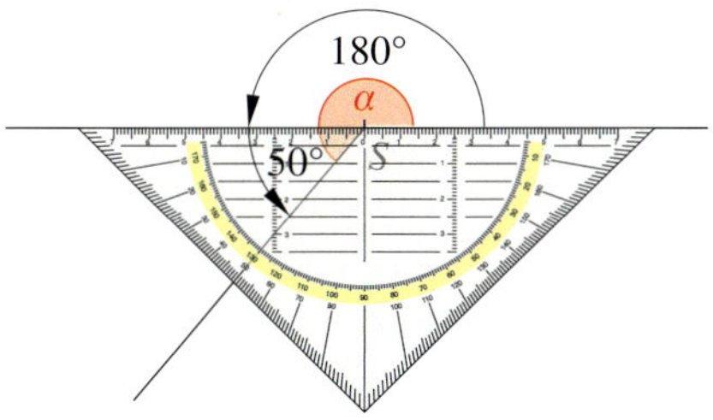 **180° + 50° = 230°**
Messen	**Schritt 1:** Lege den Nullpunkt auf den Scheitelpunkt und die obere Kante des Geodreiecks an einen Schenkel. Verlängere den Schenkel. **Schritt 2:** Lies die Größe des Teilwinkels ab, indem du vom verlängerten Schenkel bis zum 2. Schenkel misst. Beachte die Skala. **Schritt 3:** Addiere beide Teilwinkel: 180° + 50° = 230°
Zeichnen	**Schritt 1:** Berechne die Größe des Teilwinkels, also 230° – 180° = 50° **Schritt 2:** Zeichne einen gestreckten Winkel. Lege beim Nullpunkt den Scheitelpunkt fest. **Schritt 3:** Zeichne einen Winkel von 50° an. Beachte die Skala. **Schritt 4:** Markiere den gesamten Winkel von 230°.

Soll ein überstumpfer Winkel ε gezeichnet werden, so zeichnet man zuerst einen Winkel der Größe $360° - \varepsilon$ oder der Größe $\varepsilon - 180°$.

1 Erstelle für Frankas Idee eine Tabelle wie für Edda.

2 Miss die Größe der Winkel.

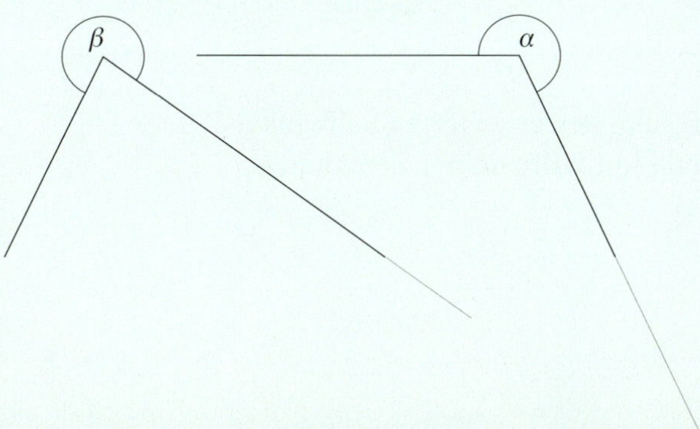

3 Zeichne Winkel mit der Größe 190°, 290°, 350° und 305°.

4 Zeichne die Figur mit $\alpha = 70°$ ab.
Wie groß ist dann β und wie groß ist γ?

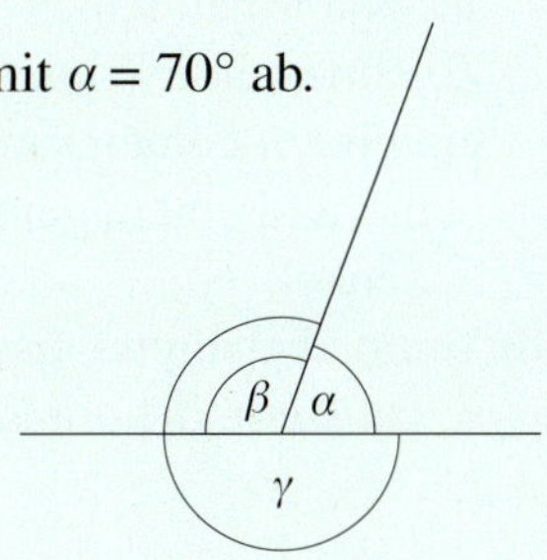

Gesichtsfelder von Menschen und Tieren

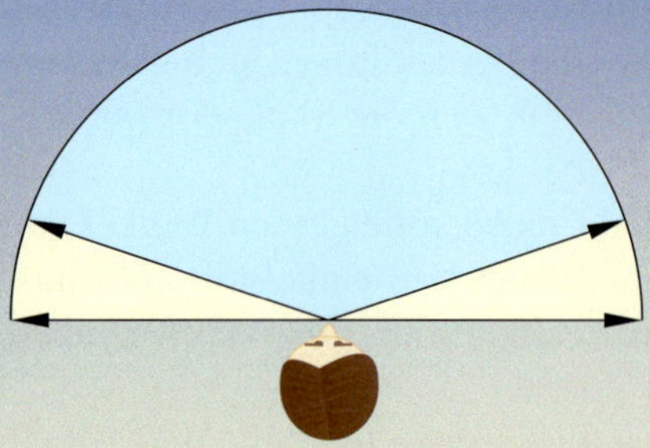

Auch wenn du starr geradeaus blickst, nimmst du Dinge wahr, die sich seitlich von dir befinden. Diesen Bereich, den du mit beiden Augen erfasst, nennt man (horizontales) Gesichtsfeld.

1 Überprüft, wie groß das Gesichtsfeld aller Schülerinnen und Schüler ist, also wie groß euer Sehwinkel ist. Findet euch dazu in Gruppen zu dritt oder viert zusammen.

a) Schüler A steht auf einem markierten Punkt und schaut gerade nach vorn. Schüler B nähert sich von hinten im seitlichen Abstand von einem Meter. Sobald A Schüler B wahrnimmt, ruft er „Stopp". Die Standorte von A und B werden festgehalten. Nun wird dieselbe Vorgehensweise mit Schüler C wiederholt, der sich A im selben Abstand von links nähert.

b) Berechnet aus den Standorten von A, B und C den Sehwinkel des Gesichtsfeldes von A in Grad, z. B. mit Hilfe einer Schnur.

c) Wiederholt den Versuch mit den anderen Gruppenmitgliedern genauso und tragt die Werte in eine Tabelle ein.

d) Vergleicht die Daten und berechnet den Durchschnittswert der Gesichtsfelder aller Schüler eurer Klasse.

2 Kinder im Alter von etwa 6 Jahren sind im Straßenverkehr besonders stark gefährdet, weil ihr Sehwinkel um ein Drittel kleiner ist als bei Erwachsenen.

a) Berechne, um wie viel Grad der Sehwinkel für ein sechsjähriges Kind kleiner ist, wenn der Winkel für einen Erwachsenen etwa 180° beträgt.

b) Wie groß ist der Sehwinkel bei einem sechsjährigen Kind?

c) Zeichne beide Winkel aus a) und b) mit einem gemeinsamen Scheitelpunkt und einem gemeinsamen Schenkel.

d) Verena behauptet, dass ein Erwachsener aufgrund des erweiterten Sehwinkels Dinge sehen kann, die ein Kind nicht sieht. Begründe mit Hilfe deiner Zeichnung.

Tier	(horizontales) Gesichtsfeld
Fliege	360°
Ente	360°
Pferd	350°
Kuh	300°
Hund	260°
Katze	190°
Eule	160°

In der Tabelle kann man erkennen, dass Tiere ganz andere Gesichtsfelder als Menschen haben.

3 Zeichne die Gesichtsfelder von Mensch, Katze, Hund und Pferd in dein Heft.

4 Betrachte die Stellung der Augen bei Hasen, Weidetieren (Pferd und Zebra) und Friedfischen (Karpfen).
Vergleiche sie mit der Stellung der Augen bei Beutegreifern (Fuchs, Wolf, Löwe), Greifvögeln (Habicht) und Raubfischen (Hecht).

Betrachte dazu die Fotos und suche weitere Abbildungen in Tierbüchern und im Internet.
Welche Vor-und Nachteile hat die spezielle Augenstellung der Fluchttiere (Hase usw.)?
Berücksichtige die Versuchsergebnisse zu deinem eigenen Gesichtsfeld.

5 Wegen der vielen natürlichen Feinde des Feldhasen sind seine Sinne gut ausgeprägt.

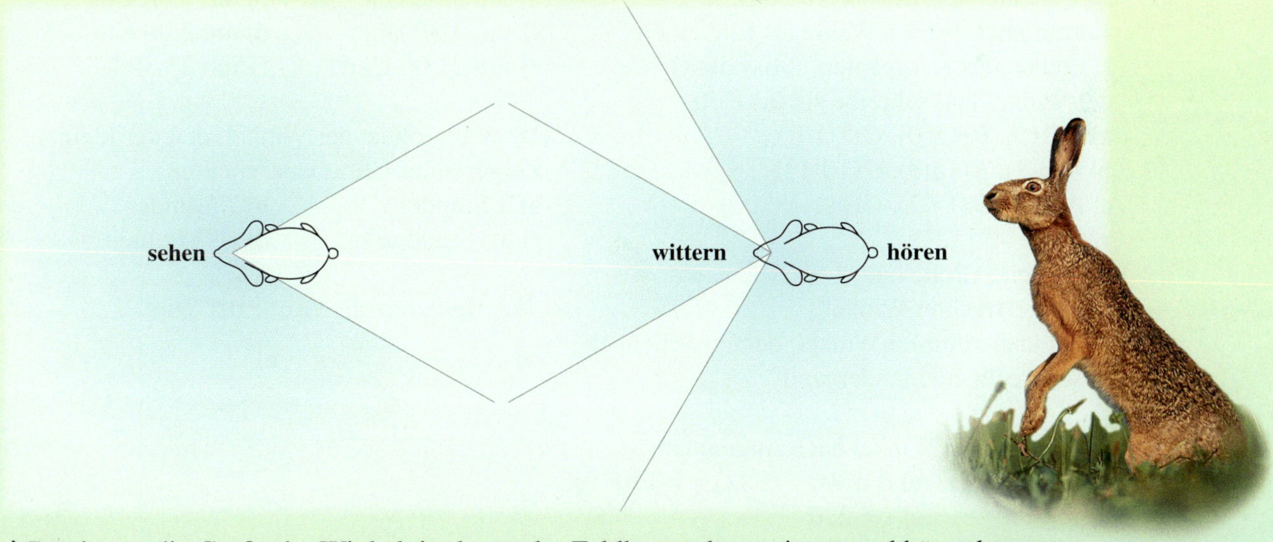

a) Bestimme die Größe der Winkel, in denen der Feldhase sehen, wittern und hören kann.
b) Schau dir die Abbildung des Hasen an. Erkläre die Größe des Hör- und Sehwinkels aufgrund seines Körperbaus.

6 Woran liegt es, dass das Gesichtsfeld einer Ente so groß und das Gesichtsfeld einer Eule relativ klein ist? Wie gleicht eine Eule diesen „Nachteil“ aus?

Vermischte Übungen

1 Welche der Größen 240°, 80°, 160°, 200°, 40°, 280°, 120° und 320° gehören zu …
a) einem spitzen Winkel?
b) einem rechten Winkel?
c) einem stumpfen Winkel?
d) einem überstumpfen Winkel?

2 Winkel in und außerhalb einer Figur

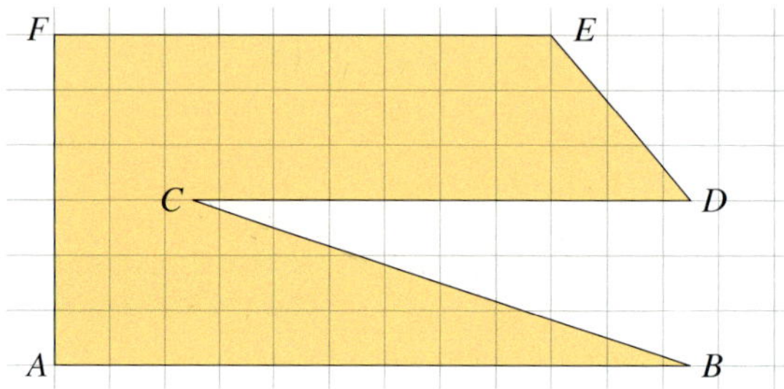

a) Wo finden sich welche Winkelarten innerhalb der Figur?
b) Zeichne die Figur ab. Wie groß sind die Winkel an den Eckpunkten innerhalb der Figur?
c) Wie groß sind die Winkel an den Eckpunkten außerhalb der Figur?

3 Zeichne das Dreieck *ABC* in ein Koordinatensystem. Wähle als Einheit ein Kästchen des Karopapiers. Miss die Größe der Winkel und schreibe sie ins Heft.
a) $A(1|5)$, $B(15|0)$, $C(7|10)$
b) $A(5|3)$, $B(15|3)$, $C(10|17)$
c) $A(2|2)$, $B(15|7)$, $C(0|11)$

4 Welche Größe hat …
a) ein gestreckter Winkel?
b) ein überstumpfer Winkel, dessen Schenkel senkrecht zueinander sind?

5 Zeichne die Winkel nach Augenmaß.
a) $\alpha = 45°$ b) $\beta = 30°$ c) $\gamma = 170°$
d) $\delta = 100°$ e) $\varepsilon = 270°$
f) Miss die Größe der Winkel und gib jeweils die Abweichung an.

6 Zeichne Winkel mit einer Größe von …
a) $\alpha = 66°$ b) $\beta = 76°$ c) $\gamma = 110°$
d) $\delta = 220°$ e) $\varepsilon = 290°$

7 Dies sind die Dreiecke *ABC* und *PQR*.

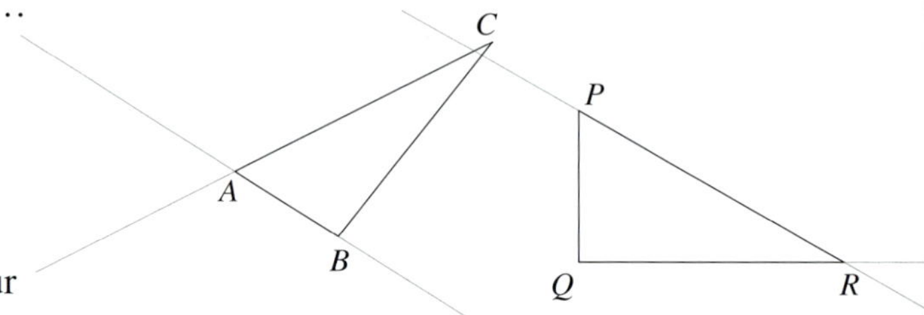

a) Ordne die Winkel im Dreieck *ABC* der Größe nach.
b) Ordne die Winkel im Dreieck *PQR* der Größe nach.
c) Vergleiche die Größe des Winkels bei *B* mit der Größe des Winkels bei *Q*.
d) Vergleiche die Größe des Winkels bei *C* mit der Größe des Winkels bei *R*.

8 Wie groß sind die Winkel α und β, die die beiden Zeiger einer Uhr bilden? α soll der kleinere der beiden Winkel sein.

a) um 3:00 Uhr b) um 1:00 Uhr
c) um 3:30 Uhr d) um 2:00 Uhr
e) um 21:00 Uhr f) um 23:30 Uhr

9 Wie groß ist der Winkel, den der kleinere Zeiger einer Uhr überstreicht in …
a) 2 Stunden? b) 7 Stunden?
c) 10 Stunden? d) 30 Minuten?

10 Berechne die Größe der Winkel.

a)
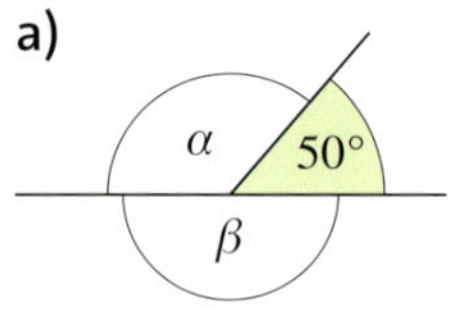

b)
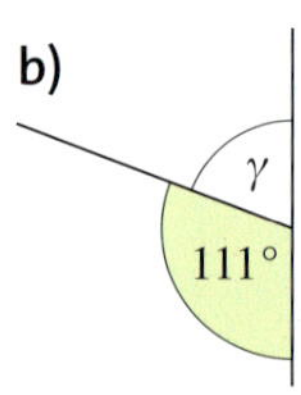

c)
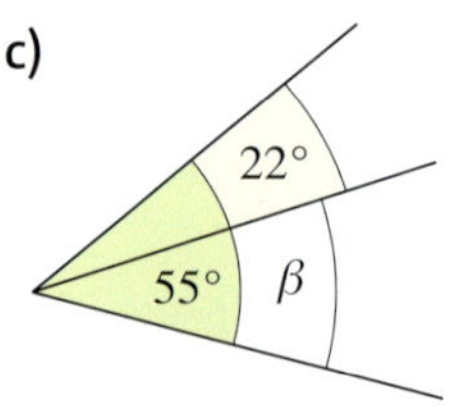

d)
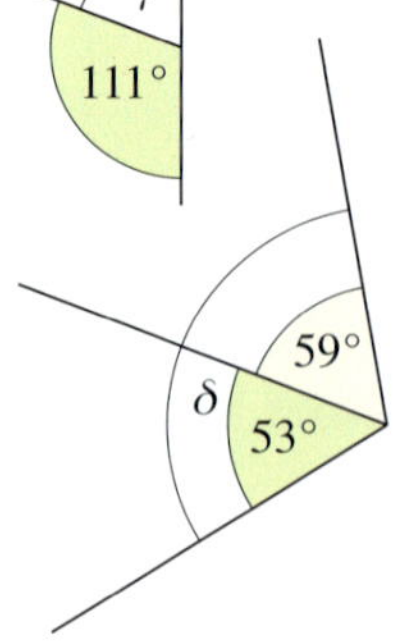

11 Berechne die Größe des Winkels β.

a)

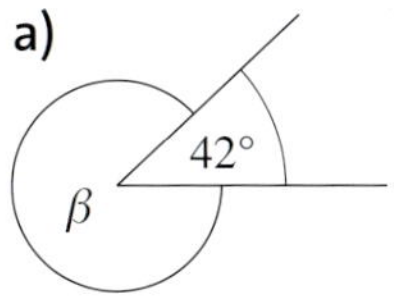

b)

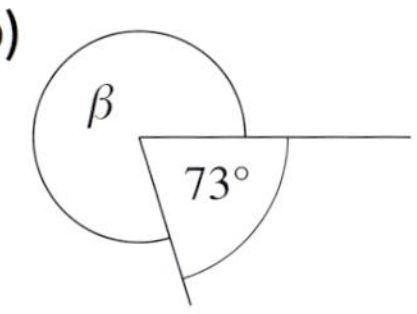

c)

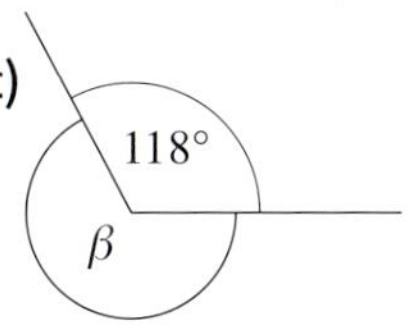

d)

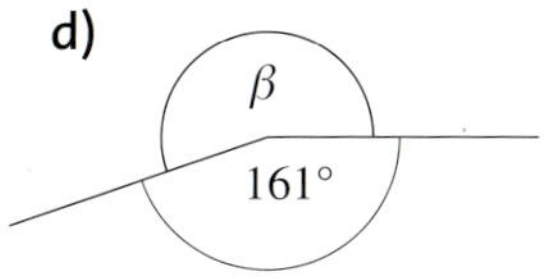

12 Bestimme die Größe der gekennzeichneten Winkel.

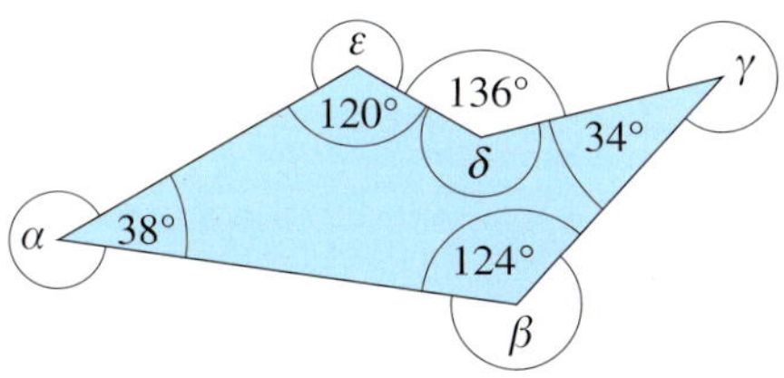

13 Die Kompassnadel steht auf 80°. Welche Himmelsrichtung zeigt die Kompassnadel an, wenn sie sich …

a) um 25° nach links dreht?
b) um 140° nach rechts dreht?
c) um 50° nach rechts dreht?
d) um 170° nach links dreht?
e) um 80° nach links dreht?
f) Erfinde selbst solche Aufgaben und lasse sie von einem Partner lösen.

14 Welche der angegebenen Änderungen stellen überstumpfe Winkel dar?
Alle Richtungsänderungen erfolgen rechtsdrehend: von N nach O nach S nach W.

BEISPIEL N → O rechter Winkel 90°

① N → SO   ② NO → W
③ W → N   ④ N → W

Gib jeweils die Gradzahl an, um die sich die Richtung geändert hat.

15 Ein Fischkutter fährt auf dem Meer in Richtung Südosten.

a) Aufgrund des Wellengangs ändert er zunächst seinen Kurs um 45° in nördliche Richtung und dann um 90° in südliche Richtung. Welchen Kurs hat er nun?
b) Wie muss der Kutter seinen Kurs ändern, um wieder in die ursprüngliche Richtung zu fahren?

16 Beim Messen des Richtungswinkels bei Start- und Landebahnen geht man von der Himmelsrichtung Norden aus. Gemessen wird im Uhrzeigersinn über die Himmelsrichtungen Osten und Süden.

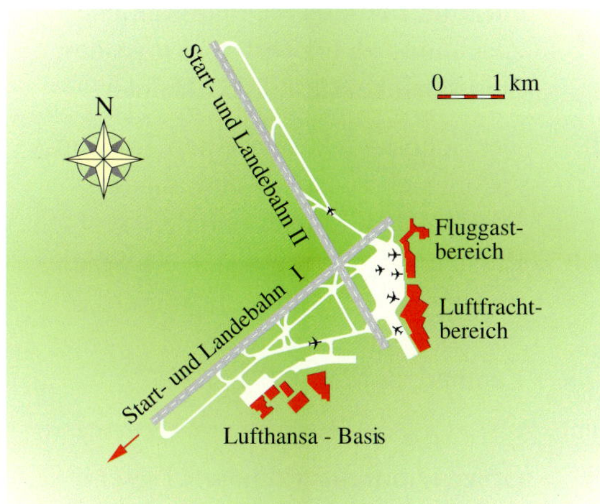

a) Ole sitzt in einer Maschine, die auf Startbahn I in Richtung des roten Pfeils startet. Er sieht beim Start am Rand der Startbahn das Schild „R 23“ und meint, dass dies 230° bedeutet. Anton neben ihm deutet dies als 23° Abweichung.
Erkläre die Bedeutung dieses Schildes mit Hilfe deiner Kenntnisse über Winkel.
b) Welche Bezeichnung erhält die Startbahn I, wenn sie in entgegengesetzter Richtung benutzt wird?
c) Welche beiden Bezeichnungen erhält Startbahn II, je nach Abflugrichtung?
d) In welche Richtung verläuft eine Startbahn mit der Bezeichnung „09“?

BEACHTE
Die Winkelgrößen zu Aufgabe 12 ergeben in der richtigen Reihenfolge den Namen einer europäischen Hauptstadt. Zu welchem Land gehört die Stadt?
224° (I); 236° (O); 240° (A); 322° (S); 326° (F)

Rund um den Fußball

Das Spiel Fußball entstand in der zweiten Hälfte des 19. Jahrhunderts in Großbritannien und gilt mittlerweile als weltweit beliebteste Mannschaftssportart. Fußbälle werden aus unterschiedlichen Materialien und geometrischen Grundformen hergestellt.

074-1 Hier findest du eine Bastelvorlage für einen Fußball aus Papier.

a) Beschreibe so genau wie möglich, aus welchen Formen ein Fußball zusammengesetzt ist. Schätze, wie viele dieser Formen jeweils vorkommen.

b) Bei einem Fußball ist eine Kante *a* des Sechsecks etwa 5 cm lang.
Zeichne ein solches Sechseck und auch ein passendes Fünfeck.
Gib die Größe der Innenwinkel an.

c) Ein Fußballtor ist 7,32 m breit. Der Elfmeterpunkt ist 11 m von der Torlinie entfernt. Fertige eine maßstäbliche Zeichnung an (1 : 100) und miss den Schusswinkel für einen Elfmeter.

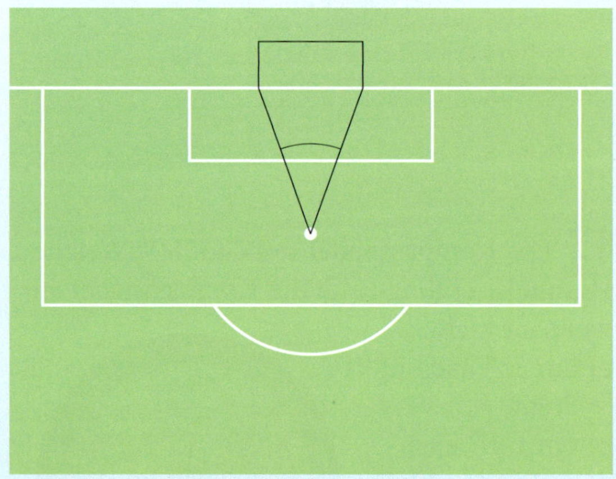

d) Der Schusswinkel für einen Torschuss spannt sich zwischen dem linken Pfosten, dem Spieler und dem rechten Pfosten auf. Wo muss sich ein Spieler platzieren, damit ihm ein Winkel von 90° zur Verfügung steht?
Zeichne im Maßstab 1 : 100.

e) Götze und Reus trainieren Torschüsse. Reus legt seinen Ball auf das ×.
An welchen Positionen kann Götze seinen Ball hinlegen, so dass er denselben Schusswinkel hat wie Reus?
Übertrage die Zeichnung ins Heft und zeichne vier mögliche Punkte ein.
Beschreibe deine Vorgehensweise.

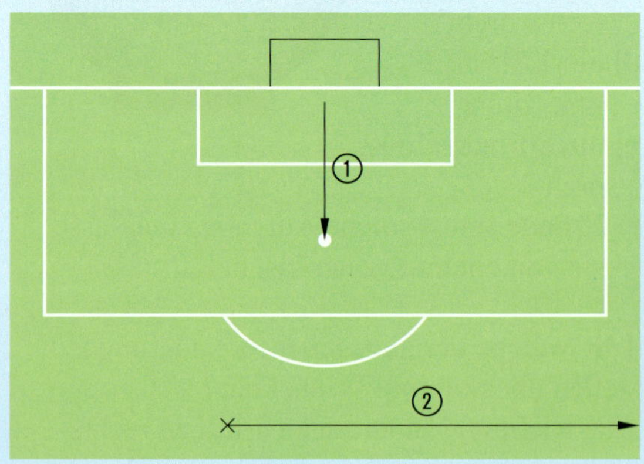

f) Wie verändert sich der Schusswinkel, wenn der Spieler sich vom Tor aus in Richtung Elfmeterpunkt entfernt? ①

g) Wie verändert sich der Schusswinkel, wenn der Spieler von seiner Position × aus nach rechts läuft? ②

Alles klar?

Entscheide, ob die Aussagen richtig oder falsch sind.
Begründe deine Entscheidung im Heft und korrigiere gegebenenfalls.

1 Winkel und Winkelarten

a) Ein Winkel mit einer Größe zwischen 180° und 360° wird als stumpfer Winkel bezeichnet.

b) Einen Winkel zwischen 89° und 91° nennt man auch einen rechten Winkel.

c) Ein Krokodil mit geöffnetem Maul bildet einen spitzen Winkel.

d) Die Zeiger der Zeitzonen-Uhren bilden jeweils zwei Winkel.
Diese Winkelarten entstehen:

	 Berlin	 Los Angeles	 New York	 Moskau
spitzer Winkel	✘			
rechter Winkel	✘	✘	✘	
stumpfer Winkel				✘
gestreckter Winkel		✘		
überstumpfer Winkel			✘	✘

e) Es ist 8:00 Uhr. Stunden- und Minutenzeiger schließen einen stumpfen Winkel ein.

f) Ein Winkel von 360° existiert nicht.

2 Winkelgrößen messen

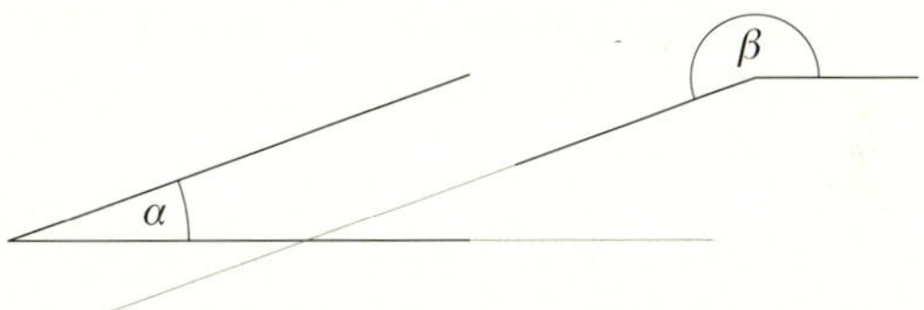

a) Winkel α misst 47°, Winkel β misst 190°.

b) Der Winkel γ misst 145° und ist um 55° größer als der Winkel δ. Also ist δ ein rechter Winkel.

c) Beim Winkelmessen ist es egal, ob man die innere oder äußere Skala des Geodreiecks nutzt.

3 Winkel zeichnen

a) Till sollte einen Winkel α mit 74° und einen Winkel β mit 112° zeichnen. Beide Zeichnungen sind korrekt.

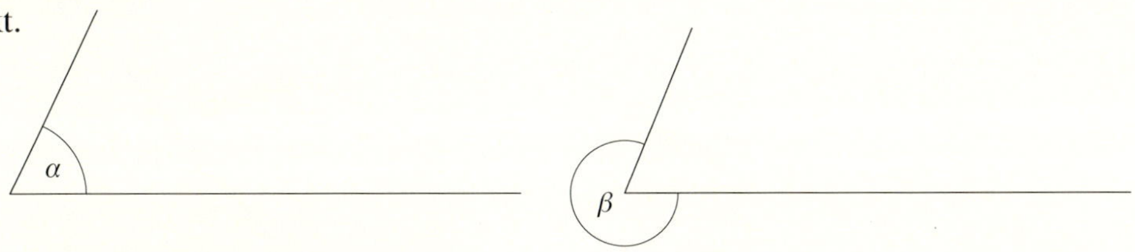

b) Um einen überstumpfen Winkel zu zeichnen, muss man immer vom Vollwinkel mit 360° ausgehen und den Winkel zeichnen, der dem überstumpfen Winkel gegenüberliegt.

c) Winkel α misst 12°; Winkel γ misst 90°.

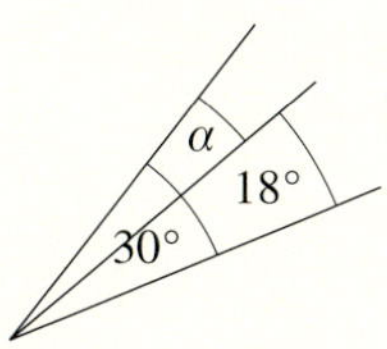

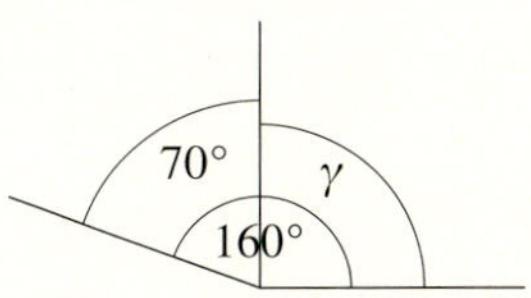

BEACHTE
Die Lösungen zu den Aufgaben auf dieser Seite sowie dazu passende Trainingsaufgaben findest du ab Seite 198.

Zusammenfassung

→ Seite 58

Winkel und Winkelarten

Ein **Winkel** wird durch zwei Strahlen (**Schenkel**) begrenzt, die vom **Scheitelpunkt** ausgehen. Die Winkelgröße wird in **Grad** (°) angegeben.

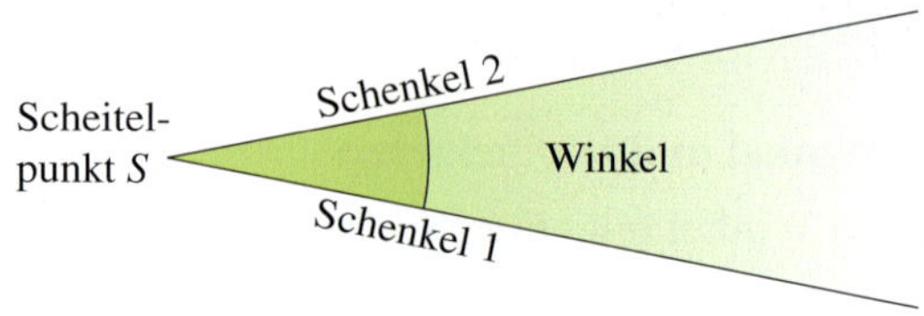

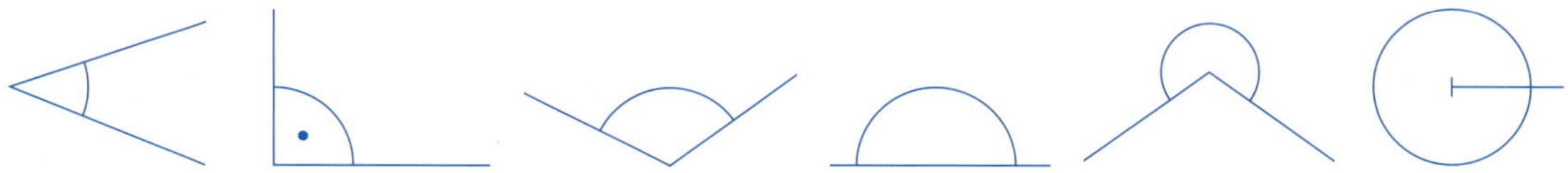

spitzer Winkel	rechter Winkel	stumpfer Winkel	gestreckter Winkel	überstumpfer Winkel	Vollwinkel
größer als 0°, kleiner als 90°	genau 90°, Schenkel sind senkrecht zueinander	größer als 90°, kleiner als 180°	genau 180°	größer als 180°, kleiner als 360°	genau 360°

→ Seite 62

Winkelgrößen messen

1. Der Scheitelpunkt des Winkels liegt genau im Nullpunkt des Geodreiecks.
2. Die untere Kante des Geodreiecks liegt genau auf einem Schenkel des Winkels.
3. Die Winkelgröße wird auf der Skala abgelesen, die an der angelegten Kante mit 0° beginnt.

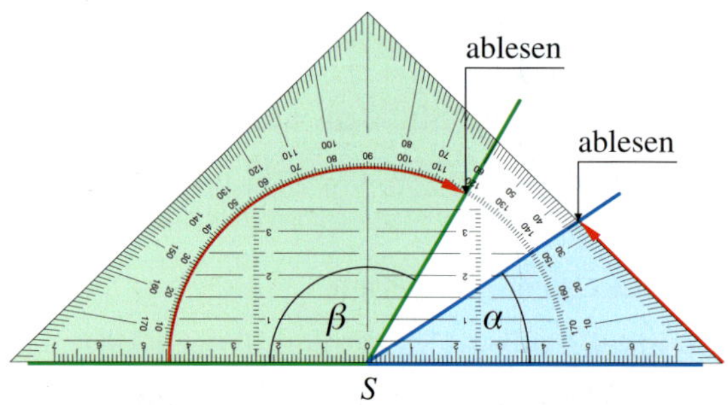

→ Seite 66

Winkel zeichnen

Markierungsverfahren
Der Nullpunkt liegt auf dem Scheitelpunkt. Markiere den Winkel an passender Stelle.

Drehverfahren
Das Geodreieck wird bis zur gewünschten Gradzahl um den Nullpunkt gedreht.

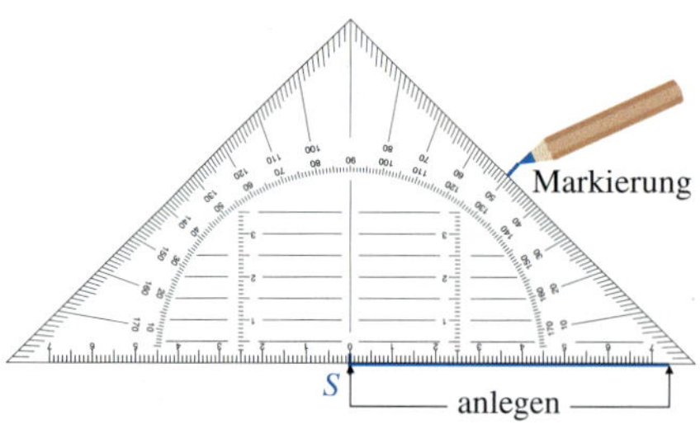

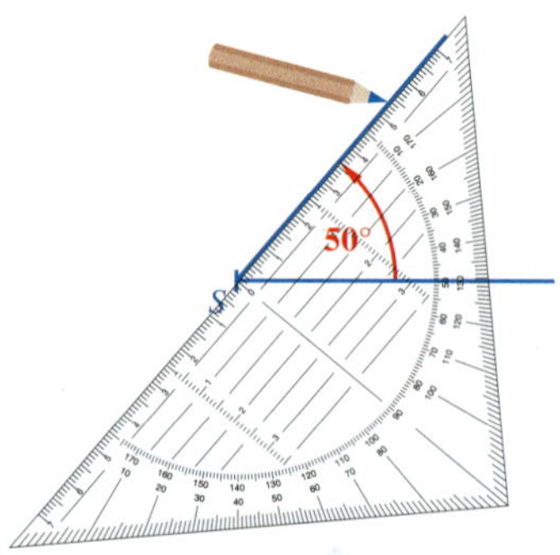

Brüche und Dezimalbrüche addieren und subtrahieren

Beim Einkaufen trifft man selten auf ganze Zahlen. Die meisten Preise sind als Dezimalbrüche mit zwei Stellen hinter dem Komma angegeben. An der Kasse im Supermarkt werden die Preise aller eingekauften Waren addiert. Durch eine Subtraktion wird das Wechselgeld berechnet.

In diesem Kapitel lernst du, wie du Bruchteile zusammenrechnest und voneinander abziehst und wie du Dezimalbrüche schriftlich addierst bzw. subtrahierst. Außerdem wird überprüft, inwieweit die bekannten Rechengesetze auch für das Rechnen mit Bruchteilen und Dezimalbrüchen gelten.

Noch fit?

1 Schaue dir die Darstellungen genau an.

① $186 + 242 \blacksquare 242 + 186$
$a + b \blacksquare b + a$

② $341 - 283 \blacksquare 283 - 341$
$a - b \blacksquare b - a$

③ $(157 + 46) + 84 \blacksquare 157 + (46 + 84)$
$(a + b) + c \blacksquare a + (b + c)$

④ $(198 - 41) - 78 \blacksquare 198 - (41 - 78)$
$(a - b) - c \blacksquare a - (b - c)$

a) Setze im Heft für das Leerkästchen = oder ≠ ein.
b) Wie heißen die zugehörigen Rechengesetze? Gelten sie für die Addition und Subtraktion? Begründe.
c) Schreibe die jeweiligen Rechengesetze mit deinen eigenen Worten in dein Heft.

2 Welche Zahlen sind auf dem Zahlenstrahl rot markiert?
Notiere sie in deinem Heft.

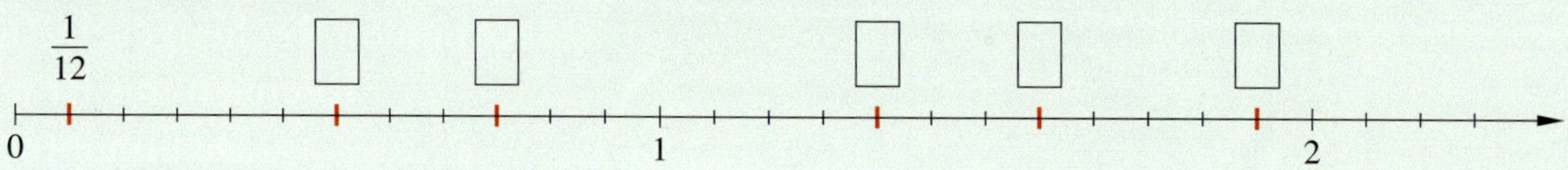

3 Wandle den gegebenen Bruch in einen Dezimalbruch um oder umgekehrt.

a) $\frac{2}{10}$ b) $\frac{3}{4}$ c) $\frac{86}{1000}$ d) $\frac{112}{100}$
e) $\frac{7}{50}$ f) $\frac{43}{125}$ g) 0,63 h) 2,8
i) 1,004 j) 286,4 k) 0,5 l) 0,0001

4 Kürze, bis Zähler und Nenner teilerfremd sind.

a) $\frac{42}{54}$ b) $\frac{125}{50}$ c) $\frac{24}{60}$ d) $\frac{9}{27}$ e) $\frac{40}{64}$ f) $\frac{21}{51}$

5 Erweitere jeweils mit der Zahl, die in den Klammern steht.

a) $\frac{9}{11}$ (3) b) $\frac{3}{7}$ (5) c) $\frac{19}{21}$ (2) d) $\frac{3}{16}$ (4) e) $\frac{24}{29}$ (2) f) $\frac{100}{201}$ (7)

Bunt gemischt

1. Ergebnis einer Addition
2. Rechenzeichen
3. abziehen
4. mal nehmen
5. Zahl, die multipliziert wird
6. Zahl, die addiert wird
7. durch 2 teilen
8. plus rechnen
9. Zahl vor dem Divisionszeichen
10. Zahl nach dem Divisionszeichen

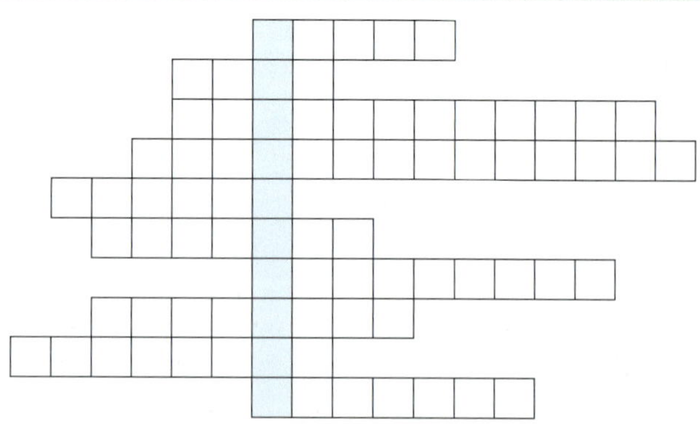

078-1
Hier findest du das Kreuzworträtsel als Vorlage zum Ausdrucken.

Brüche addieren und subtrahieren

Erforschen und Entdecken

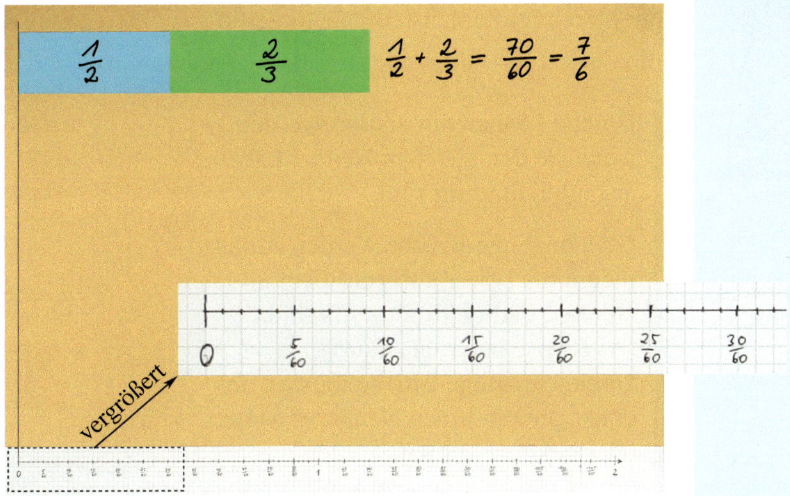

1 *Material für die Gruppenarbeit:*
1 Plakatkarton der Größe 50 cm × 70 cm, 2 Blatt Karopapier, Tonpapier in verschiedenen Farben, Lineal, Schere und Klebstoff

Vorbereitung:
Nehmt euch den Plakatkarton. Klebt auf den unteren Rand der langen Seite einen etwa 5 cm breiten Rand aus Karopapier hintereinander. Dabei dürfen beim Kleben keine halben Kästchen entstehen.

Auf den Karopapierstreifen zeichnet ihr einen 60 cm langen Zahlenstrahl, der von 0 bis 2 geht. Die 1 liegt also nach 30 cm. Teilt die Bereiche von 0 bis 1 und von 1 bis 2 in Sechzigstel-Abschnitte ein und beschriftet sie mit:
$0; \frac{5}{60}; \frac{10}{60}; \frac{15}{60}; \ldots; \frac{55}{60}; 1; \frac{65}{60}; \ldots; \frac{115}{60}; 2$

Nun braucht ihr noch Tonpapierstreifen in unterschiedlichen Längen. Stellt die folgenden Streifengrößen mehrfach her und schreibt den Bruchteil darauf.
$\frac{1}{2}$-Streifen (15 cm lang), $\frac{1}{3}$-Streifen (10 cm lang), $\frac{2}{3}$-Streifen (20 cm lang),
$\frac{1}{4}$-Streifen, $\frac{1}{5}$-Streifen, $\frac{1}{6}$-Streifen und $\frac{1}{10}$-Streifen

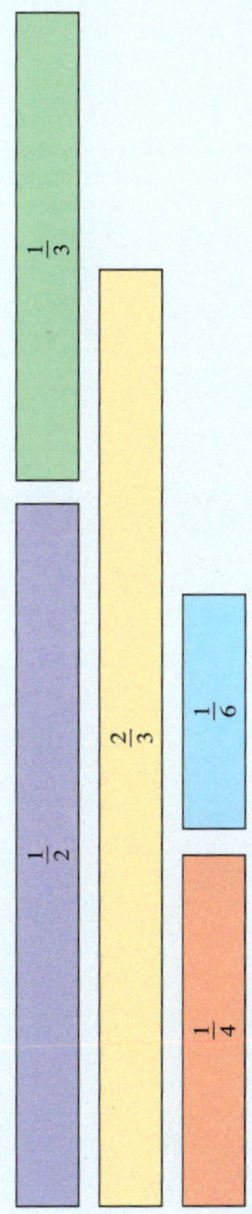

Addiert beliebige Bruchteile, indem ihr die entsprechenden Streifen aneinanderlegt.

a) Legt die Streifen bei der Null angefangen hintereinander ohne Lücke auf euren Zahlenstrahl. Lest nun an eurem Zahlenstrahl ab, wie weit euer zusammengesetzter Streifen reicht. Kürzt, wenn möglich, euer Ergebnis.

b) Schreibt die Addition eurer Bruchteile hinter die Streifen auf das Plakat.
BEISPIEL $\frac{1}{2} + \frac{2}{3} = \frac{70}{60} = \frac{7}{6}$

c) Löst auch Subtraktionsaufgaben mit Hilfe des Zahlenstrahls und der Streifen. Notiert sie auf dem Plakat.

d) Stellt eure Ergebnisse, Ideen und Überlegungen auf dem Plakat mit eurem Zahlenstrahl zusammen und präsentiert sie der Klasse. Erläutert aufgetretene Schwierigkeiten und wie ihr damit umgegangen seid.

2 Enno und Tiana essen zusammen an einer Tafel Schokolade.
Enno hat bisher $\frac{1}{3}$ der Tafel gegessen, Tiana $\frac{1}{4}$.

a) Zeichne die Tafel Schokolade aus der Randspalte in dein Heft und markiere Ennos Bruchteil und Tianas Bruchteil in der gleichen Farbe. Wie kannst du ablesen, welcher Anteil insgesamt gegessen wurde? Notiere die Rechenaufgabe, die du damit gelöst hast.

b) Berechne auf diese Weise auch $\frac{1}{6} + \frac{1}{2}$.

Lesen und Verstehen

Niels soll am Zahlenstrahl $\frac{1}{12} + \frac{5}{12}$ und $\frac{1}{6} + \frac{1}{4}$ berechnen. Dazu wählt er einen Zahlenstrahl mit einer 12er-Einteilung. Er überlegt auch, wie er ohne Zahlenstrahl rechnen kann.

BEACHTE
Der **Hauptnenner** von zwei Brüchen ist der kleinste gemeinsame Nenner beider Brüche. Er entspricht dem kgV der beiden Nenner.

Brüche können nur addiert werden, wenn sie den gleichen Nenner haben, also **gleichnamig** sind.

Gleichnamige Brüche werden addiert, indem man die **Zähler addiert** und den **Nenner beibehält**. Das Ergebnis wird soweit wie möglich gekürzt.
Ungleichnamige Brüche müssen auf einen gemeinsamen Nenner erweitert oder gekürzt werden.

Dieses Verfahren gilt auch für die **Subtraktion** von Brüchen.

BEISPIEL 1

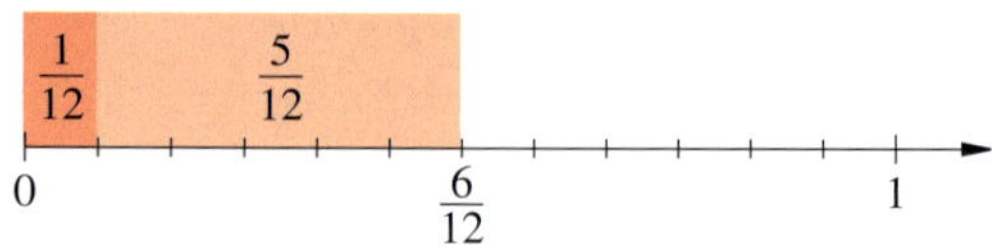

$\frac{1}{12} + \frac{5}{12} = \frac{6}{12} = \frac{1}{2}$

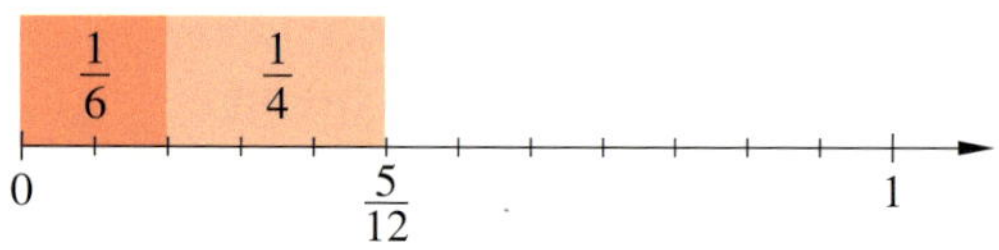

$\frac{1}{6} + \frac{1}{4} = \frac{1 \cdot 2}{6 \cdot 2} + \frac{1 \cdot 3}{4 \cdot 3} = \frac{2}{12} + \frac{3}{12} = \frac{5}{12}$

BEISPIEL 2

$\frac{2}{3} - \frac{3}{5} = \frac{2 \cdot 5}{3 \cdot 5} - \frac{3 \cdot 3}{5 \cdot 3} = \frac{10}{15} - \frac{9}{15} = \frac{1}{15}$

Bei der Addition von Brüchen gelten das **Kommutativgesetz** und das **Assoziativgesetz**.

$\frac{2}{4} + \frac{3}{5} + \frac{1}{4} = \frac{2}{4} + \frac{1}{4} + \frac{3}{5}$ Kommutativgesetz

$= \left(\frac{2}{4} + \frac{1}{4}\right) + \frac{3}{5} = \frac{3}{4} + \frac{3}{5}$ Assoziativgesetz

$= \frac{15}{20} + \frac{12}{20} = \frac{27}{20} = 1\frac{7}{20}$

Basisaufgaben

1 Addiere die Brüche.

a) $\frac{3}{7} + \frac{2}{7}$ b) $\frac{4}{9} + \frac{3}{9}$ c) $\frac{1}{11} + \frac{3}{11}$
d) $\frac{7}{13} + \frac{3}{13}$ e) $\frac{2}{5} + \frac{2}{5}$ f) $\frac{8}{17} + \frac{3}{17}$

2 Addiere und kürze das Ergebnis.

a) $\frac{5}{8} + \frac{1}{8}$ b) $\frac{1}{6} + \frac{2}{6}$ c) $\frac{5}{14} + \frac{2}{14}$
d) $\frac{6}{7} + \frac{1}{7}$ e) $\frac{3}{10} + \frac{5}{10}$ f) $\frac{2}{9} + \frac{4}{9}$

3 Subtrahiere die Brüche. Kürze das Ergebnis, wenn möglich.

a) $\frac{8}{9} - \frac{3}{9}$ b) $\frac{6}{11} - \frac{2}{11}$ c) $\frac{6}{5} - \frac{4}{5}$
d) $\frac{7}{10} - \frac{2}{10}$ e) $\frac{7}{8} - \frac{3}{8}$ f) $\frac{14}{20} - \frac{9}{20}$
g) $\frac{11}{12} - \frac{4}{12}$ h) $\frac{8}{15} - \frac{3}{15}$ i) $\frac{23}{45} - \frac{8}{45}$

4 Gib das Ergebnis in gekürzter Form an.

a) $\frac{4}{9} + \frac{3}{9}$ b) $\frac{12}{17} + \frac{2}{17}$ c) $\frac{7}{18} + \frac{5}{18}$
d) $\frac{3}{14} + \frac{11}{14}$ e) $\frac{8}{9} - \frac{5}{9}$ f) $\frac{8}{21} - \frac{5}{21}$
g) $\frac{5}{3} - \frac{2}{3}$ h) $\frac{19}{25} - \frac{4}{25}$ i) $\frac{18}{11} - \frac{2}{11}$
j) $\frac{4}{9} + \frac{5}{9} + \frac{6}{9}$ k) $\frac{14}{3} - \frac{7}{3} - \frac{1}{3}$ l) $\frac{7}{8} + \frac{10}{8} - \frac{3}{8}$

5 Zeichne die Additionsmauer ins Heft.

a) Fülle die leeren Steine aus.
b) Zeichne eine Mauer mit $\frac{1}{6}$; $\frac{5}{6}$; $\frac{1}{6}$ und $\frac{1}{6}$ in der untersten Reihe und fülle aus.

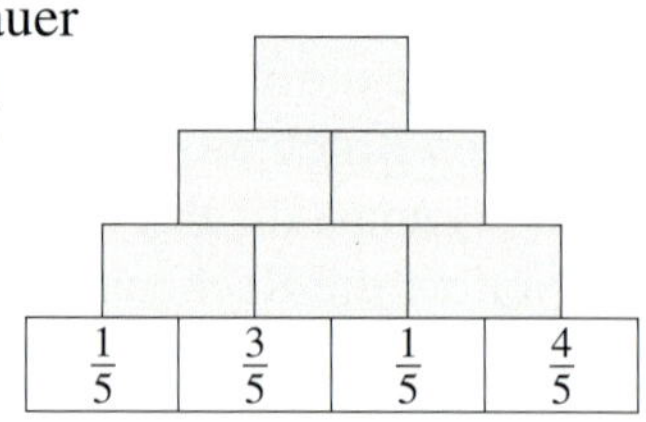

6 Finde einen gemeinsamen Nenner.

a) $\frac{3}{4}; \frac{2}{5}$ b) $\frac{5}{6}; \frac{5}{12}$ c) $\frac{5}{8}; \frac{3}{10}$

d) $\frac{3}{10}; \frac{4}{15}$ e) $\frac{6}{7}; \frac{3}{21}$ f) $\frac{1}{3}; \frac{1}{4}$

7 Welcher der Werte in den Klammern ist der kleinste gemeinsame Nenner von …

a) $\frac{4}{7}; \frac{1}{4}$ (4; 7; 28)   b) $\frac{3}{4}; \frac{5}{8}$ (4; 8; 32)

c) $\frac{5}{6}; \frac{2}{3}$ (3; 6; 18)   d) $\frac{5}{6}; \frac{3}{8}$ (12; 16; 24)

e) $\frac{3}{6}; \frac{2}{4}$ (2; 4; 6)   f) $\frac{5}{6}; \frac{6}{9}$ (6; 15; 54)

8 Fülle im Heft die Kästchen aus. Kürze und nutze die Rechenregeln, wenn möglich.

a) $\frac{2}{3} + \frac{4}{5} = \frac{\square}{15} + \frac{\square}{15} = \frac{\square}{15}$

b) $\frac{7}{8} + \frac{1}{7} = \frac{\square}{56} + \frac{\square}{56} = \frac{\square}{56}$

c) $\frac{3}{7} - \frac{1}{4} = \frac{\square}{28} - \frac{\square}{28} = \frac{\square}{28}$

d) $\frac{7}{11} - \frac{2}{33} = \frac{\square}{33} - \frac{\square}{33} = \frac{\square}{33}$

e) $\frac{2}{5} + \frac{3}{7} = \frac{\square}{35} + \frac{\square}{35} = \frac{\square}{35}$

f) $\frac{12}{14} - \frac{3}{7} = \frac{\square}{7} - \frac{\square}{7} = \frac{\square}{7}$

g) $\frac{3}{8} + \frac{12}{24} = \frac{\square}{8} + \frac{\square}{8} = \frac{\square}{8}$

h) $\frac{3}{23} + \frac{12}{23} + \frac{5}{92} = \frac{\square}{23} + \frac{\square}{92} = \frac{\square}{92} + \frac{\square}{92} = \frac{\square}{92}$

i) $\frac{8}{12} - \frac{5}{18} = \frac{\square}{18} - \frac{\square}{18} = \frac{\square}{18}$

j) $\frac{5}{6} + \frac{5}{20} + \frac{4}{6} = \frac{\square}{6} + \frac{\square}{20} = \frac{\square}{4} + \frac{\square}{4} = \frac{\square}{4}$

9 Wer hat zusammen am meisten Torte gegessen?

a) Igor $\frac{5}{12}$ und Jakob $\frac{1}{4}$

b) Jasmina $\frac{1}{6}$ und Klara $\frac{1}{12}$

c) Steffi $\frac{1}{2}$ und Ben $\frac{5}{12}$

d) Lennart $\frac{1}{3}$ und Tim $\frac{1}{4}$

e) Rebecca $\frac{1}{6}$ und Mira $\frac{1}{4}$

f) Paul $\frac{1}{3}$ und Marc $\frac{1}{2}$

g) Konstantin $\frac{4}{8}$ und Tine $\frac{1}{6}$

10 Löse die „Kuchenaufgaben“. Als Hilfe kannst du dir Zeichnungen anfertigen.

a) Jana bringt zu Lenas Geburtstag einen Blechkuchen mit, den sie in 24 Stücke geschnitten hat. Lena und Jana essen jeweils $\frac{1}{8}$, Luca schafft $\frac{1}{4}$ und Maike $\frac{1}{3}$. Wie viel ist für Lenas Bruder übrig?

b) Jonathan backt gerne. Zu Ansgars Party bringt er eine Schokoladentorte mit. Alle reservieren sich schnell ihren Anteil: Siggi $\frac{1}{4}$, Uli $\frac{1}{3}$ und Ole $\frac{5}{12}$. Welchen Anteil bekommt Jonathan selbst?

c) In der Schule wird in Hauswirtschaft eine Zitronenrolle gebacken. Maxi schneidet 15 Stücke und isst selbst $\frac{1}{3}$ der Rolle. Ella und Lian schaffen jede $\frac{1}{5}$ der Rolle. Wie viel bleibt für Sophie?

d) Erfinde selbst „Kuchenaufgaben“.

11 Berechne. Notiere wie im Beispiel. Kürze, wenn möglich.

BEISPIEL $\frac{5}{6} + \frac{1}{12} = \frac{10}{12} + \frac{1}{12} = \frac{11}{12}$

a) $\frac{2}{14} + \frac{3}{7}$ b) $\frac{5}{8} + \frac{1}{4}$

c) $\frac{7}{10} + \frac{7}{30}$ d) $\frac{13}{21} - \frac{2}{7}$

e) $\frac{8}{9} - \frac{1}{3}$ f) $\frac{2}{3} - \frac{4}{21}$

g) $\frac{4}{9} - \frac{5}{36}$ h) $\frac{5}{6} + \frac{3}{8}$

i) $\frac{3}{4} + \frac{2}{5}$ j) $\frac{2}{9} + \frac{1}{6}$

12 Zeichne die Additionsmauern ins Heft und fülle die leeren Steine aus.

a) $\frac{1}{2}$ | $\frac{1}{3}$ | $\frac{1}{4}$ | $\frac{1}{2}$

b) $\frac{1}{20}$ | $\frac{1}{30}$ | $\frac{1}{40}$ | $\frac{1}{20}$

c) $\frac{1}{10}$ | $\frac{1}{100}$ | $\frac{1}{1000}$ | $\frac{1}{10\,000}$

d) $\frac{1}{25}$ | $\frac{1}{50}$ | $\frac{1}{20}$ | $\frac{1}{100}$

081-1
Unter diesem Webcode sind die vier Rechenmauern als Kopiervorlage abgelegt.

082-1
Hier findest du die vier Rechenfiguren von Aufgabe 13 zum Ausdrucken.

BEACHTE
Die Lösungen zu Aufgabe 16 ergeben in der richtigen Reihenfolge den Namen einer europäischen Hauptstadt. Zu welchem Land gehört die Stadt?
$\frac{5}{18}$ (O); $\frac{3}{10}$ (N); $\frac{59}{65}$ (L); $1\frac{7}{36}$ (D); $1\frac{13}{50}$ (O); $1\frac{47}{70}$ (N)

13 Übertrage die Figuren in dein Heft und ergänze die fehlenden Brüche.

BEISPIEL
Je zwei benachbarte Kreise werden addiert. Das Ergebnis wird in den Vierecken notiert.

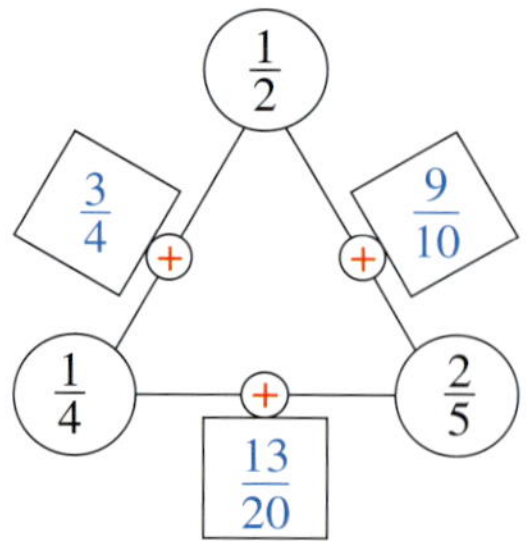

a)
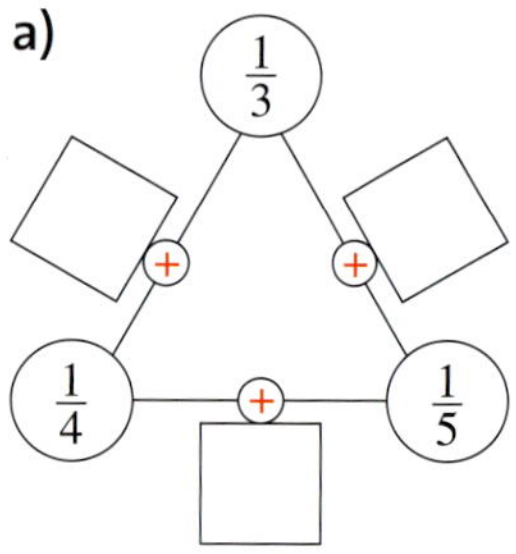

b)
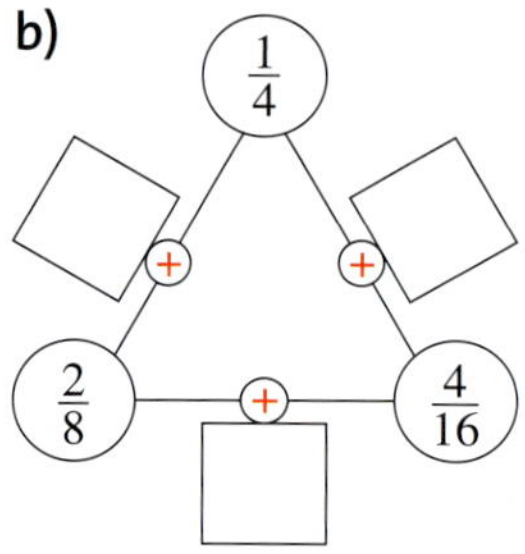

c)
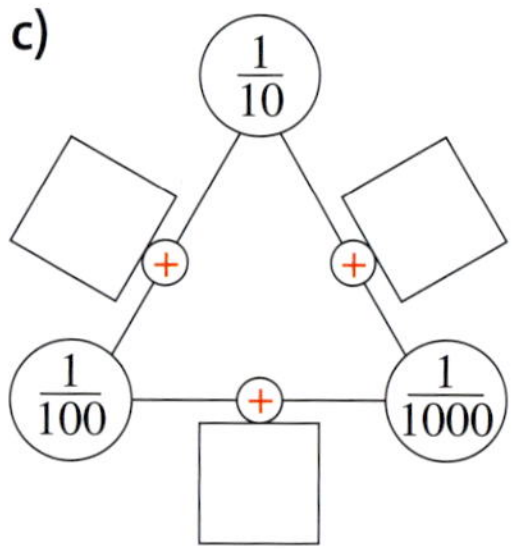

d)
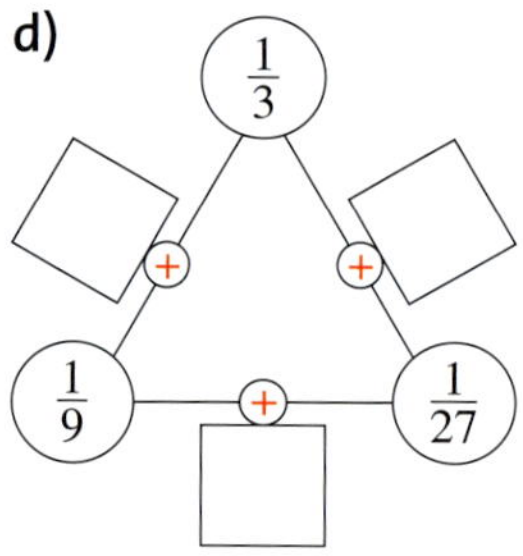

14 Setze die Zeichen >; <; = richtig ein.

a) $\frac{1}{4}+\frac{3}{4}$ ▢ $\frac{2}{5}+\frac{3}{5}$
b) $\frac{27}{13}+\frac{11}{13}$ ▢ $\frac{17}{20}+\frac{43}{20}$
c) $\frac{9}{7}+\frac{5}{7}$ ▢ $\frac{3}{8}+\frac{11}{8}$
d) $\frac{5}{6}-\frac{2}{6}$ ▢ $\frac{3}{4}-\frac{2}{4}$
e) $\frac{11}{9}-\frac{2}{9}$ ▢ $\frac{13}{4}-\frac{9}{4}$
f) $\frac{7}{8}-\frac{3}{8}$ ▢ $\frac{5}{7}-\frac{2}{7}$
g) $\frac{2}{5}+\frac{1}{5}$ ▢ $\frac{8}{9}-\frac{4}{9}$

15 Finde den Hauptnenner und berechne.

a) $\frac{13}{7}+\frac{7}{8}$ b) $\frac{2}{7}+\frac{3}{5}$ c) $\frac{15}{24}+\frac{11}{16}$
d) $\frac{23}{18}+\frac{4}{15}$ e) $\frac{5}{16}+\frac{8}{9}$ f) $\frac{2}{9}-\frac{1}{12}$
g) $\frac{20}{35}-\frac{6}{12}$ h) $\frac{23}{12}-\frac{17}{15}$ i) $\frac{14}{25}-\frac{7}{30}$

16 Berechne.

a) $\frac{8}{5}-\frac{9}{13}$ b) $\frac{5}{4}+\frac{1}{100}$ c) $\frac{15}{14}+\frac{3}{5}$
d) $\frac{19}{9}-\frac{11}{12}$ e) $\frac{49}{42}-\frac{8}{9}$ f) $\frac{7}{15}-\frac{1}{6}$

17 Subtrahiere die kleinere Zahl von der größeren.

a) $\frac{5}{7}$; $\frac{3}{14}$ b) $\frac{7}{8}$; $\frac{8}{7}$ c) $\frac{3}{14}$; $\frac{1}{7}$
d) $\frac{7}{4}$; $\frac{9}{8}$ e) $\frac{2}{3}$; $\frac{3}{5}$ f) $\frac{2}{5}$; $\frac{5}{12}$
g) $\frac{4}{7}$; $\frac{4}{9}$ h) $\frac{4}{15}$; $\frac{9}{25}$ i) $\frac{29}{100}$; $\frac{4}{25}$
j) $\frac{20}{27}$; $\frac{5}{9}$ k) $\frac{6}{26}$; $\frac{10}{39}$ l) $\frac{49}{72}$; $\frac{28}{54}$

18 Berechne und ergänze jeweils bis 1.

a) $\frac{1}{7}+\frac{3}{4}+$ ▢ $=1$ b) $\frac{2}{5}+\frac{1}{4}+$ ▢ $=1$
c) $\frac{6}{33}+\frac{2}{11}+$ ▢ $=1$ d) $\frac{2}{7}+\frac{13}{28}+$ ▢ $=1$
e) $\frac{13}{25}+\frac{6}{50}+$ ▢ $=1$ f) $\frac{6}{11}+\frac{1}{4}+$ ▢ $=1$

19 Erkläre die Fehler, die gemacht wurden. Berichtige in deinem Heft.

a) $\frac{2}{3}+\frac{1}{6}=\frac{2}{6}+\frac{1}{6}=\frac{3}{6}=\frac{1}{2}$
b) $\frac{4}{7}+\frac{3}{14}=\frac{8}{14}+\frac{6}{14}=\frac{14}{14}=1$
c) $\frac{1}{3}+\frac{2}{5}=\frac{3}{8}$
d) $\frac{4}{5}+\frac{3}{4}=\frac{20}{20}+\frac{12}{20}=\frac{32}{20}=\frac{16}{10}$
e) $\frac{4}{7}-\frac{3}{7}=\frac{7}{7}=1$
f) $\frac{3}{8}-\frac{5}{16}=\frac{3}{16}-\frac{5}{16}=?$

20 Alex teilt sich mit Kai, Özge, Hannes, Diman und Rosa eine Tafel Schokolade. Jeder bekommt ein Viertel. Was stimmt hier nicht?

Weiterführende Aufgaben

21 Die beiden Brüche $\frac{7}{6}$ und $\frac{8}{9}$ sollen addiert werden.

a) Warum ist es geschickt, einen möglichst kleinen gemeinsamen Nenner zu suchen?

b) Wie kann dieser möglichst kleine Hauptnenner gefunden werden?

22 Berechne möglichst geschickt.

a) $\frac{12}{16} + \frac{15}{12}$ b) $\frac{3}{6} + \frac{25}{10}$

c) $\frac{15}{25} - \frac{3}{10}$ d) $\frac{7}{8} - \frac{3}{24} - \frac{18}{48}$

e) $\frac{4}{6} + \frac{12}{15} + \frac{6}{18}$ f) $\frac{250}{1000} + \frac{110}{120} + \frac{210}{280}$

23 Setze die Reihe um fünf Aufgaben fort und berechne. Was fällt auf?

a) $\frac{1}{2} + \frac{1}{3}; \frac{1}{3} + \frac{1}{4}; \frac{1}{4} + \frac{1}{5} \dots$

b) $\frac{1}{2} + \frac{1}{4}; \frac{1}{4} + \frac{1}{8}; \frac{1}{8} + \frac{1}{16} \dots$

c) $\frac{1}{2} - \frac{1}{3}; \frac{1}{3} - \frac{1}{4}; \frac{1}{4} - \frac{1}{5} \dots$

d) $\frac{3}{2} - \frac{2}{3}; \frac{4}{3} - \frac{3}{4}; \frac{5}{4} - \frac{4}{5} \dots$

24 Übertrage die Tabelle in dein Heft und fülle die leeren Felder aus.

a)

1. Summand	2. Summand	Wert der Summe
$\frac{2}{3}$	$\frac{14}{9}$	
	$\frac{3}{8}$	$\frac{15}{24}$
$\frac{19}{38}$		1
$\frac{34}{55}$	$\frac{17}{11}$	
	$\frac{3}{7}$	$\frac{2}{3}$
2		$\frac{14}{5}$

b)

Minuend	Subtrahend	Wert der Differenz
$\frac{13}{9}$	$\frac{1}{6}$	
	$\frac{4}{14}$	$\frac{5}{7}$
$\frac{6}{7}$		$\frac{3}{14}$
$\frac{9}{10}$	$\frac{7}{8}$	
3		$\frac{5}{6}$
5	$\frac{36}{37}$	

25 Gib das Ergebnis als gemischte Zahl an.

BEISPIEL $\frac{4}{9} + \frac{7}{9} = \frac{11}{9} = 1\frac{2}{9}$

a) $\frac{5}{7} + \frac{4}{7}$ b) $\frac{5}{6} + \frac{4}{6}$ c) $\frac{4}{3} + \frac{2}{3}$

d) $\frac{3}{4} + \frac{5}{8}$ e) $\frac{7}{15} + \frac{9}{5}$ f) $\frac{6}{6} + \frac{5}{3}$

g) $\frac{4}{3} + \frac{5}{6}$ h) $\frac{7}{2} + \frac{3}{5}$ i) $\frac{11}{4} + \frac{10}{8}$

26 Berechne. Schreibe 1 (bzw. 2) als Bruch.

a) $1 - \frac{2}{3}$ b) $1 - \frac{2}{5}$ c) $1 - \frac{5}{8}$

d) $1 - \frac{7}{18}$ e) $2 - \frac{4}{5}$ f) $2 - \frac{2}{7}$

27 Ergänze die Rechenmauern. Notiere dazu deine Zwischenrechnungen.

a)

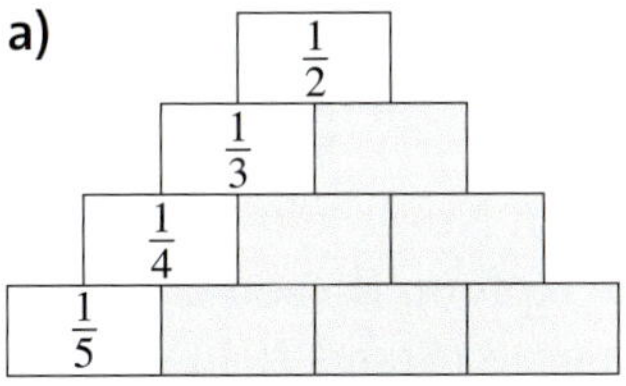

b)

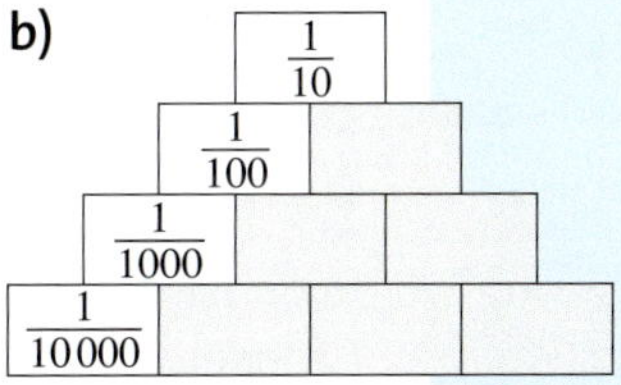

28 Ergänze die Rechenmauern. Erweitere dazu den obersten Bruch, damit du ihn besser aufteilen kannst. Vergleicht untereinander.

a)

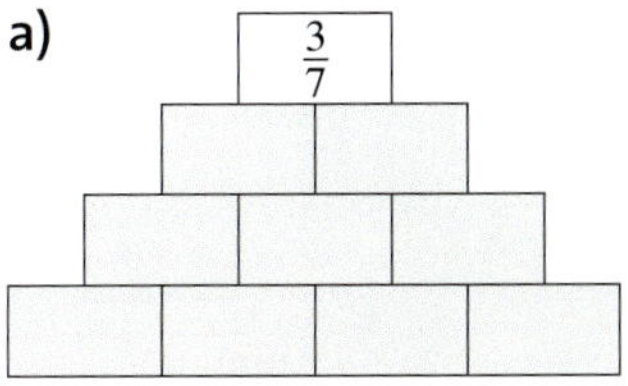

b)

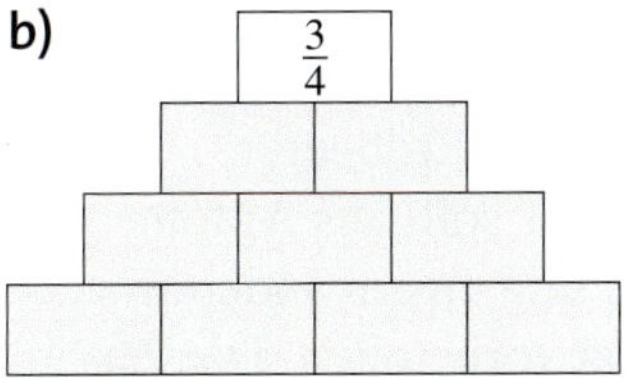

083-1
Die Rechenmauern der Aufgaben 27 und 28 gibt es hier zum Ausdrucken.

29 Löse die Aufgaben der Tabelle im Heft.

–	$\frac{1}{6}$	$\frac{7}{8}$	$\frac{4}{9}$	$\frac{9}{12}$
$\frac{3}{2}$				
$\frac{19}{10}$				
$\frac{11}{12}$				

084-1
Unter diesem Webcode sind die vier Rechenfiguren von Aufgabe 32 abgelegt.

30 Im Kreisdiagramm siehst du die Altersstruktur Deutschlands im Jahr 2011.

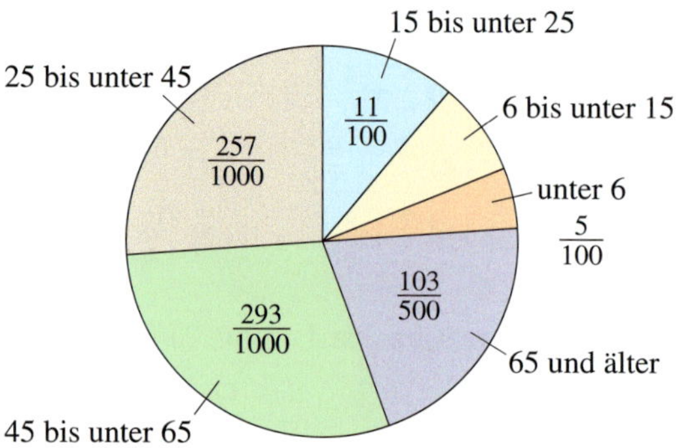

a) Welcher Anteil der Bevölkerung ist in eurem Alter?
b) Wie groß ist der Anteil derjenigen, die unter 65 sind?
c) Gib den Anteil an, der unter 25 ist.

31 Bei der Obsternte in Nordrhein-Westfalen ist der Anteil an Äpfeln, Birnen und Erdbeeren besonders groß (Stand 2011).

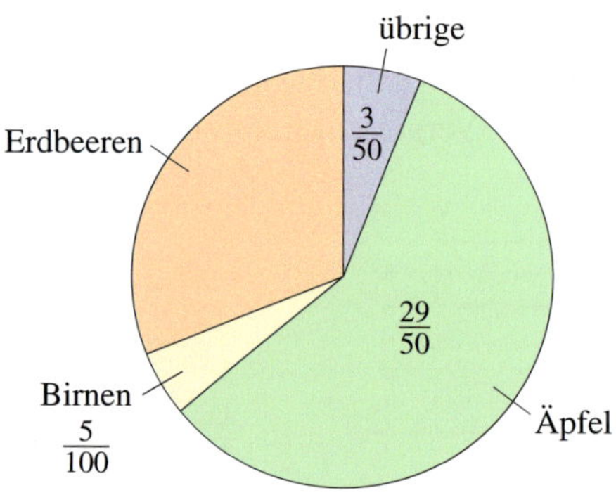

a) Berechne den Anteil an Erdbeeren.
b) Stellt euch vor: Ihr sollt aus Äpfeln, Birnen, Erdbeeren und einem anderen Obst 1 kg Obstsalat vorbereiten. Die Zusammensetzung soll genau den Anteilen der Obsternte entsprechen.
Wie viel müsst ihr von jedem Obst einkaufen?
c) Insgesamt wurden knapp 102 000 t Obst geerntet. Berechne die Menge der Äpfel und Birnen in Tonnen (t).
d) Wie viel Tonnen Pflaumen wurden geerntet, wenn ihr Anteil $\frac{3}{5}$ der Birnen entspricht?

32 Übertrage die Figuren in dein Heft und ergänze die leeren Kästchen und Kreise.

a)
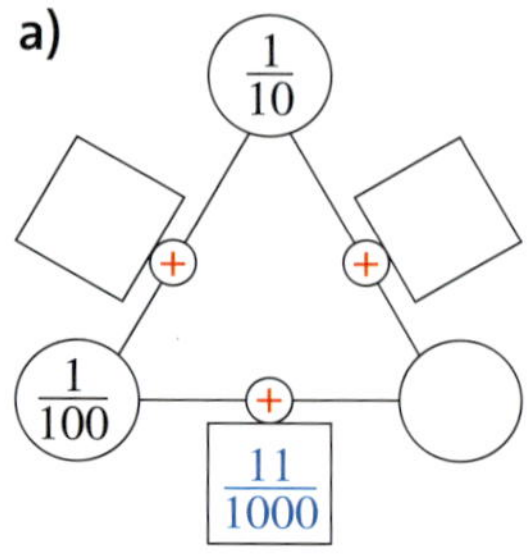

b)
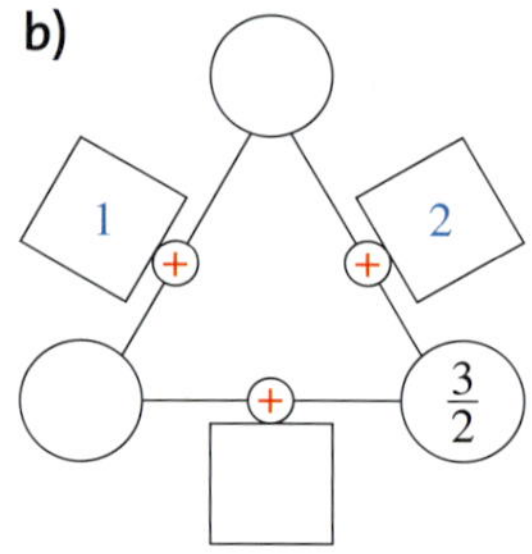

c)
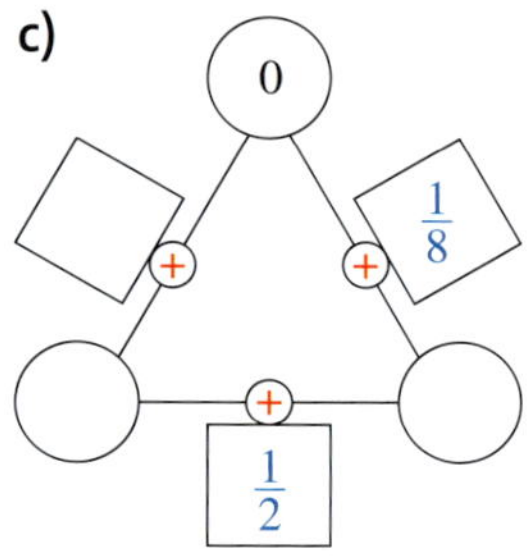

d)
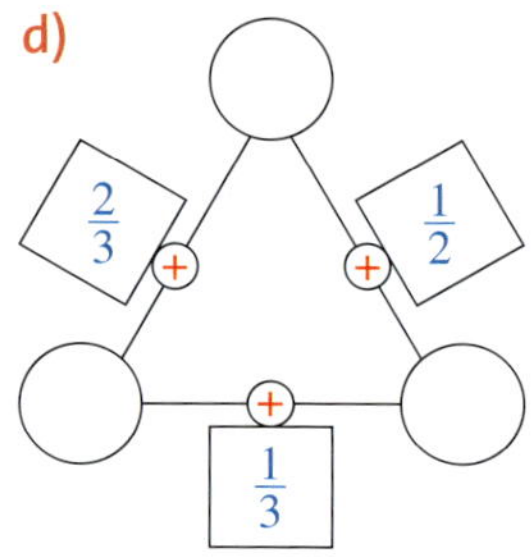

33 Übersetze das Zahlenrätsel in eine Aufgabe und berechne die gesuchte Zahl.
a) Der erste Summand ist $\frac{5}{9}$, der zweite ist $\frac{4}{5}$.
Berechne den Wert der Summe.
b) Der Minuend ist $\frac{6}{7}$, der Subtrahend ist $\frac{1}{2}$.
Berechne den Wert der Differenz.
c) Der erste Summand ist $\frac{2}{11}$, der Wert der Summe ist $\frac{50}{33}$.
Berechne den zweiten Summanden.
d) Der Subtrahend ist $\frac{4}{15}$, der Wert der Differenz ist $\frac{1}{3}$.
Wie lautet der Minuend?

34 Schreibe als Aufgabe und ergänze die fehlenden Brüche.
a) Der Wert der Differenz beträgt $\frac{7}{12}$, der Minuend ist $\frac{2}{3}$.
b) Die beiden Summanden sind gleich groß, der Wert der Summe ist $\frac{3}{8}$.
c) Der Wert der Summe beträgt $\frac{3}{2}$.
Die Summanden unterscheiden sich um $\frac{1}{4}$.
d) Der Minuend beträgt $\frac{3}{10}$, der Subtrahend ist halb so groß.
Gib den Wert der Differenz an.

Gemischte Zahlen addieren und subtrahieren

Erforschen und Entdecken

1 Links stehen Additionsaufgaben mit gemischten Zahlen, rechts daneben findest du die Lösungen dazu in unterschiedlichen Darstellungen.

$1\frac{1}{2} + 2\frac{3}{4}$

$2\frac{1}{2} + 3\frac{1}{4}$

$1\frac{1}{6} + 1\frac{4}{9}$

$3\frac{5}{8} + 1\frac{1}{6}$

$$\frac{29}{8} + \frac{7}{6} = \frac{87}{24} + \frac{28}{24} = \frac{115}{24}$$

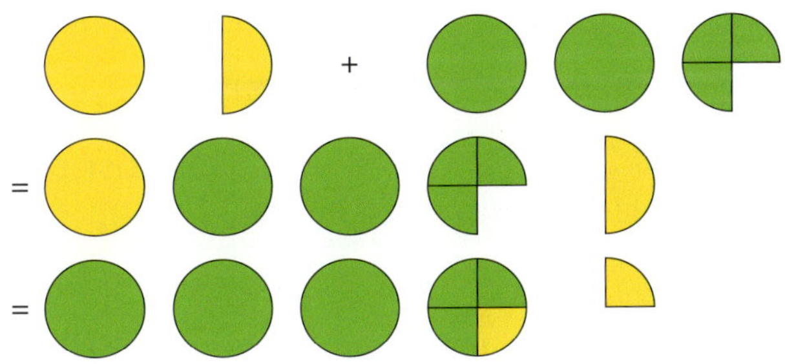

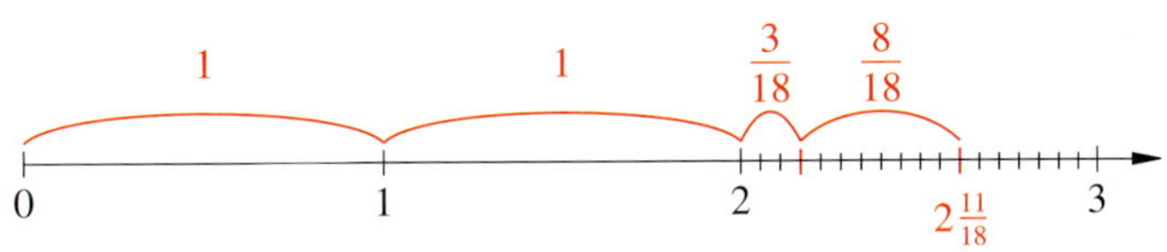

Arbeitet in Gruppen.

a) Ordnet die Aufgaben links den Lösungen rechts zu.

b) Notiert jedes Ergebnis als gemischte Zahl.

c) Welche Idee steckt hinter den Lösungen? Tauscht euch darüber aus.

d) Bei welchen Lösungen wurden Rechengesetze verwendet? Welche?

2 Betrachte die beiden Subtraktionsaufgaben und ihre Lösungszeichnungen.

$3\frac{1}{4} - 1\frac{3}{4} = 1\frac{1}{2}$

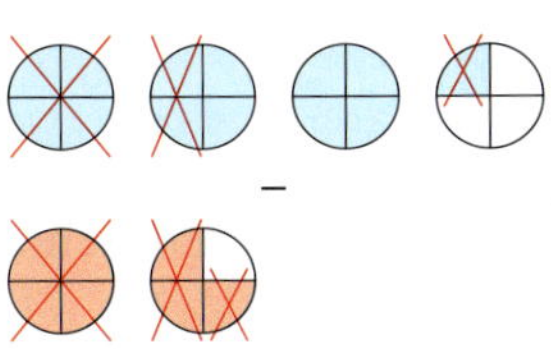

$2\frac{1}{6} - 1\frac{1}{3} = \frac{5}{6}$

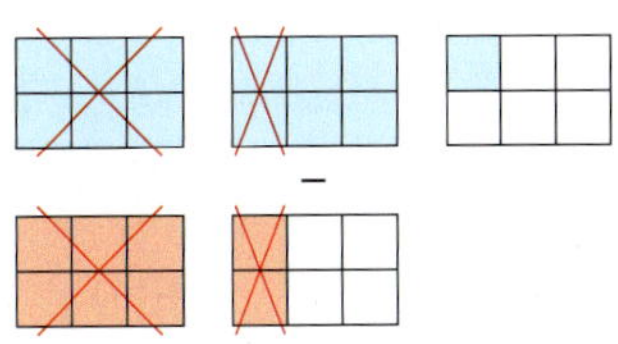

a) Wie wurden diese Aufgaben gelöst? Beschreibe und erkläre.

b) Löse zeichnerisch die Aufgabe $3\frac{1}{8} - 2\frac{3}{4}$.

Lesen und Verstehen

Die Klasse 6 a möchte für ihr Klassenfest Kirschsaftschorle mixen. Sie haben eingekauft:
15 Flaschen Saft mit je $\frac{1}{2}$ ℓ, also $7\frac{1}{2}$ ℓ.
7 Flaschen Selters mit je $\frac{3}{4}$ ℓ, also $5\frac{1}{4}$ ℓ.

Für jeden der 23 Schüler haben sie $\frac{1}{2}$ ℓ eingeplant.
Das sind $11\frac{1}{2}$ ℓ.
Wie viel Liter bleiben voraussichtlich übrig?

Es gibt verschiedene Verfahren, gemischte Zahlen zu addieren und zu subtrahieren.

BEISPIEL
So wandelt man die gemischten Zahlen $7\frac{1}{2}$ und $5\frac{1}{4}$ in unechte Brüche um:
$7 \cdot 2 + 1 = 15$,
also ist $7\frac{1}{2} = \frac{15}{2}$
und
$5 \cdot 4 + 1 = 21$,
also ist $5\frac{1}{4} = \frac{21}{4}$

Addition
Die gemischten Zahlen werden vor dem Addieren in reine Brüche umgewandelt.
oder:
Die gemischten Zahlen werden als gemischte Zahlen addiert.

BEISPIEL 1

$7\frac{1}{2} + 5\frac{1}{4} = \frac{15}{2} + \frac{21}{4} = \frac{30}{4} + \frac{21}{4} = \frac{51}{4} = 12\frac{3}{4}$

$7\frac{1}{2} + 5\frac{1}{4} = (7 + 5) + \left(\frac{2}{4} + \frac{1}{4}\right) = 12\frac{3}{4}$

(Kommutativgesetz; Assoziativgesetz)

Subtraktion
Die gemischten Zahlen werden zuerst in reine Brüche umgewandelt.
oder:
Es wird ohne Umwandlung subtrahiert.
Ist der Bruchteil des Subtrahenden größer als der des Minuenden, so muss ein Ganzes zum Bruchteil umgewandelt werden.

BEISPIEL 2

$12\frac{3}{4} - 11\frac{1}{2} = \frac{51}{4} - \frac{23}{2} = \frac{51}{4} - \frac{46}{4} = \frac{5}{4} = 1\frac{1}{4}$

BEISPIEL 3

$13\frac{1}{3} - 9\frac{1}{2} = 13\frac{2}{6} - 9\frac{3}{6} = 12\frac{8}{6} - 9\frac{3}{6}$
$= (12 - 9) + \left(\frac{8}{6}\right) - \frac{3}{6} = 3\frac{5}{6}$

Nach der Planung der Klasse 6 a bleiben $1\frac{1}{4}$ ℓ Kirschsaftschorle übrig.

Basisaufgaben

1 Berechne. Kürze, wenn möglich.

a) $2\frac{1}{7} + 3\frac{4}{7}$ b) $1\frac{3}{8} + 2\frac{1}{8}$
c) $4\frac{5}{9} + 3\frac{2}{9}$ d) $5\frac{1}{3} + 2\frac{1}{3}$
e) $21\frac{2}{11} + 3\frac{4}{11}$ f) $6\frac{2}{7} + 3\frac{4}{7}$
g) $7\frac{3}{5} - 2\frac{1}{5}$ h) $9\frac{5}{13} - 6\frac{2}{13}$
i) $13\frac{7}{9} - 11\frac{1}{9}$ j) $8\frac{5}{6} - 7\frac{1}{6}$
k) $23\frac{7}{8} - 3\frac{5}{8}$ l) $2\frac{4}{5} - 1\frac{3}{5}$

BEISPIEL
zu Aufgabe 2:
Unechte Brüche im Ergebnis werden umgewandelt und zu den Ganzen addiert.
$3\frac{5}{7} + 2\frac{4}{7} = 5\frac{9}{7} = 6\frac{3}{7}$

2 Addiere, beachte die Randspalte.

a) $12\frac{5}{6} + 9\frac{1}{6}$ b) $17\frac{3}{5} + 6\frac{4}{5}$ c) $25\frac{7}{8} + 13\frac{5}{8}$
d) $8\frac{4}{9} + 6\frac{8}{9}$ e) $9\frac{9}{11} + 9\frac{2}{11}$ f) $20\frac{5}{14} + 13\frac{11}{14}$

3 Subtrahiere die gemischten Zahlen.

a) $14\frac{3}{7} - 5\frac{1}{7}$ b) $10\frac{2}{3} - 8\frac{1}{3}$ c) $2\frac{11}{12} - 1\frac{1}{12}$
d) $6\frac{8}{9} - 4\frac{2}{9}$ e) $3\frac{3}{4} - 1\frac{1}{4}$ f) $6\frac{13}{25} - 2\frac{4}{25}$
g) $21\frac{11}{12} - 9\frac{7}{12}$ h) $17\frac{9}{10} - 7\frac{7}{10}$ i) $30\frac{4}{6} - 5\frac{1}{6}$

4 Wie lange brauchte Lea in dieser Woche insgesamt für ihre Hausaufgaben?

Mo.	Di.	Mi.	Do.	Fr.
$1\frac{1}{2}$ h	$\frac{1}{2}$ h	$1\frac{1}{4}$ h	$1\frac{3}{4}$ h	$\frac{3}{4}$ h

5 Familie Sommer plant eine Rundwanderung im Hohen Venn. Im Wanderführer stehen Angaben über die Wanderzeiten.

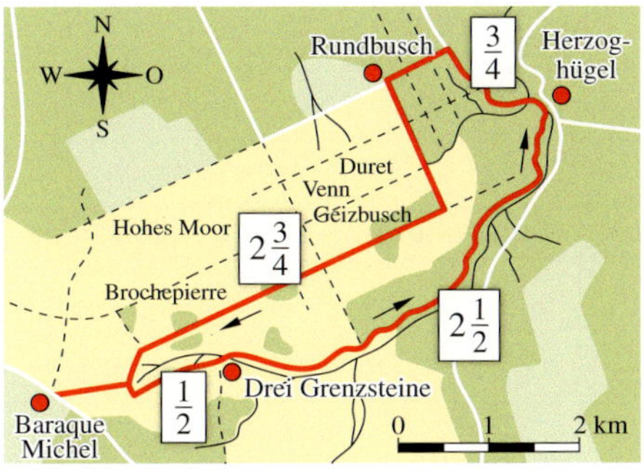

a) Wie lange sind sie unterwegs?
b) Wie lange ist Familie Sommer unterwegs, wenn sie am Herzogenhügel eine $\frac{3}{4}$ Stunde und am Geitzbusch eine $\frac{1}{2}$ Stunde Pause machen möchte?

6 Berechne wie im Beispiel.

BEISPIEL $4\frac{2}{7} - 1\frac{5}{7} = \frac{30}{7} - \frac{12}{7} = \frac{18}{7} = 2\frac{4}{7}$

a) $6\frac{1}{3} - 4\frac{2}{3}$ b) $7\frac{3}{8} - 4\frac{5}{8}$
c) $7\frac{2}{11} - 3\frac{8}{11}$ d) $5\frac{3}{7} - 2\frac{5}{7}$
e) $12\frac{2}{5} - 7\frac{4}{5}$ f) $21\frac{1}{4} - 12\frac{3}{4}$
g) $8\frac{2}{6} - 3\frac{5}{6}$ h) $17\frac{1}{3} - 10\frac{2}{3}$
i) $25\frac{4}{100} - 3\frac{35}{100}$ j) $43\frac{2}{10} - 1\frac{9}{10}$

7 Berechne wie im Beispiel.

BEISPIEL $4\frac{2}{7} - 1\frac{5}{7} = 3\frac{9}{7} - 1\frac{5}{7} = 2\frac{4}{7}$

a) $6\frac{1}{6} - 2\frac{5}{6}$ b) $2\frac{1}{8} - 1\frac{5}{8}$
c) $5\frac{6}{13} - 2\frac{8}{13}$ d) $7\frac{1}{3} - 5\frac{2}{3}$
e) $18\frac{2}{11} - 15\frac{3}{11}$ f) $9\frac{7}{9} - 3\frac{8}{9}$
g) $6\frac{5}{12} - 3\frac{7}{12}$ h) $7\frac{1}{4} - 1\frac{3}{4}$
i) $4\frac{2}{7} - 2\frac{5}{7}$ j) $15\frac{3}{11} - 2\frac{8}{11}$

8 Ergänze die Rechenmauern im Heft.

a)

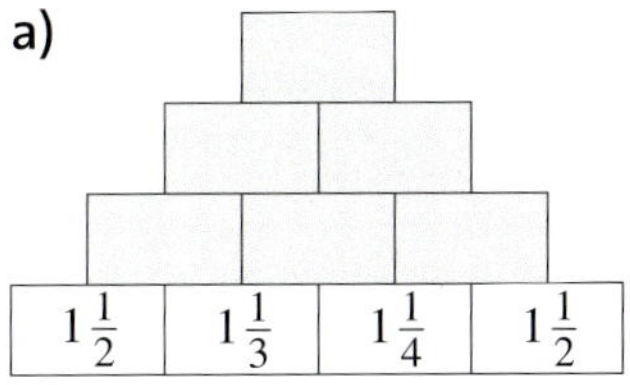

b)

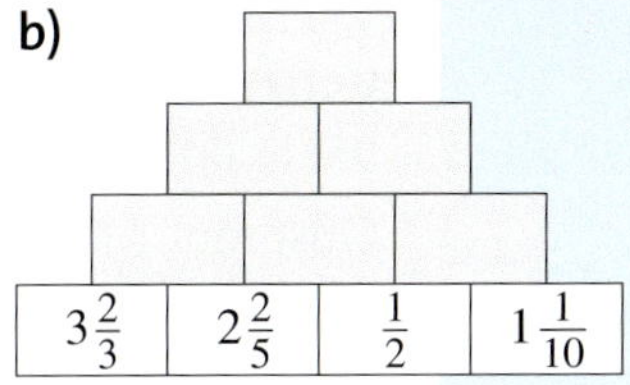

9 Berechne.

a) $6\frac{1}{3} + \frac{1}{2}$ b) $4\frac{5}{8} + \frac{3}{10}$ c) $8\frac{5}{6} + 8\frac{4}{9}$
d) $3\frac{7}{10} + 2\frac{3}{4}$ e) $4\frac{1}{2} + 3\frac{2}{5}$ f) $4\frac{3}{5} + 1\frac{2}{3}$

10 Leon lädt zum Geburtstag ein.
Er darf mit seinen Gästen so viel Pizza essen, wie jeder schafft. Leons Vater kennt den Pizzahunger der Jungen und holt 8 Pizzen.
Max isst $1\frac{1}{3}$ Pizza,
Jonathan schafft $1\frac{5}{6}$ Pizza,
Stephan isst von 2 Pizzen alles bis auf $\frac{1}{12}$ und Leon ist der „Pizzakönig" mit $2\frac{1}{4}$ Pizza.
Bleibt etwas übrig?

11 Kürze das Ergebnis, wenn möglich.

a) $3\frac{2}{5} - 1\frac{2}{3}$ b) $7\frac{3}{8} - 2\frac{11}{16}$
c) $7\frac{2}{3} - 2\frac{1}{6}$ d) $4\frac{5}{6} - 2\frac{3}{8}$
e) $8\frac{2}{5} - 4\frac{1}{2}$ f) $6\frac{2}{3} - 1\frac{3}{4}$
g) $5\frac{1}{8} - 4\frac{2}{3}$ h) $10\frac{1}{11} - 4\frac{8}{22}$

BEACHTE
Die Lösungen zu Aufgabe 11 ergeben in der richtigen Reihenfolge den Namen einer europäischen Hauptstadt. Zu welchem Land gehört die Stadt?
$\frac{11}{24}$ (V); $1\frac{11}{15}$ (S); $2\frac{11}{24}$ (A); $3\frac{9}{10}$ (J); $4\frac{11}{12}$ (E); $4\frac{11}{16}$ (A); $5\frac{1}{2}$ (R); $5\frac{8}{11}$ (O)

12 Berechne.

a) $10\frac{1}{6} - 8\frac{2}{3}$ b) $3\frac{1}{12} - 1\frac{3}{4}$ c) $9\frac{7}{15} - 7\frac{9}{10}$
d) $8\frac{1}{4} - 5\frac{2}{6}$ e) $4\frac{2}{5} - 1\frac{9}{15}$ f) $6\frac{3}{12} - 1\frac{1}{6}$
g) $4\frac{5}{6} - 3\frac{1}{4}$ h) $11\frac{1}{8} - 2\frac{2}{3}$ i) $7\frac{7}{18} - 6\frac{11}{12}$

13 In einer Kanne befinden sich 3 ℓ Milch. Davon werden $1\frac{3}{4}$ ℓ verwendet, um Kakao zu kochen und $1\frac{1}{8}$ ℓ, um Pudding zuzubereiten. Reicht der Rest für ein Glas Milch?

Weiterführende Aufgaben

14 Maike, Dilara, Cassia, Lena und Fiona treffen sich zum Schokoladenfondue. Lena hat Schokolade besorgt, die anderen bringen Obst mit. Maike kommt mit $1\frac{1}{2}$ kg Äpfeln, Dilara bringt eine $1\frac{1}{5}$ kg schwere Melone mit, Cassia steuert 800 g Weintrauben bei, Fiona kauft $\frac{1}{2}$ kg Erdbeeren.

a) Wie viel kg Obst wurden mitgebracht?
b) Jedes der Mädchen isst 300 g Obst. Wie viel bleibt übrig?
c) Vergleicht eure Rechenwege.

15 Berechne.

a) $5 - 2\frac{1}{2} + 1\frac{1}{3}$
b) $9\frac{1}{6} - 1\frac{4}{9} - 5\frac{1}{2}$
c) $8\frac{3}{4} - 3\frac{1}{5} - 2\frac{3}{8}$
d) $4\frac{2}{5} + \frac{3}{5} - 3\frac{3}{10}$
e) $15\frac{3}{20} - 13\frac{7}{10} + \frac{1}{5}$
f) $16\frac{3}{5} + 12\frac{14}{15} + \frac{2}{3}$
g) $28\frac{1}{2} - 10\frac{11}{14} - \frac{3}{7}$
h) $25\frac{5}{24} + 14\frac{3}{8} - \frac{5}{12}$

16 Übertrage in dein Heft und fülle aus.

⟳ 088-1 Die Rechenmauern von Aufgabe 16 findest du hier zum Ausdrucken.

a)

$3\frac{1}{6}$	$4\frac{3}{8}$		
		$2\frac{2}{3}$	
			$2\frac{1}{4}$

b)

$15\frac{1}{4}$			
$9\frac{2}{5}$			
$6\frac{2}{3}$			
$5\frac{4}{30}$			

c)

$10\frac{7}{12}$			
	$4\frac{25}{36}$		
	$2\frac{7}{9}$		
			$1\frac{1}{6}$

d)

$16\frac{7}{15}$			
$4\frac{19}{30}$			
		$8\frac{1}{2}$	
		$2\frac{4}{15}$	

e)

$5\frac{1}{2}$	$4\frac{23}{50}$		
	$1\frac{2}{5}$		
			$2\frac{18}{25}$

f)

$4\frac{55}{72}$			
$2\frac{7}{72}$			
		$1\frac{11}{12}$	
		$\frac{1}{2}$	

17 Übertrage die Tabelle in dein Heft und fülle die fehlenden Felder aus.

a)

1. Summand	2. Summand	Wert der Summe
$2\frac{2}{3}$	$\frac{14}{12}$	
	$1\frac{3}{8}$	$2\frac{15}{24}$
$5\frac{1}{11}$		$7\frac{29}{44}$
$7\frac{17}{38}$		10
$7\frac{34}{39}$	$1\frac{17}{13}$	

b)

Minuend	Subtrahend	Wert der Differenz
$6\frac{4}{9}$	$3\frac{1}{6}$	
	$2\frac{4}{14}$	$1\frac{5}{21}$
$8\frac{6}{7}$		$5\frac{3}{28}$
$2\frac{3}{10}$	$1\frac{5}{6}$	

18 Setze die richtigen Brüche ein.

a) $7\frac{2}{3} - \square = 4\frac{1}{5}$
b) $\square - 2\frac{5}{6} = 1\frac{3}{8}$
c) $\square + 2\frac{1}{2} = 4\frac{2}{3}$
d) $6\frac{24}{33} + \square = 9\frac{4}{11}$
e) $2\frac{3}{27} - \square = 1\frac{20}{36}$
f) $3\frac{2}{7} + \square = 5\frac{3}{4}$
g) $\square - 1\frac{3}{13} = 2\frac{8}{52}$
h) $\square + 2\frac{6}{7} = 5\frac{5}{8}$

19 Auf Jonathans Geburtstag wollen die Gäste einen Rekord von mehr als $7\frac{1}{3}$ Pizzen aufstellen. Haben sie das geschafft? Leon isst $2\frac{1}{3}$ Pizza, Max $\frac{1}{4}$ Pizza weniger als Leon, Jonathan schafft $\frac{1}{6}$ Pizza weniger als Max und Stephan $\frac{1}{2}$ Pizza mehr als Jonathan.

20 Übertrage die Figuren in dein Heft und ergänze die leeren Kreise.

a)

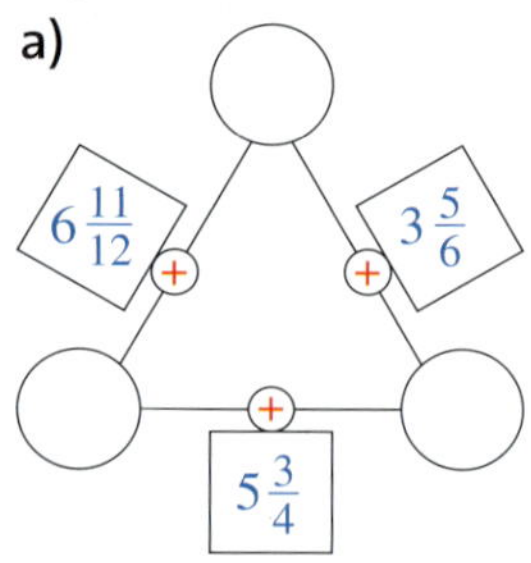

b)

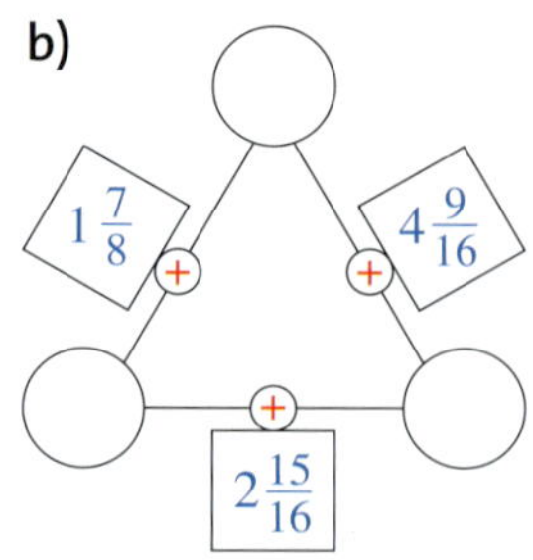

Dezimalbrüche addieren und subtrahieren

Erforschen und Entdecken

1 Wo treten in eurer Umgebung Dezimalbrüche auf?

a) Sucht nach weiteren Beispielen und gestaltet daraus ein Plakat.

b) Findet mit Hilfe eures Plakats Aufgaben, in denen Dezimalbrüche addiert und subtrahiert werden. Tauscht die Aufgaben untereinander aus und löst sie.

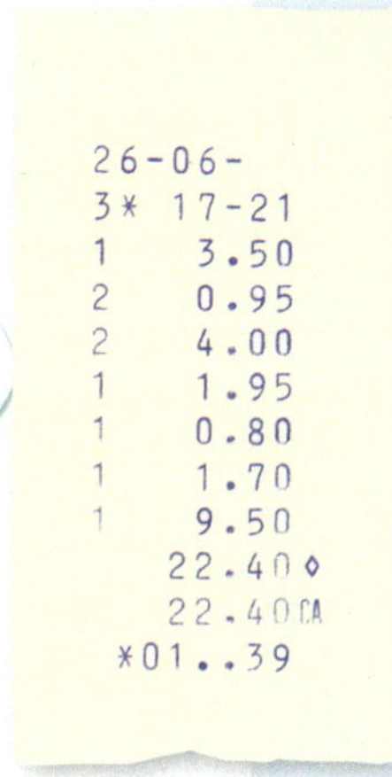

2 Mike und Serena diskutieren, wie man Dezimalbrüche schriftlich addiert.

Mike: „Man muss alle Dezimalbrüche untereinanderschreiben."
Serena: „Das ist ja klar. Aber wie?"
Mike: „Na so, dass alle Zahlen am rechten Rand gerade abschließen."
Serena: „Nee, so kann man das nicht machen. Man muss auf die Kommas achten."
Mike: „Bei der 24 gibt es doch gar kein Komma und außerdem haben wir das in der Grundschule so gelernt."
Serena: „ … "

a) Setzt die Diskussion in eurer Klasse fort. Wer hat Recht und warum?

b) Löst die Aufgabe: 2,54 + 13,1 + 7,682 + 0,4 + 11

c) Löst die Aufgabe: 152 – 12,3 – 4,661
Erläutert eure Vorgehensweise. Welche Probleme traten auf und wie habt ihr sie gelöst?

Lesen und Verstehen

Caro und Leon schließen eine Wette ab:
Jeder sucht vier Gegenstände.
Wer damit am nächsten an 5 kg ist,
hat gewonnen.

Leon holt einen Pokal (1,293 kg), eine kleine Lampe (2,846 kg), ein Monopoly-Spiel (1,01 kg) und eine CD (0,097 kg).

Caro wählt eine Thermoskanne (0,480 kg), ein Album (0,887 kg), eine Wasserflasche (1,075 kg) und ihren Laptop (2,368 kg).

BEACHTE
Auch beim Rechnen mit Dezimalbrüchen ist es sinnvoll, das Ergebnis vor dem Rechnen zu überschlagen.

Dezimalbrüche werden **stellenweise** addiert und subtrahiert.

Bei der schriftlichen Addition und Subtraktion müssen die Dezimalbrüche **stellengerecht** untereinander notiert werden.

Rechnet man in einer Stellenwerttafel, so steht automatisch Komma unter Komma.

Caro hat gewonnen, denn ihre Sachen wiegen nur 0,19 kg weniger als 5 kg.

BEISPIELE

Leon:

		E	z	h	t
1,293		1	2	9	3
+ 2,846	+	2	8	4	6
+ 1,010	+	1	0	1	0
+ 0,097	+	0	0	9	7
1 2 1		1	2	1	
5,246		5	2	4	6

Caro:

		E	z	h	t
5,000		5	0	0	0
− 0,480	−	0	4	8	0
− 0,887	−	0	8	8	7
− 1,075	−	1	0	7	5
− 2,368	−	2	3	6	8
2 4 2		2	4	2	
0,190		0	1	9	0

Basisaufgaben

1 Rechne im Kopf.
a) 0,4 + 0,5 **b)** 0,3 + 0,6 **c)** 0,8 + 0,2
d) 0,7 + 0,6 **e)** 8,3 + 0,8 **f)** 7,2 + 0,9
g) 18,6 + 4,5 **h)** 13 + 8,7 **i)** 3,6 + 4,2

2 Rechne im Kopf.
a) 0,9 − 0,5 **b)** 0,3 − 0,1 **c)** 3,4 − 1,7
d) 5 − 4,6 **e)** 0,8 − 0,4 **f)** 2,3 − 1,1
g) 12,8 − 7,4 **h)** 19,5 − 6,6 **i)** 2,7 − 2,6

3 Addiere stellenweise.
a) 0,06 + 0,03 + 0,1 **b)** 0,3 + 0,09 + 1
c) 2,04 + 1,25 + 5,33 **d)** 2,58 + 0,62 + 6,9
e) 4,8 + 3,26 + 7,239 **f)** 1,47 + 0,64 + 4,99

4 Subtrahiere stellenweise.
a) 0,6 − 0,1 − 0,4 **b)** 8,3 − 0,5 − 0,9
c) 6,2 − 3,7 − 1,9 **d)** 38,79 − 18,765 − 6
e) 17 − 8,742 − 0,23 **f)** 100 − 5,88 − 9,01

5 Überschlage zuerst und berechne dann.
a) 43,601 + 7,2 + 0,9987 + 4,11 + 65,7001
b) 190,4 − 4,681 − 8,009 − 78,656 − 0,089
c) 280,6 + 135,36 − 77,06 − 69,681

6 Berechne im Kopf.
a) 0,4 + 0,04 **b)** 0,002 + 0,003
c) 0,2 + 0,3 + 0,57 **d)** 2,45 + 4,25
e) 1,07 + 1,007 **f)** 1,001 + 9,999

Weiterführende Aufgaben

7 Die Tabelle zeigt die ersten sieben Plätze der Vierschanzentournee von 2013:

Platz	Name	Land	Punkte
1	Gregor Schlierenzauer	Österreich	1100,2
2	Anders Jacobsen	Norwegen	1087,2
3	Tom Hilde	Norwegen	1029,2
4	Kamil Stoch	Polen	1027,2
5	Anders Bardal	Norwegen	1026,8
6	Michael Neumayer	Deutschland	996,7
7	Dmitri Wassiljew	Russland	994,8

a) Wie viele Punkte fehlten dem Springer auf dem vierten Platz für eine Medaille?
b) Wie viele Punkte fehlten dem besten Deutschen für eine Medaille?
c) Zwischen welchen beiden Plätzen gab es die knappste Entscheidung?

8 Wandle in die größte der vorgegebenen Einheiten um und addiere.
a) 2,5 t + 6024 kg + 35067 kg
b) 640,3 kg + 21067 g + 118,27 kg
c) 2 km 700 m + 12 km 44 m + 2741 m

9 Ergänze die Lücken im Heft.

a)
0,64□
+ □,258
+ 3,□00
+ 7,0□2
1 11
12,317

b)
27,□3
+ □,49
+ 8,01
+ 16,4□
21 1
98,33

c)
□,□□□
− 0,486
− 2,405
□
1,000

d)
21,4□5
− □,380
− 0,04□
11
19,047

10 Schreibe die passende Aufgabe in dein Heft und finde die gesuchte Zahl.
a) Addiert man 12,658 zur gesuchten Zahl, so erhält man 20.
b) Subtrahiert man von der gesuchten Zahl die Zahl 7,67, so erhält man 1,45.
c) Die Differenz zweier Zahlen ist 1,23.
d) Subtrahiere von der gesuchten Zahl die Zahl 45,755 und erhalte 12,478.

11 Um eine arbeitsfähige Regierung bilden zu können, sollte eine Partei mindestens 50 % der Stimmen besitzen. Sonst muss sich eine Partei mit einer oder mehreren anderen Parteien zusammentun und eine Koalition bilden.

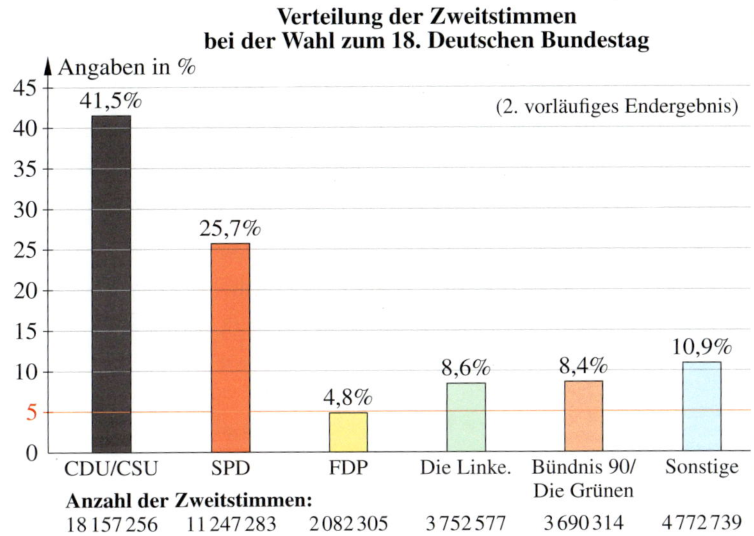

a) Welche Koalitionsmöglichkeiten ergeben sich aus dem Diagramm rein rechnerisch? Welche hältst du für wahrscheinlich?
b) Wie viele Zweitstimmen wurden insgesamt abgegeben?
c) Was bedeutet die 5-%-Markierung?

12 Erreiche beim Durchlaufen des Labyrinths …
a) genau die Zahl 10.
b) Zahlen zwischen 10,1 und 12.
c) Zahlen kleiner als 4.
d) genau die Zahl 6,8.
e) die größtmögliche Zahl.
f) Wege, die rechnerisch nicht weiterführen.
Zeichne dazu das Labyrinth ab und markiere darin in verschiedenen Farben deine Wege. Schreibe zu jedem Weg die passende Rechnung auf.

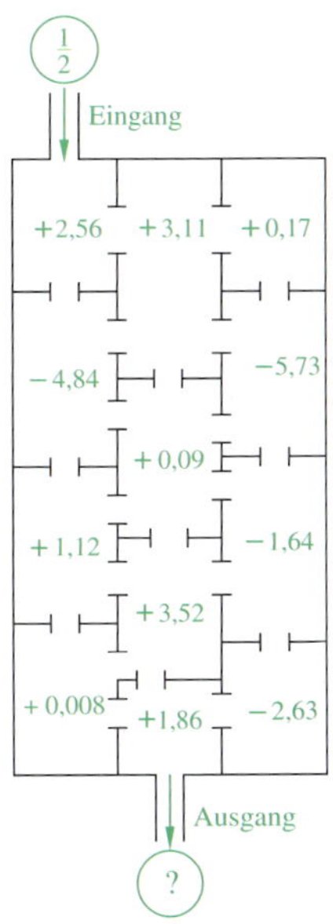

091-1 Hier findest du das Rechenlabyrinth zum Ausdrucken.

Brüche in früherer Zeit

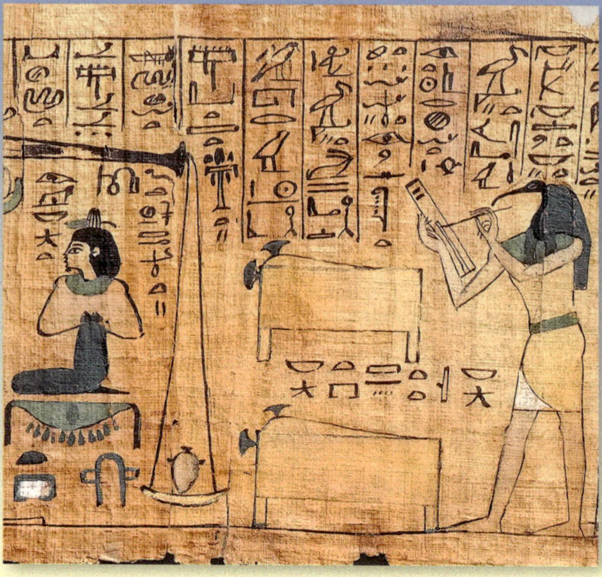

Brüche waren schon vor einigen tausend Jahren bei den Ägyptern bekannt. Sie bevorzugten in ihrer Frühzeit um ca. 3000 vor Christus die **Stammbrüche** $\frac{1}{2}, \frac{1}{3}, \frac{1}{4}, \ldots$

In ägyptischer Schreibweise sahen die Brüche so aus:

 $\left(\frac{1}{3}\right)$;  $\left(\frac{1}{5}\right)$

 $\left(\frac{1}{12}\right)$;  $\left(\frac{1}{28}\right)$

Es gab auch Sonderzeichen:

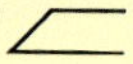 $\left(\frac{1}{2}\right)$;  $\left(\frac{1}{4}\right)$

Andere Brüche stellten sie als Summe von Stammbrüchen zusammen, wie z. B. bei $\frac{5}{12}$:

$$\frac{5}{12} = \frac{4}{12} + \frac{1}{12} = \frac{1}{3} + \frac{1}{12}$$

$$\frac{5}{9} = \frac{10}{18} = \frac{9}{18} + \frac{1}{18} = \frac{1}{2} + \frac{1}{18}$$

$$\frac{2}{7} = \frac{8}{28} = \frac{7}{28} + \frac{1}{28} = \frac{1}{4} + \frac{1}{28}$$

1 Schreibe die Brüche als Summe von Stammbrüchen. Schreibe sie dann in ägyptischer Schreibweise.

a) $\frac{9}{16}$ b) $\frac{7}{12}$ c) $\frac{5}{6}$ d) $\frac{11}{18}$ e) $\frac{7}{20}$ f) $\frac{19}{30}$

g) $\frac{17}{28}$ h) $\frac{15}{32}$ i) $\frac{5}{7}$ j) $\frac{7}{9}$ k) $\frac{14}{15}$ l) $\frac{11}{14}$

2 Denke dir fünf verschiedene Brüche aus, die du von deinem Tischnachbarn in ägyptischer Schreibweise darstellen lässt.

3 Jeder Stammbruch außer $\frac{1}{1}$ kann als Summe zweier verschiedener Stammbrüche geschrieben werden.

$\frac{1}{2} = \frac{1}{3} + \frac{1}{6}$; $\frac{1}{3} = \frac{1}{4} + \frac{1}{12}$; $\frac{1}{4} = \frac{1}{5} + \frac{1}{20}$; …

a) Schreibe auch für die Brüche $\frac{1}{5}, \frac{1}{6}, \frac{1}{7}, \frac{1}{8}$ und $\frac{1}{9}$ die Zerlegungen auf.

b) Betrachte die Zerlegungen. Beschreibe in Worten, wie man allgemein einen Bruch $\frac{1}{n}$ mit $n > 1$ zerlegt.

4 Übersetze diese ägyptischen Zeichen in unsere Schreibweise.
Wie heißt der Bruch?
(𓍢 bedeutet 100)

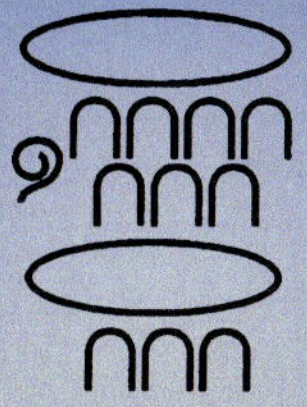

Die Ägypter hatten für die Brüche $\frac{2}{5}, \frac{2}{7}, ..., \frac{2}{99}, \frac{2}{101}$ Tabellen für die Stammbruchgruppen.

So konnten diese Gruppen erstellt werden:
- Der Nenner wird als Produkt zweier verschiedener Zahlen geschrieben.
- Der Bruch wird mit der Summe dieser Zahlen erweitert.
- Im Zähler wird ausmultipliziert, im Nenner steht das Produkt.
  Nun kann in gleichnamige Brüche zerlegt werden.
- Nach dem Kürzen der Brüche erhält man die Stammbrüche.

BEISPIEL

$$\frac{2}{63} = \frac{2}{7 \cdot 9}$$
$$\frac{2}{7 \cdot 9} = \frac{2 \cdot (7+9)}{7 \cdot 9 \cdot 16} = \frac{2 \cdot 7 + 2 \cdot 9}{7 \cdot 9 \cdot 16} = \frac{2 \cdot 7}{7 \cdot 9 \cdot 16} + \frac{2 \cdot 9}{7 \cdot 9 \cdot 16}$$
$$\frac{2}{63} = \frac{1}{72} + \frac{1}{56}$$

5 Finde Darstellungen für die Brüche der Form $\frac{2}{\square}$.

a) Schreibe die Brüche $\frac{2}{5}, \frac{2}{7}$ und $\frac{2}{9}$ als Summe zweier Stammbrüche.

b) Entwirf eine Tabelle bis zum Bruch $\frac{2}{49}$.

c) Erweitere die Tabelle bis zum Bruch $\frac{2}{101}$.

Auch die Römer haben eine Bruchschreibweise mit Hilfe von Stammbrüchen entwickelt.
Die abgebildete Tabelle stammt aus einer Schrift aus dem Jahr 146 nach Christus.

Anders als bei den Ägyptern durften bei den Römern auch mehrere gleiche Stammbrüche verwendet werden.

BEISPIEL $\frac{3}{4} = \frac{1}{2} + \frac{1}{4}$ S=–

6 Erkläre die Bildung der Schreibweisen für die anderen Brüche auf dem „Übersetzungsblock“.

7 Wenn man die Übersicht genau betrachtet, erkennt man, dass die Römer alle nötigen Brüche aus den Stammbrüchen $\frac{1}{2}, \frac{1}{12}, \frac{1}{24}, \frac{1}{48}, \frac{1}{72}, \frac{1}{144}$ und $\frac{1}{288}$ ableiteten.
Finde selbst weitere mögliche Schreibweisen für andere Brüche.

Vermischte Übungen

1 Übertrage die magischen Quadrate in dein Heft. Ergänze so, dass die Summen in jeder Zeile, jeder Spalte und jeder Diagonalen 1 betragen.

a)

$\frac{1}{2}$		
	$\frac{1}{3}$	
	$\frac{5}{9}$	

b)

$\frac{5}{12}$	$\frac{2}{9}$	
		$\frac{1}{4}$

c)

	$\frac{1}{5}$	
$\frac{4}{15}$		
$\frac{3}{10}$		

2 Berechne. Wann wandelst du besser in Brüche um, wann in Dezimalbrüche?

a) $0{,}5 + \frac{1}{3} - 0{,}25$ b) $\frac{2}{5} + \frac{1}{2} - 0{,}3$

c) $\frac{3}{4} - 0{,}55 + 1{,}66$ d) $\frac{5}{6} - \frac{1}{12} + 0{,}2$

3 Übertrage die Zahlenmauern ins Heft.

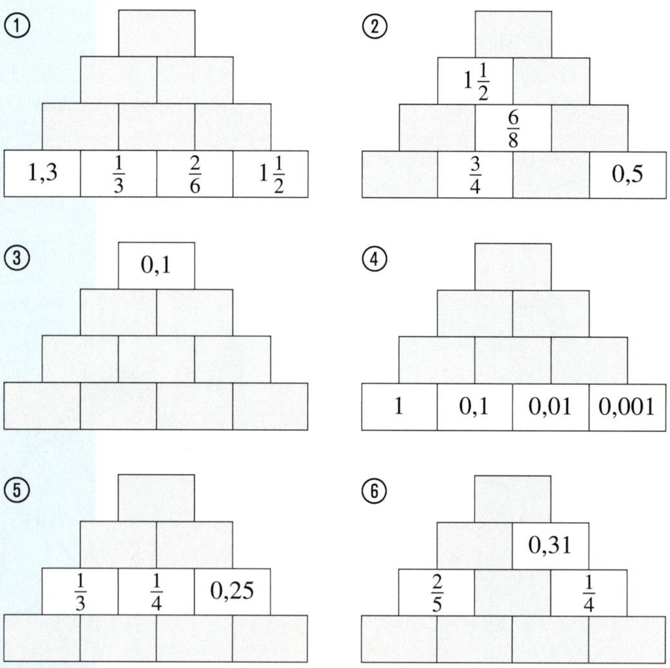

a) Fülle die leeren Felder aus.

b) Wie verändert sich die Zahl an der Spitze, wenn du in allen unteren Steinen 1 hinzuzählst? Teste an Mauer ④.

c) Wie verändert sich die Zahl an der Spitze von Mauer ④, wenn du in einem unteren Mauerstein 1 addierst? Unterscheide dabei zwei Fälle. Begründe.

094-1 Die Rechenmauern von Aufgabe 3 gibt es hier zum Ausdrucken.

4

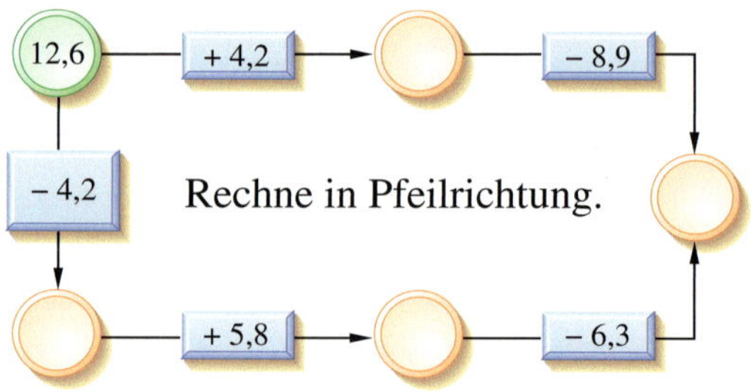

5 Die Landfläche der Erde ist 148 Mio. km^2 groß. Auf der nördlichen Halbkugel sind $\frac{1}{74}$ und auf der südlichen Halbkugel $\frac{14}{148}$ der Landfläche mit Eis bedeckt.

a) Welcher Anteil der gesamten Landfläche ist mit Eis bedeckt?

b) Berechne die Größe der eisfreien Fläche.

6 Wandle die Brüche in Dezimalbrüche um und berechne das Ergebnis.

BEISPIEL $\frac{1}{4} + 2\frac{1}{5} = \frac{25}{100} + 2\frac{2}{10}$

$= 0{,}25 + 2{,}2 = 2{,}45$

a) $\frac{1}{2} + \frac{7}{10}$ b) $\frac{3}{5} + \frac{3}{4}$

c) $1\frac{2}{4} + \frac{2}{5}$ d) $3\frac{2}{5} + \frac{15}{20}$

e) $\frac{11}{25} - \frac{3}{15}$ f) $1\frac{7}{10} - \frac{1}{8}$

g) $6\frac{1}{8} - 3\frac{3}{10}$ h) $\frac{3}{10} - \frac{7}{100}$

i) $\frac{4}{5} + 3\frac{2}{8} + \frac{4}{100} - \frac{15}{20}$

j) $\frac{6}{4} - \frac{2}{16} + \frac{25}{4} - \frac{9}{30}$

7 Setze die richtigen Brüche ein.

a) $\frac{5}{7} - ☐ = \frac{3}{14}$ b) $☐ - \frac{3}{4} = \frac{5}{12}$

c) $\frac{3}{8} + ☐ = \frac{13}{16}$ d) $\frac{7}{10} + ☐ = \frac{11}{15}$

e) $☐ + \frac{6}{5} = \frac{13}{10}$ f) $\frac{9}{18} - ☐ = \frac{13}{36}$

8 Setze >, < oder = passend ein.

a) $\frac{1}{3}$ ☐ $0{,}2 + 0{,}1$ b) $1\frac{1}{4}$ ☐ $0{,}75 + 0{,}5$

c) $\frac{20}{6}$ ☐ $\frac{5}{3} + 1\frac{2}{3}$ d) $\frac{6}{100} + \frac{3}{10}$ ☐ $0{,}3$

e) $\frac{2}{4} - \frac{3}{8}$ ☐ $0{,}125$ f) $2 + 0{,}03$ ☐ $2\frac{3}{1000}$

g) $2\frac{1}{3}$ ☐ $\frac{7}{3} - \frac{1}{6}$ h) $7{,}004$ ☐ $7\frac{1}{250} - \frac{1}{1000}$

9 Die Zwillinge Sanni und Fanni packen einen gemeinsamen Koffer für einen Flug. Mehr als 15 kg darf er nicht wiegen. Er wiegt schon 13,445 kg.

a) Welche Dinge können sie noch mitnehmen? Gib alle Möglichkeiten an.
- Haarglätter (344 g)
- Strandtuch (280 g)
- kleines Radio (837 g)
- Buch (335 g)

b) Mit welchen Dingen kommen sie der 15-kg-Grenze am nächsten? Wie schwer dürfte dann noch ein Mitbringsel sein?

c) Sanni und Fanni möchten gerne Geschenke für Freunde mitbringen. Zusammen wiegen diese aber 1,256 kg. Nun ziehen sie extra die schwersten Sachen an und machen den Koffer so um 1,234 kg leichter. Reicht das aus?

10 Ergänze die Tabelle im Heft.

+	$\frac{1}{4}$	0,75	$1\frac{1}{4}$	$\frac{7}{4}$	2,25
$\frac{1}{2}$					
1					
1,5					
$\frac{4}{2}$					
$2\frac{1}{2}$					

a) Markiere gleiche Ergebnisse in der gleichen Farbe.

b) Erkläre das Muster, das entstanden ist.

11 Notiere die dazugehörige Aufgabe und berechne die fehlenden Angaben.

a) Der erste Summand ist $\frac{1}{3}$, der Wert der Summe $\frac{7}{12}$.

b) Bilde die Differenz aus 0,8 und $\frac{1}{4}$.

c) Der Wert der Differenz beträgt $\frac{2}{5}$. Der Subtrahend ist $1\frac{1}{2}$.

d) Bilde die Summe aus $\frac{2}{3}$; 3,8 und $1\frac{1}{5}$.

e) Der Wert der Differenz ist die Hälfte des Minuends und beträgt $\frac{3}{7}$.

12 Übertrage die Zahlenmauer dreimal in dein Heft.

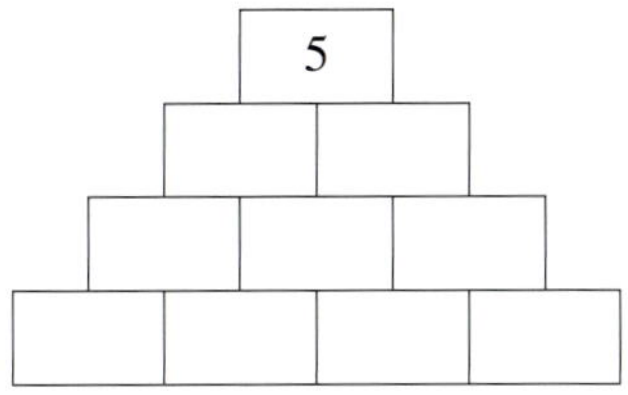

Ergänze nun die Zahlenmauern. Halbieren ist dabei leider nicht erlaubt.

a) Benutze bei der ersten Mauer nur Dezimalbrüche.

b) Benutze bei der zweiten Mauer nur Brüche. Schreibe dazu 5 als einen Bruch, den man gut zerlegen kann.

c) Benutze bei der letzten Mauer so oft wie möglich gemischte Zahlen.

13 Die Tabelle zeigt, welche Sprachen von wie vielen Schülerinnen und Schülern in den Schuljahren 2010/2011 und 2011/2012 gelernt wurden.

	Schuljahr 2010/2011	Schuljahr 2011/2012
Englisch	7,624 Mio.	7,552 Mio.
Französisch	1,650 Mio.	1,633 Mio.
Latein	0,808 Mio.	0,773 Mio.
Altgriechisch	0,014 Mio	0,014 Mio.
Spanisch	0,362 Mio.	0,375 Mio.
Italienisch	0,059 Mio.	0,058 Mio.
Russisch	0,104 Mio.	0,107 Mio.
Türkisch	0,012 Mio.	0,010 Mio.
Sonstige	0,065 Mio.	0,066 Mio.

a) Ordne die Sprachen nach der Anzahl der Schüler, die die Sprache in den jeweiligen Schuljahren gewählt hatten.

b) Welche Sprachen haben im Vergleich zum Vorjahr Schüler verloren? Wie viele? Woran könnte das liegen?

c) Welche Sprache hat im Vergleich zum Vorjahr die meisten Schüler hinzubekommen?

d) Addiere jeweils die Schülerzahlen für jedes Schuljahr und vergleiche. Warum ist damit ein Rückschluss auf die Gesamtschülerzahl nicht möglich?

Taschengeld

Viele Jugendämter in Deutschland geben Empfehlungen, wie viel Taschengeld Kinder und Jugendliche etwa erhalten sollten.

Alter in Jahren	Betrag in Euro	Auszahlungsart
unter 6	0,50	wöchentlich
6 bis 7	1,50 bis 2,00	wöchentlich
8 bis 9	2,00 bis 3,00	wöchentlich
10 bis 11	13,00 bis 16,00	monatlich
12 bis 13	20,00 bis 22,00	monatlich
14 bis 15	25,00 bis 30,00	monatlich
16 bis 17	35,00 bis 45,00	monatlich
18	70	monatlich

Wie viel Geld Sechs- bis Dreizehnjährige in den Jahren 2005 bis 2012 tatsächlich zur Verfügung hatten, kannst du dem unteren Diagramm entnehmen.
Im Jahr 2012 erhielten sie beispielsweise durchschnittlich 27,18 € im Monat.

Entwicklung der monatlichen Geldbeträge (6–13 Jahre)

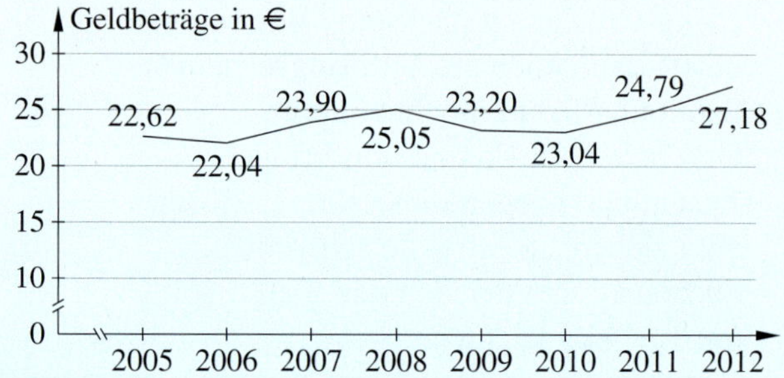

a) In welcher Altersgruppe liegt die größte Spanne zwischen dem empfohlenen Minimum und Maximum pro Monat?

b) Wie viel Geld sollte ein Neunjähriger im Rahmen der Empfehlung oben höchstens in einem Monat (ca. 4 Wochen) bekommen? Wie viel sollte er mindestens erhalten?

c) Um wie viel ist der monatliche Betrag für die Sechs- bis Dreizehnjährigen zwischen 2005 und 2012 angewachsen?

d) Leni und Jorge haben einen Monat lang aufgeschrieben, wofür sie ihr Taschengeld ausgegeben haben. Dazu haben sie Kreisdiagramme gezeichnet. Welchen Anteil geben die beiden jeweils für Süßigkeiten aus?

Leni

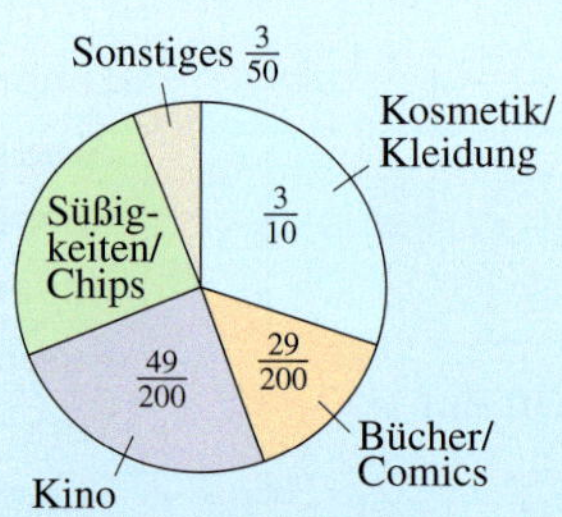

Jorge

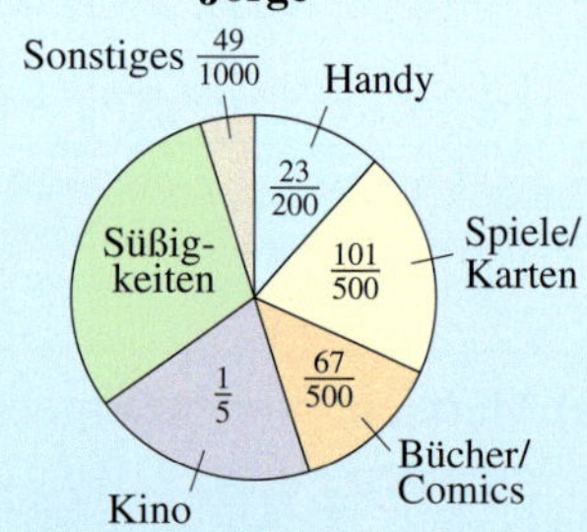

e) Leni und Jorge bekommen beide 25 € im Monat. Wie viel Geld hat Jorge für Kino und Bücher ausgegeben? Wie viel bezahlte Leni für Kosmetik/Kleidung und Bücher?

f) Lena lädt zum Pizzaessen ein und kauft dazu: 250 g Käse für 1,49 €, $\frac{1}{2}$ kg frische Tomaten für 2,55 €, 300 g Champignons für 1,85 €, 1 kg Mehl für 58 Cent, einen Hefewürfel (40 g) für 25 Cent und zwei 0,7-kg-Flaschen Saft für je 1,39 €.
Wie schwer muss sie tragen? Welchen Anteil ihres monatlichen Taschengelds von 25 € bezahlt Lena ungefähr für dieses Pizzaessen? Gib in Prozent an.

Max: 24. 12.
(7 Jahre)
Lisa: 5. 6.
(11 Jahre)
Konstantin 8. 9.
(12 Jahre)

g) Eine Familie hat drei Kinder im Alter von 7, 11 und 12 Jahren. Ihre Geburtstage findest du in der Randspalte. Die Eltern zahlen ihren Kindern immer das von den Jugendämtern empfohlene Minimum. Welche Kosten haben sie in diesem Kalenderjahr?

Alles klar?

Entscheide, ob die Aussagen richtig oder falsch sind.
Begründe deine Entscheidung im Heft und korrigiere gegebenenfalls.

1 Brüche addieren und subtrahieren

a) $\frac{1}{2} + \frac{1}{4} = \frac{2}{6}$

b) Gleichnamige Brüche addiert man, indem man jeweils die Zähler und die Nenner addiert.

c) $\frac{4}{5} - \frac{3}{10} = \frac{1}{2}$

d) Die Teile des abgebildeten Kreisdiagramms ergänzen sich zu 1.

e) Der oberste Stein der Zahlenmauer ist richtig berechnet.

Familien mit minderjährigen Kindern 2011

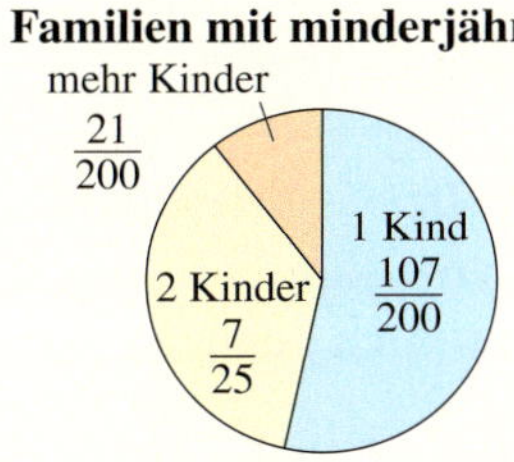

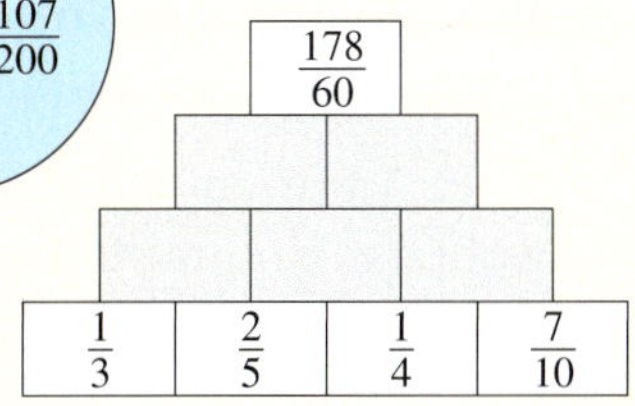

2 Gemischte Zahlen addieren und subtrahieren

a) Gemischte Zahlen müssen immer als gemischte Zahlen addiert oder subtrahiert werden.

b) In der Abbildung rechts gilt: Die Summe von zwei benachbarten Kreisen steht im dazwischenliegenden Quadrat.

c) Wenn ich $3\frac{1}{2}$ ℓ Milch habe, dann reicht das für einen Pudding aus $1\frac{3}{4}$ ℓ Milch, Milchreis aus $1\frac{1}{8}$ ℓ Milch und Kakao aus $\frac{1}{2}$ ℓ Milch.

d) $7\frac{3}{8} - 2\frac{5}{8} = 5\frac{2}{8}$

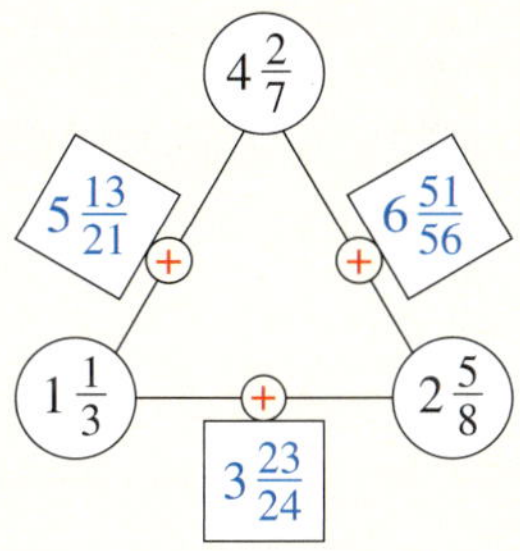

3 Dezimalbrüche addieren und subtrahieren

a) Bei der schriftlichen Addition von Dezimalbrüchen stehen die Kommas untereinander.

b) Der Umfang des Rechtecks beträgt 32,6 cm.

c) 5,78 + 2,6 + 0,1041 + 11,9 = 20,3941

d) In São Paulo lebten im Jahr 2010 16,899 Mio. Menschen mehr als in Tokio.

e) Delhi und Shanghai hatten im Jahr 2010 zusammen weniger Einwohner als Tokio.

f) Die kleinste Differenz zwischen den Einwohnerzahlen ist zwischen New York und Mexiko-Stadt.

g) Die asiatischen Megastädte (das sind alle außer São Paulo, New York und Mexiko-Stadt) haben zusammen mehr als 150 Mio. Einwohner.

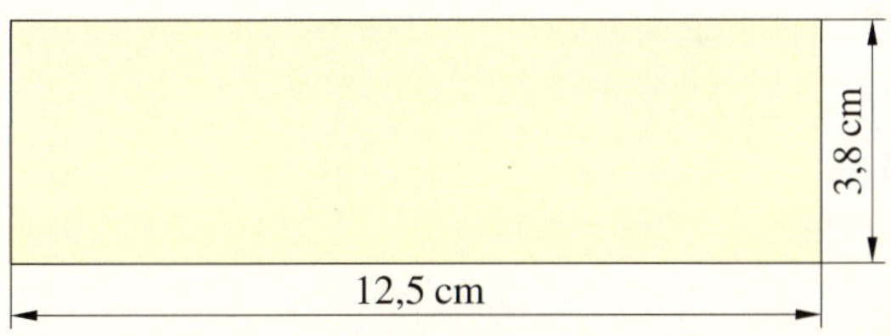

Megastädte 2010

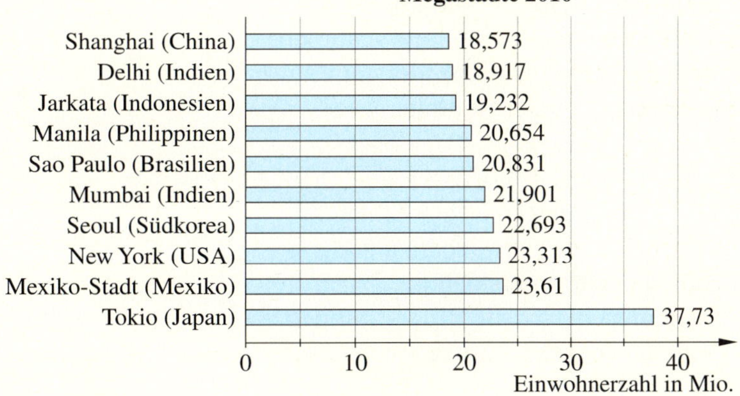

BEACHTE
Die Lösungen zu den Aufgaben auf dieser Seite sowie dazu passende Trainingsaufgaben findest du ab Seite 200.

Zusammenfassung

→ Seite 80

Brüche addieren und subtrahieren

Brüche werden addiert bzw. subtrahiert, indem man

1. die Nenner **gleichnamig** macht,

$\frac{3}{4} + \frac{5}{6} = \frac{9}{12} + \frac{10}{12} = \frac{19}{12} = 1\frac{7}{12}$

2. die **Zähler addiert bzw. subtrahiert** und den **Nenner beibehält**. Das Ergebnis wird so weit wie möglich gekürzt.

$\frac{11}{12} - \frac{3}{4} = \frac{11}{12} - \frac{9}{12} = \frac{2}{12} = \frac{1}{6}$

Bei der **Addition von Brüchen** gilt sowohl das **Kommutativgesetz** als auch das **Assoziativgesetz**.

$\frac{2}{4} + \frac{3}{5} + \frac{1}{4} = \frac{2}{4} + \frac{1}{4} + \frac{3}{5}$ Kommutativgesetz

$= \left(\frac{2}{4} + \frac{1}{4}\right) + \frac{3}{5} = \frac{3}{4} + \frac{3}{5}$ Assoziativgesetz

$= \frac{15}{20} + \frac{12}{20} = \frac{27}{20} = 1\frac{7}{20}$

→ Seite 86

Gemischte Zahlen addieren und subtrahieren

Es gibt mehrere Möglichkeiten, gemischte Zahlen zu addieren oder zu subtrahieren.

1. Die gemischten Zahlen werden vor der Addition bzw. Subtraktion in reine Brüche umgewandelt.

$5\frac{1}{4} - 3\frac{2}{3} = 5\frac{3}{12} - 3\frac{8}{12} = \frac{63}{12} - \frac{44}{12} = \frac{19}{12} = 1\frac{7}{12}$

2. Die gemischten Zahlen werden als gemischte Zahlen addiert oder subtrahiert.
   Bei einer Subtraktion muss eventuell ein Ganzes vom Subtrahenden zum Bruchteil umgewandelt werden.

$1\frac{1}{2} + 2\frac{3}{5} = 1 + 2 + \frac{1}{2} + \frac{3}{5} = 3 + \left(\frac{5}{10} + \frac{6}{10}\right)$

$= 3 + 1\frac{1}{10} = 4\frac{1}{10}$

$3\frac{1}{4} - 1\frac{2}{5} = 3\frac{5}{20} - 1\frac{8}{20} = 2\frac{25}{20} - 1\frac{8}{20}$

$= (2 - 1) + \left(\frac{25}{20} - \frac{8}{20}\right) = 1\frac{17}{20}$

→ Seite 90

Dezimalbrüche addieren und subtrahieren

Dezimalbrüche werden **stellenweise** addiert oder subtrahiert.
Bei der schriftlichen Addition bzw. Subtraktion müssen die Dezimalbrüche **stellengerecht** untereinander notiert werden. Komma steht unter Komma.

$2 + 3{,}4 + 0{,}75 = 6{,}15$ $7{,}8 - 1{,}92 - 3 = 2{,}88$

$$\begin{array}{r} 2{,}00 \\ +\,3{,}40 \\ +\,0{,}75 \\ {\scriptstyle 1} \\ \hline 6{,}15 \end{array} \qquad \begin{array}{r} 7{,}80 \\ -\,1{,}92 \\ -\,3{,}00 \\ {\scriptstyle 1\;1} \\ \hline 2{,}88 \end{array}$$

Man kann auch gemischte Zahlen in Dezimalbrüche umwandeln und dann addieren oder subtrahieren.
Dazu müssen sich die Brüche auf den Nenner 10; 100; … erweitern lassen.

$1\frac{1}{2} + 2\frac{3}{5} = 1\frac{5}{10} + 2\frac{6}{10} = 1{,}5 + 2{,}6 = 4{,}1$

Dezimalbrüche multiplizieren und dividieren

Will man die Wände eines Zimmers neu tapezieren und streichen, so sollte man vorher ausrechnen, wie groß die Wandfläche ist. Damit kann man dann abschätzen, wie viel Tapete und Farbe eingekauft werden müssen. Breite und Höhe von Wänden werden oft durch Dezimalbrüche angegeben wie z. B. 3,45 m und 2,78 m. Um die Größe von Wandflächen zu berechnen, müssen solche Dezimalbrüche miteinander multipliziert werden.

In diesem Kapitel lernst du, wie man Dezimalbrüche schriftlich oder im Kopf multipliziert und dividiert und wie man geschickt Überschlagsrechnungen durchführt.

Noch fit?

NACHGEDACHT

Bilde aus den fünf „Augenzahlen" eine Aufgabe. Das Ergebnis soll möglichst nahe bei 100 sein.

1 Berechne. Was stellst du fest?

a) 126 · 10
126 · 100
126 · 1000
126 · 10 000

b) 3 800 000 : 10
3 800 000 : 100
3 800 000 : 1000
3 800 000 : 10 000

c) 36 · 30
36 · 300
36 · 3000
36 · 30 000

d) 450 000 : 50
450 000 : 500
450 000 : 5000
450 000 : 50 000

2 Finde und beschreibe verschiedene Rechenwege für …

a) die Berechnung von 499 · 40.

b) die Berechnung des Quotienten 126 000 : 200.

3 Rechne vorteilhaft.

a) 4 · 16 · 25
b) 20 · 13 · 5
c) 2 · 49 · 50
d) 250 · 97 · 4
e) 125 · 23 · 8 · 2
f) 80 · 25 · 125 · 40

4 Übertrage die Rechnungen in dein Heft und ergänze sie.

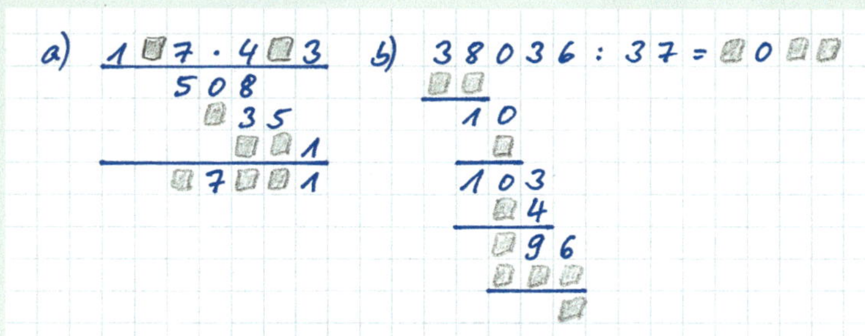

100-1
Hier findest du die Rechenbäume von Aufgabe 5.

5 Übertrage die Rechenbäume in dein Heft.

a) Fülle die Bäume aus.

b) Schreibe die zugehörigen Aufgaben auf.

c) Welche Rechenregeln müssen beachtet werden?

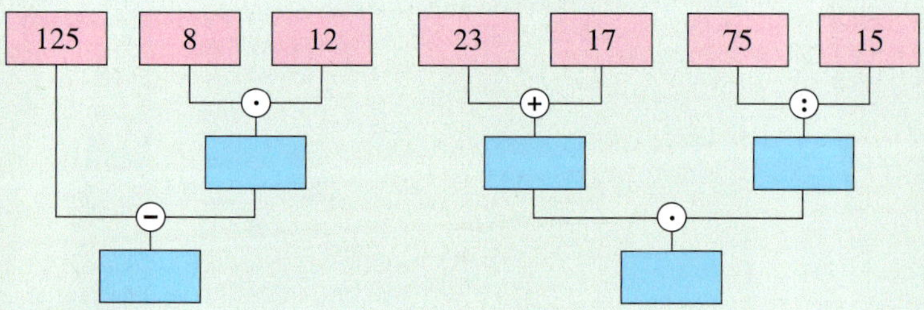

d) Stelle als Rechenbaum dar und berechne:

① 460 + (112 – 52) · 8
② 27 · 3 + (135 – 45) · 2
③ (12 + 18) · (26 + 34)
④ 200 – (45 + 3 · 17)

Bunt gemischt

1. Das Ergebnis einer Multiplikationsaufgabe heißt …
2. Die Zahl, durch die dividiert wird, heißt …
3. Der Quotient von zwei Zahlen zwischen 1 und 20 ist 8. Finde die beiden Zahlen.
4. Das Produkt von zwei aufeinanderfolgenden Zahlen ist 156. Wie heißen diese Zahlen?
5. Wie oft ist die Zahl 25 in 400 enthalten?
6. Wie viel ml sind ein $\frac{3}{4}$ ℓ?
7. 100 · 5 + 10 · 8 + 1 · 7 ist eine andere Schreibweise für die Zahl …
8. Wie viel g sind $\frac{5}{8}$ kg?
9. Berechne 2 km + 27 m + 40 dm + 3 cm.
   Gib das Ergebnis in allen Einheiten an, die in der Aufgabe vorkommen.

Dezimalbrüche multiplizieren

Erforschen und Entdecken

1 Dana besucht für ein Schuljahr eine amerikanische Schule in Florida. Vor ihrer Abreise in die USA erhält sie von ihren Eltern 1000 $ als Taschengeld. Ihre Mutter erklärt ihr, dass 1 $ etwa 0,85 € wert ist. Dana erstellt sich eine Tabelle, in die sie einige Umrechnungsbeträge einträgt.

a) Vervollständige im Heft die Umrechnungstabelle rechts. Erläutere, wie du gerechnet hast.

b) Ergänze in der Tabelle zehn weitere Beträge in US-Dollar, mit deren Hilfe man in einem Geschäft Preise schnell in Euro umrechnen kann.

c) Rechne die Preise mit Hilfe deiner Umrechnungstabelle in Euro um:
15 $, 26 $, 120 $, 210 $.

Dollar	Euro
1	0,85
10	
100	
1000	

2 Dana bringt nach ihrem Jahr in den USA noch 32,25 $ mit nach Hause. Dieses Geld möchte sie wieder in Euro umtauschen.

a) Überschlage, wie viel Euro sie für ihre Dollar ungefähr bekommen würde.

b) Die Bank tauscht nur die großen Dollarscheine um.
Rechne aus, wie viel Euro Dana für 30 Dollar genau bekommt.
Erkläre, wie du vorgegangen bist.
Vergleiche mit deinen Mitschülern.

Sortenkurse

Tageskurse		Ankauf	Verkauf
England	1 £	01.09	01.27
Dänemark	100 Dkr	12.47	14.50
Schweden	100 Skr	10.87	12.66
Schweiz	100 Sfrs	74.38	86.56
USA	1 $	00.72	00.84
Japan	100 ¥	00.70	00.82
Kanada	1 Can $	00.70	00.82
Polen	100 Plzl	21.65	26.53
Ungarn	100 HUF	00.29	00.39

3 Während Dana in den USA ist, soll in ihrem Zimmer ein neuer Teppich verlegt werden. Den Grundriss des Zimmers findest du rechts.

a) Übertrage den Grundriss in dein Heft (1 m soll 1 cm entsprechen). Ermittle so genau wie möglich den Flächeninhalt, indem du die gezeichnete Fläche in Zentimeterquadrate unterteilst.

b) Berechne den genauen Flächeninhalt, indem du die Seitenlängen in Dezimeter umwandelst. Vergleiche mit deinem in Teilaufgabe a) ermittelten Flächeninhalt.

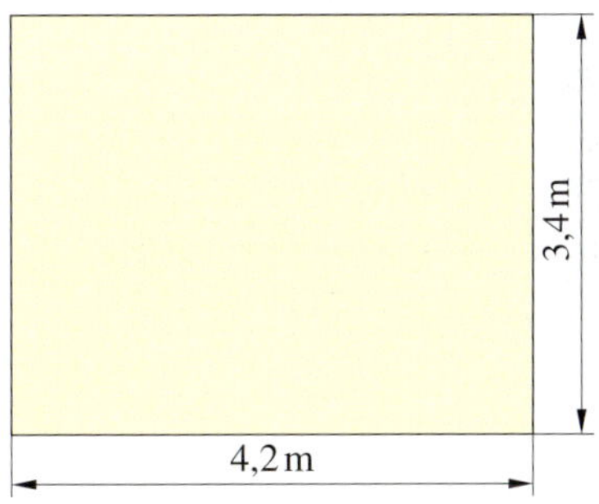

4 Dana war beeindruckt von der Größe des Hauses ihrer amerikanischen Gastfamilie. Vor dem Rückflug ist sie Länge und Breite des Hauses abgegangen. Sie kommt auf etwa 19,5 m Länge und 12,5 m Breite.
Wie viele Quadratmeter Wohnfläche stehen der Familie zur Verfügung? Überschlage zunächst.

Lesen und Verstehen

Der Swimmingpool von Danas amerikanischer Gastfamilie ist 8,75 m breit und 13,25 m lang. Dana möchte wissen, welchen Flächeninhalt in Quadratmeter (m²) er einnimmt.

BEISPIEL

1. Möglichkeit:
Man wandelt in kleinere Einheiten um:

8,75 m · 13,25 m
= 875 cm · 1325 cm
= 1 159 375 cm²
= 11 593,75 dm²
= 115,9375 m²
≈ 116 m²

```
875 · 1325
 875
  2625
   1750
    4375
1159375
```

2. Möglichkeit:
Man multipliziert zunächst die entsprechenden natürlichen Zahlen und setzt dann im Ergebnis das Komma.

2 Nachkommastellen
+ 2 Nachkommastellen

```
8,75 · 13,25
 875
  2625
   1750
    4375
 115,9375
```

4 Nachkommastellen

> Bei der Multiplikation von Dezimalbrüchen geht man wie bei der Multiplikation entsprechender natürlicher Zahlen vor.
> Man setzt im Ergebnis das Komma so, dass im Ergebnis gleich viele Stellen nach dem Komma stehen wie in allen Faktoren zusammen.

Basisaufgaben

1 Übertrage und ergänze im Heft.

·	10	100	1000	0,1	0,01
2,5		250			
2,76				0,276	
38,145					
7,048					
0,3					
0,056			56		

2 Berechne.

a) 2,5 · 100
b) 2,5 · 10 000
c) 100 000 · 1,75
d) 1000 · 2,55
e) 100 · 1,2
f) 3,50 · 1000
g) 1,37 · 100
h) 2,75 · 10
i) 1000 · 1,88
j) 10 000 · 0,125
k) 0,075 · 1000
l) 10 000 · 0,08

3 Ein britisches Pfund (1 £) entspricht 1,16 €. Rechne die Beträge in Euro um.

a) 10 £ b) 100 £ c) 1000 £ d) 10 000 £
e) 5 £ f) 15 £ g) 50 £ h) 1100 £

4 Für einen Euro erhält man 0,86 £.
Wie viele Pfund (£) erhält man für …

a) 10 € b) 1000 € c) 10 000 € d) 100 €
e) 30 € f) 600 € g) 5000 € h) 210 €

5 Wie dick ist ein Stapel Papier, der aus 10, 100, 1000, 10 000 Blättern besteht?

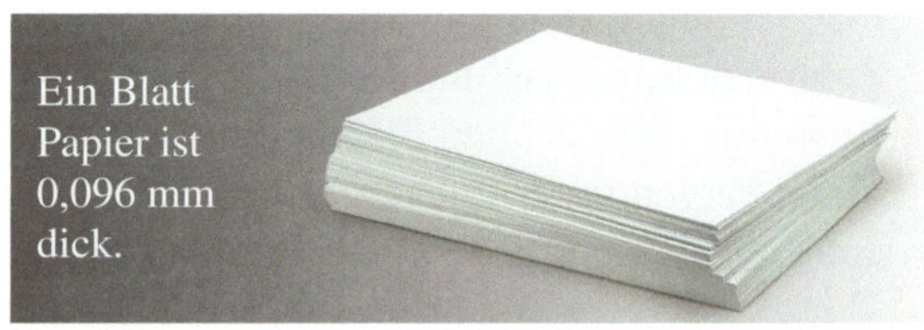

6 Multipliziere im Kopf. Vergleiche jeweils die Ergebnisse in den Spalten.

a)

·	24	2,4
2		
3		
4		
5		

b)

·	221	2,21
2		
3		
4		
5		

$\frac{x+y}{2}$

7 Berechne im Kopf.

a) 3,8 · 2 b) 4,5 · 3 c) 1,23 · 4
d) 5 · 1,12 e) 3 · 2,8 f) 4 · 7,11

8 Multipliziere im Kopf.

·	0,1	0,3	0,5	0,7	0,9
0,2					
0,4					
0,6					
0,8					

9 Rechne die erste Aufgabe. Löse die anderen durch Verschieben des Kommas.

a) 0,375 · 20
0,375 · 2
0,375 · 0,2
0,375 · 0,02
0,375 · 0,002

b) 1,52 · 130
1,52 · 13
1,52 · 1,3
1,52 · 0,13
1,52 · 0,013

10 Multipliziere schriftlich.
Überschlage vorher das Ergebnis.

BEISPIEL 4,7 · 5,26 Überschlag: 5 · 5 = 25
Rechnung: 4,7 · 5,26 = 24,722

a) 3,6 · 2,4 b) 4,6 · 7,2
c) 12,3 · 0,7 d) 3,5 · 0,75
e) 2,6 · 10,4 f) 1,3 · 2,12
g) 14,9 · 3,25 h) 9,5 · 1,324

11 Wie groß sind die Flächeninhalte?

a) b) c)

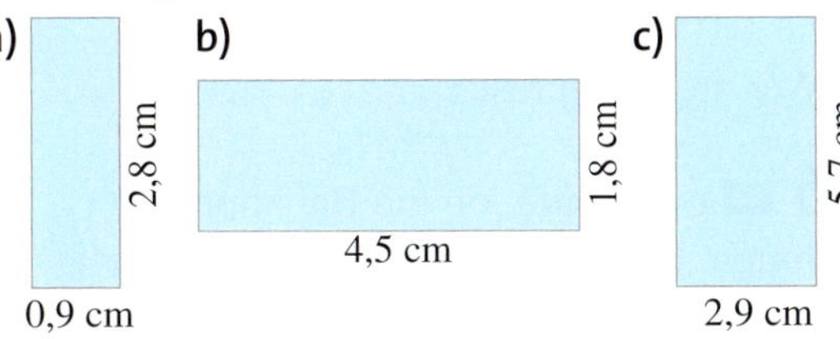

12 Eine Flat für das Handy kostet pro Monat 3,98 €.
Wie hoch sind die Kosten dafür im Jahr?

13 In einem Kasten befinden sich 12 Flaschen Mineralwasser. Eine Flasche kostet 0,49 €.

a) Wie teuer ist der Kasten ohne Pfand?
b) Wie teuer ist der Kasten Mineralwasser insgesamt, wenn man für den Kasten 1,50 € und pro Flasche 0,15 € Pfand zahlt?

14 Leonie kauft für ihre Party 3 Tüten Chips zu je 1,18 €, 4 Tüten Gummibärchen für je 1,39 € und 2 Tafeln Schokolade für je 0,79 € pro Tafel. Reichen 10 €?
Überschlage zunächst. Berechne dann den genauen Preis, den Leonie zahlen muss.

15 Ein Supermarkt bietet Sonderangebote an. Wähle vier Lebensmittel aus und berechne jeweils den Preis für 0,750 kg, für 1,250 kg und für $2\frac{1}{2}$ kg.

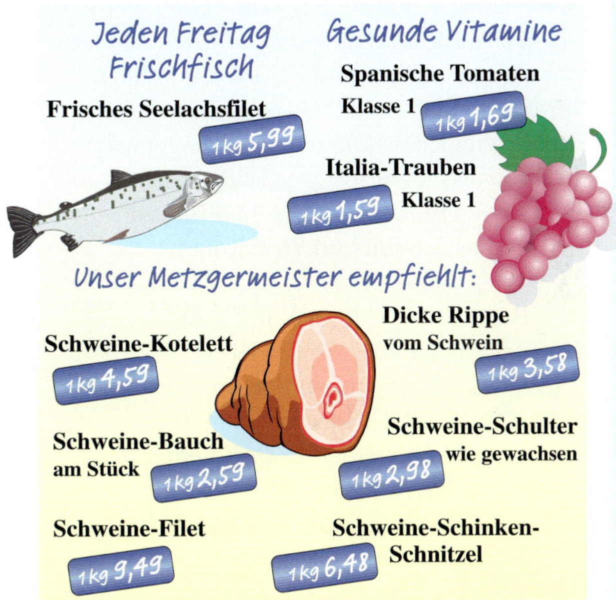

16 Bildschirmgrößen von Computermonitoren werden häufig in Zoll angegeben. 1 Zoll entspricht 2,54 cm. Gemessen wird dabei die Diagonale des Bildschirms. Berechne die Länge der Bildschirmdiagonalen in Zentimeter (cm).

a) 17 Zoll b) 19 Zoll c) 21 Zoll

17 Berechne die Kosten für den Kraftstoff. Runde das Ergebnis auf volle Cent.

a) 30 ℓ Super
b) 45,72 ℓ Super E10
c) 13,55 ℓ LPG
d) 45,05 ℓ Super plus
e) 37,85 ℓ Diesel
f) 24,91 ℓ LPG
g) 40,68 ℓ Diesel

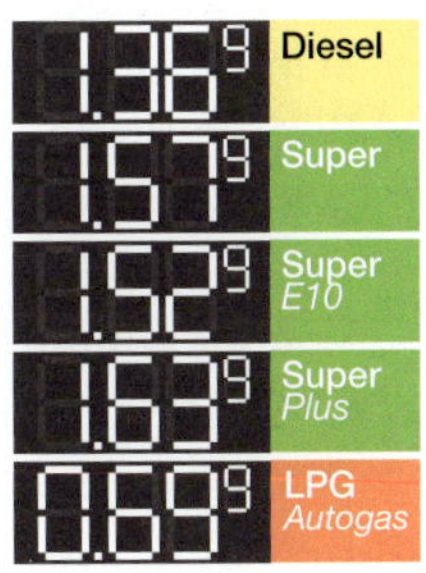

BEACHTE
Benzinpreise werden auf $\frac{1}{10}$ Cent genau angegeben, d.h. $1{,}57^9$ bedeutet 1,579 €. Bei der Rechnung wird im Ergebnis dann auf Cent gerundet.

Weiterführende Aufgaben

18 Finde fünf Multiplikationsaufgaben mit dem Ergebnis 2,4.

19 Welche Seitenlängen kann ein Rechteck mit den angegebenen Flächeninhalten haben?
a) $12{,}5\,\text{cm}^2$ b) $8{,}1\,\text{cm}^2$ c) $0{,}48\,\text{dm}^2$
d) $14{,}4\,\text{m}^2$ e) $3{,}6\,\text{m}^2$ f) $1{,}2\,\text{dm}^2$
g) Zeichne die ersten drei deiner Rechtecke ins Heft.

20 An amerikanischen Tankstellen werden die Preise für Benzin nicht pro Liter, sondern pro Gallon angegeben (1 Gallon = 3,785 ℓ). Mr. Smith tankt 17,57 Gallons zu je 2,48 $.
a) Wie viel Liter Benzin hat er ca. getankt?
b) Wie viel Dollar muss er zahlen?
c) Wie viel Euro kostet die Tankfüllung? 1 Dollar entspricht 0,76 Euro.

21 Bei Jeans findet man oft Größenbezeichnungen wie 28/30 oder 32/34. Die erste Zahl entspricht der Bundweite, die zweite Zahl der inneren Beinlänge. Beide Angaben werden in Inch gemessen. 1 Inch entspricht 2,54 cm.
a) Berechne Bundweiten und innere Beinlängen für folgende Jeansgrößen:
26/28 27/30 31/32 33/34
b) Miss an einer deiner Hosen nach, welche Bundweite und innere Beinlänge (vom unteren Saum bis zum Schritt) du benötigst. Berechne deine ungefähre Jeansgröße.

22 Yasemin kaufte sich im Dezember ein Computerspiel bei einem kanadischen Internetversand. Es kostete 35,75 CAD (Kanadische Dollar). Im Dezember lag der Wechselkurs bei 1 CAD = 0,7076 €.
a) Wie viel Euro musste sie dafür bezahlen?
b) Ihre Freundin kaufte das gleiche Spiel zwei Monate später bei einem Kurs von 1 CAD = 0,7234 €. Wie viel musste sie mehr bezahlen?
c) Recherchiere im Internet, wie der Wechselkurs von 1 CAD zu 1 € jetzt steht.
d) Berechne, was das Spiel kosten würde.

23 Frau Sommer möchte ein rechteckiges Grundstück kaufen. Es ist 26,5 m lang und 15,5 m breit. Der Quadratmeterpreis beträgt 185,50 €. Wie viel kostet das Grundstück?

24 In die Felder sollen die Ziffern 5, 0, 2 und 7 je einmal eingesetzt werden.

□,□ · □,□

Schreibe die Aufgaben in dein Heft:
a) Setze die Ziffern so ein, dass der Wert des Produkts …
– möglichst klein wird,
– möglichst groß wird,
– eine natürliche Zahl wird,
– gleich 3,6 ist.
b) Wie viele verschiedene Multiplikationsaufgaben kann man mit diesen vier Ziffern aufstellen? Das Vertauschen der Faktoren zählt nicht als neue Aufgabe.

25 Berechne die Produkte.
a) $0{,}5 \cdot 0{,}5$
$0{,}5 \cdot 0{,}5 \cdot 0{,}5$
$0{,}5 \cdot 0{,}5 \cdot 0{,}5 \cdot 0{,}5$
b) Füge weitere Faktoren hinzu, bis das Produkt kleiner als 0,01 ist.
c) Führe nun ähnliche Rechnungen für $0{,}2 \cdot 0{,}2$ usw. durch. Was stellst du fest?

26 Überprüfe, ob die Behauptungen stimmen. Finde passende Beispiele oder Gegenbeispiele.
a) Das Produkt von zwei natürlichen Zahlen ist immer größer als jeder der Faktoren.
b) Das Produkt von zwei Dezimalbrüchen ist immer größer als jeder der Faktoren.
c) Das Produkt von zwei Dezimalbrüchen ist immer größer als einer der Faktoren.
d) Multipliziert man eine natürliche Zahl mit einem Dezimalbruch, so erhält man immer eine Zahl, die größer als 1 ist.
e) Anstatt eine Zahl mit 0,25 zu multiplizieren, kann man auch durch 4 dividieren.

Dezimalbrüche dividieren

Erforschen und Entdecken

1 Büroartikel werden oft in großen Mengen verkauft.

a) Berechne, wie viel ein Heft kostet.

b) Wie viel kostet eine CD-ROM?
Wie viel kosten zehn CD-ROMs?

c) Gib den Preis von einer, zehn und 100 Büroklammern an.

d) Erläutere, wie du gerechnet hast.
Formuliere eine Regel.
Zum Beispiel: Man dividiert einen Dezimalbruch durch 10, 100, 1000, indem man …

e) Löse die Divisionsaufgaben:

245,50 € : 10	45,20 € : 10
245,50 € : 100	45,20 € : 100
245,50 € : 1000	45,20 € : 1000

2 Tim macht mit seiner Jugendgruppe Urlaub am Meer. Mit drei anderen zusammen kauft er einen Beachvolleyball mit Netz für 49,44 €. Jeder soll gleich viel bezahlen.

a) Überschlage, wie viel jeder zahlen muss.

b) Berechne nun den genauen Anteil, den jeder zahlen muss.

c) Vergleiche deinen Lösungsweg mit deinen Mitschülern. Worauf muss man besonders achten, wenn man einen Dezimalbruch durch eine natürliche Zahl dividiert?

d) Wie viel müsste jeder zahlen, wenn sie Ball und Netz mit 6 Jugendlichen kaufen würden?

3 Arbeitet in Gruppen. Ihr benötigt drei Flaschen (0,7 ℓ, 1 ℓ und 1,5 ℓ) und vier verschiedene Gläser (0,1 ℓ, 0,2 ℓ, 0,25 ℓ und 0,4 ℓ).

a) Wählt eine der Flaschen aus und füllt sie mit Wasser.
Nun gibt jeder von euch eine Schätzung ab:
Wie oft kann man jeweils eines der vorhandenen Gläser mit dem Inhalt der Flasche füllen?

b) Probiert aus, ob eure Schätzungen stimmen.

c) Wie oft lässt sich jedes der vier Gläser mit einer 2,5-ℓ-Flasche füllen? Wie kann man das berechnen?

d) Präsentiert eure Ergebnisse auf einer Folie oder einem Plakat.

4 Übertrage beide Tabellen in dein Heft.

a) Nutze beim Ausfüllen der zweiten Tabelle die ausgefüllte erste Tabelle.
Achte besonders auf das Setzen der Kommas.

b) Markiere in der zweiten Tabelle alle gleichen Ergebnisse in der gleichen Farbe.
Was fällt dir auf? Welche einfachere Aufgabe könnte man dann statt 0,35 : 0,05 rechnen?

①

·	0,007	0,07	0,7	7
50				
5				
0,5				
0,05				

②

:	50	5	0,5	0,05
350				
35				
3,5				
0,35				

Lesen und Verstehen

Luisa möchte wissen, wie viel 1 kg Äpfel und 1 kg Kartoffeln kosten.
Dazu muss sie 8,25 durch 5 und 1,85 durch 2,5 dividieren.

Einen Dezimalbruch dividiert man durch eine natürliche Zahl, indem man wie mit natürlichen Zahlen rechnet.
Beim Überschreiten des Kommas wird auch im Ergebnis ein Komma gesetzt.

BEISPIEL 1 8,25 : 5 = 1,65

```
8,25 : 5 = 1,65
5
32
30
 25
 25
  0
```

1 kg Äpfel kostet 1,65 €.

Dezimalbrüche dividiert man in zwei Schritten:

1. Damit der Divisor eine natürliche Zahl wird, multipliziert man Dividend und Divisor mit derselben Stufenzahl (10, 100, 1000 …).
2. Dann dividiert man durch die natürliche Zahl und beachtet dabei die Kommaüberschreitung.

BEISPIEL 2 1,85 : 2,5

```
  1,85 : 2,5
 ·10↓    ↓·10
= 18,5 : 25 = 0,74
  0
  185
  175
   100
   100
     0
```

1 kg Kartoffeln kostet 0,74 €.

Basisaufgaben

1 Berechne im Kopf.

a)	b)	c)
24,50 : 10	6,7 : 10	0,2 : 10
24,50 : 100	6,7 : 100	0,2 : 100
24,50 : 1000	6,7 : 1000	0,2 : 1000
24,50 : 10 000	6,7 : 10 000	0,2 : 10 000

2 Berechne.

a)	5378 : 10	587 : 100	54 : 1000
b)	352 : 10	32 : 100	3521 : 1000
c)	54 : 10	542 : 100	514 : 1000
d)	7 : 10	72 : 100	27 : 10 000

3 In Copyshops kannst du selbst kopieren.

a) Eine Kopierkarte für 1000 Kopien kostet 25 €. Berechne die Kosten für 100 Kopien, 10 Kopien und 1 Kopie.

b) Ein Stapel mit 1000 Blatt Kopierpapier ist 11,2 cm dick. Wie dick ist ein Blatt?

4 Berechne den Wert der Quotienten und vergleiche die Ergebnisse. Was stellst du fest?

a)	b)	c)
50 : 5	164 : 4	56 : 7
5 : 5	16,4 : 4	5,6 : 7
0,5 : 5	1,64 : 4	0,56 : 7

Finde jeweils zwei weitere Quotienten, die in die Reihe passen.

5 Rechne im Kopf.

a) 3,6 : 6	b) 3,5 : 7	c) 6,4 : 8
d) 2,4 : 12	e) 3,9 : 13	f) 4,2 : 14
g) 9,1 : 7	h) 7,2 : 6	i) 12,8 : 8

6 Dividiere schriftlich. Überschlage zuerst.

a) 80,24 : 4	b) 14,14 : 7	c) 18,5 : 5
d) 21,6 : 3	e) 57,44 : 4	f) 242,08 : 8
g) 90,36 : 4	h) 937,8 : 6	i) 455,014 : 7
j) 1016,4 : 7	k) 125,1 : 9	l) 9,018 : 9

BEACHTE
Die Lösungen zu Aufgabe 5 ergeben in der richtigen Reihenfolge den Namen einer europäischen Hauptstadt. Zu welchem Land gehört die Stadt?
0,2 (T); 0,3 (E); 0,3 (R); 0,5 (M); 0,6 (A); 0,8 (S); 1,2 (A); 1,3 (D); 1,6 (M)

7 Dividiere. Rechne die Probe.

a) 259,237 : 11　　b) 1337,28 : 12
c) 3229,2 : 12　　d) 695,849 : 11
e) 3946,65 : 15　　f) 3629,84 : 17
g) 2031,12 : 13　　h) 15 348,15 : 15

8 Berechne das Ergebnis wie im Beispiel. Rechne anschließend die Probe.

BEISPIEL 3,4 : 4 = 0,85
0
34
32
20
20
0

a) 3,208 : 8　　b) 2,421 : 9　　c) 1,344 : 4
d) 3,75 : 5　　e) 1,192 : 2　　f) 2,142 : 9
g) 8,58 : 11　　h) 5,26 : 20　　i) 2,58 : 3
j) 0,18 : 5　　k) 0,364 : 7　　l) 0,044 : 8

9 Rechne ein Ergebnis aus. Löse die anderen Aufgaben durch Verschiebung des Kommas.

a) 11,52 : 4; 1,152 : 4; 115,2 : 4; 0,1152 : 4
b) 1,482 : 6; 148,2 : 6; 0,1482 : 6; 1482 : 6
c) 129,71 : 7; 1,2971 : 7; 12 971 : 7; 12,971 : 7
d) 2,154 : 3; 0,02 154 : 3; 215,4 : 3; 21,54 : 3
e) 118,55 : 5; 11,855 : 5; 1185,5 : 5; 1,1855 : 5
f) 11,466 : 9; 114,66 : 9; 0,11 466 : 9; 1,1466 : 9

10 Die Kosten für einen Klassenausflug betragen 240,70 €. Wie viel muss jeder der 29 Schülerinnen und Schüler zahlen?

11 Für eine 73 m² große Wohnung werden 821,25 € monatliche Miete gezahlt. Berechne den Mietpreis für 1 m².

12 Ein Monteur erhält für die 85 km lange Fahrt zu einem Kunden eine Fahrtkostenerstattung von 45,05 €. Wie viel Euro werden für jeden Kilometer erstattet?

13 Berechne die fehlende Seitenlänge.

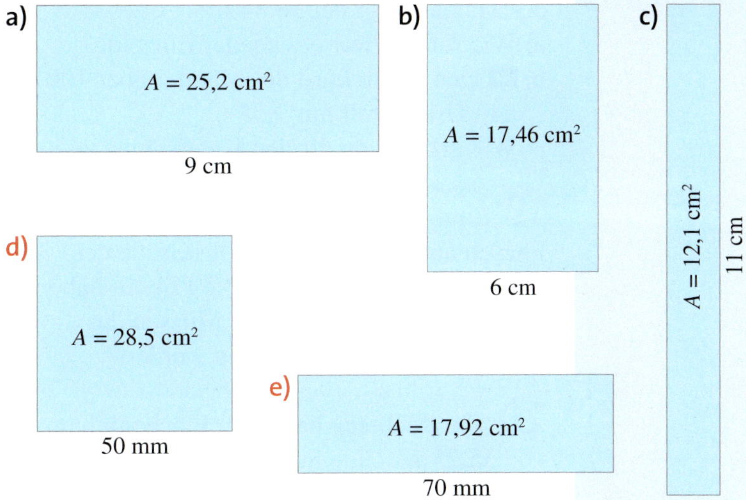

14 Übertrage in dein Heft und setze das Zeichen = oder ≠ richtig ein.

a) 1,3748 : 1,4 ▢ 13 748 : 14
b) 1,4162 : 0,292 ▢ 1416,2 : 292
c) 15,95 : 1,375 ▢ 15 950 : 1375
d) 6,49 : 2,75 ▢ 0,649 : 27,5
e) 5476,38 : 1,02 ▢ 54,7638 : 0,0102

15 Dividiere wie in den Beispielen.

BEISPIEL 1
19,8 : 0,6
· 10↓　↓· 10
= 198 : 6

BEISPIEL 2
0,713 : 0,23
· 100↓　↓· 100
= 71,3 : 23

a) 0,9 : 0,3　　b) 0,36 : 0,06　　c) 7,7 : 1,1
d) 13,3 : 1,9　　e) 3,6 : 0,9　　f) 8,1 : 0,9
g) 10,5 : 1,5　　h) 1,44 : 1,2　　i) 0,04 : 0,005
j) 0,33 : 0,006　　k) 0,27 :0,009　　l) 3,28 : 0,08

16 Verschiebe das Komma. Rechne im Kopf.

a) 4,5 : 0,5　　b) 6,4 : 0,8　　c) 8,4 : 0,7
d) 7,2 : 0,12　　e) 1,25 : 0,25　　f) 2,4 : 0,06
g) 5,6 : 0,07　　h) 0,36 : 0,2　　i) 12,1 : 1,1
j) 0,39 : 0,3　　k) 6,3 : 0,09　　l) 1,4 : 0,007

17 Dividiere schriftlich.

a) 0,118 : 0,05　　b) 5,1183 : 0,9
c) 2,7 : 0,75　　d) 2,75 : 0,4
e) 0,418 68 : 0,12　　f) 7,11 : 1,5
g) 0,0845 : 0,013　　h) 1062,5 : 0,05
i) 32,9 : 1,4　　j) 0,073 26 : 0,03

18 Der Weltrekord über die 4 × 100 m-Staffel der Männer liegt bei 36,84 s.

a) Wie schnell war etwa jeder Einzelne?

b) Den Weltrekord der Männer über 100 m hält Usain Bolt mit 9,58 s.
Wie erklärst du dir den Unterschied zu a)?

19 Eine Terrasse soll mit quadratischen Fliesen ausgelegt werden. Die Größe der Terrasse ist 5,4 m × 3,8 m. Die Fliesen haben eine Seitenlänge von 0,6 m. Müssen die Fliesen am Rand geschnitten werden?

20 Ein Rechteck hat einen Flächeninhalt von 35,75 m². Eine Seite ist 6,5 m lang. Berechne die Länge der anderen Seite.

21 In einer Getränkefabrik werden täglich 4200 ℓ Fruchtsaftgetränk hergestellt.

a) Wie viele 0,7-ℓ-Flaschen können gefüllt werden?

b) Wie viele 0,5-ℓ-Flaschen könnten gefüllt werden?

22 Beim Ölwechsel wurden 3,5 Liter Motoröl für 40,39 € eingefüllt.
Wie viel kostet ein Liter Motoröl?

23 Ein Lastkahn hat 1500 t Kohle geladen. Am Zielhafen soll die Kohle auf Güterwagen mit einer Tragfähigkeit von je 17,5 t umgeladen werden.
Wie viele Wagen braucht man dazu?

Weiterführende Aufgaben

24 Im Internet kann man über einen Währungsrechner Beträge von einer Währung in eine andere umrechnen lassen.

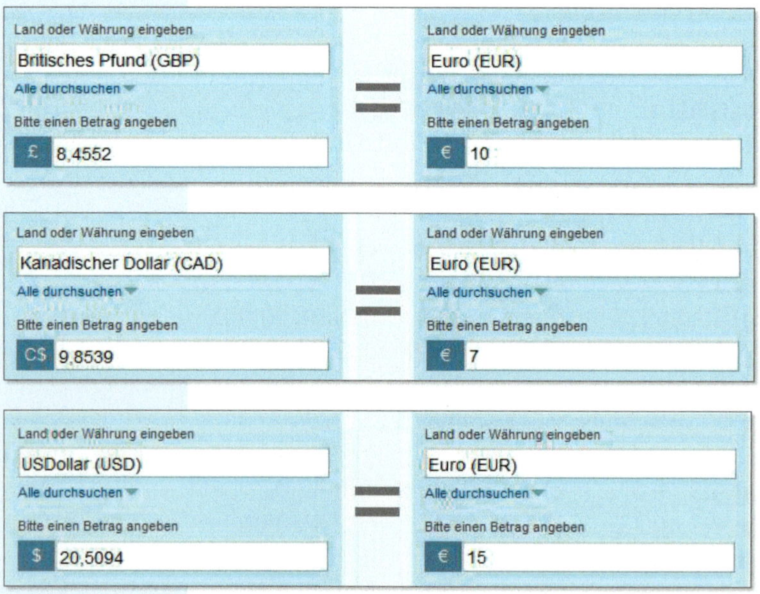

a) Wie lautet der jeweilige Kurs für 1 € an diesem Tag? Runde auf Hundertstel.

b) Wie viel Euro ist an diesem Tag etwa ein Britisches Pfund, ein Kanadischer Dollar und ein US-Dollar wert?

c) Recherchiere die aktuellen Kurse der drei Währungen im Internet.

25 Der Eintritt im Erlebnisbad kostet 5,70 €. Um wie viel Euro wird ein Besuch des Bads billiger, wenn man eine 12er-Karte für 56 € kauft?

26 Korrigiere Timos Hausaufgaben. Erkläre, welche Fehler er gemacht hat.

a) 875 : 0,7 = 875 : 7 = 125

b) 35 : 0,005 = 0,035 : 5 = 0,007

c) 42 : 0,04 = 420 : 4 = 105

d) 1,44 : 1,2 = 144 : 120 = 1,2

e) 0,04012 : 0,17 = 4,012 : 17 = 2,36

27 Wissenschaftler empfehlen, dass man mindestens 1,5 bis 3 Liter Wasser oder andere Flüssigkeiten pro Tag zu sich nehmen sollte.

a) Wie viele Gläser mit 0,3 ℓ (0,4 ℓ; 0,5 ℓ) Fassungsvermögen sind das? Runde sinnvoll.

b) Schätze ab, ob du täglich genügend Flüssigkeit zu dir nimmst.

$\frac{x+y}{2}$

28 Kannst du ohne auszurechnen prüfen, ob die Ergebnisse gleich sind? Wie bist du vorgegangen?

a) 41,22 : 9 ▪ 412,2 : 90
b) 1,76 : 11 ▪ 176 : 110
c) 124,2 : 40 ▪ 1,242 : 4
d) 296,8 : 80 ▪ 29,68 : 8
e) 15,12 : 18 ▪ 151,2 : 180

29 Dies sind zwei Berechnungsmethoden für den Quotienten 3 : 8.

3 : 8 = 0,375
0
30
24
60
56
40
40
0

$3 : 8 = \frac{3}{8} = \frac{375}{1000} = 0{,}375$

a) Beschreibe und vergleiche die Methoden.
b) Berechne mit einer der beiden Methoden:
① 23 : 2 ② 6 : 8 ③ 7 : 4
④ 2,15 : 3 ⑤ 36 : 20 ⑥ 0,7 : 5
⑦ 24 : 25 ⑧ 9,45 : 7 ⑨ 251 : 250
c) Erläutere, bei welchen Aufgaben sich die zweite Methode nicht eignet.

30 Setze die Ziffern 2, 4, 5 und 8 je einmal für die Platzhalter ◆◆,◆ : ◆ ein, sodass der Wert des Quotienten …

a) möglichst groß wird.
b) möglichst klein wird.
c) zwischen 10 und 20 liegt.
d) 16,48 ergibt.
e) größer als 20 ist.

31 Berechne im Heft die fehlenden Werte.

	Dividend	Divisor	Wert des Quotienten
a)	9,963	2,7	
b)		3,5	9,42
c)	54,6		0,6
d)	16,45	0,05	
e)	14,8712		2,32
f)		9,54	3,11

32 Bestätige oder widerlege:

a) Ein Quotient ist immer kleiner als der Dividend.
b) Wenn der Divisor größer als 1 ist, ist der Quotient kleiner als der Dividend.
c) Wenn der Dividend größer als 1 ist, ist der Quotient kleiner als der Dividend.
d) Wenn man durch 0,2 dividiert, dann ist der Quotient fünfmal so groß wie der Dividend.

33 Bestimme die fehlende Zahl x.

a) $0{,}7 \cdot x = 4{,}2$ b) $1{,}75 \cdot x = 17{,}5$
c) $0{,}15 \cdot x = 0{,}201$ d) $x \cdot 3{,}6 = 1{,}8$
e) $12{,}5 : x = 0{,}25$ f) $x : 0{,}6 = 0{,}36$

34 Bilde aus den gegebenen Zahlen in der Randspalte einen Quotienten, der …

a) möglichst klein ist. b) möglichst groß ist.
c) eine natürliche Zahl ist.

4,5 0,5
0,04
1.2 8

35 Betrachte die beiden Aufgabenpaare.

① 6 · 1,5 ② 4 · 0,5
6 : 1,5 4 : 0,5

Bei welchem Paar ist das Produkt, bei welchem der Quotient größer? Warum ist das so?

36 Kombiniere durch Multiplikation oder Division die Zahlen aus der Randspalte so, dass immer zwei gleiche Ergebnisse entstehen. Finde mindestens fünf Paare.

0,02
0,2
2
20
200
0,04
0,4
4
40
400
0,08
0,8
8
80
800

37 Ein Koch bereitet eine Gulaschsuppe für 25 Personen zu. Er braucht 6,5 kg Fleisch.

a) Wie viel Fleisch hat er für eine Person eingeplant?
b) Wie viel Fleisch benötigt er, wenn er für 40 Personen Gulaschsuppe zubereitet?

38 So viel Urlaubsgeld hat Juri in den Sommerferien ausgegeben:

1. Woche: 24,64 € 2. Woche: 19,95 €
3. Woche: 28,84 € 4. Woche: 43,05 €

a) Wie viel hat Juri in den einzelnen Wochen durchschnittlich pro Tag ausgegeben?
b) Wie viel hat Juri durchschnittlich pro Woche ausgegeben?

Arbeiten mit dem Lerntagebuch

In ein **Lerntagebuch** schreibt man z. B., was man in der Mathematikstunde neu gelernt hat, was man sich unbedingt merken muss und was man gut oder gar nicht verstanden hat.

So kann ein Lerntagebucheintrag aussehen

- Datum
- Thema der Unterrichtsstunde
  Wenn ihr eine Übungsstunde gemacht habt, beschreibe, was ihr geübt habt (Beispiel: Übung von Sachaufgaben zur Addition von Brüchen).
- Formuliere mit eigenen Worten, was du in dieser Stunde neu dazu gelernt hast.
- Was hast du nicht verstanden?
  Formuliere eine Frage, die du in der nächsten Stunde deinen Mitschülern oder dem Lehrer stellen kannst.
- Notiere auch, was du besonders gut verstanden hast.

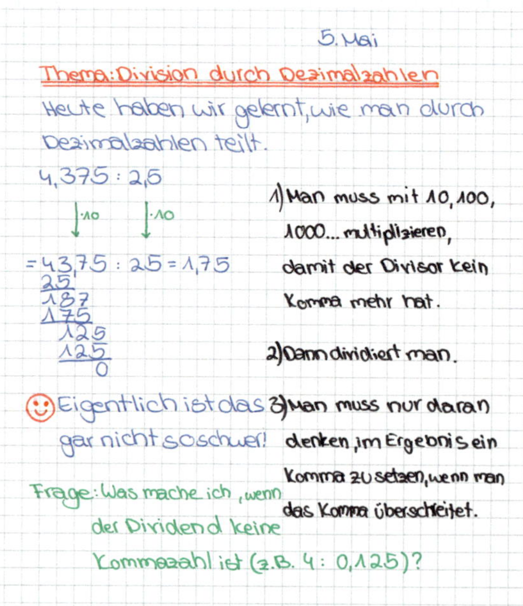
5. Mai

Thema: Division durch Dezimalzahlen

Heute haben wir gelernt, wie man durch Dezimalzahlen teilt.

4,375 : 2,5
·10 ·10
= 43,75 : 25 = 1,75
25
187
175
125
125
0

1) Man muss mit 10, 100, 1000 ... multiplizieren, damit der Divisor kein Komma mehr hat.

2) Dann dividiert man.

3) Man muss nur daran denken, im Ergebnis ein Komma zu setzen, wenn man das Komma überschreitet.

☺ Eigentlich ist das gar nicht so schwer!

Frage: Was mache ich, wenn der Dividend keine Kommazahl ist (z. B. 4 : 0,125)?

1 Welche Vor- und Nachteile haben die beiden Tagebucheinträge links und ganz rechts?

2 Wie würde dein Lerntagebucheintrag zum Thema „Division durch Dezimalbrüche“ aussehen? Was würdest du anders machen?

So soll ein Lerntagebuch geführt werden

- Benutze ein dickeres DIN-A5-Heft mit Rechenkästchen.
- Führe dein Lerntagebuch ordentlich und mache nach jeder Mathematikstunde einen Eintrag.
- Zum Schreiben solltest du verschiedene Farben benutzen: Schreibe z. B. neue mathematische Begriffe und Regeln rot und Fragen grün.
- Gestalte dein Tagebuch nach deinem persönlichen Geschmack (z. B. mit eigenen Zeichnungen).

So hilft dir das Lerntagebuch bei der Einschätzung deiner Leistungen

- Schreibe auf, was du schon gut kannst.
- Was musst du noch üben?
- Beschreibe möglichst genau, welche Fehler du gemacht hast.
- Bist du mit deiner Mitarbeit im Unterricht zufrieden? Wie könntest du dich noch verbessern?

7. Mai

Heute hatte ich bei meinen Hausaufgaben viele Fehler, obwohl die Ziffernfolge immer richtig war. Ich habe z.B. gerechnet:

$3{,}75 : 2{,}5 = 375 : 25 = 15$

Aber man darf das Komma nicht einfach weglassen. Man muss genau gucken, um wie viele Stellen man es verschieben muss.

$3{,}75 : 2{,}5 = 37{,}5 : 25 = 1{,}5$

1 Stelle — Komma um 1 Stelle nach rechts verschieben

Das muss ich mir für die nächste Arbeit merken!

3 Schreibe einen Lerntagebucheintrag: Was hast du in der letzten Mathematikstunde gut verstanden und an welchen Stellen hattest du Probleme?

4 Wie kannst du dich mit dem Lerntagebuch auf Klassenarbeiten vorbereiten?

Vermischte Übungen

1 Wie viele Stellen hinter dem Komma hat das Ergebnis?
Übertrage und ergänze die Tabelle im Heft.

	1. Faktor	2. Faktor	Gesamtzahl der Nachkommastellen	Wert des Produkts
	3,57	2,8	3	9,996
a)	0,67	1,34		
b)	0,578	5,92		
c)	1,4	378		
d)	2,911	56		
e)	12,7	1001,4		
f)	3,21	0,44		
g)	2,071	0,18		

2 Prüfe ohne auszurechnen, ob die Ergebnisse auf beiden Seiten gleich sind.

a) $12 \cdot 36$ ▒ $120 \cdot 3{,}6$
b) $31{,}5 \cdot 21$ ▒ $3{,}15 \cdot 2{,}1$
c) $1{,}78 \cdot 4$ ▒ $17{,}8 \cdot 0{,}4$
d) $18 \cdot 2{,}5$ ▒ $1{,}8 \cdot 2{,}5$
e) $1{,}7 \cdot 25{,}4$ ▒ $17 \cdot 2{,}54$
f) $0{,}4 \cdot 0{,}5$ ▒ $40 \cdot 0{,}05$

3 Multipliziere, runde das Ergebnis an der Einerstelle. Wandle zuerst die Brüche um.

a) $7{,}5 \cdot 12{,}6$
b) $13{,}8 \cdot \frac{3}{4}$
c) $34{,}1 \cdot 37{,}25$
d) $2\frac{1}{4} \cdot 13{,}05$
e) $64{,}18 \cdot 78{,}3$
f) $128{,}8 \cdot 1\frac{1}{4}$
g) $245{,}5 \cdot \frac{4}{5}$
h) $0{,}012 \cdot \frac{13}{1000}$

4 Mit welchem Faktor muss erweitert werden, damit dividiert werden kann?
Übertrage und ergänze die Tabelle im Heft.

	Dividend	Divisor	Faktor	veränderter Quotient	Wert des Quotienten
	32,5	1,25	100	3250 : 125	26
a)	18,72	3,6			
b)	100,672	7,04			
c)	16,2162	1,001			
d)	1,0952	0,08			
e)	17,36	0,31			
f)	31,62	0,6			
g)	70,136	2,2			

5 Erläutere die Lösungswege der drei Aufgaben. Welche Regeln wurden benutzt?

① $26{,}8 + 5{,}94 : 0{,}9$
$= 26{,}8 + 6{,}6$
$= 33{,}4$

② $36{,}2 \cdot 0{,}6 - 1{,}2 \cdot 0{,}5$
$= 21{,}72 - 0{,}6$
$= 21{,}12$

③ $(37{,}8 + 15{,}51) - (17{,}4 - 1{,}5)$
$= 53{,}31 - 15{,}9$
$= 37{,}41$

6 Berechne unter Beachtung der Rechenregeln.

a) $3{,}24 \cdot 0{,}5 + 0{,}48$
b) $2{,}5 - 0{,}3 \cdot 0{,}5$
c) $1{,}67 \cdot 2{,}5 + 0{,}75$
d) $3{,}8 - 0{,}8 \cdot 4{,}5$
e) $18{,}9 - 14{,}57 : 3{,}1$
f) $11{,}374 : 0{,}47 - 15$
g) $59{,}66 : 3{,}8 + 29{,}1$
h) $267{,}6 - 1259{,}6 : 6{,}7$

7 Überschlage vor dem Ausrechnen das Ergebnis.

a) $0{,}63 : 0{,}9 + 2{,}75 : 0{,}5$
b) $2{,}5 - 0{,}75 : 2{,}5 + 4{,}3$
c) $0{,}25 : 0{,}4 + 9 - 6{,}7$
d) $1{,}2 \cdot 0{,}3 + 1{,}1 \cdot 5{,}9$
e) $15{,}3 \cdot 9{,}7 - 3 \cdot 49{,}47$
f) $86{,}85 : 17{,}37 + 0{,}042 \cdot 93$

8 Berechne.

a) $(3{,}2 + 0{,}6) \cdot 0{,}5$
b) $(3{,}9 + 0{,}44) : 0{,}4$
c) $48{,}8 \cdot (16 - 13{,}6)$
d) $(54 - 2{,}1) \cdot (0{,}6 + 0{,}8)$

9 Welche Aufgabe hat das größte Ergebnis? Begründe.

a) $(7{,}2 - 1{,}8) + (7{,}2 - 1{,}8)$
b) $(7{,}2 - 1{,}8) \cdot (7{,}2 - 1{,}8)$
c) $(7{,}2 + 1{,}8) : (7{,}2 - 1{,}8)$
d) $(7{,}2 - 1{,}8) : (7{,}2 + 1{,}8)$

10 Rechne vorteilhaft (im Kopf). Wie heißt das Gesetz, das du dabei anwendest?

a) $2{,}5 \cdot 1{,}3 + 2{,}5 \cdot 1{,}7$
b) $2{,}7 \cdot 3{,}5 + 6{,}5 \cdot 2{,}7$
c) $0{,}9 \cdot (0{,}7 + 2{,}0)$
d) $3{,}2 \cdot 0{,}8 - 0{,}7 \cdot 0{,}8$
e) $1{,}4 \cdot 9{,}9$

11 Herr Sonneborn kauft im Supermarkt ein. Schreibe die Ergebnisse in Form eines Kassenbons in dein Heft und berechne den Endbetrag.

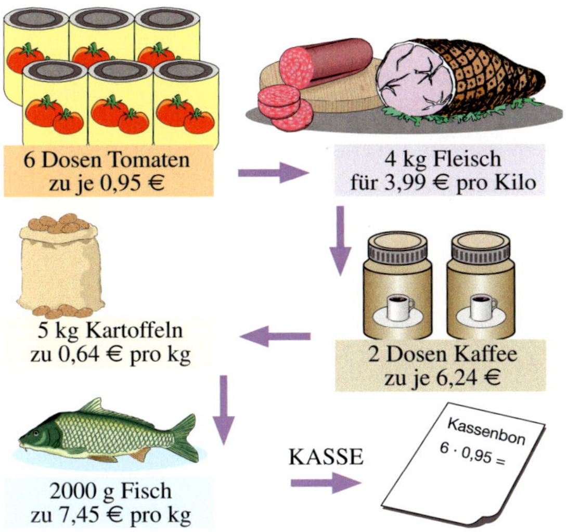

12 Die 4 × 100-m-Staffel einer Schule trainiert für das Landessportfest.
Die Bestzeiten der vier 100-m-Sprinter sind: 11,4 s; 12,2 s; 11,8 s und 11,9 s.
Wenn die Übergabe des Staffelstabs optimal klappt, rechnet man für jeden Wechsel einen Zeitgewinn von 0,6 s.

a) Welche Bestzeit könnte die Staffel erzielen, wenn jeder Läufer seine Bestzeit erreicht und die Wechsel optimal sind?
b) Warum ergibt sich bei der Staffelstabübergabe ein Zeitgewinn?

13 Eine Klasse mit 13 Jungen und 16 Mädchen besucht ein Museum. Der Eintrittspreis für die Gruppe kostet 66,70 €. Wie viel Euro Eintritt muss jedes Kind zahlen?

14 Im Jahr 2014 wurden vom Girokonto der Familie Fröhlich vierteljährlich 53,94 € Rundfunkbeitrag abgebucht.
a) Berechne die monatlichen Gebühren.
b) Wie viel Gebühren muss Familie Fröhlich im Jahr bezahlen?

15 Die Größenangaben bei Fahrrädern erfolgen wie bei Bildschirmen in Zoll. Dabei wird jeweils der Durchmesser der Radfelgen angegeben.
Ein 24er Fahrrad besitzt einen Felgendurchmesser von 24 Zoll.
Nutze die Randspalte und berechne den Felgendurchmesser in cm für …
a) ein 24er Fahrrad.
b) ein 26er Fahrrad.
c) ein 28er Fahrrad.

BEACHTE
1 Zoll entspricht 2,54 cm.
In angelsächsischen Ländern ist das Maß Inch gebräuchlich:
1 Zoll = 1 Inch

16 Die Maße in vielen Sportarten stammen aus englischsprachigen Ländern. Dort gilt: 1 foot (ft) entspricht 12 inches (in).
a) Ein Basketballkorb hängt 10 ft hoch. Berechne zuerst, wie viel Zentimeter ein foot hat. Gib dann die Höhe in m an.
b) Ein Fußballtor ist 2,44 m hoch und 7,32 m breit. Wie viel feet sind das? Runde auf ganze Zahlen.

17 In einer Molkerei wird Butter in Päckchen zu 0,25 kg und 0,125 kg verpackt.
a) Wie viele 0,25-kg-Päckchen entstehen aus 250 kg Butter?
b) Wie viele 0,125-kg-Päckchen können aus 120 kg Butter hergestellt werden?
c) Wie schwer ist ein Karton mit 60 Päckchen, wenn ein Päckchen 0,125 kg wiegt?

18 Cem soll im Supermarkt Waschpulver kaufen. Welche Packung ist im Vergleich die günstigste?

19 Betrachte die Maße des Flugzeugs.
Es gilt: 1 foot (ft) = 0,3048 m und
1 inch (in) = 0,0254 m.

Boeing 747: Flugzeugbemaßung

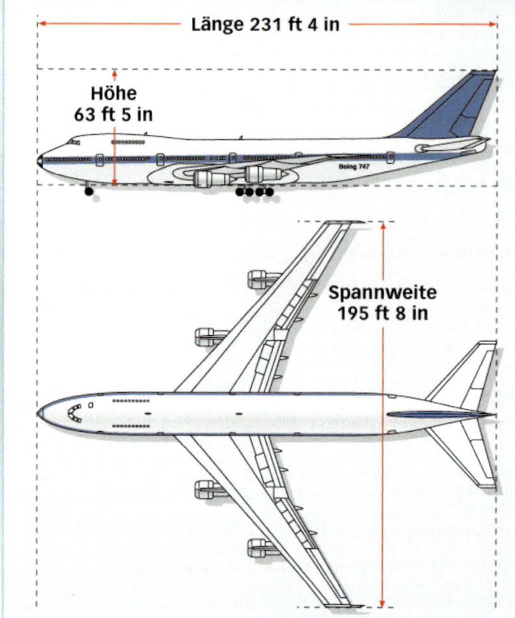

a) Rechne die Maße in Meter um.
b) Wie viele Kleinwagen mit 4,2 m Länge ergeben hintereinander gestellt die Länge des Flugzeugs?
c) Vergleiche die Höhe des Flugzeugs mit der Größe eines Menschen von 1,80 m.

20 Am 9. Januar startete eine Boeing 747 von Düsseldorf nach Miami. Im Flugplan findest du Informationen zu Flugzeiten, Flughöhe und Treibstoffbedarf.

Flugplan-Ausschnitt für den Flug nach Miami:

LH434/09	09 JAN	B747	10:55	20:48 KMIA
TIME	**G/S**	**FL**	**TP**	**FUEL**
00	–	–	+07	–
05	455	31000	-54	5118
18	455	31000	-54	8048
40	439	31000	-54	12671
45	452	31000	-54	13807
1:30	415	31000	-54	23247

TIME -- Flugzeit in min
G/S -- Geschwindigkeit in Knoten
FL -- Flughöhe in foot
TP -- Temperatur in °C
FUEL -- Treibstoff in kg

Gib die Reiseflughöhe in m an. Es gilt:
1 foot (ft) = 0,3048 m.

21 Die Entfernung zwischen Düsseldorf und Miami beträgt 4217 Seemeilen.
Gib die Entfernung in Kilometer an.
Es gilt: 1 Seemeile (sm) = 1,852 km.

22 Ein Rennwagen fährt etwa eine Durchschnittsgeschwindigkeit von 180 $\frac{km}{h}$ bei einem Rennen.
a) Wievielmal schneller ist eine Boeing, wenn sie durchschnittlich 450 Knoten schafft? Es gilt: 1 Knoten (kn) = 1,852 $\frac{km}{h}$.
b) Wievielmal schneller fährt ein Rennwagen gegenüber einer Fähre mit 26 kn?

23 Das Gewicht von 1 ℓ Treibstoff hängt von der Temperatur ab.
Am Morgen des 9. Januar wog 1 ℓ Treibstoff 0,820 kg.
a) Wie viel Gewicht hat das Flugzeug beim Start zusätzlich allein durch 135 610 ℓ Treibstoff?
b) ➡ In einen Jumbo passen durchschnittlich 366 Passagiere. Schätze und berechne das Gewicht, das durch die Passagiere mit Gepäck entsteht.

24 Die CriCri (französisch für Grille) ist das kleinste zweimotorige Flugzeug der Welt. Sie hat eine Spannweite von 5 m, sie ist 1,50 m hoch und 3,90 m lang.
Das größte Passagierflugzeug ist der Airbus A380-800 mit einer Länge von 72,30 m und einer Spannweite von 79,80 m.
a) Wievielmal länger ist der Airbus gegenüber der CriCri?
b) Wie oft passt die Spannweite der CriCri in die Spannweite des Aibus?

25 Eine Kiste mit 12 Flaschen Mineralwasser zu je 0,75 ℓ kostet 9,48 €.
In diesem Preis sind Pfandgebühren enthalten: für die Kiste 3,00 €, für jede Flasche 0,15 €.
Wie teuer ist 1 ℓ Mineralwasser ohne Pfand?

26 Während seines Urlaubs in den USA wechselte Herr Schneider bei einer Bank 350 € und erhielt dafür 458,50 $.
a) Wie viel Dollar hätte er für 1 € erhalten?
b) Sein Sohn erhielt bei der gleichen Bank 187,20 $.
Wie viel Euro hat er umgetauscht?

27 Ein Zimmer mit 6,40 m Länge und 3,75 m Breite soll mit Teppichboden ausgelegt werden.
Eine Firma macht für den Teppichboden ein Angebot über 512,40 €.
a) Wie viel kostet 1 m² Teppichboden?
b) Wie viel kostet alles insgesamt, wenn für das Verlegen zusätzlich pro m² 2,75 € verlangt werden?

28 Die Höhe der Miete für eine Wohnung hängt auch von der Größe der Wohnung ab.
a) Wie groß ist eine Wohnung mit
Wohnzimmer (5,2 m x 4,5 m),
Schlafzimmer (3,75 m × 4,1 m),
Küche (3 m × 2,85 m),
Bad (3,1 m × 1,7 m) und
Flur (4,3 m × 1,2 m)?
Runde im Ergebnis auf volle m².
b) Die Miete beträgt 565,50 €.
Wie hoch ist der Preis pro m²?
c) Wenn du in einer Mietwohnung wohnst: Berechne den Preis pro Quadratmeter für eure Wohnung.

29 Eine quadratische Marmorplatte hat ein Volumen von 36 000 cm³.

	Marmor	Glas	Buche
Masse pro cm³	2,7 g	2,5 g	0,69 g

a) Wie viel wiegt die Platte?
b) Wie viel würde sie wiegen, wenn sie aus Glas bzw. Buche wäre?

30 Setze drei der Zeichen +, −, ·, : jeweils einmal zwischen die Zahlen:
0,2 □ 4 □ 0,5 □ 2,8.
a) Das Ergebnis soll möglichst groß sein.
b) Das Ergebnis soll möglichst klein, aber größer als null sein.

31 Verändere die Aufgabe, indem du einmal Klammern setzt: 1,2 + 0,3 · 1,5 + 7,2 : 3
a) Das Ergebnis soll möglichst klein sein.
b) Das Ergebnis soll möglichst groß sein.

32 Berechne zunächst beide Aufgaben in deinem Heft. Multipliziere anschließend die beiden Ergebnisse.
Was fällt dir auf? Erkläre.
① Dividiere 11,2 durch 0,35.
② Dividiere nun 0,35 durch 11,2.

33 Fülle im Heft aus. Runde die Ergebnisse vor dem Eintragen an der Einerstelle.

	①		②		③	
④					⑤	⑥
		⑦		⑧		
⑨				⑩		
		⑪	⑫			
⑬	⑭				⑮	
	⑯					

waagerecht	senkrecht
① 111 109 · 0,5	① 5,34 : 0,1
④ 32,875 · 1,6	② 253,6 : 0,5
⑤ 14,16 · 2,5	③ 63,36 : 1,2
⑦ 215,7 · 3,6	④ 8333,28 : 0,15
⑨ 405,472 · 1,25	⑥ 833,322 : 0,015
⑩ 1,25 · 564,02	⑦ 1631,07 : 2,1
⑪ 107,2069 · 7,25	⑧ 1942,675 : 2,5
⑬ 7,15 · 7,48	⑫ 1551,825 : 2,2
⑮ 5,89 · 5,897	⑭ 125 : 3,6
⑯ 69 443,25 · 0,8	⑮ 355,6 : 10,2

Hinweis: Im ausgefüllten Kreuzzahlrätsel kommen nur vier verschiedenen Ziffern vor.

115-1
Eine Vorlage des Rätsels zum Ausdrucken findest du unter diesem Webcode.

Alte Längenmaße

Als die Menschen damit begannen, Längen zu bestimmen, nutzten sie häufig die Längen von Körperteilen.
Das erste Längenmaß, von dem berichtet wird, ist die menschliche Elle.
Die gewöhnliche Elle war die Länge des Armes vom Ellbogen bis zur Spitze des Mittelfingers.
Eine andere Maßeinheit war der Fuß.
Je nach Ursprung oder Herrscher war das Maß für eine Elle oder einen Fuß jedoch verschieden lang. Das führte zu Schwierigkeiten, so dass die Nationalversammlung in Frankreich 1795 einen Meter festlegte als den zehnmillionensten Teil der Entfernung vom Pol zum Äquator. Dieses Urmeter wird in Paris aufbewahrt (siehe Bild unten).
Seit 1983 ist ein Meter definiert als die Strecke, die das Licht im Vakuum innerhalb von $\frac{1}{299\,792\,458}$ Sekunde zurücklegt.

a) Wie lang sind 3 preußische Ellen?

b) Ein Klafter sind 6 Fuß. Wie viel Zentimeter und Meter misst ein Klafter?

c) Ein Fuß wird in 12 Zoll unterteilt. Wie lang ist ein Zoll in Zentimeter? Runde sinnvoll.

d) Berechne die Fläche eines Quadratfußes in cm^2. Runde an der Zehntelstelle.

e) Niklas sagt, er sei 6,5 Fuß groß. Kann das stimmen?

f) Eine preußische Meile ist 24 000-mal so lang wie 1 Fuß. Wie lang ist sie in Kilometer?

g) Özge möchte ihre Körpergröße in Ellen angeben. Sie ist 158 cm groß.
Runde an der Zehntelstelle.

h) Wie viele preußische Ellen entsprechen in etwa 1 m?

i) Der Kölner Dom ist 157 m hoch. Wie hoch ist er in Fuß?
Berechne ungefähr mit Hilfe einer Überschlagsrechnung.

j) Eine Handbreite entspricht einer sechstel Elle. Berechne die Handbreite in Zentimeter.
Vergleiche das Ergebnis anschließend mit deiner Handbreite.
Wie viele deiner Handbreiten würden in eine Elle passen?

k) Wie viele preußische Fuß passen in einen Kilometer? Schätze zunächst.

l) Die Meile wird auch heute noch als Längenmaß in England oder den USA benutzt.
Wie lang ist die Entfernung vom Pol bis zum Äquator in Meilen, wenn eine englische Landmeile 1,609 km entspricht?

Alles klar?

Entscheide, ob die Aussagen richtig oder falsch sind.
Begründe deine Entscheidung im Heft und korrigiere gegebenenfalls.

1 Dezimalbrüche multiplizieren

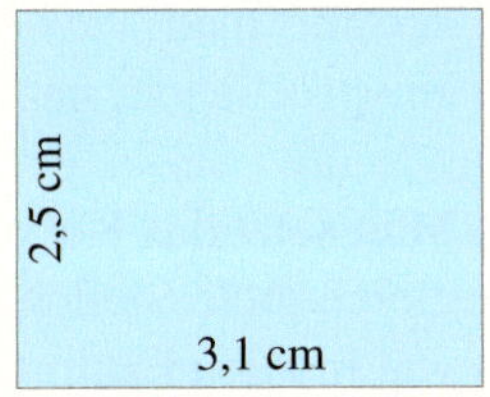

a) Das Ergebnis der Aufgabe 7,54 · 5,6 hat drei Stellen hinter dem Komma.

b) Der Wert des Produkts 6 · 0,7 ist größer als der erste Faktor.

c) Der Flächeninhalt des Rechtecks rechts beträgt 7,75 cm^2.

d) Die Rechnung rechts wurde korrekt durchgeführt.

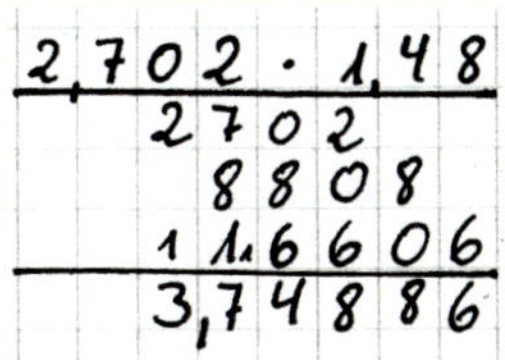

e) 0,574 · 0,13 = 0,07462

f) David zahlt für 60 Britische Pfund für seine Englandreise 68,50 €. Der Kurs liegt bei 1,14 € pro Britisches Pfund.

g) In die Felder ▢,▢ · ▢,▢ können die Ziffern 0; 2; 4 und 5 in beliebiger Reihenfolge eingetragen werden. Der kleinste mögliche Wert beträgt 1.

h) Für eine Familie mit zwei Erwachsenen und drei Kindern ist die Familienkarte 2,95 € billiger als der einzelne Eintritt.

Erwachsene	Kinder	Familienkarte
3,20 €	1,85 €	9 €

i) Janas Zimmer ist 3,5 m breit und 4,2 m lang. Lisas Zimmer hat die Maße 3,2 m × 4,5 m. Beide Zimmer sind also gleich groß.

2 Dezimalbrüche dividieren

a) 37,74 : 1000 = 0,03774

b) Die rechts abgebildete Rechnung ist korrekt.

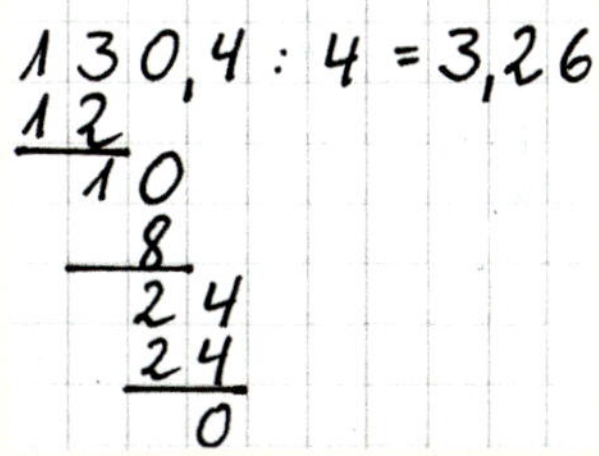

c) Wird ein Dezimalbruch durch einen Dezimalbruch dividiert, so werden beide so mit einer Stufenzahl multipliziert, dass der Dividend eine natürliche Zahl wird.

d) 8,848 : 6,32 = 884,8 : 632

e) Ist der Divisor kleiner als 1, so ist der Wert des Quotienten kleiner als der Dividend.

f) 1,5 ℓ Wasser kann man ohne Rest auf 0,4-ℓ-Gläser verteilen.

g) Wenn 2,5 kg Kartoffeln 1,85 € kosten, so liegt der Kilopreis bei 75 Cent.

h) Tine tauscht in Montreal Geld um. Für 50 € bekommt sie dort 68,50 Kanadische Dollar. Der Umrechnungskurs beträgt also 1,37 Kanadische Dollar pro 1 €.

i) Der große Schokoladenweihnachtsmann wiegt 3,5 kg und kostet 45,50 €. Er ist im Vergleich günstiger als der kleinere 400-g-Weihnachtsmann für 5,68 €.

BEACHTE
Die Lösungen zu den Aufgaben auf dieser Seite sowie dazu passende Trainingsaufgaben findest du ab Seite 202.

Zusammenfassung

→ Seite 102

Dezimalbrüche multiplizieren

Bei der Multiplikation von Dezimalbrüchen verfährt man wie bei der Multiplikation entsprechender natürlicher Zahlen.

Man setzt das Komma so, dass im Ergebnis gleich viele Stellen nach dem Komma stehen wie in allen Faktoren zusammen.

2 Nachkommastellen + 3 Nachkommastellen

```
3,65 · 2,723
   730
   2555
      730
      1095
   9,93895
```

5 Nachkommastellen

→ Seite 106

Dezimalbrüche dividieren

Division durch eine natürliche Zahl
Einen Dezimalbruch dividiert man durch eine natürliche Zahl, indem man wie mit natürlichen Zahlen rechnet.

Beim Überschreiten des Kommas wird auch im Ergebnis ein Komma gesetzt.

Aufgabe: 54,8 : 4

```
54,8 : 4 = 13,7
4
14
12
 28
 28
  0
```

Manchmal müssen beim Dividenden Nullen hinzugefügt werden, um die Division vollständig auszuführen.

Aufgabe: 54,8 : 8

```
54,80 : 8 = 6,85
48
 68
 64
  40
  40
   0
```

Division durch einen Dezimalbruch
Dezimalbrüche dividiert man in zwei Schritten:

1. Damit der Divisor eine natürliche Zahl wird, multipliziert man Dividend und Divisor mit derselben Stufenzahl (10, 100, 1000 …).
2. Dann dividiert man durch die natürliche Zahl und beachtet dabei die Kommaüberschreitung.

Aufgabe: 5,48 : 0,16

```
 5,48 : 0,16 = 34,25
·100↓      ↓·100
 548,0 : 16 = 34,25
 48
  68
  64
   40
   32
    80
    80
     0
```

Körper

Ein Zauberwürfel besteht aus 26 kleinen Würfeln, die man gegeneinander verdrehen kann. Ziel ist es, die Ebenen mit den kleinen Würfeln so lange zu drehen, bis jede der sechs Flächen des Zauberwürfels nur aus einer Farbe besteht.

In diesem Kapitel erfährst du, wie man Würfel und Quader zeichnen und aus Netzen herstellen kann. Du lernst außerdem, ihren Oberflächeninhalt und ihr Volumen zu berechnen.

Noch fit?

ERINNERE DICH
Die Umwandlungszahl bei Längeneinheiten ist 10, d. h.
1 m = 10 dm
1 dm = 10 cm
1 cm = 10 mm,
aber:
1 km = 1000 m.

1 Zeichne die Vierecke in dein Heft.
Gib die Bezeichnungen für die Vierecke an und beschreibe ihre Eigenschaften.
Beginne deine Sätze zum Beispiel mit „Das Viereck Nr. 1 ist ein ■. Die gegenüberliegenden Seiten sind ■. Die benachbarten Seiten sind ■."

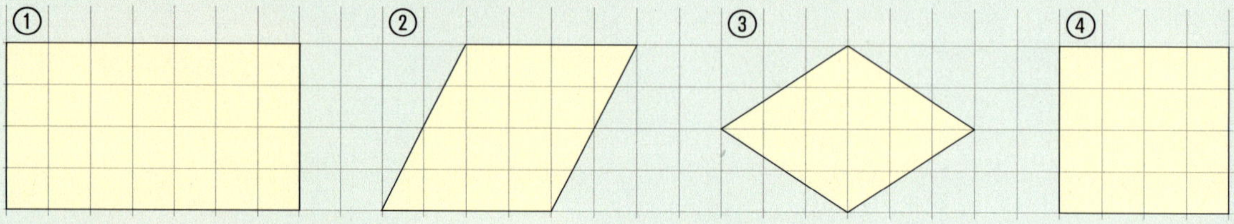

2 Wandle die Längenmaße in die Einheiten in Klammern um.

a) 2 dm (cm) **b)** 3 m (dm) **c)** 5 km (m) **d)** 5 m (cm)
e) 3 dm (mm) **f)** 4,5 m (cm) **g)** 2,7 dm (cm) **h)** 3,7 cm (mm)
i) 75 cm (dm) **j)** 124 cm (m) **k)** 725 mm (dm) **l)** 2,45 km (m)

3 Was kann mit diesen Formeln berechnet werden?

$u = 2a + 2b$ $A = a \cdot b$ $u = 4a$ $A = a^2$

4 Berechne den Flächeninhalt und den Umfang der Rechtecke und Quadrate.

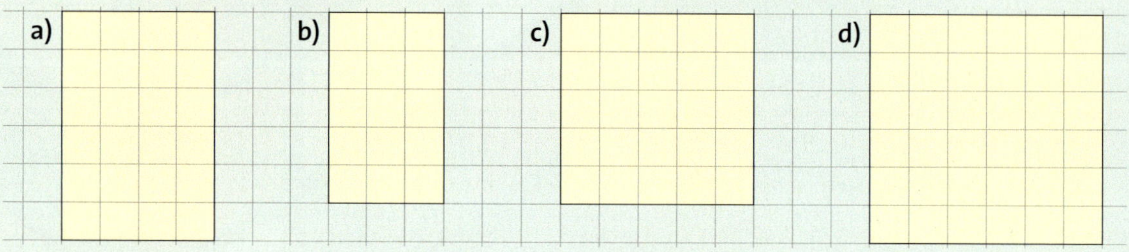

ERINNERE DICH
Bei den Flächeneinheiten ist die Umwandlungszahl 100.

5 Wandle die Flächenmaße in die Einheiten in Klammern um.

a) $4\,dm^2$ (cm^2) **b)** $1\,m^2$ (dm^2) **c)** $70\,cm^2$ (mm^2) **d)** $6\,m^2$ (cm^2)
e) $1{,}25\,m^2$ (dm^2) **f)** $3{,}4\,m^2$ (cm^2) **g)** $2{,}4\,cm^2$ (mm^2) **h)** $300\,cm^2$ (dm^2)
i) $150\,000\,cm^2$ (m^2) **j)** $750\,dm^2$ (m^2) **k)** $0{,}01\,m^2$ (dm^2) **l)** $0{,}4\,m^2$ (cm^2)

6 Zeichne ein Rechteck und ein Quadrat mit jeweils einem Flächeninhalt von $36\,cm^2$.

Bunt gemischt

1. Ergänze die Folge der Quadratzahlen: 1, 4, 9, ■, ■, ■, ■, ■, ■, 100, ■, ■, ■, ■, 225
2. Wandle um in g: 3 kg, 7,5 kg, 0,25 kg, 4500 mg
3. In einer Klasse sind 25 Schüler. Davon sind $\frac{3}{5}$ Jungen. Wie viele Mädchen sind in der Klasse?
4. Multipliziere schriftlich: $2{,}75 \cdot 3{,}45$
5. Richtig oder falsch?
   ① Jedes Quadrat ist auch ein Rechteck.
   ② Im Parallelogramm sind die Diagonalen gleich lang.

Körper beschreiben und zeichnen

Erforschen und Entdecken

Vorbereitung: Bringt von zu Hause möglichst viele verschiedene Verpackungen (z. B. von Lebensmitteln oder Spielen) mit.

1 Arbeitet in Vierergruppen.

a) Sortiert die Verpackungen nach ihren Formen. Erläutert, nach welchen Kriterien ihr die Verpackungen sortiert habt.

b) Beschreibt jeweils die Formen der Verpackungen und verwendet dabei z. B. die Begriffe Ecke, Kante, Fläche, Rechteck, Quadrat, Kreis usw.

2 Spielt die Spiele in Vierergruppen.

Spiel 1: Verpackungsformen erraten
Einer beschreibt eine Verpackung mit zwei Sätzen möglichst genau.

BEISPIEL „Meine Verpackung besteht aus fünf Flächen. Vier der Flächen sind gleich groß.“
Wer zuerst richtig geraten hat, darf als nächstes eine Verpackung beschreiben.

Spiel 2: Verpackungsformen erfragen
Einer denkt sich eine Verpackungsform aus. Die anderen Schüler dürfen der Reihe nach Fragen stellen, bis sie erraten, welche Verpackung gemeint ist.
Es dürfen nur Fragen gestellt werden, die man mit „ja“ oder „nein“ beantworten kann.

BEISPIEL „Besteht deine Verpackung nur aus Rechtecken?“
Man darf so lange fragen, bis die Antwort „nein“ lautet. Dann kommt der nächste dran. Wer die geometrische Form erraten hat, darf sich den nächsten Körper überlegen.

3 Mit einem geometrischen Baukasten (wie z. B. Geomag) kannst du einige der oben abgebildeten Körper als Kantenmodell nachbauen.
Tipp: Wenn dir kein Baukasten zur Verfügung steht, kannst du auch mit Zahnstochern oder Schaschlikstäben und kleinen Kugeln aus Knete arbeiten.

a) Welche der Körper kannst du nachbauen?

b) Wie viele Stäbe und Kugeln benötigst du jeweils für den Bau der Körper?

c) Begründe, warum manche Körper nicht mit den Bauteilen hergestellt werden können. Welche Bauteile würdest du für deren Herstellung noch benötigen?

d) Überlege, ob man mit den Bauteilen noch andere Körper herstellen kann. Beschreibe ihre Eigenschaften.

Lesen und Verstehen

Die meisten Verpackungen haben Formen von geometrischen Körpern.
Die Übersicht zeigt die bekanntesten geometrischen Körper.

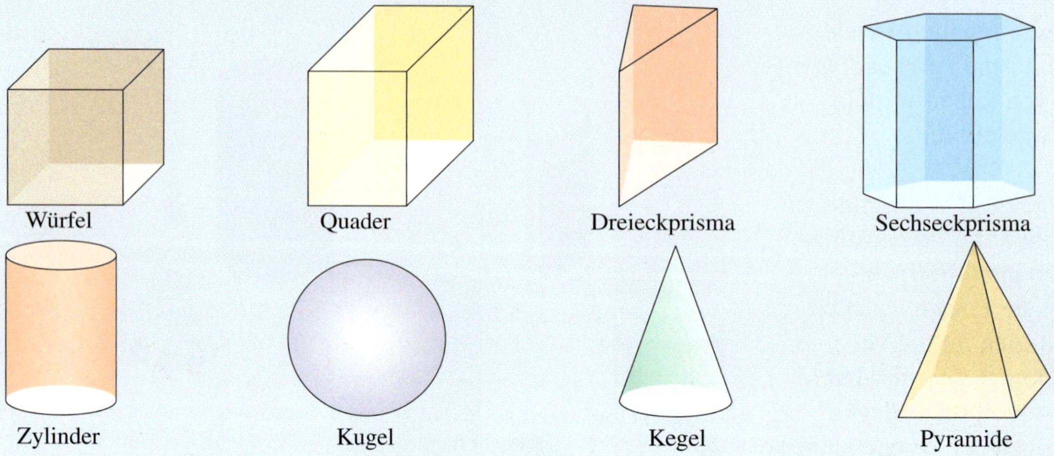

Die Körper werden von **Flächen** begrenzt. Dort, wo zwei Flächen zusammenstoßen, entstehen **Kanten**. Treffen mindestens drei Kanten aufeinander, entstehen **Ecken**.

> Ein **Quader** wird durch **sechs rechteckige Flächen** begrenzt.
> Ein **Würfel** ist ein spezieller Quader. Er wird durch **sechs quadratische Flächen** begrenzt.

BEISPIEL

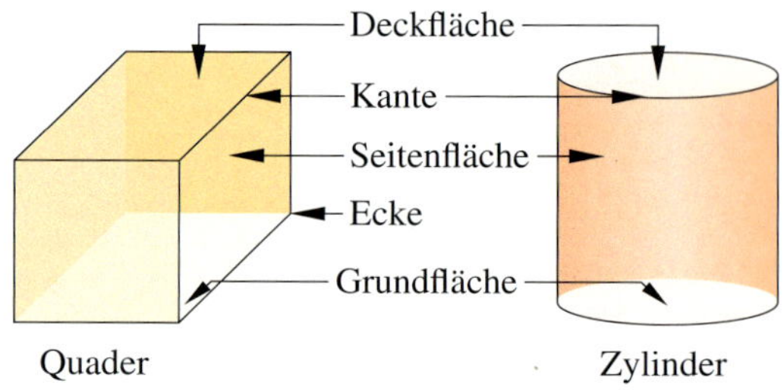

Basisaufgaben

1 Viele Gegenstände stellen nur annähernd einfache Körper dar. Ordne den Gegenständen Namen von geometrischen Körpern zu.

①

②

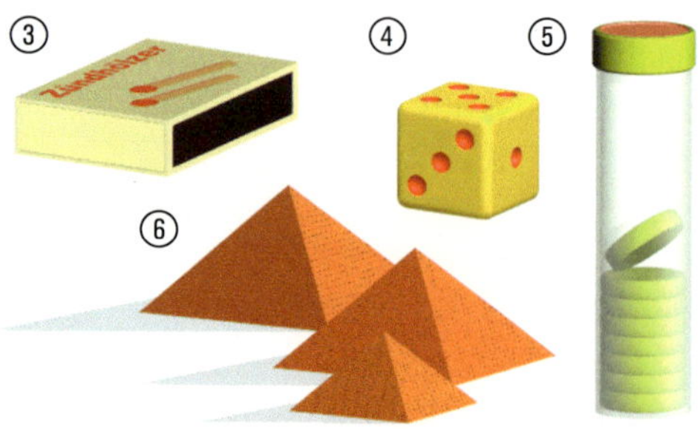

2 Welche geometrischen Grundformen erkennst du im „Turm“ und im „Männchen“? Schreibe Sätze wie: „Die Spitze des Wasserturms besteht aus einem …“

3 Gib an, welche geometrischen Formen die Lebensmittel haben: Erbsen, Stück Butter, Fischstäbchen, Pommes Frites, Kroketten.

4 Finde weitere Beispiele.

Quader	Ziegelsteine, …
Zylinder	Milchdose, …
Kegel	Trichter, …
Pyramide	Turmdach, …
Kugel	Apfelsine, …

5 Schau dir die Bilder der Bauwerke an.

Berlin

Dom St. Peter in Trier

a) Welche Körperformen treten auf?
b) Nenne weitere Beispiele für Gebäude, deren Form den geometrischen Formen entspricht.

6 Suche im Klassenraum annähernd quaderförmige Gegenstände, z. B. einen Schrank. Miss die Kantenlängen und gib jeweils Länge, Breite und Höhe in cm an.

7 Betrachte die Kanten des Quaders.
a) Welche Kanten sind gleich lang?
Schreibe so: $\overline{AB} = \square = \square = \square$

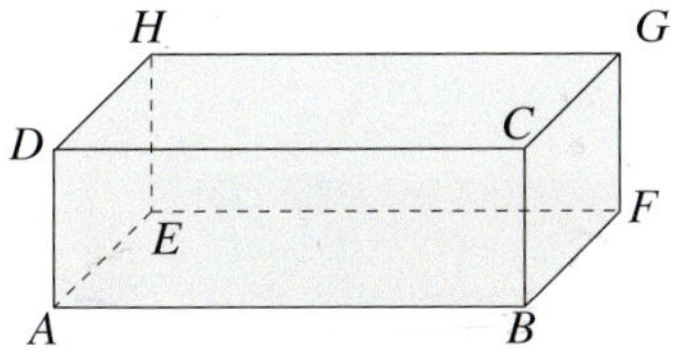

b) Schreibe alle Kanten auf, die zu der Kante $\overline{AB}$ parallel sind: $\parallel \square \parallel \square \parallel \square$
c) Vergleiche die Lösungen von a) und b). Welche Eigenschaften haben Kanten im Quader, die zueinander parallel sind?

8 Welche Kanten des Würfels sind
a) gleich lang,
b) parallel zueinander,
c) im Punkt C senkrecht zueinander?

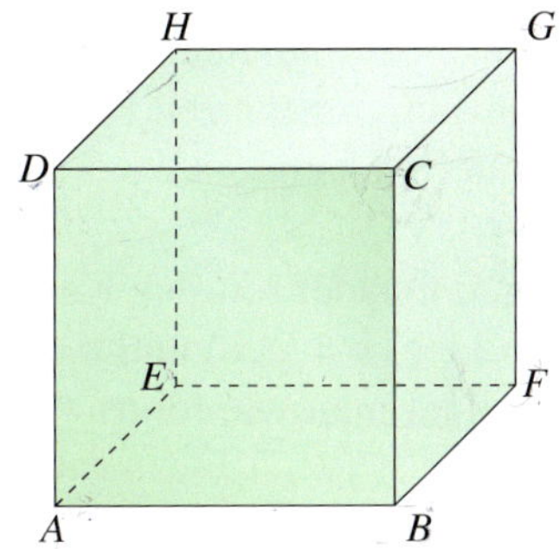

9 Stelle aus Trinkhalmen und Knetmasse Kantenmodelle her.

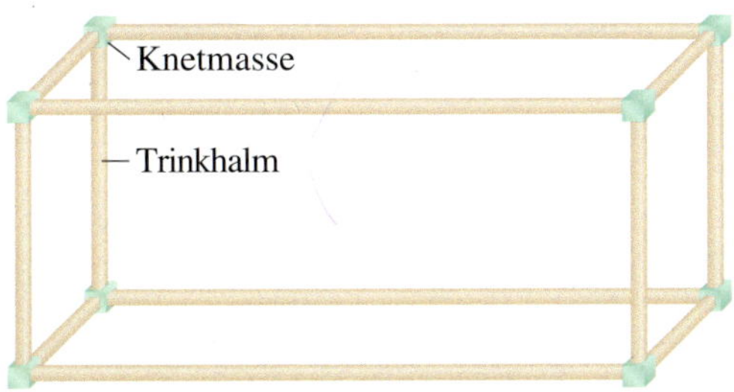

a) Würfel mit der Seitenlänge 8 cm
b) Quader mit 8 cm Länge, 10 cm Breite und 5 cm Höhe

10 Ein Würfel ist rot lackiert und wird an den Linien durchgeschnitten.
a) Wie viele kleine Würfel haben eine, zwei oder drei rote Seiten?
b) Wie viele Würfel haben gar keine rote Seite?

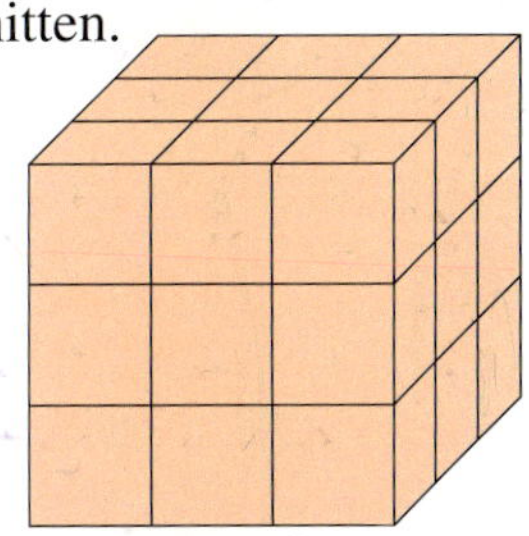

Methode: Schrägbilder zeichnen

Körper kann man von verschiedenen Seiten ansehen, z. B. von vorn, von der Seite, von oben oder von hinten.

Vorderansicht

Seitenansicht

Ansicht von oben

Wenn ein Körper gezeichnet werden soll, verwendet man häufig ein **Schrägbild**, damit man sich den ganzen Körper gut räumlich vorstellen kann.

Einen Quader mit den Kantenlängen $a = 5\,\text{cm}$, $b = 2\,\text{cm}$ und $c = 2{,}5\,\text{cm}$ zeichnet man wie folgt.

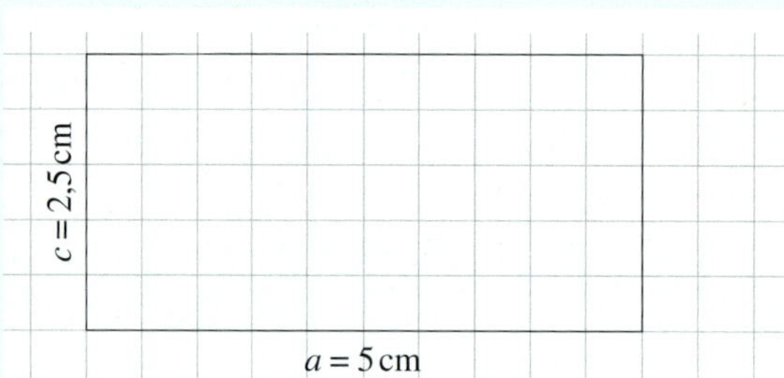

1. Man zeichnet die Vorderfläche des Körpers mit den richtigen Maßen: $a = 5\,\text{cm}$ und $c = 2{,}5\,\text{cm}$.

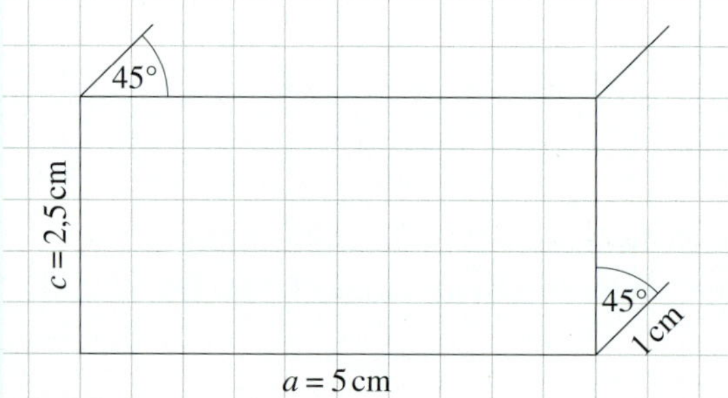

2. Die Strecken, die nach hinten verlaufen, werden um die Hälfte verkürzt gezeichnet. Diese Strecken zeichnet man entlang der Kästchendiagonalen. Dies entspricht einem 45°-Winkel .
Hier wird die Länge b von 2 cm auf 1 cm halbiert.

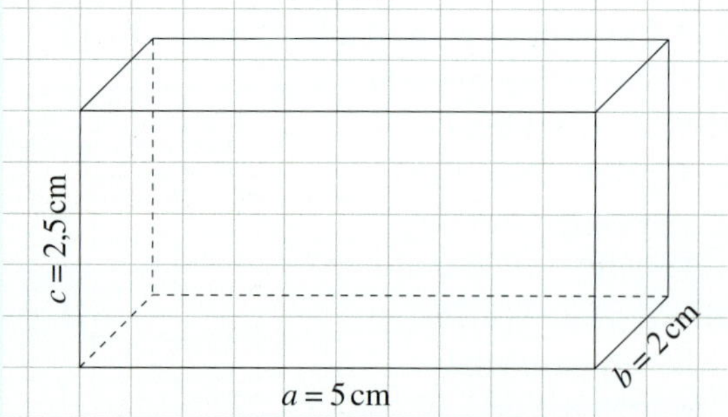

3. Die Eckpunkte werden verbunden.
Nicht sichtbare Kanten werden gestrichelt eingezeichnet.

11 Zeichne die Schrägbilder ab und gib die Kantenlängen der Körper an.

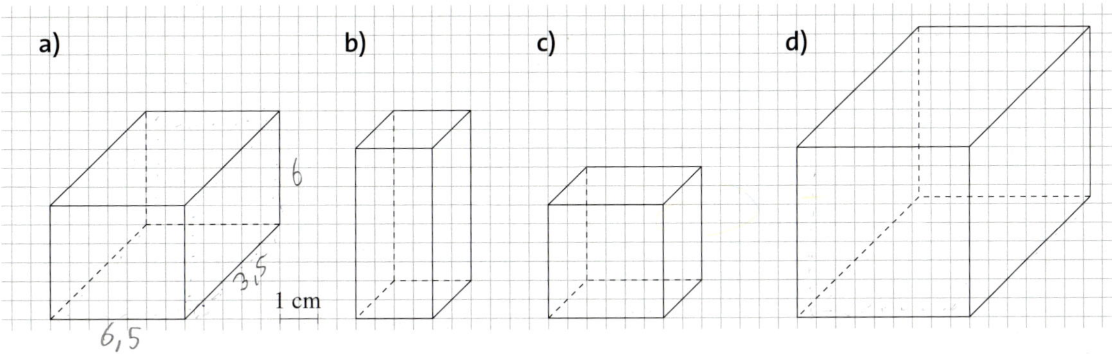

12 Ein Würfel sollte räumlich gezeichnet werden. Mit einigen Bildern ist der Lehrer nicht zufrieden.

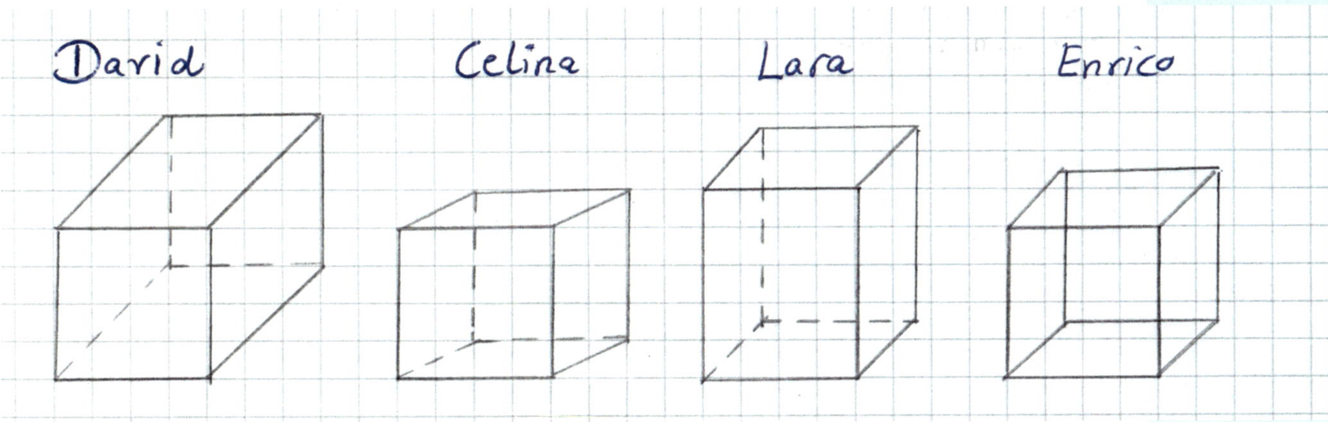

a) Erkläre, warum in den Bildern der Würfel nicht wirklichkeitsnah dargestellt ist.
b) Zeichne selbst einen Würfel mit der Kantenlänge $a = 3\,\text{cm}$ ($a = 4{,}5\,\text{cm}$; $a = 5{,}5\,\text{cm}$).

13 Zeichne in dein Heft Schrägbilder von Quadern. Wähle als Vorderseite das Rechteck mit den Seitenlängen a und c.

a) $a = 4\,\text{cm}$; $b = 3\,\text{cm}$; $c = 5\,\text{cm}$
b) $a = 7\,\text{cm}$; $b = 4\,\text{cm}$; $c = 2{,}5\,\text{cm}$
c) $a = 4{,}5\,\text{cm}$; $b = 7{,}2\,\text{cm}$; $c = 3{,}5\,\text{cm}$
d) $a = 6{,}5\,\text{cm}$; $b = 2{,}4\,\text{cm}$; $c = 2{,}8\,\text{cm}$

14 Die Abbildungen zeigen verschiedene, aber korrekte Schrägbilder des selben Quaders.

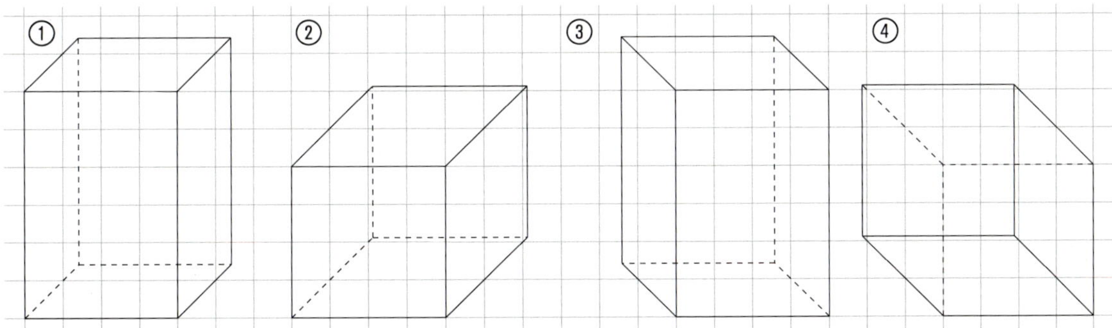

a) Wodurch unterscheiden sich die Bilder?
b) Zeichne verschiedene Ansichten eines Quaders mit den Kantenlängen 4 cm; 3,5 cm und 5 cm.

Weiterführende Aufgaben

15 Übertrage die Tabelle ins Heft und fülle sie aus. Vergleiche die Eigenschaften von Würfel und Quader.

	Würfel	Quader
Der Körper besteht aus 6 rechteckigen Seitenflächen.		
Der Körper besteht aus 6 quadratischen Seitenflächen.	✓	
Alle Seitenflächen sind gleich groß.		
Gegenüberliegende Seitenflächen sind gleich groß.		
Der Körper besitzt 12 Kanten.		
Alle Kanten sind gleich lang.		
Gegenüberliegende Kanten sind gleich lang.		
Gegenüberliegende Kanten sind parallel zueinander.		
Benachbarte Kanten sind senkrecht zueinander.		
Der Körper besitzt 8 Ecken.		

16 Sofia hat Eigenschaften von Quadern und Würfeln gesammelt. Stimmt alles? Wenn nicht, begründe, weshalb es nicht stimmt.

a) Ein Quader hat acht Ecken und in jeder Ecke stoßen drei Kanten zusammen. Also hat der Quader $8 \cdot 3 = 24$ Kanten.

b) Ein Würfel hat sechs Flächen. Jede Fläche hat vier Ecken. Also hat der Würfel $6 \cdot 4 = 24$ Ecken.

c) Hat ein Quader zwölf Kanten, die gleich lang sind, dann kann man ihn als Würfel bezeichnen.

d) Ein Quader hat zwölf Kanten. An jeder Kante stoßen zwei Flächen zusammen. Also hat der Quader $12 \cdot 2 = 24$ Flächen.

e) Hat ein Quader eine quadratische Grundfläche, dann sind acht Kanten dieses Quaders gleich lang.

f) Hat ein Quader acht Kanten, die gleich lang sind, dann sind Grund- und Deckfläche immer Quadrate.

g) Ein Quader kann vier Quadrate als Seitenflächen haben. Ein Würfel ist er dadurch noch nicht.

17 Karl will aus Aluminiumstäbchen Quader für ein Mobile herstellen. Er hat folgende Stäbchen zur Verfügung:

Länge der Stäbchen	7 cm	6 cm	3 cm	4 cm
Anzahl	8	10	3	16

Wie viele verschiedene Quader kann er mit den 37 Stäbchen bauen? Gib ihre Kantenlängen an.

18 Die Reibfläche einer Streichholzschachtel ist 5,4 cm lang und 1,4 cm hoch. Die Breite der Schachtel beträgt 3,8 cm. Zeichne das Schrägbild der Schachtel so, dass die Reibfläche der Schachtel

a) von vorne,

b) von oben zu sehen ist.

19 Stammen die Schrägbilder vom selben Quader? Begründe.

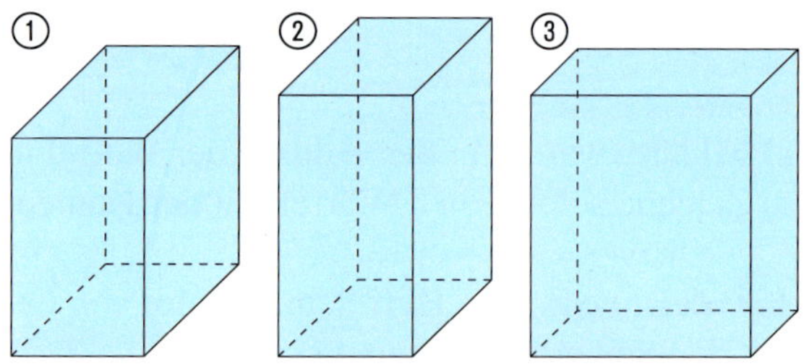

20 Die Abbildung zeigt verschiedene Schrägbilder eines Leuchtreklamebuchstabens.

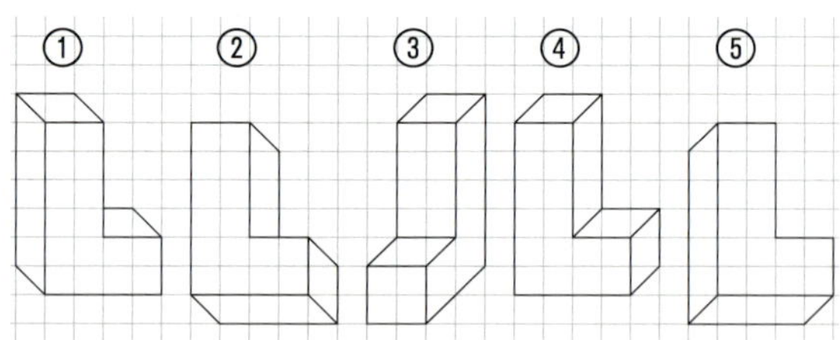

a) Wodurch unterscheiden sich die Bilder?

b) Finde weitere Möglichkeiten, den Buchstaben darzustellen.

c) Stelle weitere Buchstaben (z. B. T oder E) in verschiedenen Schrägbildern dar.

Netze von Quadern und Würfeln

Erforschen und Entdecken

1 Besorgt euch mehrere quaderförmige oder würfelförmige Verpackungen.
Schneidet die Verpackungen an mehreren Kanten auf, so dass man sie zusammenhängend in eine Ebene klappen kann. (Entfernt die Klebekanten.)
Je nachdem, wie man die Verpackungen aufgeschnitten hat, entstehen verschiedene Abwicklungen. Diese Abwicklungen nennt man **Netze**.

a) Aus wie vielen Flächen besteht jedes Netz?
b) Welche weiteren Gemeinsamkeiten haben die Netze noch?
c) Zeichne das Netz einer auseinander geschnittenen Verpackung ab.

2 Die Schüler der Klasse 6 a sollten Netze von Würfeln zeichnen, die sie anschließend zusammen kleben wollen.
a) Welcher „Würfel" kann nicht zusammengeklebt werden? Begründe.
b) Übertrage die Würfelnetze auf ein Blatt Papier. Wähle als Kantenlänge 3 cm. Schneide sie anschließend aus und setze sie zusammen.

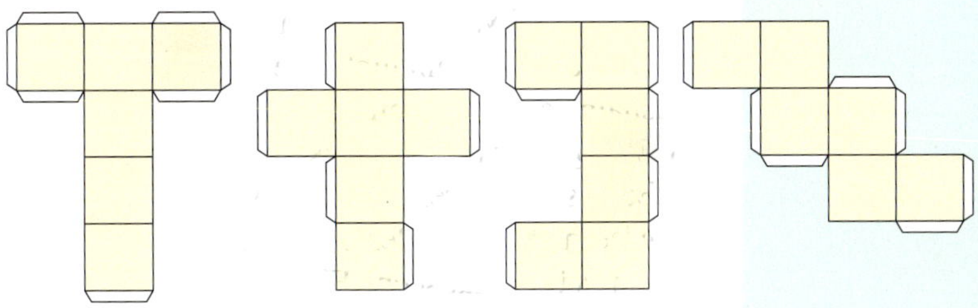

3 Lara streitet oft mit ihrer Schwester, ihrem Bruder und ihren Eltern, wer bestimmte Hausarbeiten erledigen muss. Deshalb hat sie einen „Entscheidungswürfel" gebastelt.
a) Notiere, wer jeweils verloren hat.
b) Baue den Würfel mit festem Papier nach.
1. Zeichne das Netz des Würfels ab mit einer Seitenlänge von 4 cm.
2. Achte auf die Klebekanten. Beschrifte den Würfel wie in der Randspalte.
3. Schneide den Würfel aus und klebe ihn an den Klebekanten zusammen.
c) Bringe deinen selbst gebastelten Würfel in die jeweilige Lage in der Zeichnung. Überprüfe, ob du Teilaufgabe a) richtig gelöst hast. Wenn alle Aufgaben richtig sind, besitzt du ein gutes räumliches Vorstellungsvermögen!

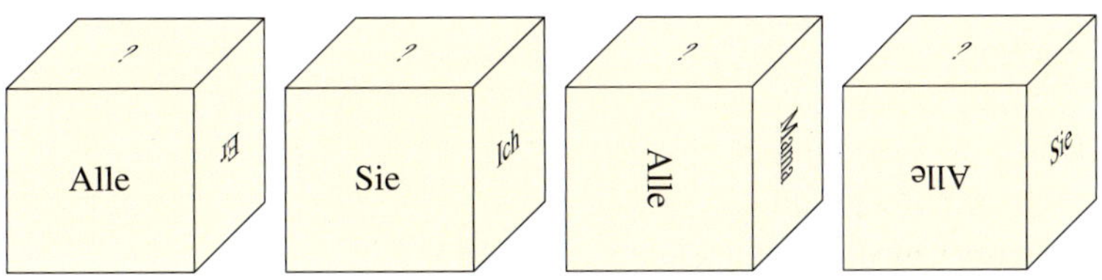

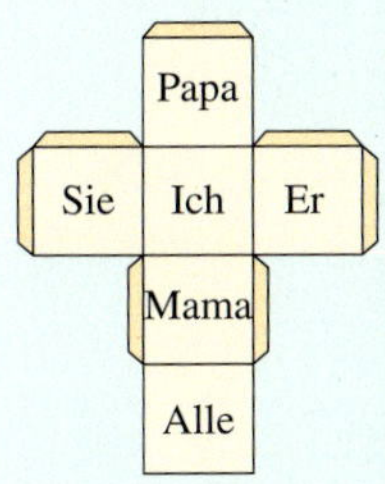

Lesen und Verstehen

Sarah möchte eine schöne Geschenkschachtel für ihre Freundin basteln. Dazu nimmt sie eine würfelförmige Verpackung, die sie aus einem Stück mit Geschenkpapier bekleben will.
Sie misst die Kantenlängen des Würfels, zeichnet ein passendes Körpernetz auf die gelbliche Rückseite des Geschenkpapiers und schneidet es aus.

> Eine zusammenhängende Abwicklung aller Begrenzungsflächen eines Körpers nennt man **Körpernetz**.

BEISPIEL 1
Dies ist das Netz eines Würfels mit der Kantenlänge 1,5 cm.
Das Netz besteht aus sechs Quadraten.

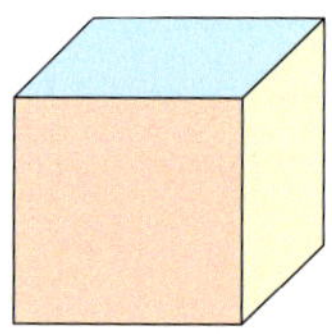

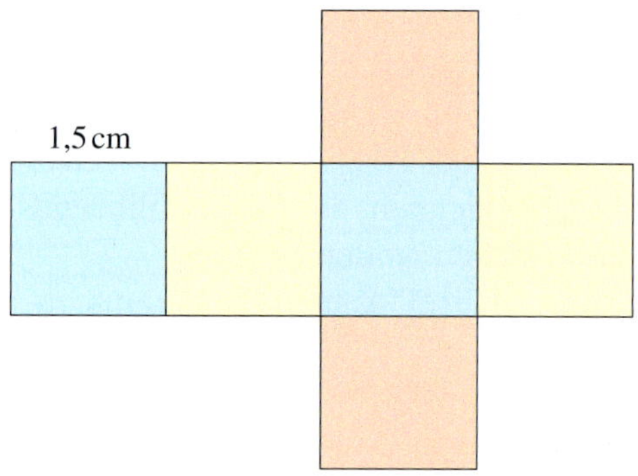

BEISPIEL 2
Dies ist das Netz eines Quaders mit den Kantenlängen 2 cm, 1 cm und 3 cm.
Das Netz besteht aus sechs rechteckigen Begrenzungsflächen.
Jeweils zwei gegenüberliegende Flächen sind gleich groß.

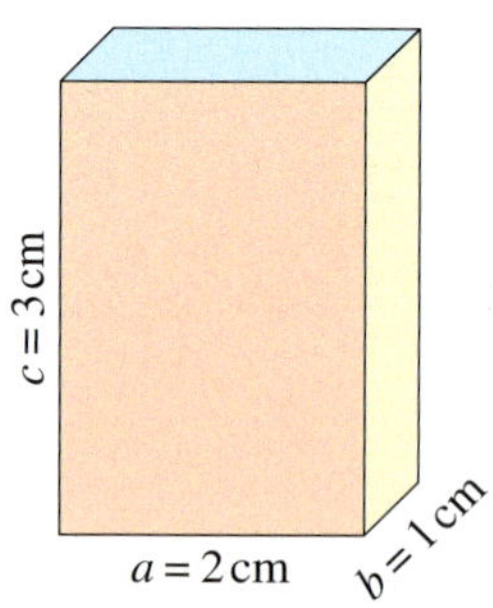

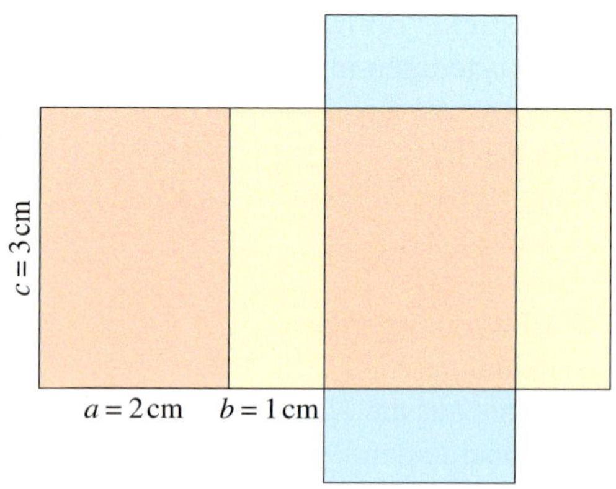

Basisaufgaben

1 Aus dem Netz wird ein Würfel gebaut. Welche Flächen liegen sich jeweils gegenüber?

a)

b)

c)

d)

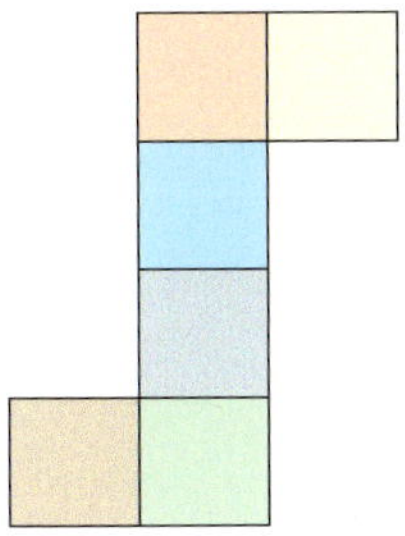

2 Zeichne beide Würfelnetze auf Karopapier ab.

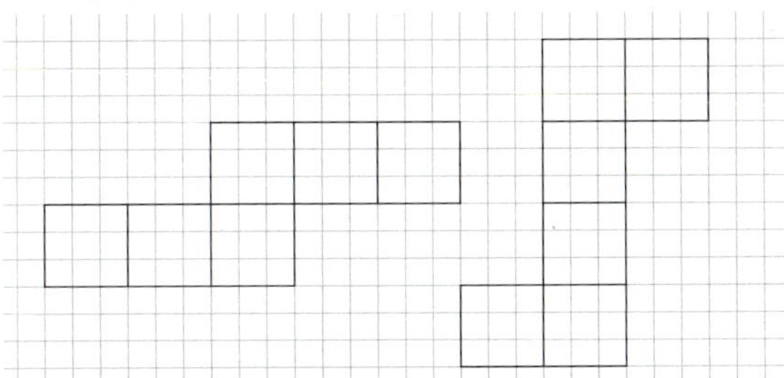

- Schneide sie aus und falte jedes zu einem Würfel.
- Färbe gegenüberliegende Flächen in der gleichen Farbe.
- Klebe die beiden Netze an einer Seitenfläche in dein Heft. So kannst du sie immer wieder zum Würfel zusammenfalten.

3 Zeichne ein Würfelnetz mit …

a) 2 cm Kantenlänge.

b) 3,5 cm Kantenlänge.

c) 4 cm Kantenlänge.

d) 2,8 cm Kantenlänge.

Färbe jeweils die gegenüberliegenden Seiten mit der gleichen Farbe.

4 Welche der Netze sind keine Würfelnetze? Begründe.

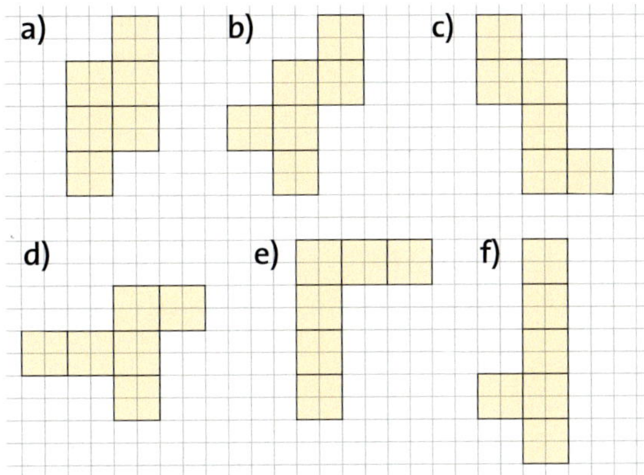

5 Welche der Figuren sind Netze von Quadern? Bist du dir nicht sicher, dann zeichne sie ab, schneide sie aus und falte sie zu einem Quader.

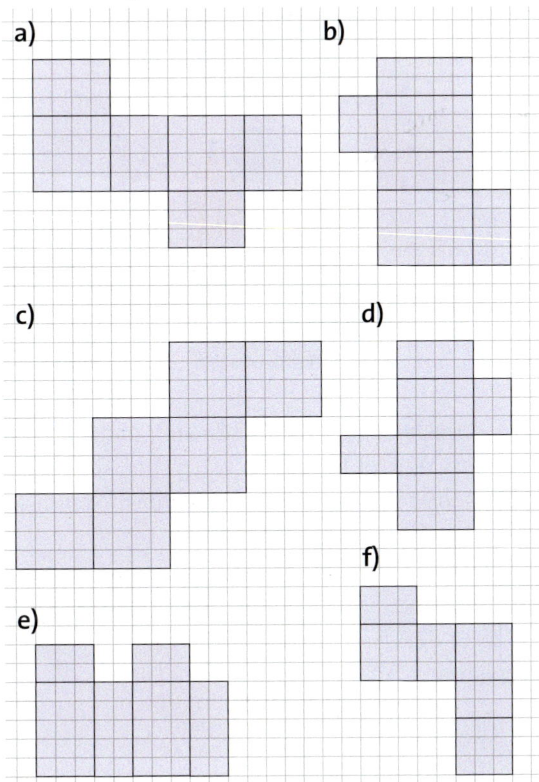

6 Zeichne jeweils ein Netz für den Quader.

a) $a = 3\,\text{cm}$, $b = 2\,\text{cm}$ $c = 1\,\text{cm}$

b) $a = 4\,\text{cm}$, $b = 3\,\text{cm}$ $c = 2\,\text{cm}$

c) $a = 5{,}5\,\text{cm}$, $b = 3\,\text{cm}$, $c = 2{,}5\,\text{cm}$

129-1
Unter diesem Webcode findest du Vorlagen von Körpernetzen zum Ausdrucken.

Weiterführende Aufgaben

7 Bei einem Würfel haben jeweils zwei gegenüberliegende Seiten zusammen die Augensumme 7. Skizziere drei verschiedene Netze des Würfels und trage die Augenzahlen ein.

8 Kim beschreibt die Farben der Seitenflächen ihres gebastelten Würfels: „Eine Seite ist rot. Eine blaue Seite stößt mit allen drei gelben Seiten zusammen. Eine andere blaue Seite berührt nur zwei gelbe Seiten.“
Kannst du das Netz zeichnen?

9 Lars hat in ein Quadrat mit einer Seitenlänge von 10 cm Würfelnetze gemalt. Leider sind ihm dabei einige Fehler unterlaufen.

a) Welche Würfelnetze lassen sich nicht zu einem Würfel falten?
b) Versuche selbst, ein Quadrat mit möglichst vielen Würfelnetzen zu füllen.

10 Zeichne ein Netz der Verpackung.

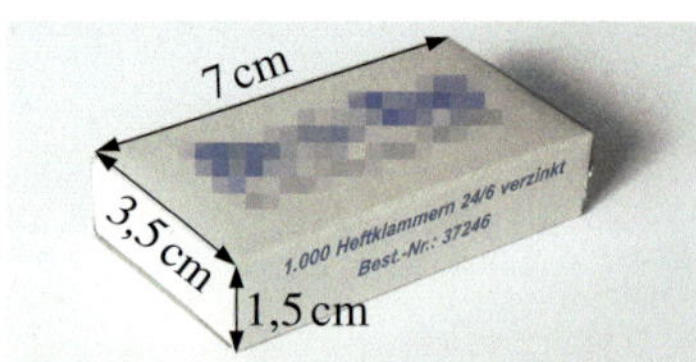

11 Zeichne ein Netz des Quaders. Bestimme zunächst die Kantenlängen.

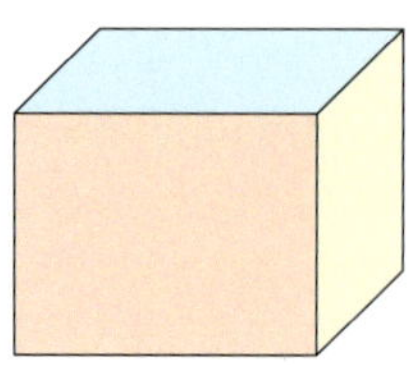

12 Stelle aus Tonpapier eine Verpackung für deinen Füller oder deinen Anspitzer her. Überlege dir zunächst die Form und die Abmessungen deiner Verpackung. Zeichne dann ein Netz und bastle die Verpackung. Denke an Klebekanten.

13 Skizziere die Netze im Heft. Zu welchen Körpern gehören sie? Markiere zusammengehörende Kanten in gleicher Farbe.

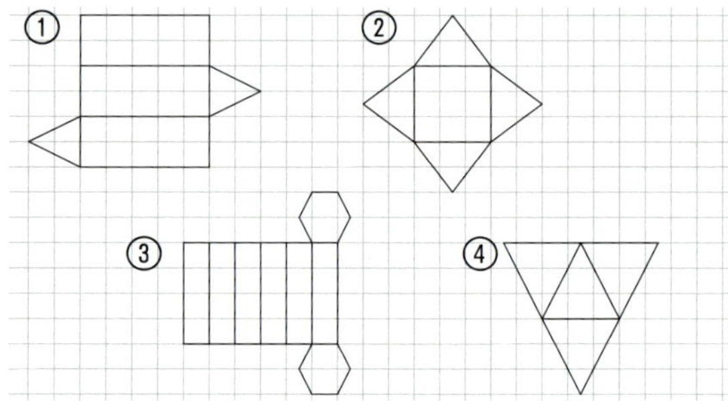

14 Ein Käfer krabbelt über einen Quader. Sein Weg ist eingezeichnet. Übertrage eines der Netze ins Heft. Zeichne den Weg des Käfers ein. Wie lang ist sein Weg etwa?

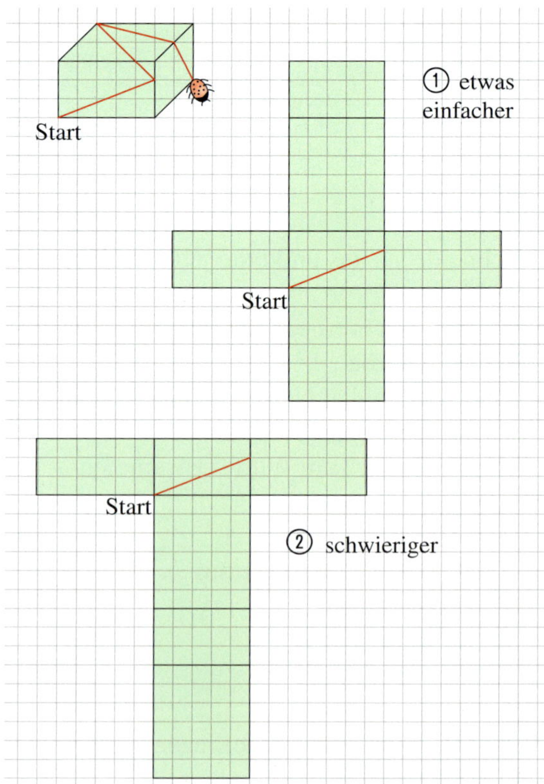

Oberflächeninhalt von Quadern und Würfeln

Erforschen und Entdecken

1 Für diese Aufgabe benötigt ihr zwei Bastelbögen aus Tonkarton (Maße z. B. 23 cm × 33 cm).

a) Zeichnet auf einen Bogen das Netz eines möglichst großen Würfels auf. Überlegt euch zunächst, welche ganzzahlige Kantenlänge (in cm) der Würfel haben kann.
b) Zeichnet nun noch Klebekanten ein. Schneidet das Netz aus und baut es zu einem Würfel zusammen.
c) Aus wie vielen Flächen besteht der Würfel? Wie viel Quadratzentimeter (cm^2) misst der Oberflächeninhalt des Würfels?
d) Bastelt nun aus dem zweiten Bastelbogen einen Quader. Wählt ganzzahlige Kantenlängen.
Berechnet auch hier die Größe des Oberflächeninhalts.
e) Erstellt ein Plakat, auf dem ihr beschreibt, wie man den Oberflächeninhalt von Würfel und Quader berechnen kann.

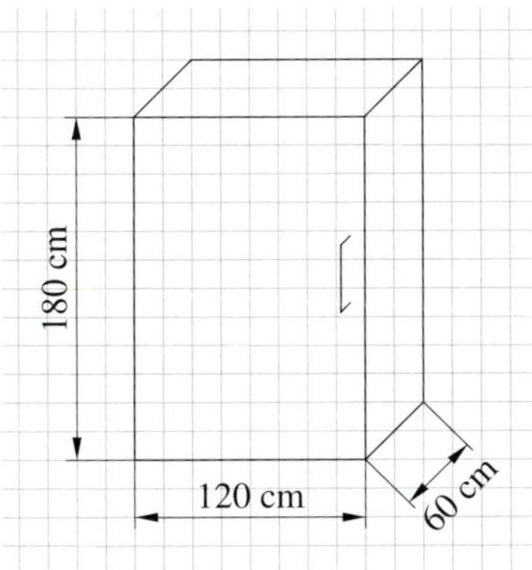

2 Für eine Aufführung benötigt die Theater-AG als Requisite einen Schrank.
Er soll 120 cm breit, 180 cm hoch und 60 cm tief sein.
Die Schülerinnen und Schüler wollen den Schrank aus Presspappe herstellen und anschließend farbig bemalen.
a) Wie viel Quadratmeter (m^2) Presspappe müssen sie mindestens kaufen?
b) Die äußeren Schrankwände und die obere Fläche sollen blau gestrichen werden. Eine Dose Farbe reicht für ca. $6\,m^2$.
Wie viel Farbe wird benötigt, wenn der Schrank zweimal gestrichen werden muss?

3 Trinkpäckchen werden oft in Zehnerpackungen angeboten.
Jedes Päckchen ist 6 cm lang, 4 cm breit und 8,5 cm hoch.
Um sie besser transportieren zu können, werden immer 10 Päckchen aufrecht stehend in Folie eingeschweißt.
a) Überlegt euch, wie die 10 Trinkpäckchen angeordnet werden könnten. Welche Möglichkeiten davon sind sinnvoll? Skizziert diese.
b) Vergleicht den Folienverbrauch bei den sinnvollen Verpackungsmöglichkeiten. Bei welcher Verpackungsmethode ist er am niedrigsten?

Lesen und Verstehen

Lara möchte zwei unterschiedliche Schmuckschachteln mit Goldpapier bekleben.
Dazu muss sie wissen, wie viel Quadratzentimeter (cm^2) Goldpapier sie für jede der beiden Schachteln benötigt.

BEISPIEL 1

Die erste Schachtel hat die Form eines Quaders mit den Maßen $a = 3\,cm$, $b = 2\,cm$ und $c = 4\,cm$. Lara zeichnet ein Netz der Schachtel. Je zwei Flächen haben die gleiche Größe.

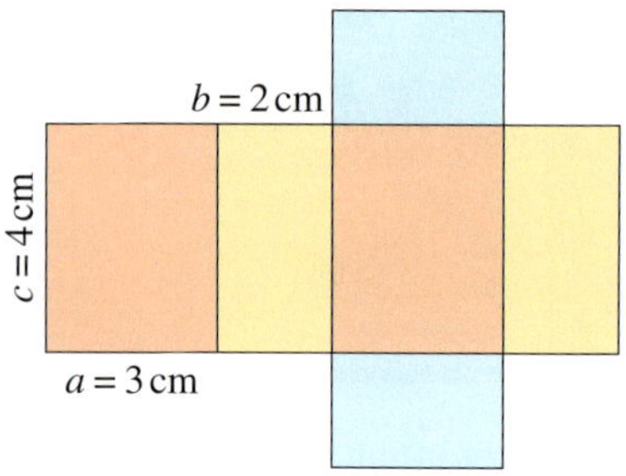

$$O = 2 \cdot 3\,cm \cdot 2\,cm + 2 \cdot 3\,cm \cdot 4\,cm + 2 \cdot 2\,cm \cdot 4\,cm$$
$$O = 2 \cdot 6\,cm^2 + 2 \cdot 12\,cm^2 + 2 \cdot 8\,cm^2$$
$$O = 52\,cm^2$$

Für diese Schachtel benötigt sie $52\,cm^2$ Goldpapier.

Der Oberflächeninhalt eines Körpers ist die Summe der Flächeninhalte der Teilflächen.

Oberflächeninhalt eines Quaders

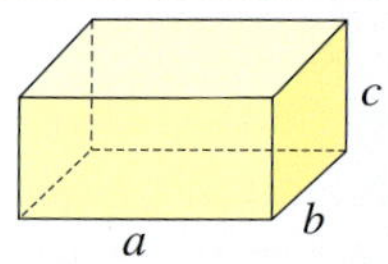

$$O = 2 \cdot a \cdot b + 2 \cdot a \cdot c + 2 \cdot b \cdot c$$
oder
$$O = 2 \cdot (a \cdot b + a \cdot c + b \cdot c)$$

BEISPIEL 2

Die zweite, größere Schachtel hat die Form eines Würfels mit einer Kantenlänge von $a = 5\,cm$.
Das Netz besteht aus sechs gleich großen Quadraten.

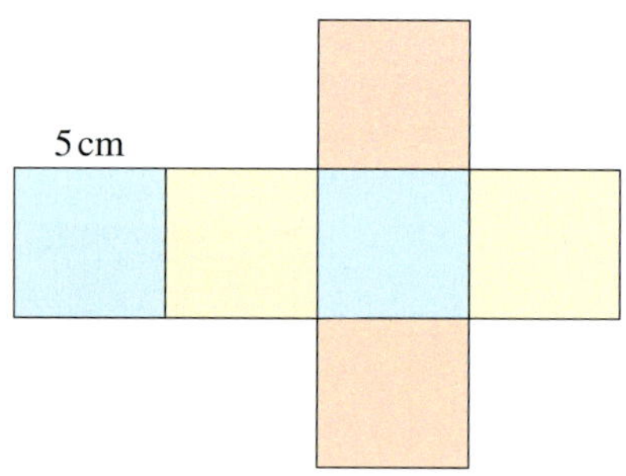

$$O = 6 \cdot 5\,cm \cdot 5\,cm$$
$$O = 6 \cdot 25\,cm^2 = 150\,cm^2$$

Für diese Schachtel benötigt sie $150\,cm^2$ Goldpapier.

Oberflächeninhalt eines Würfels

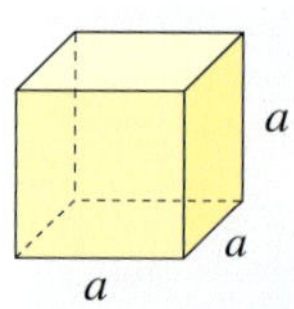

$$O = 6 \cdot a \cdot a$$
oder
$$O = 6 \cdot a^2$$

Insgesamt braucht Lara mindestens $52\,cm^2 + 150\,cm^2 = 205\,cm^2$ Goldpapier.

Basisaufgaben

1 Berechne den Oberflächeninhalt der Würfel.

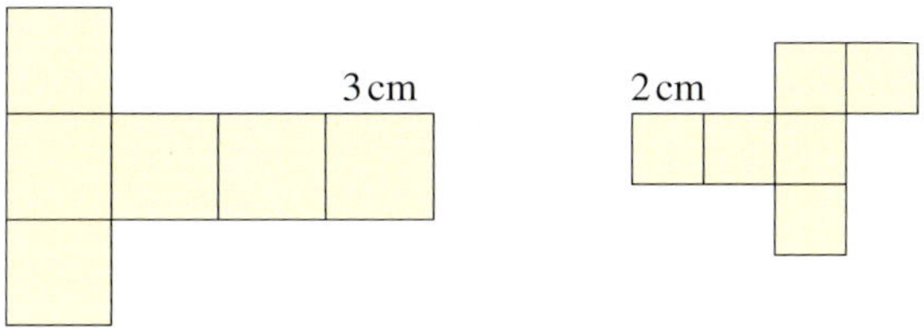

2 Berechne den Oberflächeninhalt der Würfel.

a)
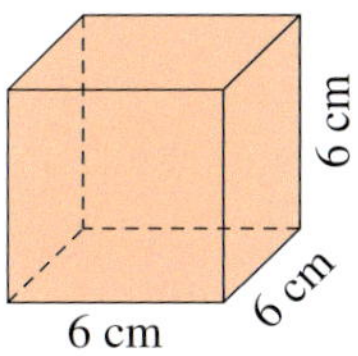

b)
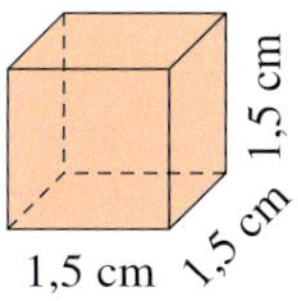

3 Überprüfe, ob der Oberflächeninhalt der Würfel richtig berechnet wurde.

a) Kantenlänge $a = 4\,\text{cm}$; $O = 96\,\text{cm}^2$
b) Kantenlänge $a = 35\,\text{mm}$; $O = 735\,\text{mm}^2$
c) Kantenlänge $a = 7\,\text{cm}$; $O = 252\,\text{cm}^2$

4 Die Theater-AG benötigt einen großen Würfel mit der Kantenlänge 80 cm. Er soll mit gelber Farbe angestrichen werden. Genügt eine Farbdose, die für $5\,\text{m}^2$ reicht?

5 Berechne den Oberflächeninhalt des Quaders.

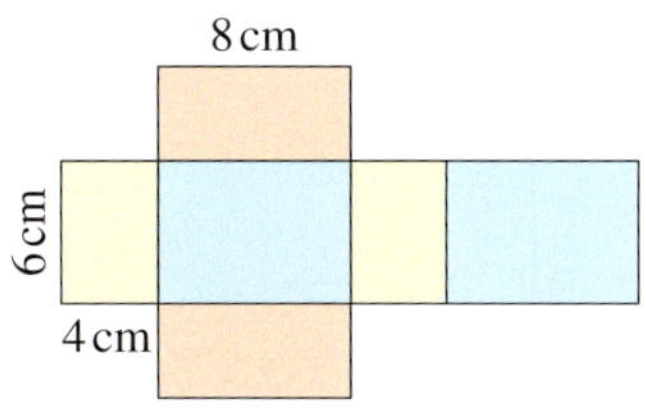

6 Gib den Oberflächeninhalt der Quader an.

a)
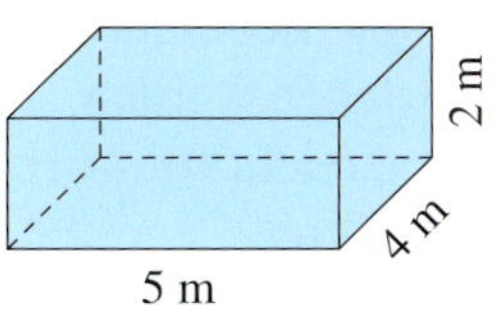

b)
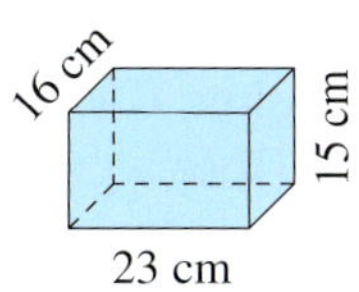

7 Berechne den Oberflächeninhalt der Quader mit den Kantenlängen:

a) $a = 9\,\text{cm}$, $b = 7\,\text{cm}$, $c = 10\,\text{cm}$
b) $a = 12\,\text{mm}$, $b = 15\,\text{mm}$, $c = 2\,\text{cm}$
c) $a = 15\,\text{cm}$, $b = 1{,}5\,\text{dm}$, $c = 2\,\text{mm}$

8 Entnimm den Netzen der beiden Körper die notwendigen Maße und berechne ihre Oberflächeninhalte.

a)

b)
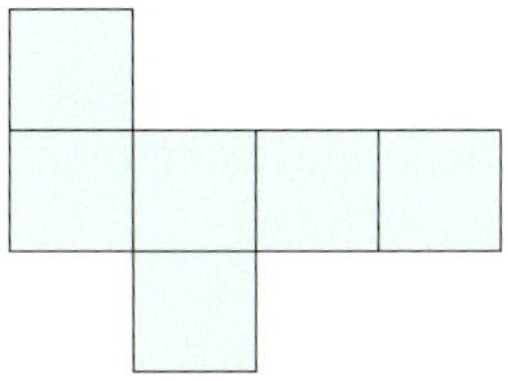

9 Container haben die Form eines Quaders. Die Kantenlängen sind 6 m, 2,5 m und 2,5 m. Um die Container vor Rost zu schützen, werden sie außen mit Rostschutzfarbe gestrichen. 1 kg Rostschutzfarbe reicht, um $2\,\text{m}^2$ zu streichen.
Wie viel Kilogramm Farbe benötigt man für den Rostschutzanstrich?

10 Herr Ritter möchte seine Sauna selbst bauen. Die Wände, der Boden und die Decke sind aus Holz. Wie viel m^2 Holz muss er kaufen, wenn die Sauna 2,0 m lang, 1,8 m breit und 2,2 m hoch sein soll?

11 Schätze und berechne dann den Materialverbrauch dieser Milchtüte.

Weiterführende Aufgaben

BEACHTE
Die Lösungen zu Aufgabe 16 ergeben in der richtigen Reihenfolge den Namen einer europäischen Hauptstadt. Zu welchem Land gehört die Stadt?
2 (P); 3 (G); 5 (R); 10 (A)

12 Sarah hat zwei Geschenke verpackt.

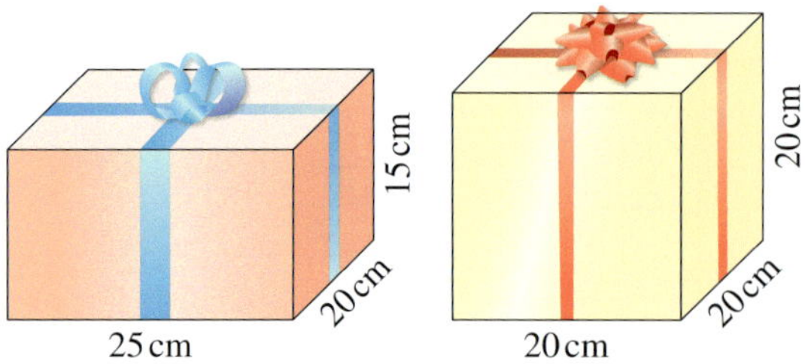

a) Bei welchem der Geschenke ist der Papierverbrauch höher?
b) Wie viel Meter Geschenkband werden jeweils mindestens benötigt, wenn man für die Schleife 35 cm rechnet?

13 Yasemin möchte einen leeren Karton mit Spiegelfolie bekleben. Der Karton ist 20 cm lang, 6 cm breit und 8 cm hoch.
a) Wie viel cm^2 Spiegelfolie braucht sie?
b) Braucht sie genau so viel Spiegelfolie, wenn sie statt des großen Kartons zwei kleine Kartons beklebt, die 10 cm lang, 6 cm breit und 8 cm hoch sind? Begründe.

14 Carina hat Glanzpapiere in DIN-A4-Größe. Sie möchte damit ihre Schachteln bekleben.
Schachtel 1:
12 cm lang, 8 cm breit, 6 cm hoch
Schachtel 2:
13,5 cm lang, 10 cm breit, 8 cm hoch
Schachtel 3: Würfel, Kantenlänge 10 cm
Schachtel 4: Würfel, Kantenlänge 6,5 cm
a) Für welche Schachteln reicht jeweils ein Bogen Papier aus, wenn dieser in Stücke geschnitten werden darf?
b) Welche Schachteln können jeweils mit einem zusammenhängenden Stück Glanzpapier beklebt werden?

15 Tim behauptet, dass ein Würfel, der doppelt so lange Kanten wie ein anderer Würfel hat, auch einen doppelt so großen Oberflächeninhalt erhält.
Überprüfe an einem Beispiel, ob Tims Behauptung richtig ist.

16 Von einem Würfel ist nur der Oberflächeninhalt O bekannt.
Finde die Kantenlänge des Würfels heraus:
a) $O = 24\,cm^2$ b) $O = 150\,cm^2$
c) $O = 600\,cm^2$ d) $O = 54\,cm^2$

17 Ein Quader hat einen Oberflächeninhalt von $160\,cm^2$.
Welche Kantenlängen könnte er haben?

18 Ein Quader hat die Maße
$a = 2\,cm$, $b = 2\,cm$ und $c = 4\,cm$.
a) Zeichne Schrägbild und Netz des Quaders.
b) Berechne den Oberflächeninhalt.
c) Vanessa behauptet, dass man den Oberflächeninhalt dieser quadratischen Säule auch mit der Formel
$O = 2a^2 + 4 \cdot a \cdot c$ berechnen kann.
Wie kommt sie auf diese Formel?

19 Berechne den Oberflächeninhalt der Körper.

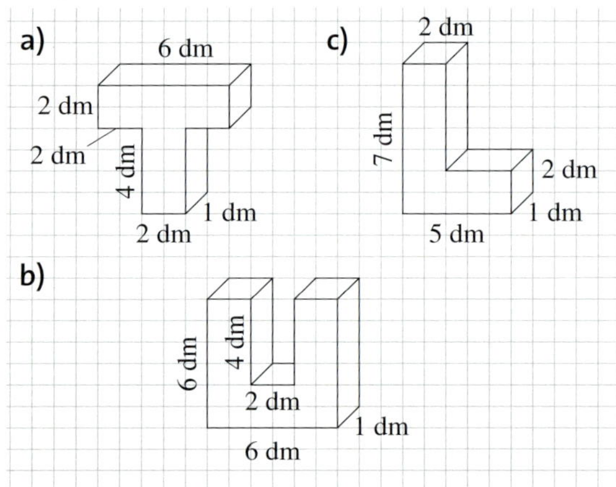

20 Das „Treppchen“ für die Siegerehrung soll (ohne Boden) neu gestrichen werden.
Eine Dose weißer Lackfarbe reicht für $4\,m^2$.
Wie viele Dosen werden benötigt?

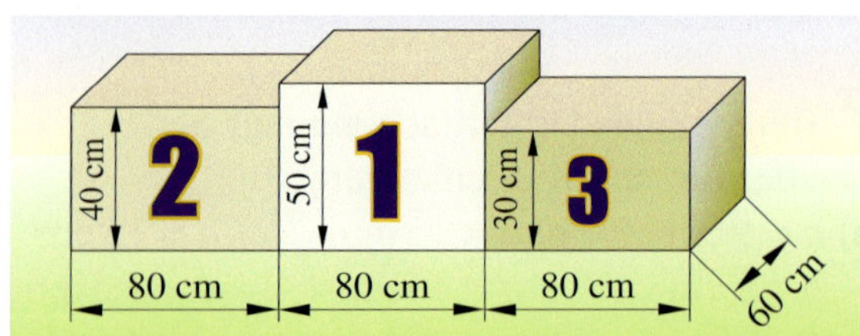

Volumeneinheiten

Erforschen und Entdecken

1 Zentimeterwürfel sind Würfel mit der Kantenlänge 1 cm. Daraus wurden verschiedene Körper gebaut.

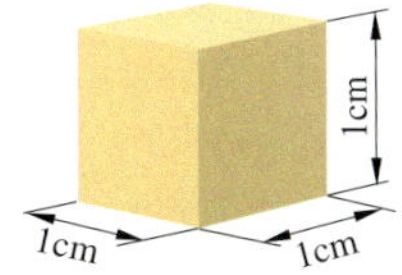

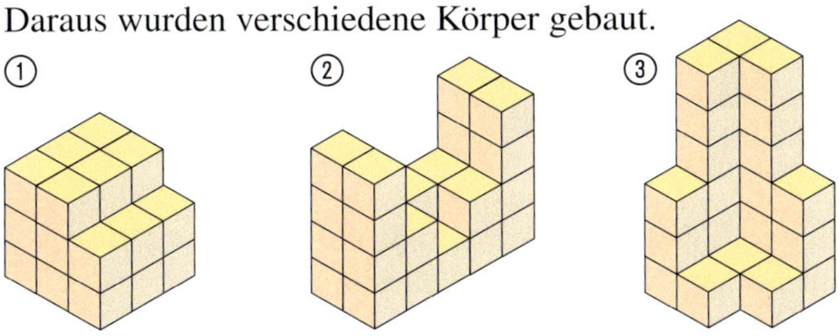

a) Bei welchem Körper wurden die wenigsten Würfel verbaut?
b) Welche Körper haben das gleiche Volumen?
c) Jeder der Körper soll in einer quaderförmigen Kiste aufbewahrt werden. Welche Kantenlängen müssten diese Kisten mindestens haben?
d) Wie viele Zentimeterwürfel passen in diesen großen Würfel? Begründe.
e) Überlege dir, welche Gegenstände ungefähr das gleiche Volumen haben wie der große Würfel.
f) Wie viele dieser großen Würfel könnte man in eurem Klassenschrank stapeln?

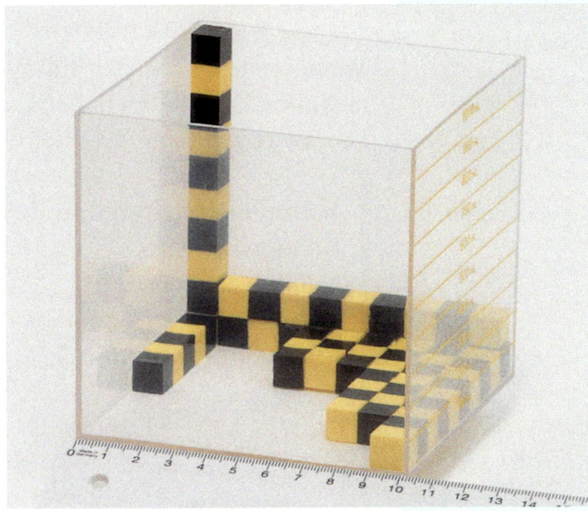

2 Einen Würfel mit der Kantenlänge 1 m nennt man **Meterwürfel**. Sein Volumen beträgt **1 Kubikmeter** (man schreibt: **1 m³**). In einen Meterwürfel passen etwa 7 Kinder und eine Katze.
a) Nenne Gegenstände, die etwa ein Volumen von 1 m³ haben.
b) Schätze, wie viele Meterwürfel in deinen Klassenraum oder eure Turnhalle passen.
c) Wie viele Würfel mit der Kantenlänge 1 dm passen in einen Meterwürfel?
d) Wie viele Zentimeterwürfel passen in den Meterwürfel?

3 Flüssigkeiten werden oft mit Messbechern abgemessen. Auf einer Skala kann man die genaue Flüssigkeitsmenge ablesen.

a) Was bedeuten die Abkürzungen cm³ und ml auf dem Messbecher?
b) Miss mit einem Messbecher ab, wie viel Wasser in die Gefäße passt: Glas, Müslischale, Brotdose, Eimer.
c) Schätze, welche Menge Wasser man in einen Würfel mit der Kantenlänge 1 dm füllen kann.
d) Überlege, welche anderen Gefäße so viel Wasser fassen können wie der Würfel mit der Kantenlänge 1 dm.
e) Welche Wassermenge kann man in den großen Würfel mit 1 m Kantenlänge füllen?

Lesen und Verstehen

Sina überlegt, ob die beiden Kästchen gleich groß sind.
Dazu füllt sie beide mit Zentimeterwürfeln. In jedes Kästchen passen 64 Zentimeterwürfel, also sind sie gleich groß. Jedes Kästchen hat ein Volumen von $64\,cm^3$.

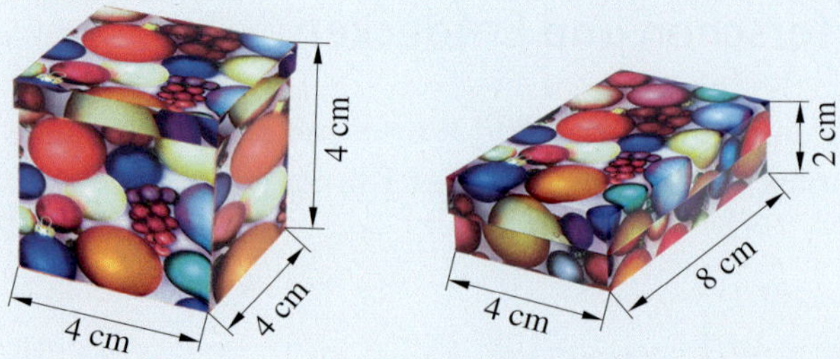

1 Kubikmeter
Volumen eines Würfels mit der Kantenlänge 1 m

1 Kubikdezimeter
Volumen eines Würfels mit der Kantenlänge 1 dm

1 Kubikmillimeter
Volumen eines Würfels mit der Kantenlänge 1 mm

Wenn man zwei Körper mit gleich vielen gleich großen Teilkörpern (z. B. Zentimeterwürfeln) ausfüllen kann, dann haben sie den gleichen Rauminhalt oder das gleiche Volumen *V*.
Das Volumen kann in verschiedenen Einheiten angegeben werden.

Volumeneinheiten und ihre Umrechnung

Kubikmeter (m^3)	$1\,m^3 = 1000\,dm^3$
Kubikdezimeter (dm^3)	$1\,dm^3 = 1000\,cm^3$
Kubikzentimeter (cm^3)	$1\,cm^3 = 1000\,mm^3$
Kubikmillimeter (mm^3)	$1\,mm^3$

$1\,m^3$ —1000— $1\,dm^3$ —1000— $1\,cm^3$ —1000— $1\,mm^3$

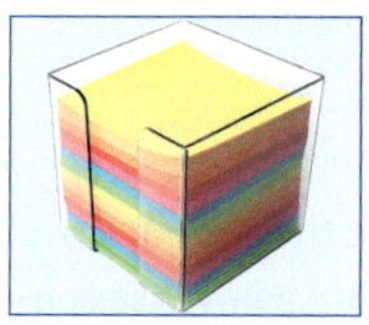

Die Umrechnungszahl für Volumeneinheiten ist 1000.

BEISPIEL 1

$3\,m^3 = 3 \cdot 1000\,dm^3 = 3000\,dm^3$

$3\,m^3 = 3 \cdot 1000 \cdot 1000\,cm^3 = 3\,000\,000\,cm^3$

BEISPIEL 2

$4000\,dm^3 = 4 \cdot 1000\,dm^3 = 4\,m^3$

$2\,700\,000\,cm^3 = 2{,}7 \cdot 1\,000\,000\,cm^3 = 2{,}7\,m^3$

Für das Volumen von Flüssigkeiten verwendet man **Hohlmaße**.
In $1\,dm^3$ passt genau 1 Liter und in $1\,cm^3$ passt genau 1 Milliliter Flüssigkeit.

$1\,dm^3 = 1\,\ell$

$1\,\ell = 1000\,ml$

$1\,ml = 1\,cm^3$

BEISPIEL 3

$15\,dm^3 = 15\,\ell = 15 \cdot 1000\,ml = 15\,000\,ml$

$2\,m^3 = 2000\,dm^3 = 2000\,\ell = 2\,000\,000\,ml$

BEISPIEL 2

$12\,000\,ml = 12 \cdot 1000\,ml = 12\,\ell = 12\,dm^3$

$4300\,ml = 4{,}3 \cdot 1000\,ml = 4{,}3\,\ell = 4{,}3\,dm^3$

Basisaufgaben

1 Aus wie vielen Würfeln besteht jeder Quader? Prüfe, ob die Quader das gleiche Volumen haben.

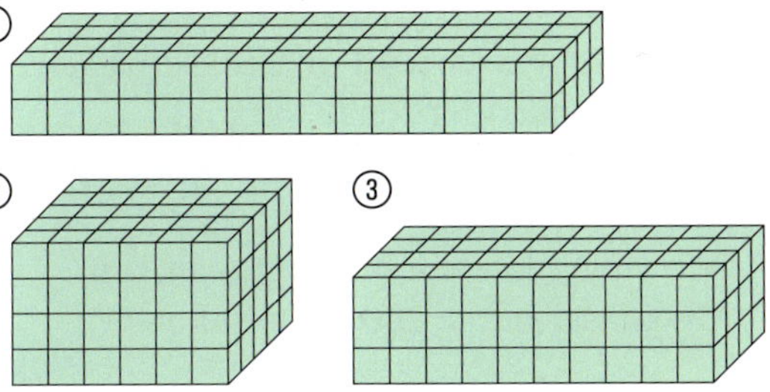

2 Ordne die Kästen nach der Größe ihres Volumens.

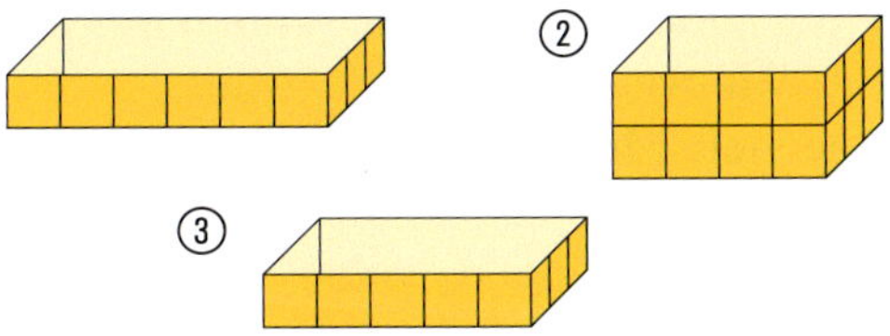

3 Henri will aus kleinen Würfeln einen großen Würfel zusammensetzen.
a) Wie viele Zentimeterwürfel hat er schon gebraucht?
b) Gib das Volumen des Würfels in cm^3 an.

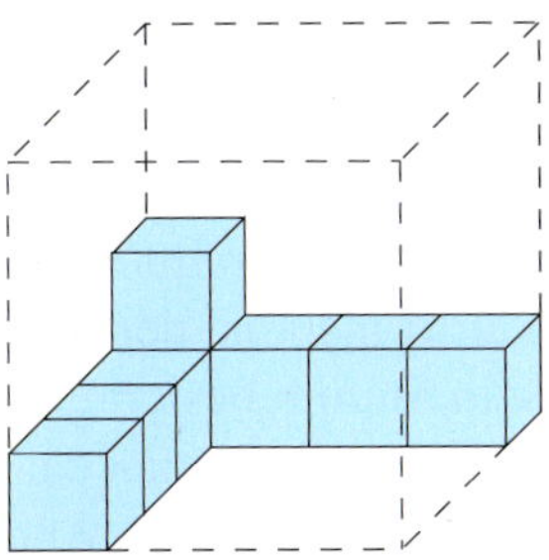

4 Mit wie vielen Zentimeterwürfeln kannst du den Quader füllen?

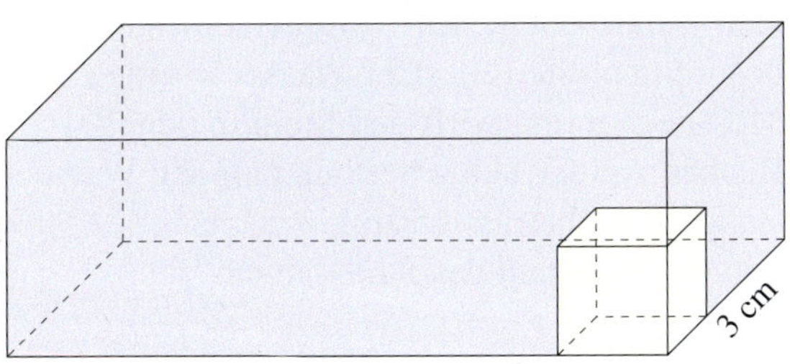

5 Nenne jeweils drei Dinge, die in Gefäße mit folgendem Volumen hineinpassen und drei Dinge, die nicht hineinpassen:
a) $1\,cm^3$ **b)** $1\,dm^3$ **c)** $1\,m^3$ **d)** 100 ml

6 In welcher Volumeneinheit würdest du das Volumen messen?
a) Schwimmbecken **b)** Würfelzuckerstück
c) Schuhkarton **d)** Talsperre
e) Tank eines Autos **f)** Regentropfen
g) Wassereimer **h)** Trinkpäckchen

7 Schätze, welcher Körper zu welchem Volumen gehört.

Körper
Brotdose
Milchtüte
Würfelzucker
Kühlschrank
Sandkasten
Stecknadelkopf

Volumen
$0{,}8\,cm^3$
$600\,cm^3$
$0{,}8\,m^3$
$0{,}25\,m^3$
$2\,mm^3$
$1\,dm^3$

8 Rechne in die nächstgrößere Einheit um.
a) $2000\,cm^3$ **b)** $4000\,dm^3$ **c)** $3000\,mm^3$
d) $5000\,cm^3$ **e)** $9000\,mm^3$ **f)** $6000\,dm^3$
g) $71\,000\,dm^3$ **h)** $22\,000\,cm^3$ **i)** $11\,000\,dm^3$

9 Rechne in die nächstkleinere Einheit um.
a) $1\,cm^3$ **b)** $2\,dm^3$ **c)** $9\,m^3$
d) $39\,dm^3$ **e)** $780\,cm^3$ **f)** $50\,m^3$
g) $120\,cm^3$ **h)** $30\,dm^3$ **i)** $250\,m^3$

10 Rechne in die angegebene Einheit um.
a) $3\,m^3$ (cm^3) **b)** $75\,000\,mm^3$ (cm^3)
c) $15\,dm^3$ (mm^3) **d)** $12\,000\,000\,cm^3$ (m^3)
e) $40\,m^3$ (cm^3) **f)** $250\,dm^3$ (mm^3)
g) $10\,m^3$ (mm^3) **h)** $3\,500\,000\,mm^3$ (dm^3)

11 Schreibe in der angegebenen Einheit.
a) 12 ℓ = ▢ ml **b)** 250 ℓ = ▢ ml
c) 3000 ml = ▢ ℓ **d)** 30 ℓ = ▢ ml
e) 10 000 ml = ▢ ℓ **f)** 4 ℓ 500 ml = ▢ ml
g) 1 ℓ 200 ml = ▢ ml **h)** 2035 ml = ▢ ℓ ▢ ml

12 Wandle um in die angegebene Einheit.
a) $45\,dm^3$ (ℓ) **b)** $8000\,cm^3$ (ℓ)
c) $1\,m^3$ (ℓ) **d)** $25\,dm^3$ (ml)
e) $2\,m^3$ (ml) **f)** $75\,dm^3$ (ml)
g) $23\,m^3$ (ℓ) **h)** $3000\,cm^3$ (ℓ)
i) $4000\,mm^3$ (ml) **j)** 35 000 ml (dm^3)
k) 85 ℓ (cm^3) **l)** 14 ml (mm^3)

137-1
Unter dem Webcode findest du eine interaktive Übung zum Schätzen von Volumina.

Weiterführende Aufgaben

13 Rechne mit Hilfe der Einheitentabelle in die kleinere Einheit um.

	dm^3			cm^3			mm^3			
	H	Z	E	H	Z	E	H	Z	E	
$16\,dm^3$		1	6		5	0				
$50\,cm^3$		1	6	0	5	0				$16\,050\,cm^3$

a) $3\,dm^3\ 143\,cm^3$
b) $10\,cm^3\ 2\,mm^3$
c) $697\,cm^3\ 150\,mm^3$
d) $6\,dm^3\ 35\,cm^3$
e) $80\,cm^3\ 7\,mm^3$
f) $9\,dm^3\ 1\,cm^3$
g) $28\,dm^3\ 245\,mm^3$
h) $3\,dm^3\ 52\,mm^3$
i) $2\,dm^3\ 15\,mm^3$
j) $16\,dm^3\ 2\,cm^3$

14 Schreibe mit Komma in der angegebenen Einheit.
a) in m^3: $250\,dm^3$, $37\,dm^3$, $1250\,dm^3$; $4\,dm^3$
b) in dm^3: $45\,200\,cm^3$, $1650\,cm^3$, $13\,cm^3$
c) in cm^3: $2750\,mm^3$; $125\,mm^3$; $1\,cm^3\ 3\,mm^3$

15 Schreibe in der angegebenen Einheit.
a) in dm^3: $3\,m^3$; $44\,m^3$; $2500\,cm^3$; 900 ml
b) in m^3: $5200\,dm^3$; $50\,000\,dm^3$; 840 ℓ
c) in mm^3: $4\,cm^3$; $303\,cm^3$; $1{,}2\,cm^3$; 0,4 ml
d) in cm^3: $320\,mm^3$; $20\,mm^3$; 6,4 ℓ

BEACHTE
Die Hohlmaße von Fässern werden in **Hektoliter (hl)** angegeben.
1 hl = 100 ℓ.

16 Schreibe in der angegebenen Einheit. Beachte die Randspalte.
a) 6500 ml (ℓ)
b) 245 ℓ (m^3)
c) $633\,mm^3$ (ml)
d) 250 ml (ℓ)
e) $0{,}375\,cm^3$ (ml)
f) 386 ℓ (hl)
g) 0,006 hl (ℓ)
h) $2{,}6\,dm^3$ (hl)
i) 36 ml (dm^3)
j) 3 hl (m^3)

17 Wo sind die Fehler in Timos Hausaufgaben? Erkläre, was er falsch gemacht hat und korrigiere die Fehler.

a) $5\,m^3 = 500\,cm^3$
b) $6\,ml = 6\,dm^3$
c) $3\,m^3\,5\,dm^3 = 305\,dm^3$
d) 700 ml = 7 ℓ
e) 8 hl = 8000 ℓ
f) $6\,ℓ = 6000\,dm^3$

18 Ordne die Volumina nach ihrer Größe.
a) $5\,dm^3$; $1500\,cm^3$; 1,5 ℓ; $0{,}5\,m^3$; $250\,cm^3$
b) 3500 ml; 1,4 ℓ; $2\,dm^3$; $0{,}4\,m^3$; 0,75 hl

19 Mineralwasser wird im Sechserpack in Flaschen mit 1,5 ℓ Inhalt verkauft.
a) Wie viele Gläser zu je 200 ml kannst du damit füllen?
b) Wie viele Flaschen benötigt man, um 150 Gläser mit je 200 ml zu füllen?

20 Eine Mülltonne fasst 120 ℓ Müll.
a) In einem Dorf werden an einem Tag 420 Mülltonnen geleert.
Wie viel Kubikmeter (m^3) sind das?
b) Ein Müllwagen fasst $21\,m^3$ Müll.
Wie viele Mülltonnen können in einen Müllwagen entleert werden, wenn der Müll auf ein Viertel seines Volumens zusammengepresst wird?

21 Wie schwer sind die Wassermengen?
1 ℓ Wasser wiegt 1 kg.
a) 2,5 ℓ
b) 1750 ml
c) 3 hl
d) $3\,m^3$

22 Der „General Sherman", ein Riesenmammutbaum im Sequioa National Park in Kalifornien, ist der schwerste Baum der Welt. Sein Stamm besitzt ein Volumen von $1487\,m^3$. Daraus könnte man ca. 5 Mrd. Streichhölzer herstellen. Gib das Volumen in mm^3 an.
Wie groß wäre nach dieser Rechnung das Volumen eines Streichholzes?

23 Sarah möchte das Volumen eines Steins bestimmen. Sie füllt 0,5 ℓ Wasser in einen Messbecher und wirft den Stein in den Becher. An der Skala liest sie nun den Wasserstand ab. Er beträgt 650 ml.
Gib das Volumen des Steins in cm^3 an.

24 Florian möchte das Volumen eines Wassertropfens bestimmen.
a) Erkläre, wie er das machen könnte.
b) Sein Vater behauptet, dass ein tropfender Wasserhahn täglich 100 ℓ Wasser verbraucht. Kann das sein? Begründe.

Volumen von Quadern und Würfeln

Erforschen und Entdecken

1 Mit Steckwürfeln kann man verschiedene Körper herstellen.

①

②

③

a) Wie viele Steckwürfel werden für die Körper benötigt?
Erläutere, wie du beim Bestimmen der Anzahl der Steckwürfel vorgegangen bist.

b) Baue oder skizziere verschiedene Quader, die aus 12, 24 oder 36 Steckwürfeln bestehen.
Gib jeweils die Anzahl der Steckwürfel in der Länge, Breite und Höhe an.

c) Vergleicht eure Ergebnisse aus b) untereinander.
Wie viele verschiedene Quader lassen sich jeweils finden?

2 Aus Zentimeterwürfeln sollen größere Würfel gebaut werden.

a) Wie viele Zentimeterwürfel werden jeweils benötigt, wenn man größere Würfel mit der angegebenen Kantenlänge herstellen möchte? Ergänze die Tabelle.

Kantenlänge	2 cm	3 cm	4 cm	5 cm	6 cm
Anzahl der Zentimeterwürfel					

b) Celina behauptet, dass sie einen Würfel bauen kann, der aus genau 500 Zentimeterwürfeln besteht. Überprüfe, ob das stimmen kann.

c) Welche Kantenlänge hat ein Würfel, der aus 1000 Zentimeterwürfeln zusammen gebaut wurde?

3 Margarinestücke haben eine Kantenlänge von 10 cm.
Sie sollen in einen Karton, der 50 cm lang, 40 cm breit und 20 cm hoch ist, verpackt werden.

a) Wie viele Stücke passen in den Karton?

b) Ein Margarinestück wiegt 500 g.
Wie viel Kilogramm Margarine können in dem Karton transportiert werden?

Lesen und Verstehen

Lennart und Mario haben zwei kleine Schachteln, in die sie ihre Spielwürfel (Kantenlänge 1 cm) einsortieren wollen.
Lennart behauptet, dass in seine Schachtel mehr Würfel passen.

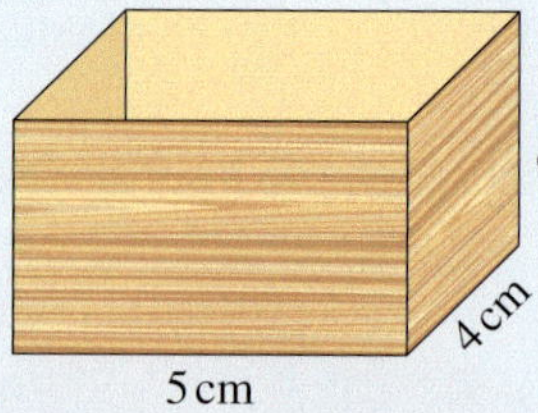

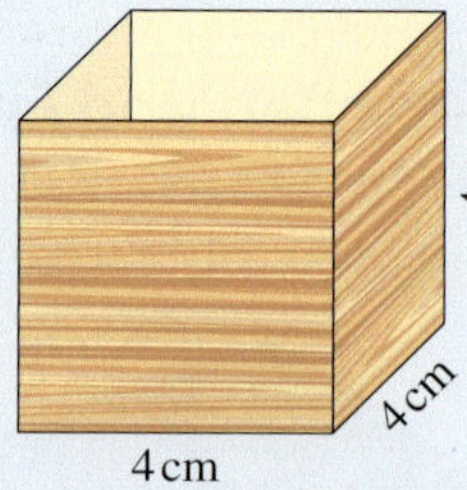

In Lennarts Schachtel passen in eine Schicht $5 \cdot 4 = 20$ Würfel.
Es passen 3 Schichten in die Schachtel.
Insgesamt passen $3 \cdot 20 = 60$ Würfel hinein.
Man kann auch rechnen:
$V = 5\,\text{cm} \cdot 4\,\text{cm} \cdot 3\,\text{cm} = 60\,\text{cm}^3$

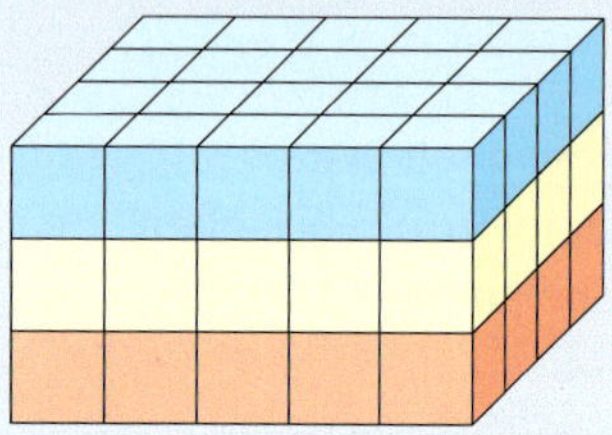

In Marios Schachtel passen in eine Schicht $4 \cdot 4 = 16$ Würfel.
Es passen 4 Schichten in die Schachtel.
Insgesamt passen $4 \cdot 16 = 64$ Würfel hinein.
Man kann auch rechnen:
$V = 4\,\text{cm} \cdot 4\,\text{cm} \cdot 4\,\text{cm} = 64\,\text{cm}^3$

Lennarts Schachtel hat ein Volumen von $60\,\text{cm}^3$, Marios Schachtel hat ein Volumen von $64\,\text{cm}^3$. In Marios Schachtel passen mehr Würfel.

Volumen eines Quaders

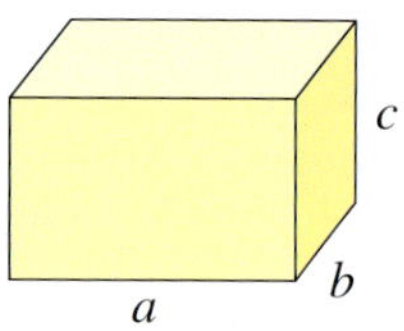

$V = a \cdot b \cdot c$

Volumen eines Würfels

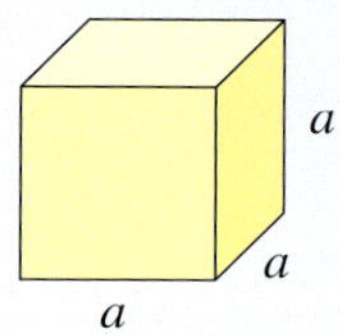

$V = a \cdot a \cdot a$
oder
$V = a^3$

Man sagt auch: Volumen des Quaders = Länge mal Breite mal Höhe.

Basisaufgaben

1 Berechne das Volumen der Quader in cm^3. Der orange Würfel ist ein Zentimeterwürfel.

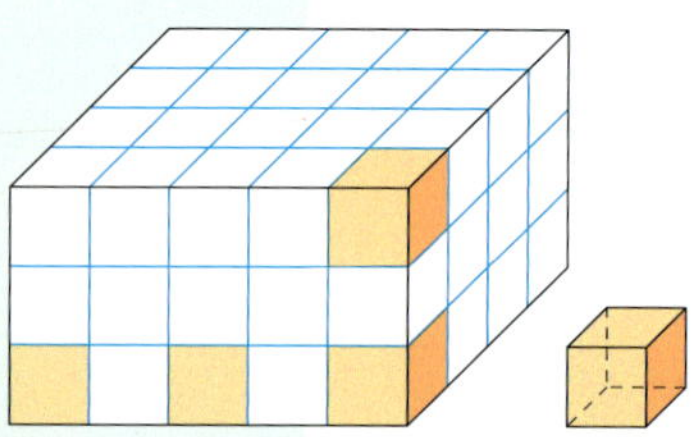

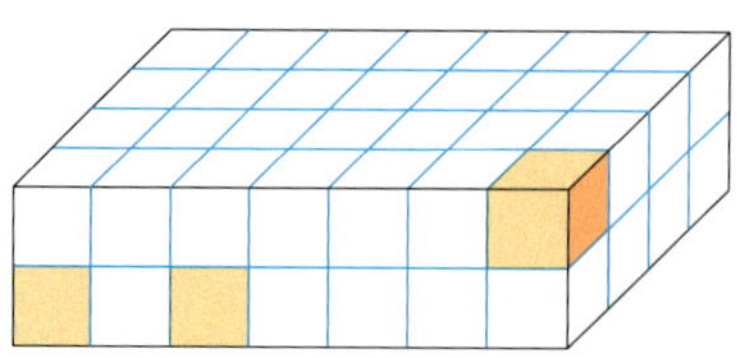

2 Gib das Volumen des Quaders in dm^3 und cm^3 an.

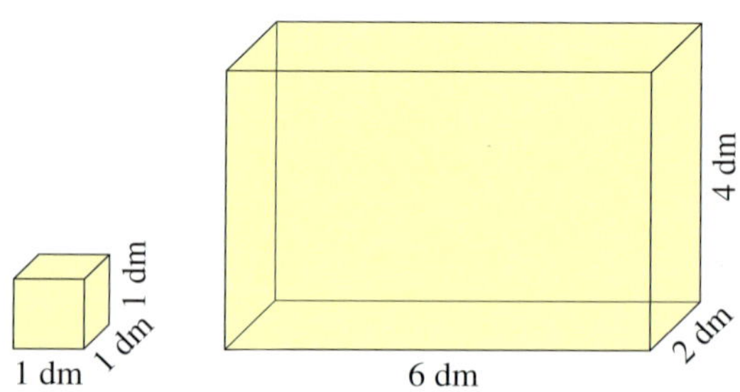

3 Berechne das Volumen der Quader in cm^3. Welche Quader haben dasselbe Volumen?
a) $a = 4\,cm$, $b = 5\,cm$, $c = 6\,cm$
b) $a = 3\,cm$, $b = 6\,cm$, $c = 6\,cm$
c) $a = 2\,cm$, $b = 5\,cm$, $c = 12\,cm$
d) $a = 6\,cm$, $b = 3\,cm$, $c = 12\,cm$

4 Ein Schwimmbecken ist 6 m lang, 3 m breit und 2 m tief.
a) Berechne das Volumen des Beckens in m^3.
b) Gib an, wie viel Liter Wasser maximal in das Becken gefüllt werden können.

5 Berechne das Volumen des Würfels in cm^3.
a) $a = 4\,cm$ b) $a = 9\,cm$ c) $a = 12\,cm$
d) $a = 20\,mm$ e) $a = 150\,mm$ f) $a = 3\,dm$

6 Berechne das Volumen der Körper in cm^3.

a)
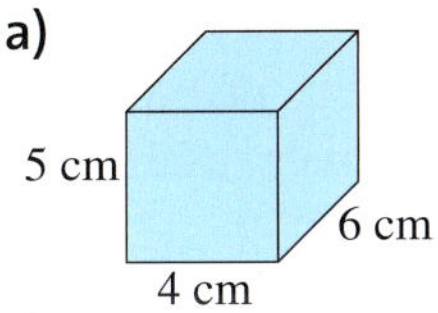

b)
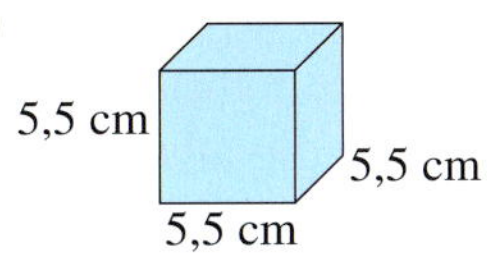

c)
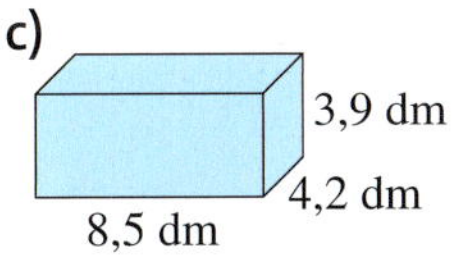

d)
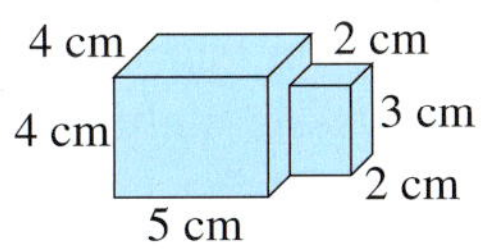

7 Berechne das Volumen des Quaders in cm^3.
a) $a = 30\,cm$, $b = 2{,}8\,dm$, $c = 5{,}4\,cm$
b) $a = 43\,mm$, $b = 17\,cm$, $c = 7{,}4\,cm$
c) $a = 8\,dm\ 2\,cm$, $b = 27\,cm$, $c = 1\,dm\ 3\,cm$
d) $a = 33\,mm$, $b = 5\,cm\ 7\,mm$, $c = 86\,mm$

8 Ein Haus soll zur Hälfte unterkellert werden. Dafür muss eine quaderförmige Baugrube (9 m lang, 4,5 m breit, 2,8 m tief) ausgehoben werden.
Wie viel m^3 Aushub entstehen?

9 Zur Verlegung eines Abflussrohrs muss ein Graben ausgehoben werden (15 m lang, 80 cm breit, 1,50 m tief).
Wie viel m^3 Erde müssen ausgehoben werden?

10 Aus dem Guinnessbuch der Rekorde.
a) Der kleinste und leichteste Farbfernseher der Welt besitzt die Abmessungen: 60 mm × 91 mm × 24 mm.
Gib sein Volumen in mm^3 und cm^3 an.
b) Das größte Schokoladenmodell eines Hauses war 4,2 m lang, 4,2 m breit und 2 m hoch. Es wog 5,08 t. Gib das Volumen des Modells in m^3 und dm^3 an.

BEACHTE
Die Lösungen zu Aufgabe 7 ergeben in der richtigen Reihenfolge den Namen einer europäischen Hauptstadt. Zu welchem Land gehört die Stadt?
161,766 (A);
540,94 (I);
4536 (R);
28 782 (G)

Weiterführende Aufgaben

11 Ergänze im Heft für einen Quader.

	Länge	Breite	Höhe	Volumen
a)	6 cm	5 cm	2 cm	
b)		2 cm	15 cm	$90\,cm^3$
c)	5 dm		12 dm	$300\,dm^3$
d)	12 cm	8 cm		$192\,cm^3$
e)	4 cm		4 dm	$64\,dm^3$
f)	1,2 dm	13 cm	3,4 dm	
g)	63 dm	4,9 m		$86\,436\,dm^3$

12 Welche Kantenlängen könnte ein Quader mit einem Volumen von $120\,cm^3$ haben?

13 Eine Firma stellt Kartons mit einem Volumen von 36 ℓ und 50 ℓ her. Welche Kantenlängen können die Kartons haben?

14 Ein Tankwagen fasst 20 000 ℓ Öl. Er soll einen Tank füllen, der 10 m lang, 6 m breit und 3 m hoch ist. Wie oft muss er fahren?

15 Welche Kantenlängen haben die Würfel?
a) $V = 125\,cm^3$ b) $V = 343\,dm^3$ c) $V = 1331\,\ell$

16 Frau Nitsche hat 3 Balkonkästen mit 80 cm Länge, 22 cm Breite und 18 cm Höhe. Sie werden bis 4 cm unter den Rand mit Erde gefüllt. Ein Sack (50 ℓ) kostet 6,95 €.
Wie viel kostet das Füllen der Kästen?

17 Ein würfelförmiger Blumenkübel hat eine Kantenlänge von 40 cm. Er wird zu $\frac{3}{4}$ mit Blumenerde gefüllt. Wie viel Liter Blumenerde werden benötigt?

18 In Pferdeställen sollten jedem Pferd 28–40 m³ Luftraum zur Verfügung stehen. Der Stall auf einem Reiterhof ist 20 m lang, 8 m breit und 4 m hoch.
Dürfen dort 18 Pferde untergebracht werden?

19 Jannis hat aus acht Spielwürfeln einen größeren Würfel zusammengesetzt.
Wie viele Spielwürfel benötigt er, um die Kantenlänge des großen Würfels …
a) zu verdoppeln?
b) zu verdreifachen?
c) zu vervierfachen?

20 Vervollständige die Sätze zu wahren Aussagen und begründe durch Rechnung, Zeichnung oder Beispiele.
a) Wenn man bei einem Quader eine Länge verdoppelt, dann wird das Volumen ...
b) Wenn man bei einem Quader alle Längen verdoppelt, dann wird das Volumen ...
c) Wenn man bei einem Quader die Länge verdoppelt und die Breite halbiert, dann wird das Volumen ...

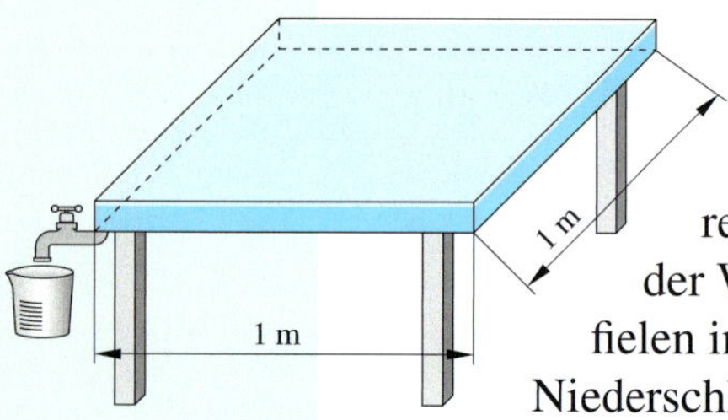

21 Die Wetterkunde-AG hat sich ein Regenmessgerät gebaut. Nach einem regnerischen Tag meldet der Wetterdienst: „Gestern fielen in Düsseldorf 12 mm Niederschlag."
a) Berechne, wie viel Liter Regenwasser sich an diesem Tag im Regenmessgerät der Wetterkunde-AG gesammelt hat.
b) Ermittle durch die Wetterdienste im Internet die durchschnittliche Niederschlagsmenge pro Jahr in deinem Heimatort. Wie viel Liter Wasser sind danach in einem Jahr insgesamt auf 1 m² gefallen?

22 Ein Würfel hat eine Kantenlänge von 8 cm. Gib die Kantenlängen eines Quaders an, der das gleiche Volumen besitzt.
Findest du mehrere Lösungen?

23 Ein Quader hat eine quadratische Grundfläche mit einer Seitenlänge von 6 cm. Wie hoch ist der Quader, wenn sein Volumen 378 cm³ beträgt?

24 Frau Hansen erbt einen kleinen Goldbarren, der 5 cm lang, 2,5 cm breit und 1,5 cm hoch ist. Um den Goldpreis zu ermitteln, wiegt der Goldhändler den Barren. Er wiegt 456 g. Der Goldhändler behauptet, dass der Barren nicht echt sei. Wie kommt er darauf?
Beachte: 1 cm³ Gold wiegt 19,3 g.

25 Für eine Reihenhausbebauung wird eine Baugrube von Baggern ausgehoben. Die Baugrube ist 200 m lang, 12 m breit und 3 m tief. Zum Abtransport der Erde stehen Lastwagen mit einem Fassungsvermögen von 8 m³ zur Verfügung.
Wie viele Fahrten sind mindestens erforderlich, um die ausgehobene Erde wegzufahren?

26 Nach einem heftigen Unwetter ist der Keller von Familie Artz überschwemmt. Das Wasser steht auf der 6,50 m × 9,50 m großen Fläche 12 cm hoch.
a) Wie viel Liter Wasser sind in den Keller gelaufen?
b) Wie lange dauert das Leerpumpen des Kellers, wenn eine Pumpe 30 ℓ pro Minute abpumpen kann?

27 Herr Peters hat im Büro ein Aquarium stehen. Es ist 1,20 m lang, 40 cm breit und 40 cm hoch. Wie hoch würde das Wasser in seinem Büro (4,5 m × 3 m) stehen, wenn das Aquarium auslaufen sollte?

28 Eine Hotelanlage besitzt einen Meerwasserpool. Ein Liter Meerwasser enthält 35 g Salz.
Wie viel kg Salz sind in dem 12 m langen, 8 m breiten und 2,3 m tiefen Becken enthalten?

29 Ein quaderförmiges Planschbecken ist 2 m breit und 3 m lang. Es werden 1500 ℓ Wasser in das Becken gefüllt.
Wie hoch steht das Wasser im Becken?

30 Berechne das Volumen des Körpers in cm³ (Maße in cm).

a)
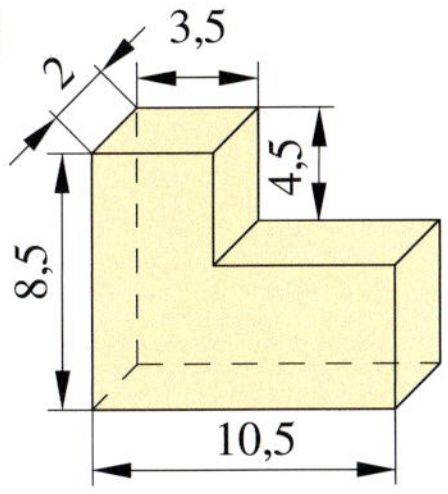

b)
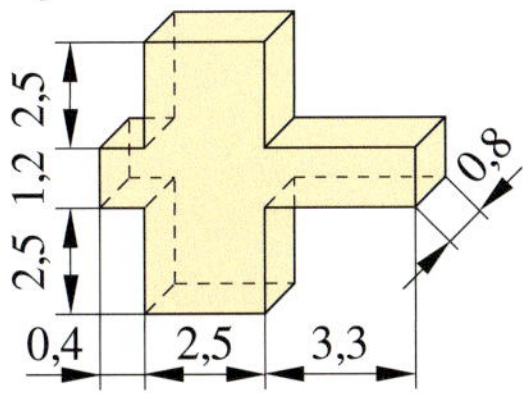

c)
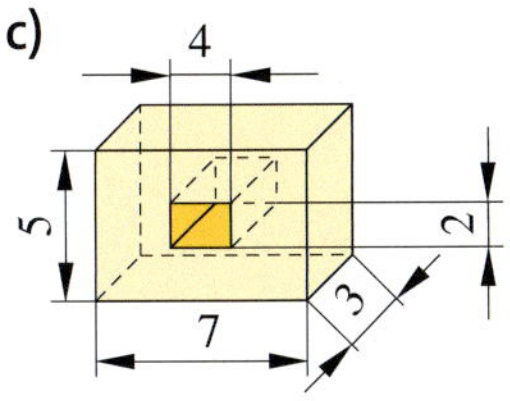

d)
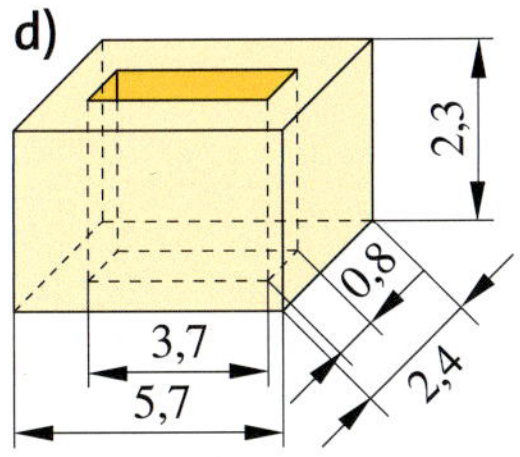

Wie bist du bei den Aufgaben c) und d) vorgegangen? Vergleiche.

31 Eine Cornflakespackung ist 20 cm lang, 5 cm breit und 25 cm hoch. Die Packung ist aus technischen Gründen aber nur bis zu einer Höhe von 22 cm gefüllt.

a) Wie viel cm³ sind mit Cornflakes gefüllt?
b) Welcher Bruchteil der Gesamtpackung ist leer?
c) Schätze, wie viel cm³ die Cornflakes einnehmen, wenn sie zu Bröseln zerstampft sind. Gib auch hier den Bruchteil der Gesamtpackung an, der leer ist.
d) Vergleiche das Verhältnis von Füllmenge und Packungsvolumen bei anderen Produkten.

32 Zeichnet auf Zeichenkarton ein Quadrat mit 15 cm Seitenlänge. Schneidet aus jeder Ecke gleich große Quadrate aus. Faltet nun aus dem Kartonstück eine Schachtel ohne Deckel.

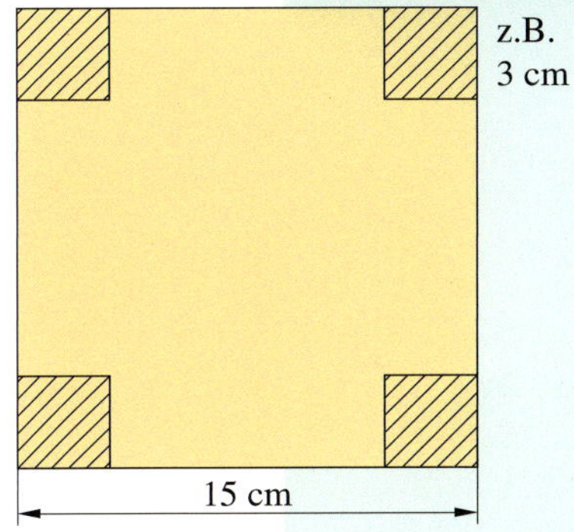

a) Berechnet das Volumen der Schachtel.
b) Probiert verschiedene Maße für die ausgeschnittenen Quadrate aus. Bei welchem Maß wird das Volumen der Schachtel am größten?

33 Familie Robel besitzt ein Haus mit einem Flachdach. Dort wird Regenwasser aufgefangen und in eine Regentonne geleitet. An einem Tag fallen 4 mm Niederschlag.

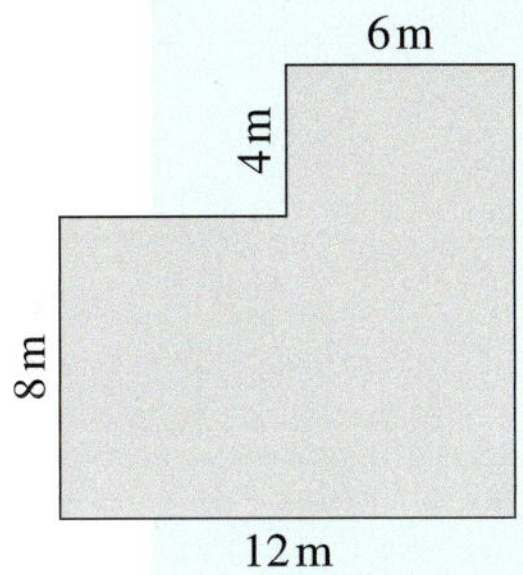

a) Wie viel ℓ fallen auf einen m²?
b) Wie viel ℓ Regenwasser liefen an diesem Tag in die Tonne?
c) Wie viel mm Niederschlag benötigt Familie Robel, um die 800-ℓ-Tonne zu füllen?

34 Ein Swimmingpool soll gefüllt werden. In jeder Minute fließen 85 ℓ Wasser hinein. Die Innenabmessungen des Pools sind: 7,5 m Länge, 3,5 m Breite und 2,2 m Tiefe.

a) Wie lange dauert es, bis der Pool bis zur Hälfte gefüllt ist?
b) Wie viel ℓ Wasser sind nach 8 Stunden in den Pool geflossen? Wie hoch steht das Wasser?

35 Volumenberechnung einmal anders

Erkläre, wie die beiden Mädchen ihr Volumen vergleichen. Welches Volumen besitzt Anna?

Wir ziehen um

Bei einem Umzug muss man alles gut verpacken, damit beim Transport nichts beschädigt wird. Ein Umzugsunternehmen bietet Umzugskartons für den Umzug an.

Bücherkarton bis 30 kg Material: Wellpappe; Farbe: braun			L × B × H 40 × 35 × 35 cm	
	ab 1 Stück	ab 20 Stück	ab 80 Stück	
Preis	1,75 €	1,55 €	1,45 €	

Universalkarton bis 30 kg Material: Wellpappe; Farbe: braun		L × B × H 60 × 35 × 35 cm
	ab 1 Stück	ab 30 Stück
Preis	2,05 €	1,40 €

1 In Umzugskartons passt eine Menge hinein.

a) Gib das Volumen der Bücher- und Universalkartons in cm^3, dm^3 und in ℓ an.

b) Wie groß ist das Volumen von 10 Bücherkartons und 10 Universalkartons zusammen? Welches Gewicht können sie maximal aufnehmen?

2 Vergleiche mit deinem Mathematikbuch.

a) Schätze zunächst, wie viele Bücher in der Größe deines Mathematikbuchs in den Bücherkarton passen.

b) Miss nun die Länge, Breite und Dicke deines Mathematikbuchs und berechne, wie viele Bücher dieser Größe man etwa in einen Karton packen kann.

c) Bestimme das Gewicht deines Mathematikbuches und berechne, wie schwer der Bücherkarton dann wird.

d) Welche Möglichkeiten hat man, die Bücher in den Karton zu stapeln? Skizziere.

3 Luftpolsterfolie schützt vor Schäden und Schmutz. Ein Aquarium (80 cm × 35 cm × 40 cm) soll mit Folie eingepackt werden.

a) Zeichne zunächst ein Netz des Aquariums.

b) Berechne die Oberfläche des Aquariums in Quadratmeter.

c) Wie viel Meter Folie muss man von der Rolle abschneiden, um das Aquarium mit einer Schicht Folie zu bedecken?

d) Reicht die Folie noch, um einen Scanner (Länge 45 cm, Breite 30 cm, Höhe 10 cm) mit Folie zu verpacken?

Luftpolsterfolie Maße: 40 cm breit × 5 lfm
Material: Folie; Farbe: farblos Preis: 0,95 €

- schützt alles, was geschützt werden will
- sichert das Umzugsgut vor Schmutz, Feuchtigkeit und Kratzern

Transporter
Laderaum: L 2,47 m; B 1,65 m; H 1,35 m; Nutzlast: 900 kg

Angebot 1	39 € pro Tag	(inkl. 100 km)
Angebot 2	63 € pro Tag	(inkl. 300 km)
Für beide Angebote gilt (bei mehr km) 0,18 € pro km		

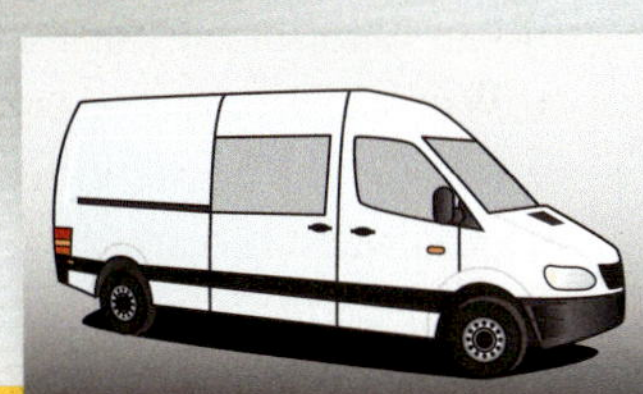

Kleiner LKW
Laderaum: L 3,21 m; B 1,73 m; H 1,85 m; Nutzlast: 800 kg

Angebot 1	52 € pro Tag	(inkl. 100 km)
Angebot 2	81 € pro Tag	(inkl. 300 km)
Für beide Angebote gilt (bei mehr km) 0,23 € pro km		

4 Tom zieht in eine 120 km entfernte Stadt um. Dafür muss er einen Umzugswagen mieten.

a) Berechne das Volumen des Laderaums der beiden abgebildeten Umzugswagen.

b) Wie viele Universalkartons bekommt er in jeden der Umzugswagen?
Begründe, warum man nicht einfach das Volumen des Laderaums durch das Volumen eines Universalkartons dividieren darf.

c) Welches Angebot sollte Tom wählen, wenn er den Mietwagen am selben Tag zurückgibt?

Vermischte Übungen

1 Benenne die Körper und beschreibe ihre Eigenschaften.

2 Richtig oder falsch?

a) Deckfläche und Grundfläche sind beim Quader immer gleich groß.

b) Ein Quader ist immer auch ein spezieller Würfel.

c) Die Grundfläche eines Quaders kann quadratisch sein.

d) Bei einem Quader sind höchstens vier Kanten gleich lang.

e) Bei einem Würfel sind alle zwölf Kanten gleich lang.

f) Bei einem Quader gibt es immer drei verschieden große Flächen.

3 Zeichne das Schrägbild eines Würfels mit einer Kantenlänge von 2,8 cm.

4 Zeichne zwei verschiedene Netze des Würfels. Beachte die Farben der Seitenflächen. Gegenüberliegende Flächen haben die gleiche Farbe.

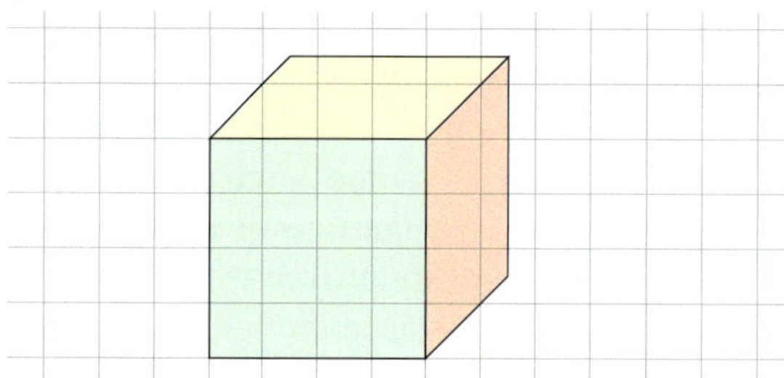

5 Ergänze die fehlenden Flächen der Netze im Heft. Gibt es mehrere Möglichkeiten?

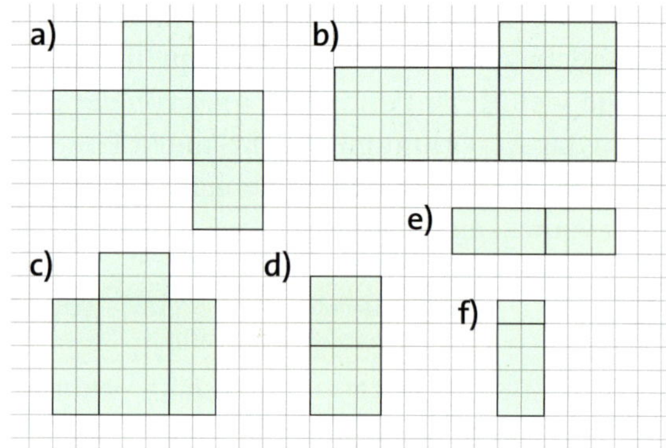

6 Lässt sich daraus ein Quader falten?

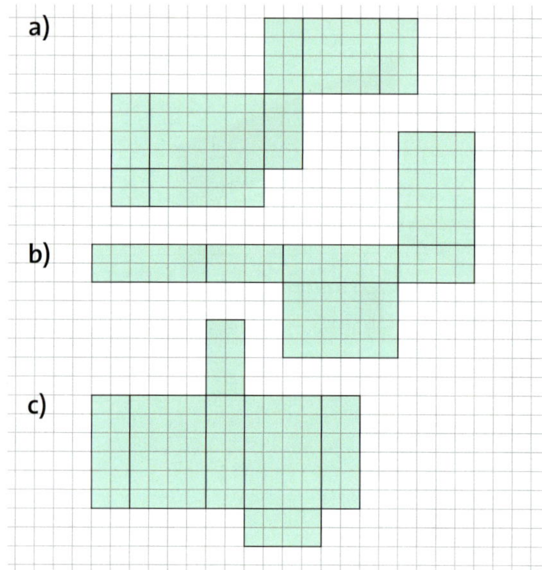

7 Zeichne ein Schrägbild, das zu diesem Quadernetz passt. Achte auf die Farben.

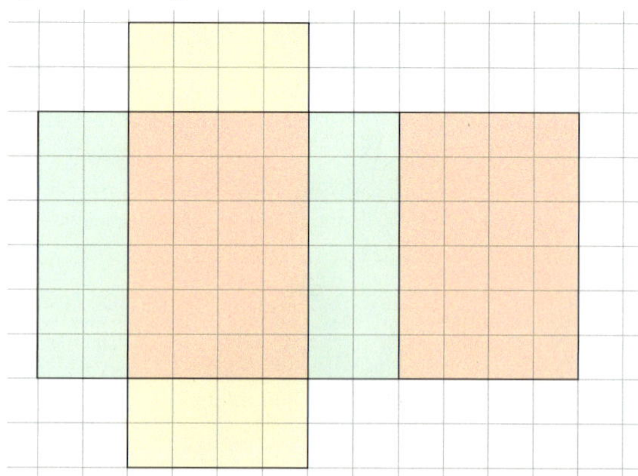

8 Ein Würfel hat eine Kantenlänge von 5 cm.

a) Zeichne ein Schrägbild des Würfels.

b) Wie lang sind alle Kanten zusammen?

c) Stell dir vor, der Würfel wird zu $\frac{1}{4}$ in Farbe eingetaucht.
Färbe dein Schrägbild entsprechend ein.

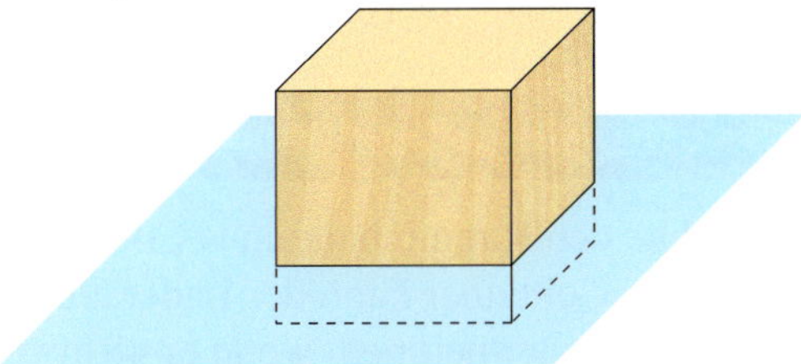

d) Zeichne zwei verschiedene Netze deines Würfels und färbe sie auch passend ein.

e) Gib den Oberflächeninhalt des Würfels in Quadratzentimeter (cm^2) an.

9 Schreibe in der Einheit, die in Klammern angegeben ist.

a) 65 cm^3 (mm^3)	b) 15 m^3 (dm^3)
c) 72 dm^3 (mm^3)	d) 5000 dm^3 (m^3)
e) 4500 mm^3 (cm^3)	f) 7,2 cm^3 (mm^3)
g) 1,5 m^3 (dm^3)	h) 7500 mm^3 (cm^3)
i) 3 500 000 cm^3 (m^3)	j) 4,75 dm^3 (m^3)

10 Schreibe in der angegebenen Einheit.

a) ℓ: 4000 cm^3; 2530 ml; 28 dm^3; 25 hl

b) ml: 300 ℓ; 47 ℓ; 39 cm^3; 12 dm^3; 2,8 ℓ

c) cm^3: 2 ml; 0,8 ℓ; 2 ℓ 25 ml; 32 ℓ 9 ml

d) dm^3: 2403 ℓ; 2300 ml; 435 ml; 56 hl

e) hl: 23 ℓ; 490 ℓ; 31 dm^3; 432 105 cm^3

11 Bestimme die Volumen der Körper in dm^3, cm^3 und mm^3. Jeder Teilwürfel hat die Kantenlänge 1 dm.

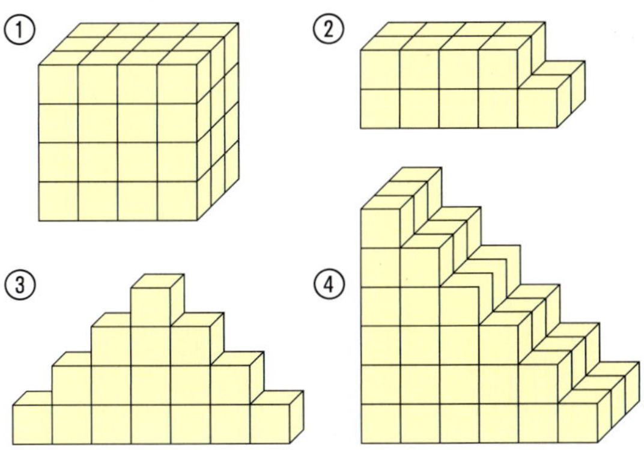

12 Berechne das Volumen und den Oberflächeninhalt eines Quaders mit den Maßen $a = 3{,}5$ dm, $b = 15$ cm und $c = 2{,}5$ dm.

13 Gib mögliche Kantenlängen eines Quaders an, der das folgende Volumen hat:

a) 720 cm^3 b) 48 ℓ c) 3 m^3

14 Ein Quader hat ein Volumen von 3600 cm^3. Er ist 20 cm lang und 15 cm hoch.

a) Wie breit ist er?

b) Welches Volumen hätte er bei doppelt so großer Breite?

15 Ein Quader ist 16 cm lang, 12 cm breit und 8 cm hoch. Überprüfe die Behauptungen der Kinder. Gib gegebenenfalls die Kantenlänge der Würfel oder ihre Anzahl an.

a) Nele: Man kann den Quader mit 24 gleich großen Würfeln füllen.

b) Pascal: Es ist möglich, den Quader mit Würfeln der Kantenlänge 3 cm auszufüllen.

c) Melina: Wenn man Würfel der Kantenlänge 2 cm in den Quader legt, benötigt man doppelt so viele Würfel wie beim Auslegen mit Würfeln der Kantenlänge 4 cm.

16 Ein Wasserbecken ist 3 m lang, 2 m breit und 0,8 m tief.

a) Wie viele 10-ℓ-Eimer Wasser würde man brauchen, um das Becken zu füllen?

b) Wie hoch steht das Wasser im Becken, wenn 1500 ℓ Wasser eingefüllt werden?

17 Grönland ist die größte Insel der Erde im Nordatlantischen Ozean. Sie hat eine Fläche von 2 175 600 km^2. Etwas mehr als $\frac{4}{5}$ der Gesamtfläche sind mit Eis bedeckt.

a) Wie viel km^2 beträgt die Eisfläche Grönlands?

b) Berechne das gesamte Eisvolumen (in km^3), wenn die mittlere Eisdicke 1,5 km beträgt.

18 Die Schüler der Klasse 6c haben über einer Fläche von 0,25 m^2 im Laufe einer Woche 8 ℓ Regenwasser aufgefangen.
Wie viel Niederschlag (in mm) ist gefallen?

19 Aus 1 m^3 Beton sollen Ziegelsteine mit den Abmessungen 25 cm × 10 cm × 5 cm hergestellt werden.
a) Wie viele dieser Steine erhält man?
b) Wie hoch wäre ein Turm mindestens, wenn man alle Steine übereinander stapeln könnte?
c) Wie hoch wäre eine 2 m lange Mauer, die aus allen Steinen gebaut wird?

20 Gib an, ob das Volumen oder der Oberflächeninhalt gesucht ist.
a) Ein Geschenk soll in Papier verpackt werden.
b) Ein Schrank wird von außen lackiert.
c) Kleine Würfel sollen in eine große Kiste verpackt werden.
d) Eine Grube wird mit Kies gefüllt.
e) Sechs Tüten Orangensaft werden in eine Folie eingeschweißt.

21 Ein quaderförmiger Blechbehälter ist 32 cm lang, 15 cm breit und 41 cm hoch.
a) Gib das Volumen des Behälters in cm^3 und in ℓ an.
b) Wie viel m^2 Blech wurden für die Herstellung des oben offenen Behälters benötigt?

22 Zeige, dass die Geschenkkartons das gleiche Fassungsvermögen haben.
Für welchen Geschenkkarton brauchst du weniger Geschenkpapier?

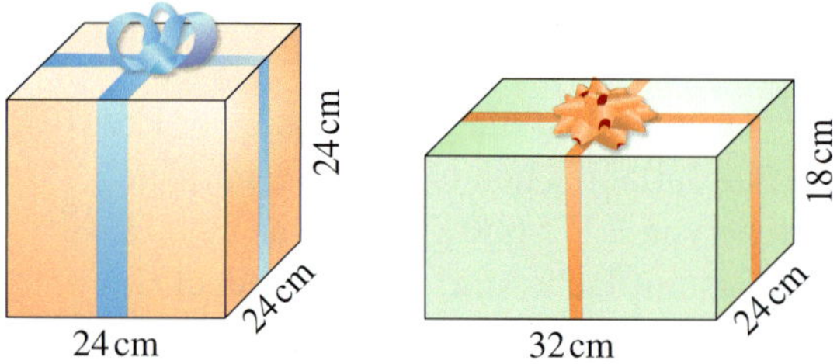

23 Ein Sandkasten ist 1,5 m lang und 1,2 m breit. Er wird mit 40 cm Sand gefüllt.
a) Wie viel kg Sand werden in den Sandkasten gefüllt, wenn 1 dm^3 1,5 kg wiegt?
b) Eine Schubkarre hat ein Fassungsvermögen von 80 ℓ.
Wie oft muss sie gefüllt werden, um damit den Sandkasten zu füllen?

24 Frachtcontainer sind Metallbehälter. Sie sind 250 cm breit, 250 cm hoch und 6 m lang.

a) Berechne den Rauminhalt eines Containers.
b) Wie viele Container kann der Laderaum eines Schiffs aufnehmen, wenn er 48 m lang, 13 m breit und 5 m hoch ist?
c) Die Seiten- und Deckflächen der Container sollen gestrichen werden. Für wie viel m^2 pro Container muss Farbe gekauft werden?

25 Ein Gartenschwimmbecken ist 4 m lang, 2,5 m breit und 1,4 m tief.
a) Wie viel Liter Wasser braucht man, um das Becken bis 10 cm unter den Rand zu füllen?
b) 1 m^3 Wasser kostet 1,40 €. Wie viel kostet die Beckenfüllung?
c) Das Becken benötigt einen neuen Innenanstrich. Ein Liter Farbe reicht für 8 m^2. Wie viel Liter Farbe benötigt man?

26 Aminas Aquarium ist 60 cm lang und 30 cm breit.
a) Wie viel Liter befinden sich im Aquarium, wenn das Wasser 20 cm hoch steht?
b) Wie hoch steht das Wasser im Aquarium, wenn Amina $4\frac{1}{2}$ Eimer Wasser mit jeweils 10 Litern in das Becken schüttet?
c) Die Rückwand des 30 cm hohen Aquariums wird mit Folie beklebt. Wie viel cm^2 Folie werden benötigt?

27 Auf dem Jahrmarkt wird Popcorn in verschiedenen Behältern angeboten. Welche Packung würdest du wählen? Begründe.

28 Orangensaft wird häufig in Tetrapaks verkauft. Die Außenmaße sind: 9,5 cm Länge, 17 cm Höhe und 6,5 cm Breite.
In einem Supermarkt wird der Orangensaft im Sechserpack angeboten.

a) Berechne das Gesamtvolumen der sechs Orangensaftpackungen.
b) Wie viel cm^2 Pappe wird zur Herstellung einer Packung mindestens benötigt?
c) Die Sechserpackung wird in Folie eingeschweißt. Schätze, bei welcher Verpackung man den geringsten Verbrauch hat. Überprüfe deine Vermutung durch Berechnung.
d) Skizziere eine Kiste für 12 Orangensafttüten. Gib ihre Abmessungen an und berechne die benötigte Menge an Pappe, wenn die Kiste oben offen sein soll.

29 Aus einem Quader wurde ein Würfel herausgeschnitten. Berechne das Volumen des Restkörpers.

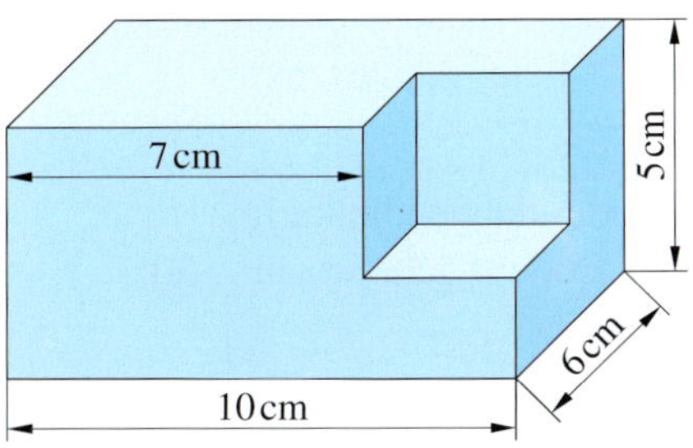

30 Berechne das Volumen und den Oberflächeninhalt der Körper (Maße in dm).

a)

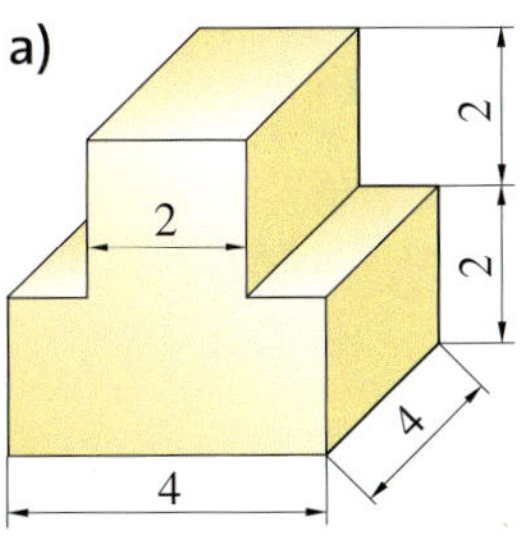

b)

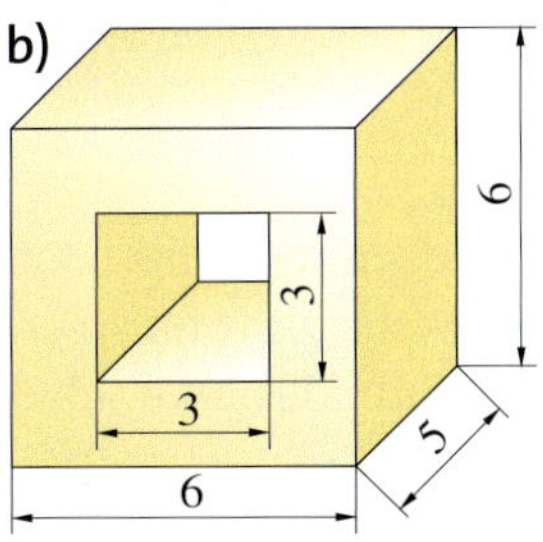

31 Eine Treppe wird aus Beton gegossen.

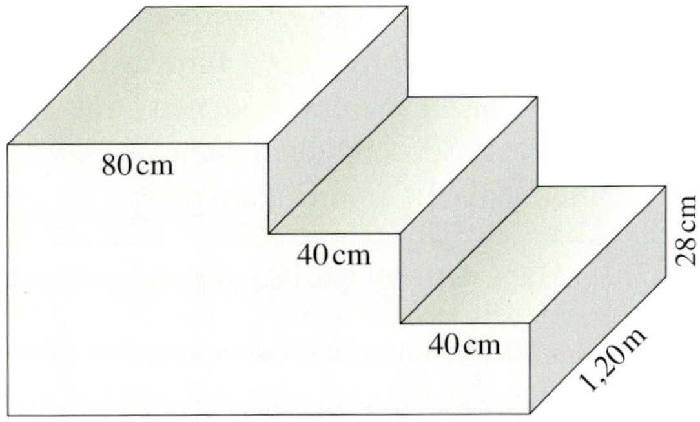

a) Wie viel m^3 Beton werden benötigt?
b) Was wiegt die Treppe, wenn 1 m^3 Beton 2,4 t wiegt?

32 Bei der Post kann man verschiedene Packsets kaufen.

Packset	Maße
XS	22,5 × 14,5 × 3,5 cm
S	25 × 17,5 × 10 cm
M	35 × 25 × 15 cm
L	40 × 25 × 15 cm
XL	50 × 30 × 20 cm
F	37,7 × 13 × 13 cm

a) Berechne jeweils das Fassungsvermögen der einzelnen Packsets.
b) Welches Packset würdest du wählen, wenn du 5 Bücher verschicken möchtest?
c) Vergleiche Volumen und Oberfläche der Packsets L und XL.
d) Wie viele Packsets der Größe XS passen in ein Packset der Größe XL?

33 Parfum wird häufig in Flaschen mit besonderen Formen verkauft.

a) Gib jeweils das Volumen der Schachtel an und vergleiche es mit der Angabe auf der Verpackung.
b) Welcher Bruchteil der Verpackung ist nicht mit Parfüm gefüllt?

Aquarium

Eine Zoohandlung bietet für Einsteiger Aquariensets in verschiedenen Größen an. Diese Sets enthalten auch Wasserfilter, Heizung und Beleuchtung.

Maße der Modelle in Länge × Breite × Höhe
Modell 1: 80 cm × 35 cm × 40 cm; Preis 99 €
Modell 2: 60 cm × 30 cm × 30 cm; Preis 69 €
Modell 3: 60 cm × 30 cm × 35 cm; Preis 79 €

a) Berechne das Volumen der verschiedenen Modelle.
Welches Modell ist auf dem Bild abgebildet?

b) Der Boden sollte bei einem kleinen Aquarium etwa 4 cm hoch mit Aquarienkies bedeckt sein. Wie viel cm^3 Kies werden für die verschiedenen Modelle benötigt?

BEACHTE
Unterscheide bei diesen Aufgaben nicht zwischen Innen- und Außenmaßen.

c) Die Tabelle zeigt, wie oft das Wasser in den Aquarien gewechselt werden muss.

Volumen des Aquariums	zu wechselnde Menge	Wasserwechsel
50–60 ℓ	10–20 ℓ	wöchentlich
60–100 ℓ	20 ℓ	wöchentlich
110–120 ℓ	20–30 ℓ	wöchentlich
160–200 ℓ	30–40 ℓ	wöchentlich

Wie viel m^3 Wasser werden für die drei Modelle pro Jahr mindestens benötigt?

d) Welches der drei Modelle von Aquarien ist im Vergleich zu seiner Größe am günstigsten? Begründe.

BEACHTE
1 ℓ Wasser wiegt 1 kg.

e) Modell 2 wiegt mit Heizung, Filter und Beleuchtung 14,2 kg. Wie schwer ist es etwa, wenn es mit 4 cm Aquarienkies und 45 ℓ Wasser gefüllt ist? 1 cm^3 Aquarienkies wiegt 1,5 g.

f) Die Bepflanzung des Aquariums ist von der Größe der Bodenfläche abhängig.
Hier gilt die Faustregel: Anzahl der Pflanzen = Größe der Bodenfläche in cm^2 : 50.
Wie viele Pflanzen werden für die einzelnen Modelle benötigt?

g) Für Anfänger empfiehlt der Zoohändler folgende Fische: Guppys (2 bis 3 cm), Neonfische (4 cm), Platys (3,5 cm bis 6 cm), Panzerwelse (5 cm) und Algen fressende Antennenwelse (12 cm) oder kleine Saugwelse (5 cm).
Eine Faustregel sagt, dass man 1 cm Fisch pro Liter Wasser einsetzen kann.
Wähle eines der Modelle und finde verschiedene dazu passende Kombinationen von Fischen.

h) Erkundige dich im Zoofachhandel nach den Preisen von Zierfischen und Wasserpflanzen.
Stelle eine Liste für die erste Ausstattung des Aquariums an.
Welche laufenden Kosten kommen monatlich und jährlich noch dazu?

Alles klar?

Entscheide, ob die Aussagen richtig oder falsch sind.
Begründe deine Entscheidung im Heft und korrigiere gegebenenfalls.

1 Körper beschreiben und zeichnen

a) Bild 1 zeigt einen Quader, der 2,5 cm lang, 1 cm breit und 1,5 cm hoch ist.

b) Der Quader in Bild 1 hat sechs verschieden große, rechteckige Begrenzungsflächen.

c) In Bild 2 wurde das Schrägbild eines Würfels mit einer Kantenlänge von 2 cm korrekt gezeichnet.

d) Jeder Würfel ist auch ein Quader.

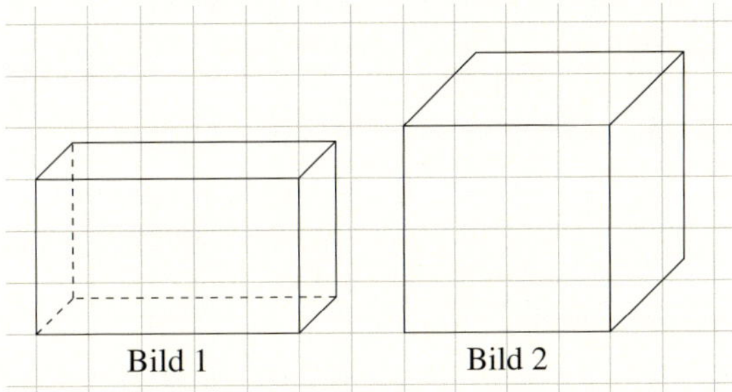

2 Netze von Quadern und Würfeln

Aus den vier Netzen lassen sich Quader oder Würfel herstellen.

a)

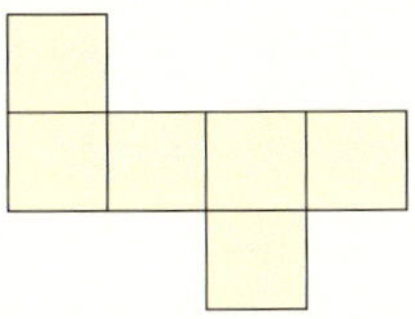

b)

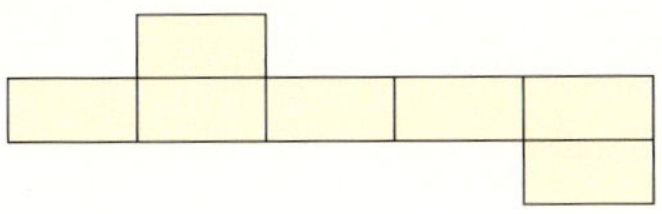

c)

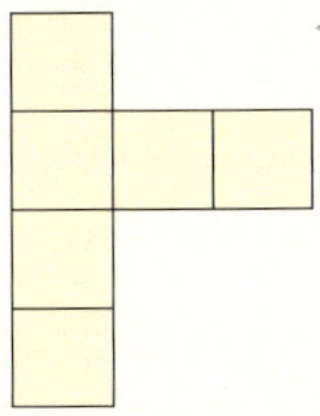

d)

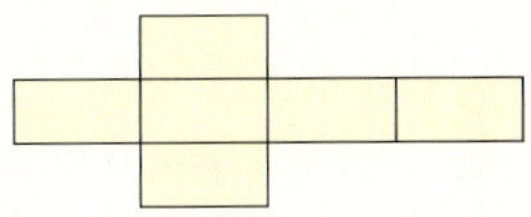

3 Volumeneinheiten

a) $3\,m^3 = 3000\,dm^3 = 300\,000\,cm^3$

b) $15\,dm^3 = 15\,000\,cm^3 = 15\,\ell$

c) $35\,000\,cm^3 = 35\,dm^3 = 0{,}35\,m^3$

d) $800\,000\,mm^3 = 0{,}8\,dm^3 = 0{,}8\,\ell$

e) $2500\,ml = 2500\,cm^3 = 25\,\ell$

f) $0{,}2\,\ell = 200\,ml = 0{,}0002\,m^3$

4 Oberflächeninhalt und Volumen von Quadern und Würfeln

a) Der Quader rechts hat ein Volumen von $0{,}24\,m^3$ und einen Oberflächeninhalt von $256\,dm^2$.

b) Wenn man den Quader mit $150\,\ell$ Wasser füllt, steht das Wasser 25 cm hoch.

c) In einen Würfel mit einer Kantenlänge von 50 cm passen $125\,\ell$ Wasser. Sein Oberflächeninhalt beträgt $0{,}15\,m^2$.

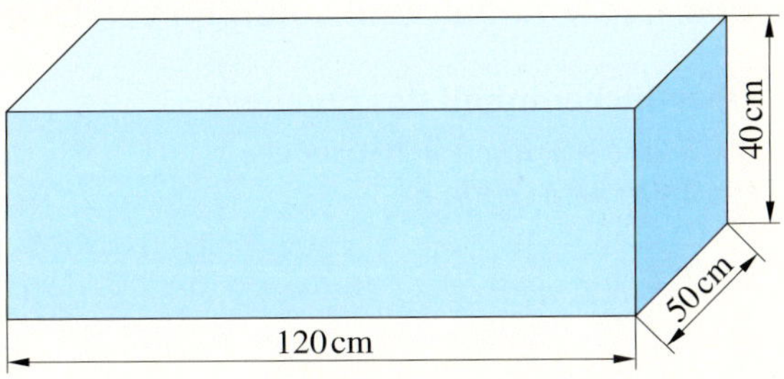

d) Wenn man eine Kantenlänge des Quaders verdoppelt, dann verdoppelt sich auch sein Volumen.

e) Wenn man eine Kantenlänge des Quaders verdoppelt, dann verdoppelt sich auch sein Oberflächeninhalt.

BEACHTE
Die Lösungen zu den Aufgaben auf dieser Seite sowie dazu passende Trainingsaufgaben findest du ab Seite 204.

Zusammenfassung

→ Seite 122

Körper beschreiben und zeichnen

Körper werden durch **Flächen** begrenzt. Die aufeinanderstoßenden Flächen bilden eine **Kante**. Aufeinanderstoßende Kanten bilden eine **Ecke**.

Schrägbild eines Körpers zeichnen

1. Man zeichnet die Vorderfläche mit den richtigen Maßen.
2. Die nach „hinten" verlaufenden Strecken werden um die Hälfte verkürzt entlang der Kästchendiagonale gezeichnet.
3. Nicht sichtbare Kanten zeichnet man gestrichelt.

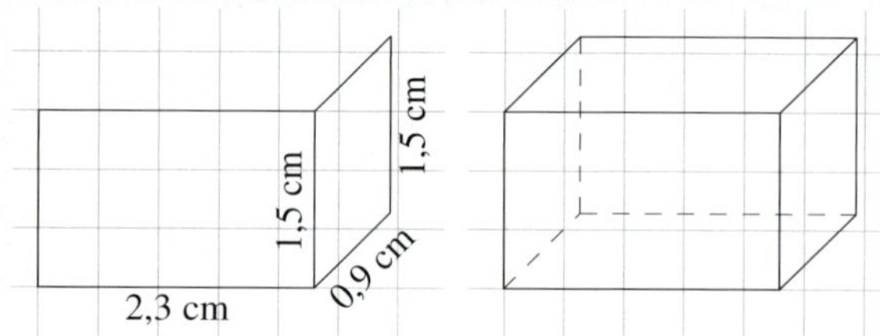

Schrägbild eines Quaders mit den Kantenlängen $a = 2{,}3\,\text{cm}$, $b = 1{,}8\,\text{cm}$ und $c = 1{,}5\,\text{cm}$

→ Seite 128

Netze von Quadern und Würfeln

Eine zusammenhängende Abwicklung aller Begrenzungsflächen eines Körpers nennt man **Körpernetz**.
Ein **Quader** hat sechs rechteckige Begrenzungsflächen.
Ein **Würfel** ist ein spezieller Quader mit sechs quadratischen Begrenzungsflächen.

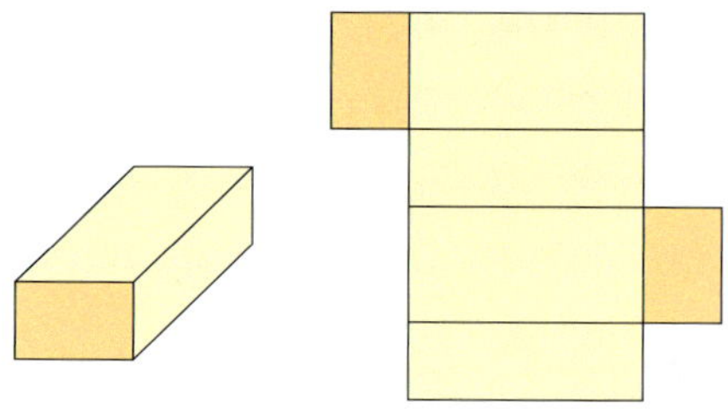

→ Seite 136

Volumeneinheiten

Rauminhalte werden in m^3, dm^3, cm^3 und mm^3 angegeben. Die Umrechnungszahl in eine benachbarte Einheit ist immer 1000.

Die Hohlmaße Liter (ℓ) und Milliliter (ml) geben das Volumen von Flüssigkeiten an.

$1\,m^3 = 1000\,dm^3 = 1\,000\,000\,cm^3$
$= 1\,000\,000\,000\,mm^3$
$1\,dm^3 = 1000\,cm^3 = 1\,000\,000\,mm^3$
$1\,cm^3 = 1000\,mm^3$
$1\,\ell = 1000\,ml$
$1\,\ell = 1\,dm^3$, $1\,ml = 1\,cm^3$

→ Seite 132, 140

Oberflächeninhalt und Volumen von Quadern und Würfeln

Oberflächeninhalt des Quaders

$\boldsymbol{O = 2\cdot a\cdot b + 2\cdot a\cdot c + 2\cdot b\cdot c}$ **oder**
$\boldsymbol{O = 2\cdot (a\cdot b + a\cdot c + b\cdot c)}$
$O = 2\cdot 3\,cm\cdot 2\,cm$
$+ 2\cdot 3\,cm\cdot 1{,}5\,cm$
$+ 2\cdot 2\,cm\cdot 1{,}5\,cm$
$O = 12\,cm^2 + 9\,cm^2 + 6\,cm^2 = 27\,cm^2$

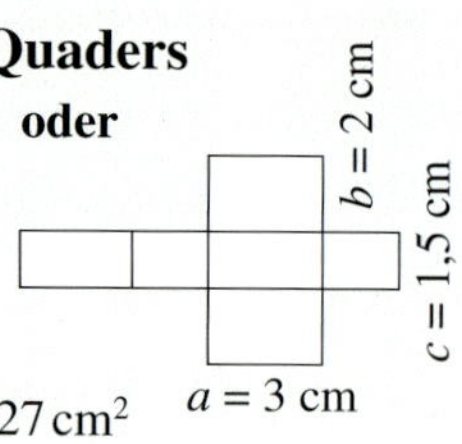

Oberflächeninhalt des Würfels

$\boldsymbol{O = 6\cdot a\cdot a}$ **oder**
$\boldsymbol{O = 6\cdot a^2}$
$O = 6\cdot 3\,cm\cdot 3\,cm = 54\,cm^2$

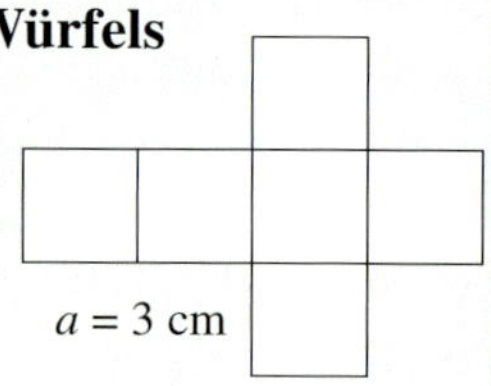

Volumen eines Quaders

$\boldsymbol{V = a\cdot b\cdot c}$
$V = 3\,cm\cdot 2\,cm\cdot 1{,}5\,cm$
$V = 9\,cm^3$

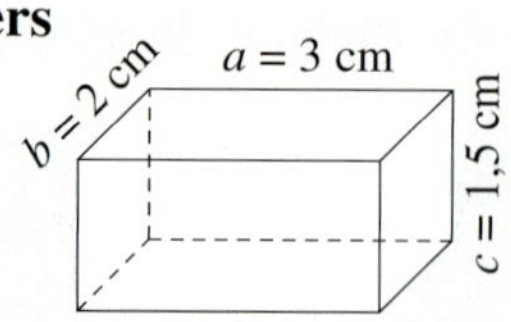

Volumen des Würfels

$\boldsymbol{V = a\cdot a\cdot a}$ **oder** $\boldsymbol{V = a^3}$
$V = 3\,cm\cdot 3\,cm\cdot 3\,cm = 27\,cm^3$

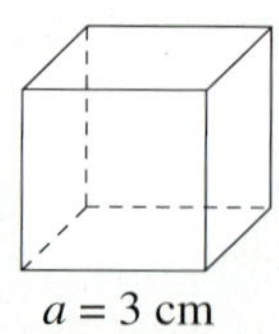

Zuordnungen und negative Zahlen

Zuordnungen treten beispielsweise auf Wetterkarten auf. Jeder Region werden die Tageshöchsttemperatur und die Tagestiefsttemperatur zugeordnet. Im Winter treten dort auch negative Temperaturwerte auf. Ein Klimadiagramm ordnet jedem Monat die Durchschnittstemperatur und die durchschnittliche Niederschlagsmenge zu.

In diesem Kapitel lernst du, auf welche Arten Zuordnungen dargestellt werden können und gehst zum ersten Mal mit negativen Zahlen um.

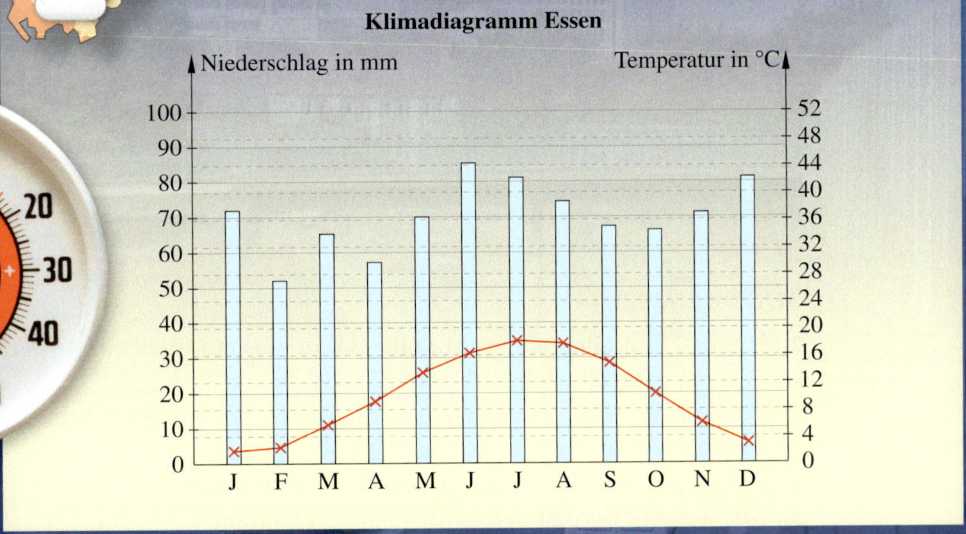

Noch fit?

1 Achte auf die Einteilungen.

a) Welche Zahlen sind hier markiert?

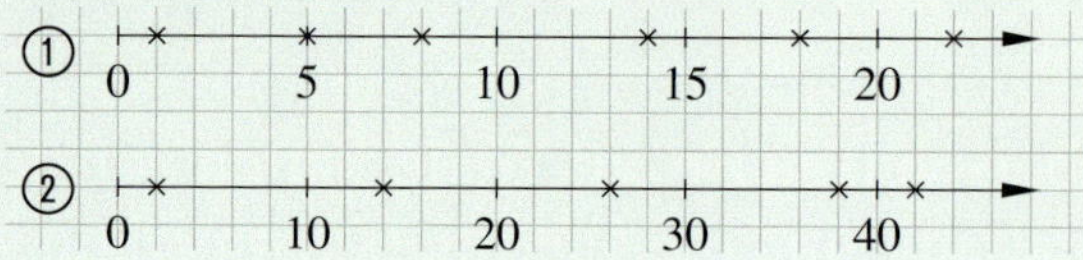

b) Markiere die Zahlen am Zahlenstrahl im Heft. Wähle hierbei jeweils sinnvolle Einteilungen.
① 1, 5, 9, 15, 20
② 50, 150, 250, 550, 600

2 Ergänze die Einheiten.

a) Die Entfernung zwischen Düsseldorf und Köln beträgt 40 ___.
b) Eileen muss jeden Morgen 800 ___ zur Schule laufen.
c) Lisas Bleistift ist noch 9 ___ lang.
d) Das Fußballfeld hat eine Länge von 105 ___.
e) 15 Blatt Papier haben eine Dicke von 2 ___.
f) Die CD hat einen Durchmesser von 1,2 ___.

3 Schreibe in der Längeneinheit, die in Klammern steht.

a) 4 km (m) b) 8 m (dm) c) 2 m (cm) d) 15 dm (cm) e) 3000 mm (dm)
f) 4000 cm (dm) g) 500 m (km) h) 1,5 m (dm) i) 0,2 dm (mm) j) 50 m (km)

4 Schreibe in der Einheit, die in Klammern steht.

a) 2 Tage (h) b) 3 min (s) c) 180 s (min) d) 48 h (Tage) e) 23 min (s)
f) 13 Tage (h) g) 1 Tag (min) h) 1 h 1 min (s) i) 365 Tage (min) j) 5 h (s)

154-1
Unter dem Webcode befindet sich eine interaktive Übung zu Anfangszeiten, Zeitspannen und Endzeiten.

5 Bestimme die Zeitspanne.

a) Lena fährt um 18:17 Uhr in Münster los und kommt um 20:08 Uhr in Düsseldorf an.
b) Kolumbus wurde 1451 in Genua geboren und starb 1506 in Valladolid.
c) Die Bauarbeiten begannen am 12. März 2014 und wurden am 24. Mai 2014 beendet.

6 Ordne die Tunnel nach ihrer Länge und stelle dies in einem Säulendiagramm dar.

Simplon-Tunnel (Verbindung Schweiz – Italien)	19 804 m
Arlberg-Tunnel in Österreich	10 250 m
Gleisberg-Tunnel bei Glashütte in Thüringen	539 m
Tauern-Tunnel in Österreich	8600 m
St.-Gotthard-Tunnel (Schweiz)	14 984 m
Brandleite-Tunnel bei Oberhof in Thüringen	3039 m
Seikan-Tunnel (Japan, Unterwassertunnel)	rd. 54 000 m

Bunt gemischt

1. Runde 252 m und 649 m auf volle Hunderter und formuliere die Rundungsregeln.
2. Wie viele Tage bist du alt? Erkläre, wie du vorgegangen bist.
3. Erkläre die Bedeutung der Vorsätze „Dezi“, „Zenti“ und „Milli“ am Beispiel der Längenangaben (Dezimeter, Zentimeter, Millimeter).
4. Addiere schriftlich: 80 569 + 2406 + 35 981 + 605
5. Mit welcher Formel berechnet man den Umfang eines Quadrats?
6. Bestimme den Flächeninhalt eines Rechtecks, das 50 m lang und 85 m breit ist.
7. Richtig oder falsch? $1\,\ell = 1\,dm^3 = 100\,cm^3$

Zuordnungen

Erforschen und Entdecken

1 Füllexperimente

Material: mindestens drei unterschiedlich geformte Vasen mit möglichst gleichem Volumen, einen Messbecher mit 50-ml-Unterteilung, ein langes Lineal oder einen Zollstock, Wasser

Vorbereitung: Übertragt die Wertetabelle in euer Heft.

Wassermenge (in ml)	0	50	100	150	200	250	300	350	400	…
Füllhöhe (in cm)										

a) Stellt das Lineal oder den Zollstock in eine der Vasen. Füllt mit dem Messbecher 50 ml Wasser hinein. Lest die Füllhöhe ab und tragt sie in die Tabelle ein. Gießt weitere 50 ml hinein, lest die neue Füllhöhe ab und tragt sie in die Tabelle ein. Fahrt so fort, bis die Vase voll ist.

b) Nehmt nacheinander die anderen beiden Vasen und geht vor wie in Aufgabenteil a).

c) Erstellt mit Hilfe der Tabellen für jede Vase ein Säulendiagramm. Dabei soll wie in der Randspalte auf der *x*-Achse die Wassermenge und auf der *y*-Achse die Füllhöhe abgetragen werden.

d) Stellt eure Tabellen und Diagramme auf einem Plakat zusammen. Eure Mitschüler sollen nun die Vasen den passenden Diagrammen zuordnen und ihre Aussagen gut begründen.

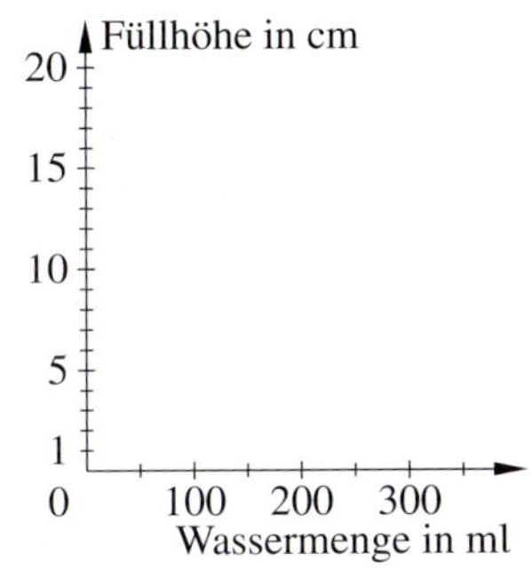

2 Ordne jedem Text die zugehörige Tabelle und das zugehörige Diagramm zu.
Übertrage Tabelle und Diagramm in dein Heft und beschrifte die mit „?" markierten Stellen.

A Eine Eintrittskarte kostet 5,00 €.

B Eine Pflanze ist 50 cm groß. Sie wächst in jedem Jahr um weitere 5 cm.

C Max hat 5,00 € Taschengeld bekommen und kauft Sammelbilder für 50 Cent pro Stück.

①

?	0	1	2	3
?	5	4,5	4	3,5

②

?	0	1	2	3
?	0	5	10	15

③

?	0	1	2	3
?	50	55	60	65

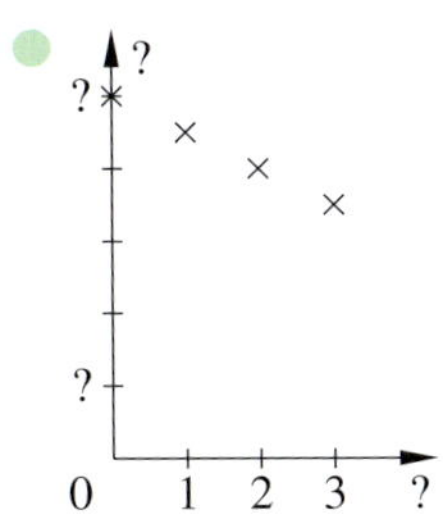

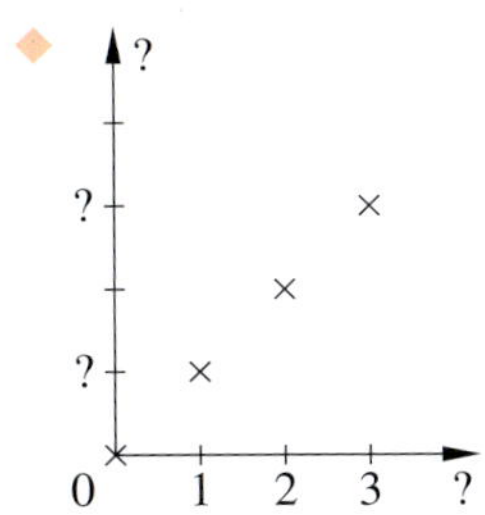

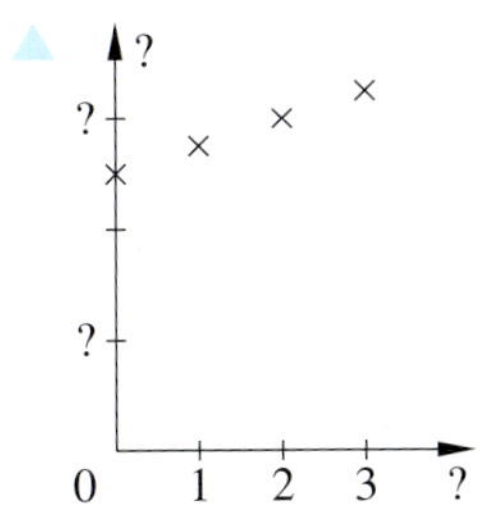

Lesen und Verstehen

Eine Vase hat die Form einer quadratischen Säule.
Füllt man 50 ml Wasser ein, so steigt die Füllhöhe immer um 3 cm.

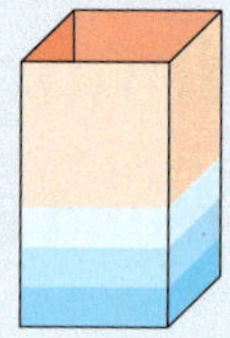

BEACHTE
Wird jedem Element oder jedem Wert aus einem vorgegebenen Bereich genau ein Element oder Wert aus einem anderen Bereich zugeordnet, so spricht man von einer „eindeutigen Zuordnung". Eine „eindeutige Zuordnung" nennt man in der Mathematik auch „Funktion".

Bei Zuordnungen wird jedem Element oder jedem Wert aus einem vorgegebenen Bereich (z. B. der Füllmenge) ein oder mehrere Elemente oder Werte aus einem anderen Bereich (z. B. die Füllhöhe) zugeordnet.

Eine Zuordnung zwischen zwei Größen wird häufig dargestellt durch
- einen **Text**,
- eine **Tabelle**,
- ein **Diagramm** oder
- ein **Mengendiagramm**.

Text Werden 50 ml Wasser in die Vase gefüllt, so steigt die Füllhöhe immer um 3 cm.

Tabelle

Füllmenge (in ml)	0	50	100	150
Füllhöhe (in cm)	0	3	6	9

Diagramm

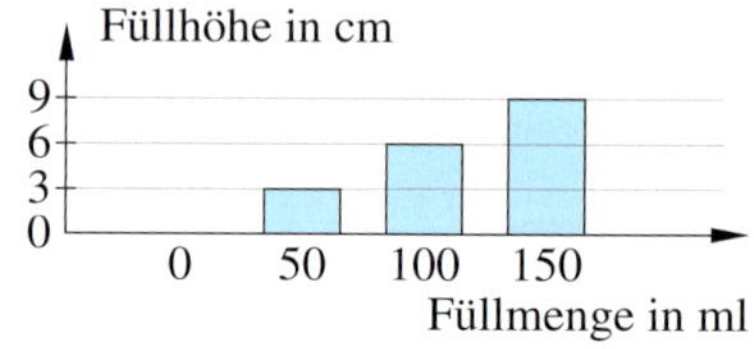

Mengendiagramm

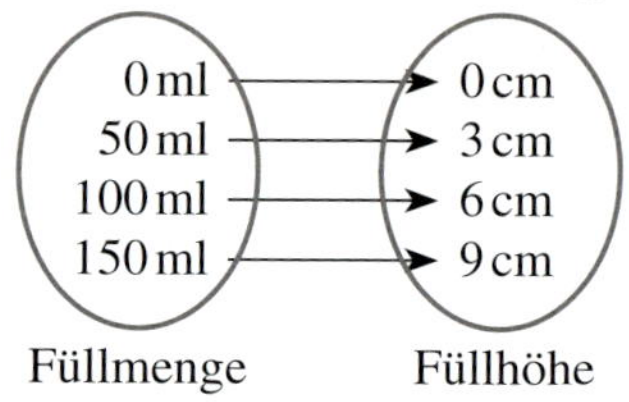

Basisaufgaben

1 Ergänze die Aussagen.
Findest du mehrere Lösungen?
a) Jedem Schüler der Klasse 6a kann … zugeordnet werden.
b) Jedem … kann seine Höhe zugeordnet werden.
c) Jedem Teilnehmer am Marathonlauf kann … zugeordnet werden.
d) Überprüfe, ob es sich bei deinen Lösungen um eindeutige Zuordnungen handelt.

2 Welche Mengendiagramme stellen eine Zuordnung dar, welche sogar eine eindeutige Zuordnung? Begründe.

a)
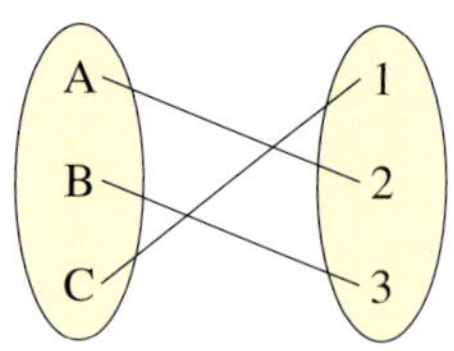

b)
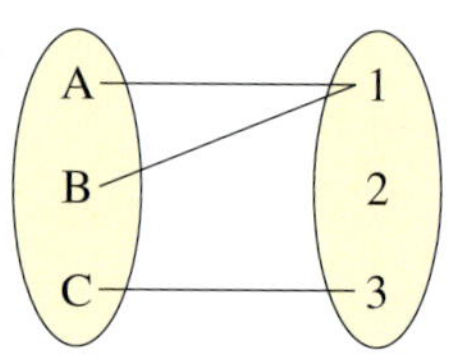

c)
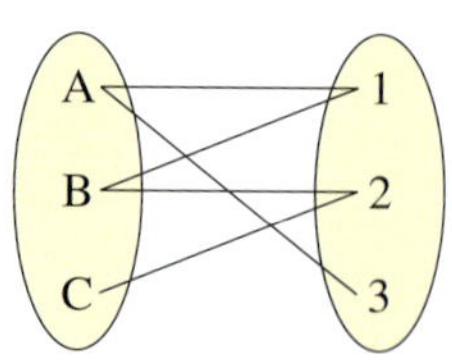

3 Welche Größen sind einander zugeordnet?

a)

b)
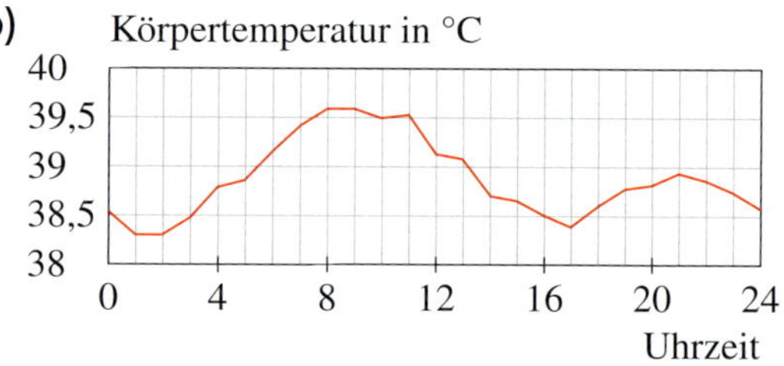

4 Finde zu jeder Zuordnung einen Text und zeichne ein Diagramm.

a)

Anzahl	1	2	5
Preis	0,59 €	1,18 €	2,95 €

b)

Geschwindigkeit	$75\,\frac{km}{h}$	$100\,\frac{km}{h}$	$120\,\frac{km}{h}$
Fahrzeit bis Ziel	4 h	3 h	2,5 h

5 Zeichne die nächsten zwei Stufen und ergänze die Wertetabelle für jede Figur.

a)

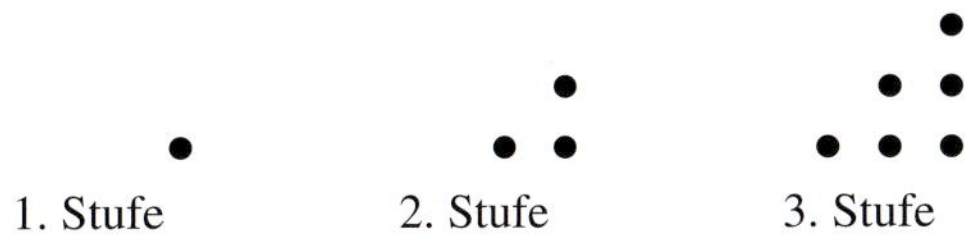

b)

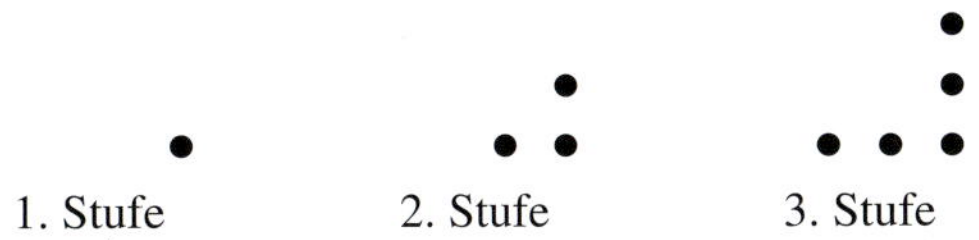

c)

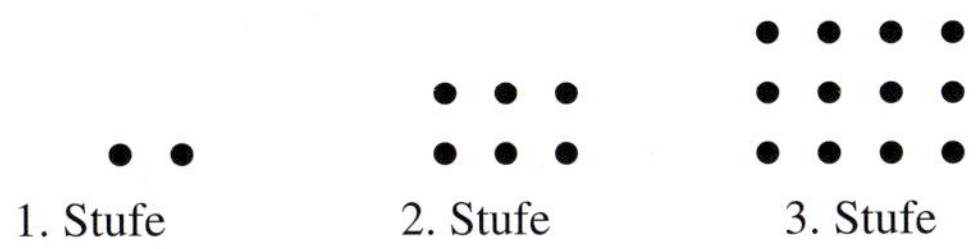

Stufe	1	2	3	4	5	6	7
Anzahl Punkte							

6 Die Abbildung zeigt die monatlichen Durchschnittstemperaturen in Münster.

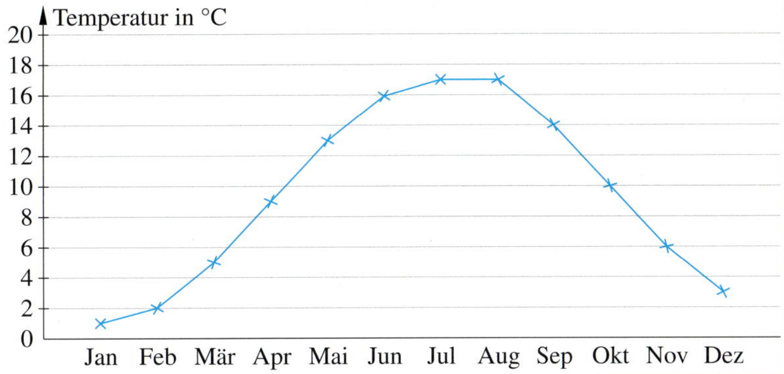

a) Wie hoch ist die Durchschnittstemperatur im Mai, wie hoch im Dezember?

b) In welchem Zeitraum liegt die Durchschnittstemperatur über 15 °C (unter 4 °C)?

c) Fertige eine Wertetabelle an.

d) Ist die Zuordnung „Monat → Durchschnittstemperatur" eindeutig? Begründe.

Weiterführende Aufgaben

7 Die geschwungenen Linien in den Diagrammen nennt man **Graphen** der Zuordnungen. Hier wurden Füllexperimente mit Vasen unterschiedlicher Formen durchführt.

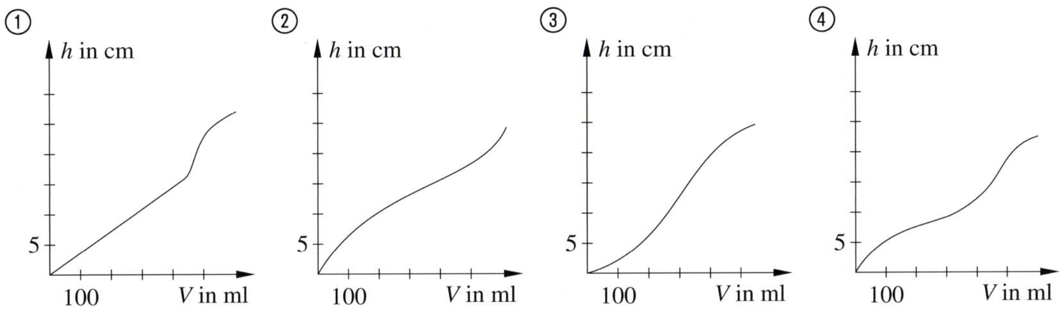

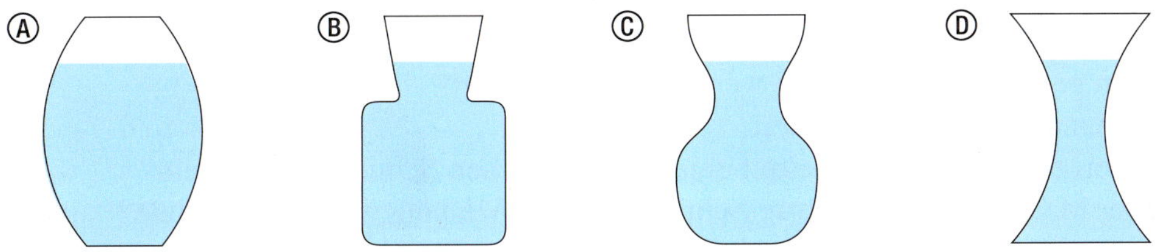

a) Fertige zu den einzelnen Diagrammen Wertetabellen an.

b) Beschreibe die Verläufe der Graphen möglichst kurz und präzise.

c) Was bedeutet es für die Form des Gefäßes, wenn der Graph steiler ansteigt?

d) Ordne den Diagrammen die entsprechenden Vasen zu.

e) Skizziere einen Graphen für Vase Ⓔ.

f) Erfinde eigene Gefäße und skizziere dazu die Füllgraphen.

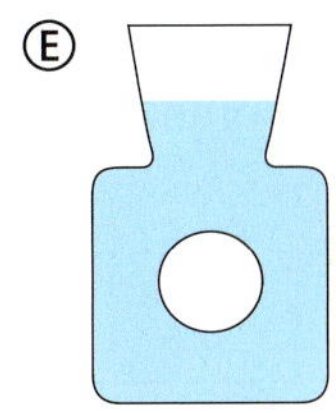

8 In einem Schwimmbad gibt es drei Becken, die folgende Querschnitte haben:

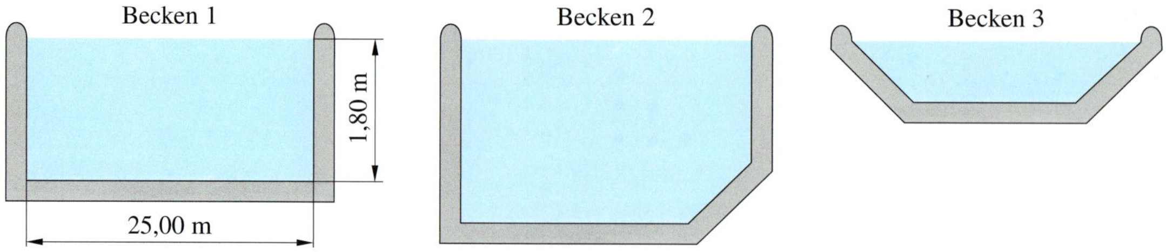

a) Bestimme das Volumen von Becken 1, wenn das Becken 6 m breit ist.

b) Alle Becken sind nach einer Reinigung leer. Der Bademeister füllt sie wieder auf. Wie lange dauert das Füllen von Becken 1, wenn pro Minute 400 Liter Wasser in das Becken laufen?

c) Erstelle zum Fülldiagramm rechts eine zugehörige Tabelle. Zu welchem Becken gehört das Diagramm?

d) Skizziere auch zu den beiden anderen Becken ein Fülldiagramm (ohne Zahlenangaben).

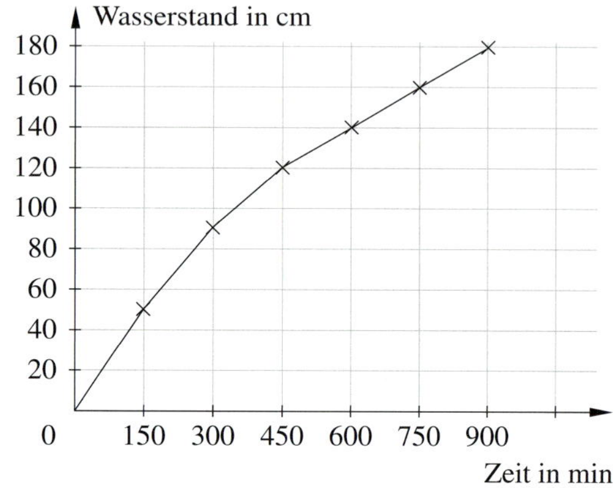

9 Der zehnjährige Bjarne hat mit seinen Eltern vereinbart: Er bekommt jetzt ein monatliches Taschengeld in Höhe von 12,50 €. In den kommenden Jahren soll das Taschengeld an seinem Geburtstag um jeweils 2,50 € erhöht werden. Bjarne möchte wissen, wie viel Taschengeld er in den kommenden Jahren erhalten wird. Darum hat er eine Tabelle angelegt.

Alter	10	11	12	13	14	15	16	17
Monatliches Geld	12,50 €	15,00 €						30,00 €

a) Übertrage die Tabelle in dein Heft und ergänze die Lücken.

b) Erstelle ein Säulendiagramm. Trage dabei auf der x-Achse das Alter und auf der y-Achse die Taschengeldhöhe ab.

c) Überprüfe Bjarnes Behauptung: „Ich kann meine Taschengeldhöhe auch so berechnen: Ich muss nur das Alter mit 2,50 € multiplizieren und das Ergebnis zu 12,50 € addieren."

10 Die traditionelle deutsche Schuhgröße berechnet sich wie folgt:
Zur in Zentimetern gemessenen Fußlänge werden 1,5 cm addiert.
Die Summe wird dann mit 1,5 multipliziert.

a) Stimmt deine berechnete Schuhgröße mit deiner tatsächlichen Schuhgröße überein?

b) Der Amerikaner Matthew McGrory trug Schuhgröße 63. Wie lang waren seine Füße?

11 Skizziere die folgenden zwei Stufen und ergänze jeweils die Wertetabelle.

Stufe	1	2	3	4	5	6	7	10	100
Anzahl Quadrate									

a)

b)

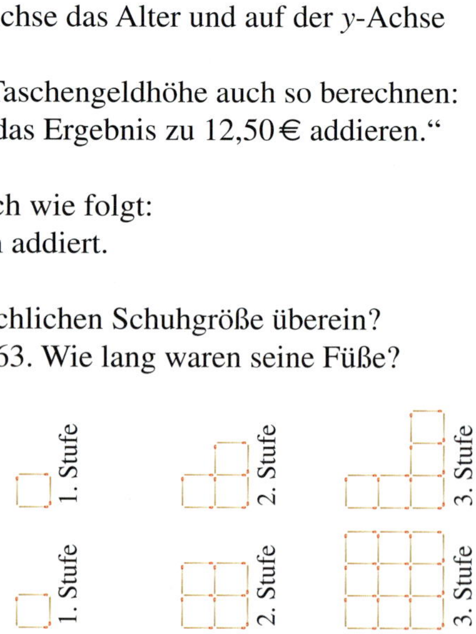

Bewegungsgeschichten

Erforschen und Entdecken

1 Ordne den Graphen Ⓐ bis Ⓓ einen der Texte ① bis ④ zu. Begründe deine Auswahl und vergleiche deine Ergebnisse mit einem Partner.

① Zunächst ging es sehr gut voran. Aber in Köln kamen wir in zähfließenden Verkehr.

② Matthias lief den ersten Streckenabschnitt recht langsam, setzte dann aber zu einem Spurt an.

③ Kevin rannte los wie die Feuerwehr, bis ihm die Puste ausging und er stehen blieb.

④ Die Straßenbahn fuhr zur Haltestelle „Opernplatz“, ließ die Fahrgäste ein- und aussteigen und fuhr dann weiter.

Ⓐ
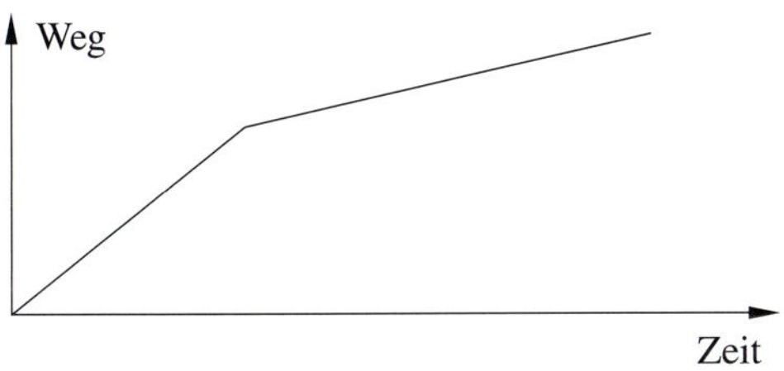

Ⓑ
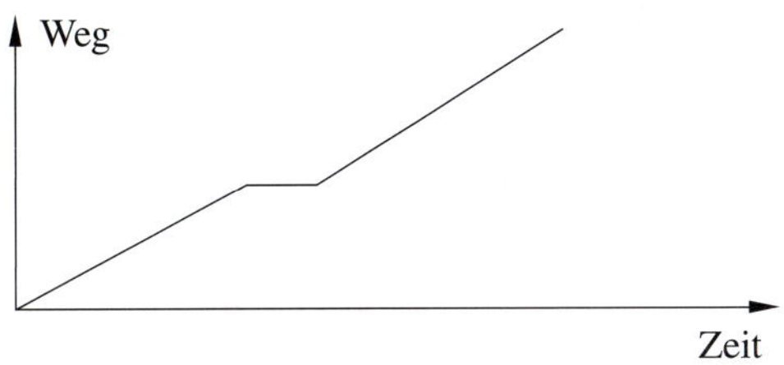

Ⓒ

Ⓓ
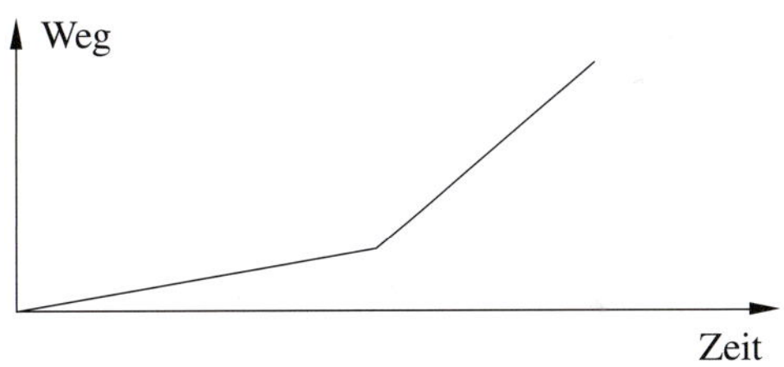

2 Johanna geht zu Fuß zur Schule. An einer Ampel muss sie kurz warten. Kurze Zeit später sieht sie ihren Mitschüler Leon und rennt zu ihm. Zusammen gehen die beiden weiter.

a) Welche Größen werden in den Diagrammen einander zugeordnet?
b) Wie lässt sich mit Hilfe des Diagramms eine Pause erkennen?
c) Woran kann man erkennen, dass Johanna schneller bzw. langsamer läuft?
d) Welches Diagramm passt zu Johannas Schulweg?
e) Erfinde zu den beiden anderen Diagrammen eigene Geschichten.

①
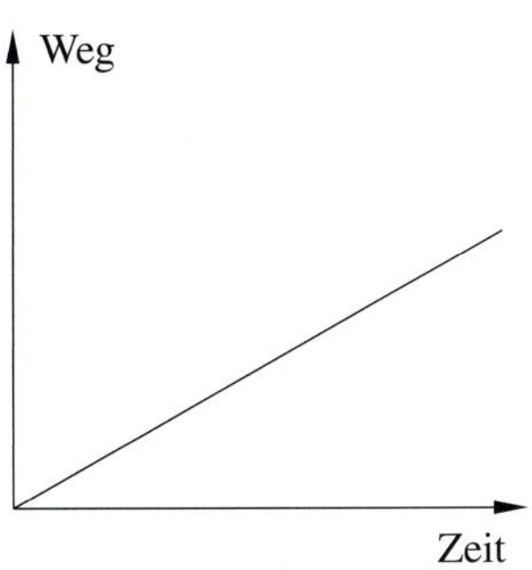

②
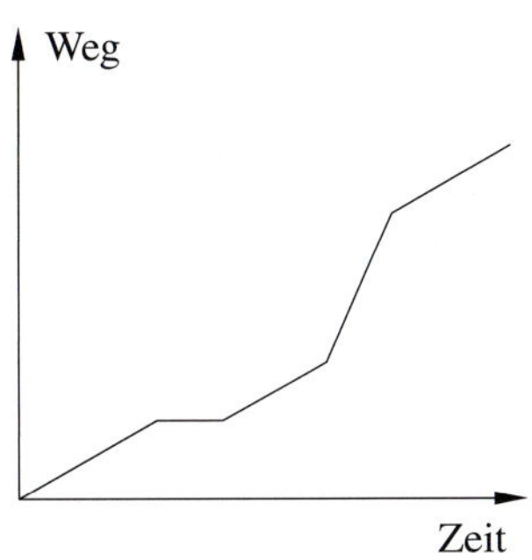

③
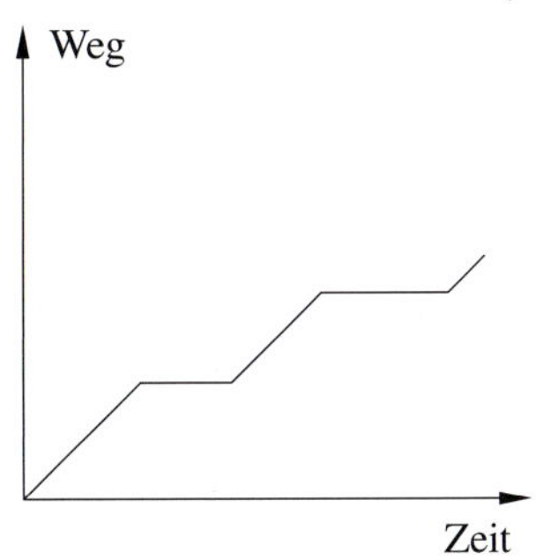

Lesen und Verstehen

Ein Auto fährt langsam los, steht kurz im Stau und erhöht dann die Geschwindigkeit. Diese Situation kann in einem Weg-Zeit-Diagramm dargestellt werden.

> In **Weg-Zeit-Diagrammen** lassen sich Bewegungsgeschichten darstellen.
> Wird die Zeit auf der x-Achse und der Weg auf der y-Achse abgetragen, so gilt:
> Je steiler der Graph ansteigt, desto höher ist die Geschwindigkeit.
> Je flacher der Graph ansteigt, desto niedriger ist die Geschwindigkeit.
> Verläuft der Zuordnungsgraph parallel zur x-Achse, bewegt sich die Person nicht.

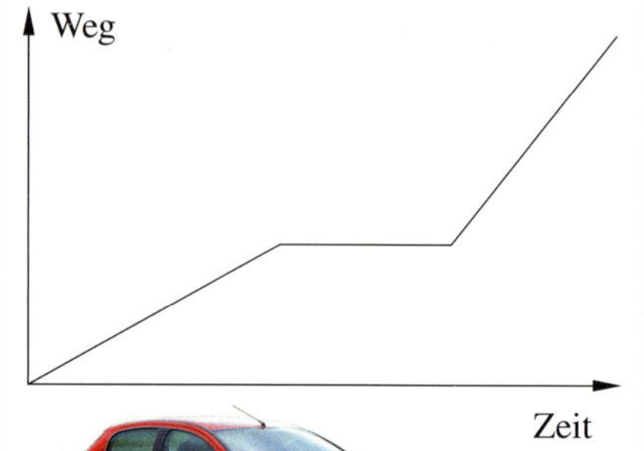

Basisaufgaben

1 Ordne den Graphen die passende Aussage zu. Begründe deine Wahl.

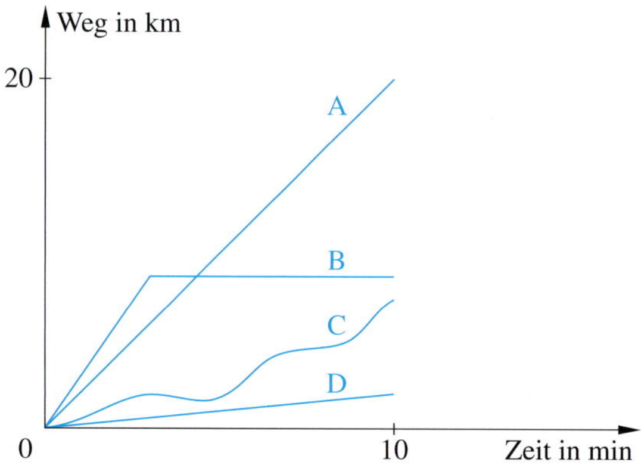

① Ein Auto fährt und steht dann im Stau.
② Ein Auto fährt auf der Autobahn.
③ Ein Auto fährt im Stadtverkehr.
④ Ein Auto fährt in einer verkehrsberuhigten Zone.

2 Ergänze den Lückentext:
Bewegungsgeschichten können in ___ dargestellt werden. Dabei wird der Weg auf der ___-Achse und die Zeit auf der ___-Achse abgetragen. Je langsamer ein Fahrzeug oder eine Person unterwegs ist, desto ___ steigt der Graph an. Verläuft der Graph ___ zur x-Achse, so steht das Fahrzeug oder die Person.

3 Auf einer Klassenfahrt laufen die Schüler von der Jugendherberge zur Tropfsteinhöhle, besichtigen diese und gehen weiter zum Schwimmbad. Am Nachmittag geht es zurück zur Herberge.

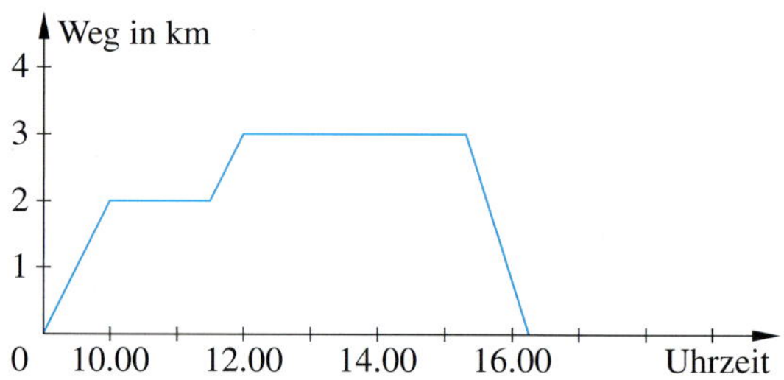

a) Wann kommen sie an der Tropfsteinhöhle an? Wie lange dauert die Besichtigung?
b) Bestimme die Entfernung zwischen Tropfsteinhöhle und Schwimmbad.
c) Richtig oder falsch: Auf dem Weg zur Tropfsteinhöhle ist die Gruppe schneller als auf dem Weg zum Schwimmbad.
d) Vergleiche die Geschwindigkeiten auf dem Hin- und auf dem Rückweg.

4 Zeichne ein Diagramm: Herr Meier fährt um 14:30 Uhr mit dem Auto zum Kino. Er braucht 15 min für die 10 km lange Strecke. Um 16:45 Uhr fährt er den gleichen Weg in 20 min wieder zurück.

5 Dies ist das Weg-Zeit-Diagramm für den 100-m-Lauf von Nils.

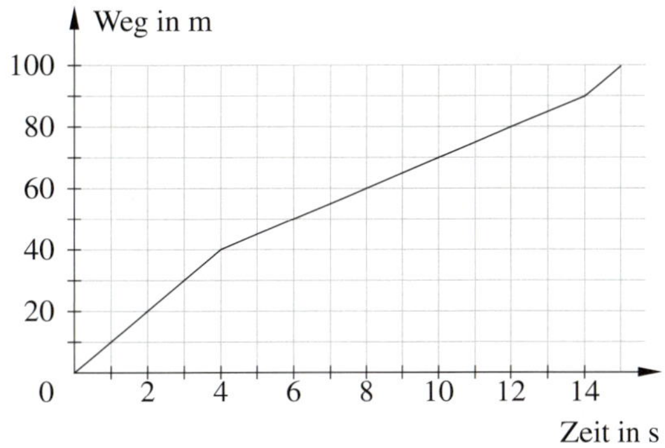

a) Welcher Verlauf passt zum Diagramm?
① Nils rennt langsam los und steigert nach 40 m das Tempo. 10 m vor dem Ziel geht ihm die Puste aus und er wird langsamer.
② Nils rennt schnell los und wird nach 40 m langsamer. 10 m vor dem Ziel beginnt er den Endspurt.
③ Nils rennt gleichmäßig schnell.
④ Nils rennt enorm schnell los, holt sich eine Zerrung und bricht nach 30 m ab.

b) Skizziere die Weg-Zeit-Diagramme zu den anderen Rennverläufen aus a).

Weiterführende Aufgaben

6 Das Bild zeigt einen Auszug aus dem Kursbuch der Deutschen Bahn.
Der Intercity mit der Zugnummer 715 fährt um 11:27 Uhr vom Hauptbahnhof in Köln ab und kommt um 11:45 Uhr in Bonn an.

a) Um welche Uhrzeit fährt dieser Zug von Bonn aus weiter nach Koblenz und wann kommt er dort an?
b) Lies die Länge der Strecke ab, die der Zug von Köln Hbf bis Koblenz Hbf zurücklegt.
c) Wie lange braucht der Zug von Köln Hbf bis Koblenz Hbf?
d) Stelle die Angaben für den IC 715 in einem Weg-Zeit-Diagramm dar. Trage dazu an der x-Achse die Uhrzeit und an der y-Achse die Fahrtstrecke ab.

km		Zug	IR 2217 ♦ Ⓡ 79	SE 2525	IC 715 ♦ ⊗ 99	SE 3325	IR 2536 Ⓡ 97	SE 3529	IC 613 ♦ ⊗ 99
		von	Nordd/ Emden	Ⓨ W-Ober-barmen	Dort-mund	Ⓨ W-Ober barmen	Cux-haven	Ⓨ W-Ober-barmen	Münster
0	Köln-Deutz	80		10 11 06				10 12 06	
1	Köln-Hbf	8	11 10	11 13	11 27		12 10	12 13	12 15
4	Köln West			11 17				12 17	
6	Köln Süd			11 20				12 20	
12	Hürth-Kalscheuren	80 3							
17	Brühl	○		11 27				12 27	
22	Sechten			11 31				12 31	
28	Roisdorf								
35	Bonn-Hbf	475 3 ○	11 28	11 38	11 45		12 28	12 38	12 33
35	Bonn-Hbf		11 30	11 40	11 47		12 30	12 40	12 35
42	Bonn-Bad Godesberg		HÖLLEN	11 46	ALLGÄU			12 46	ANNETTE KOLB
44	Bonn-Mehlern								
49	Rolandseck								
51	Oberwinter			11 52				12 52	
55	Remagen	477 ○	11 42	11 56			12 42	12 56	
	Remagen		11 43	12 02		12 02	12 43	13 02	
59	Sinzig (Rhein)		TAL	→		12 05		→	
65	Bad Breisig					12 10			
68	Brohl	12426				12 13			
72	Namedy					12 16			
76	Andernach	478 ○	11 54			12 20	12 54		
	Andernach		11 55			12 21	12 55		
80	Weißenthurm					12 24			
84	Umitz					12 28			
92	Koblenz-Lützel					12 35			
94	**Koblenz**-Hbf	○	12 09		12 21	12 39	13 10		13 04
		nach	See-brugg	Koblenz	Oberst-dorf		Saar-brücken	Koblenz	Mün-chen
	Koblenz-Hbf	471	12 09		12 23				14 06
	Mainz Hbf	○	13 04		13 12				14 55

7 Betrachte das Weg-Zeit-Diagramm.

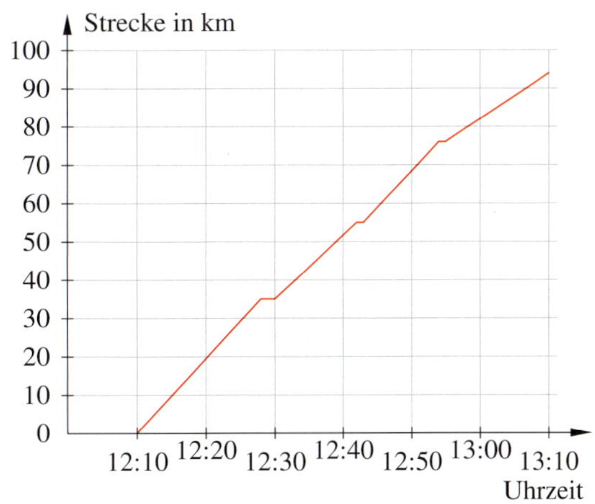

a) Wann fährt der Zug los? Wann kommt er am Zielbahnhof an?
b) Zu welchem Zug aus Aufgabe 6 gehört das Weg-Zeit-Diagramm?
c) Auf welchem Streckenabschnitt war der Zug am schnellsten (langsamsten)? Wann bewegte sich der Zug nicht?
d) Zeichne das Weg-Zeit-Diagramm ins Heft. Trage das Diagramm für den IC 613 in das gleiche Koordinatensystem ein.
e) Wo überholte der IC 613 den anderen Zug?

Zeitskalen

Die Römer berechneten ihre Geschichtszahlen immer von der Gründung der Stadt Rom aus.
Sie schrieben „Gajus Julius Caesar wurde im Jahre 653 a. u. c. geboren" (a. u. c. bedeutet „ab urbe condita" und heißt übersetzt „seit Gründung der Stadt").

Das römische Reich verlor später immer mehr an Bedeutung und das Christentum breitete sich in Europa aus.
Deshalb wurde die römische durch eine christliche Zeitrechnung abgelöst.

Papst Johannes I. beauftragte den römischen Mönch Dionysius Exiguus damit, die Zeitrechnung neu festzulegen. Er legte den Anfang der Zeitrechnung auf das Jahr fest, in dem er die Geburt Christi vermutete. Dieser Zeitpunkt wurde zum Nullpunkt unserer heutigen Zeitskala.
Die Festlegung nahm der Mönch im Jahre 525 n. Chr. vor.

Julius Caesar
(100–44 v. Chr.)

- 0
- 1492 n. Chr.
- 300 v. Chr.
- 1789 n. Chr.
- 525 n. Chr.
- 753 v. Chr.
- 800 n. Chr.

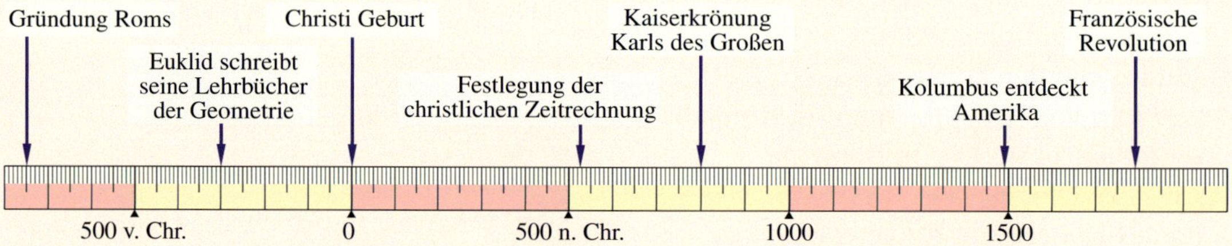

1 Betrachte die Zeitskala oben.
Ordne den Ereignissen die Jahreszahlen aus der Randspalte zu.

2 Wie alt wurde Caesar?

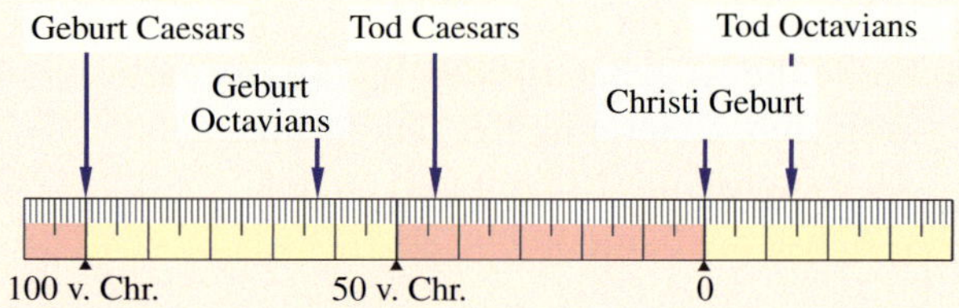

3 Oktavian, der Adoptivsohn von Caesar, lebte von 63 v. Chr. bis 14 n. Chr.

a) Wie alt wurde Oktavian?

b) Oktavian führte 41 Jahre lang bis zu seinem Tod den Ehrennamen „Augustus". Wann wurde ihm der Ehrenname verliehen?

c) Wie alt war „Augustus", als Christus geboren wurde?

Thales von Milet
(624–547 v. Chr.)

4 Der griechische Mathematiker Thales von Milet erkannte als erster die mathematische Begabung des jungen Pythagoras. Beide Mathematiker werden dir in der 9. Klasse noch einmal begegnen.
Der Ausschnitt der Zeitskala zeigt die Lebenszeiten von Thales und Pythagoras.

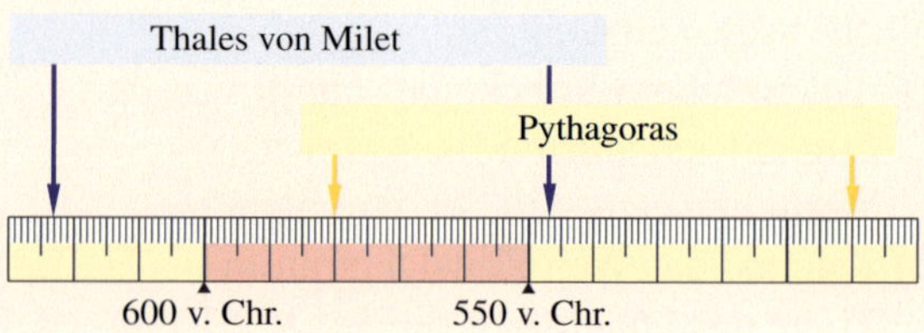

a) Gib die Geburts- und Sterbejahre der beiden Mathematiker an.

b) Wie alt war Thales bei der Geburt von Pythagoras?

c) Wie alt war Pythagoras, als Thales von Milet starb?

Negative Zahlen

Erforschen und Entdecken

1 Die Karte zeigt die Temperaturen in Europa an einem Tag im Februar.

a) Markiere die Temperaturangaben mit Kreuzchen auf einer Zahlengeraden.

b) Bestimme den Unterschied zwischen der höchsten und der niedrigsten Temperatur.

c) Setze in die Lücken die Begriffe „kälter“ oder „wärmer“ ein.

▷ In Paris ist es ▒ als in Dublin.

▷ In Moskau ist es ▒ als in Wolgograd.

▷ In Minsk ist es ▒ als in Athen.

2 Mit „Normalnull“ (kurz: NN) wird ein Wert bezeichnet, auf den sich alle Höhenangaben beziehen. Umgangssprachlich sagt man dazu oft „über dem Meeresspiegel“.
Für Deutschland ist „NN“ festgelegt durch den mittleren Pegel von Amsterdam.

a) Übertrage die Skala aus der Randspalte ins Heft (1 cm entspricht 100 m). Trage die Höhenangaben aus der Tabelle ein. Wähle für jeden See eine andere Farbe.

See	Wasseroberfläche	Seegrund (tiefste Stelle)
Baikalsee	455 m über NN	1286 m unter NN
Bodensee	395 m über NN	141 m über NN
Kaspisches Meer	28 m unter NN	1023 m unter NN
Tanganjikasee	782 m über NN	688 m unter NN
Totes Meer	396 m unter NN	794 m unter NN

b) Setze im Heft die Begriffe „tiefer als“ oder „höher als“ ein.

▷ Die Wasseroberfläche des Baikalsees liegt ▒ die Wasseroberfläche des Bodensees.

▷ Der Seegrund des Kaspischen Meeres liegt ▒ der Seegrund des Toten Meeres.

▷ Der Seegrund des Bodensees liegt ▒ die Wasseroberfläche des Kaspischen Meeres.

c) Bestimme die maximalen Tiefen der Seen genau. Welcher See hat die größte Tiefe?

3 Zeitzonen sind Bereiche auf der Erde, in denen jeweils eine gemeinsame Uhrzeit gilt.

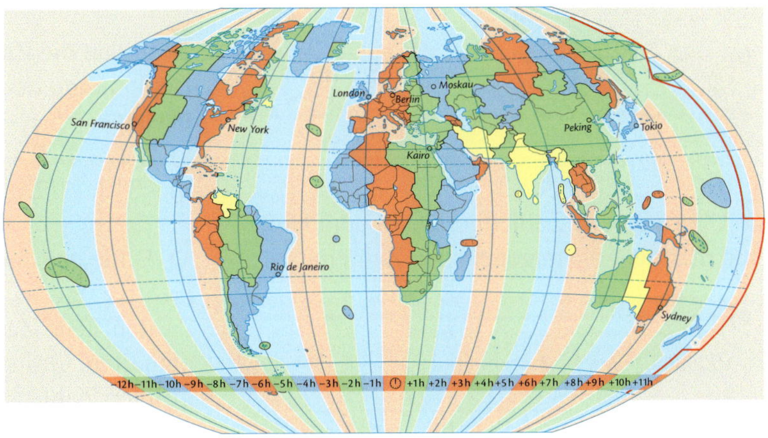

a) Was wird auf der Weltkarte einander zugeordnet?

b) „Je weiter Städte voneinander entfernt sind, desto größer ist der Zeitunterschied.“ Stimmt das?

c) In Deutschland ist es 11:30 Uhr. Wie spät ist es dann in London (San Francisco, Tokio, New York, Sydney, Moskau)?

d) Schreibe auf eine Karteikarte eigene Aufgaben und auf die Rückseite die Lösung. Tausche die Karteikarten mit deinen Mitschülern aus.

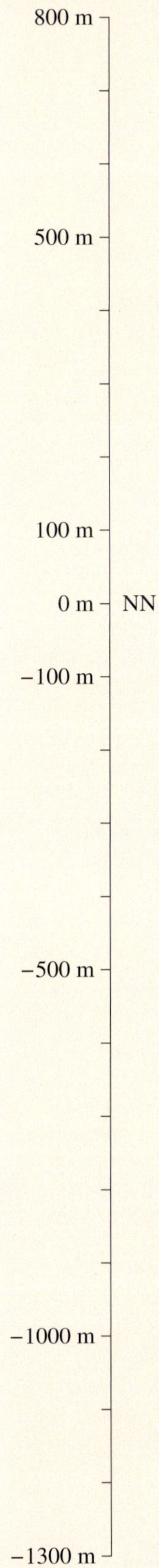

Lesen und Verstehen

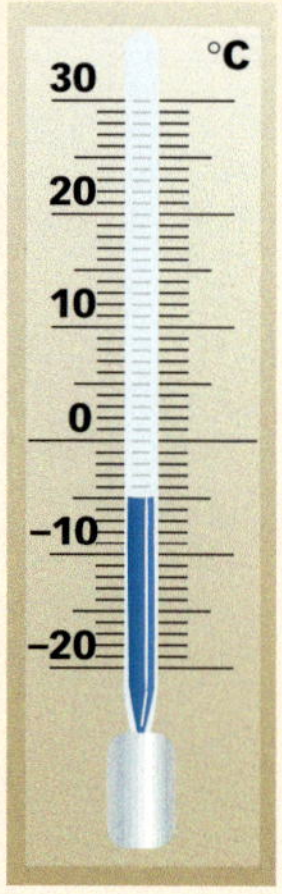

Nachttemperatur

Im Winter fallen die Temperaturen häufig unter Null Grad. Die Angabe eines Wetterberichts könnte lauten: „Die Temperaturen fallen in der Nacht auf – 5 Grad."
In Deutschland wird die Temperatur in Grad Celsius (°C) angegeben.
Als 0 °C wurde der Gefrierpunkt des Wassers festgelegt.

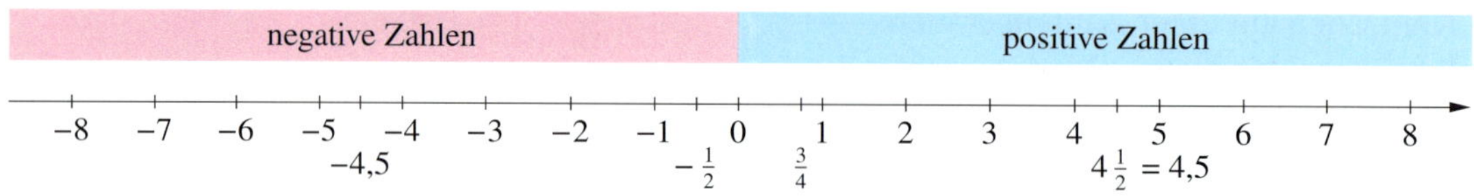

Um niedrigere Temperaturen angeben zu können, benötigt man **negative Zahlen**.
Diese Zahlen liegen auf der Zahlengeraden links von der 0. Man schreibt sie mit dem Vorzeichen „–": **-3; $-\frac{1}{2}$; $-2,7$**.
Die Zahlen, die rechts von der 0 liegen, nennt man **positive Zahlen**. Positive Zahlen kann man mit dem Vorzeichen „+" oder ohne Vorzeichen schreiben: **+4** oder **4**.
Negative und positive Zahlen bilden zusammen mit der Null die **rationalen Zahlen ℚ**.
Mit Hilfe der Zahlengerade lassen sich Zahlen vergleichen. Je weiter rechts eine Zahl auf der Zahlengeraden steht, desto größer ist sie. Also ist $5 > 3$, aber $-3 > -5$.

BEACHTE
Die natürlichen Zahlen ℕ = {0; 1; 2; …} bilden zusammen mit den entsprechenden negativen Zahlen die Menge der **ganzen Zahlen** ℤ = {…; – 2; – 1; 0; 1; 2; …}

Basisaufgaben

1 Nenne weitere Beispiele, bei denen negative Zahlen genutzt werden.

2 Welche Zahlen sind hier markiert?

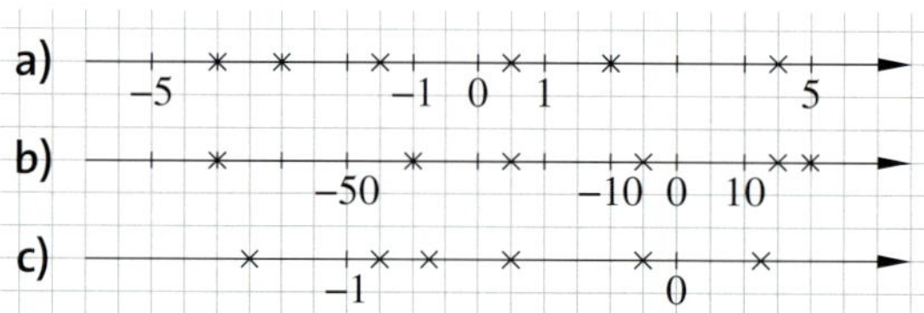

3 Übertrage die Zahlengerade in dein Heft und markiere die angegebenen Zahlen.

Zahlen: –6; –3; –1,5; $\frac{1}{2}$

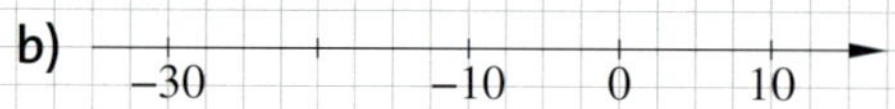

Zahlen: –20; –5; –35; –12,5

Zahlen: –3; –1,5; –2,4; –0,8; 0,6

4 Setze im Heft < oder > ein.

a) 12 ▢ – 12   b) – 3 ▢ 1
c) 0 ▢ 8   d) 0 ▢ – 8
e) 8 ▢ 18   f) – 8 ▢ – 18
g) – 12 ▢ – 21   h) – 245 ▢ – 254

5 Ordne die Zahlen der Größe nach. Beginne mit der kleinsten.

BEISPIEL $-5 < -3 < -2 < 2 < 7$

a) 0; 2; – 2; 5; – 5; 8; – 8
b) – 312; – 123; – 132; – 213; – 231; – 321

6 Bilde aus den Ziffern 5, 7 und 8 sechs positive und sechs negative dreistellige Zahlen. Jede Zahl soll alle drei Ziffern enthalten. Ordne die Zahlen. Beginne mit der größten Zahl.

7 Zeichne eine 12 cm lange Zahlengerade. Markiere den Anfangspunkt – 180 und den Endpunkt –120. Markiere die Zahlen:
– 130; – 140; – 170; – 155; – 175

164-1
Unter dem Webcode befindet sich eine interaktive Übung zum Ordnen von rationalen Zahlen.

8 Die Stadt Nome liegt in Alaska.

a) Welche Werte werden im Diagramm einander zugeordnet?

b) Lies die Temperaturen ab und ergänze die Tabelle im Heft.

Monat	J	F	M	A	M	J	…
Temp. (in °C)							

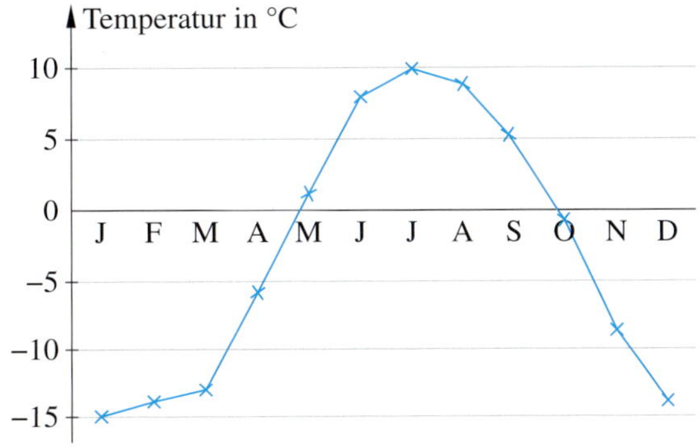

9 Erstelle ein Temperaturdiagramm für die norwegische Stadt Vardo.

Monat	J	F	M	A	M	J	J	A	S	O	N	D
Temp. (in °C)	−5	−6	−4	−1	3	6	9	9	7	2	−1	−3

Weiterführende Aufgaben

10 Zeichne eine Zahlengerade mit geeigneter Einteilung für die Zahlen:

a) −7; −4; −3; −1; 0; 2

b) −12; −9; −6; −1; 0; 5

c) −35; −20; −10; −5; 0; 15

d) −1; −0,8; $-\frac{1}{2}$; −0,2; 0; 0,3

11 Welche Zahlen sind hier markiert?

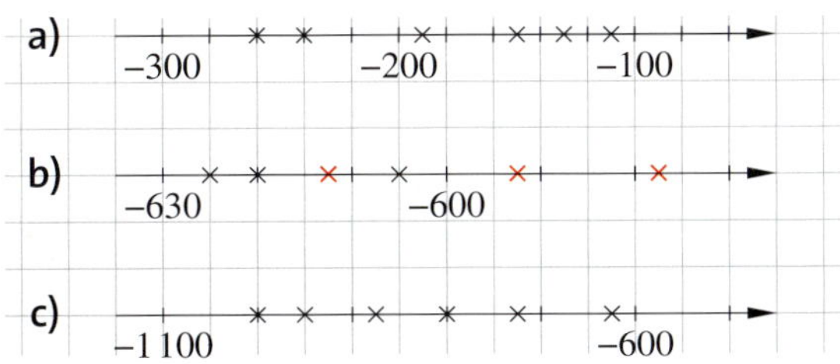

12 Setze die Zahlenfolgen mit vier weiteren Zahlen fort.

a) 0; −3; −6; −9; …

b) −17; −22; −27; −32; …

c) −34 ; −28; −22; −16; …

d) −155; −128; −101; −74; …

13 Setze im Heft < oder > ein.

a) $\frac{1}{2}$ ▢ $-\frac{1}{2}$

b) $-\frac{3}{4}$ ▢ 1

c) $\frac{3}{8}$ ▢ $\frac{1}{2}$

d) $-\frac{3}{8}$ ▢ $-\frac{1}{2}$

e) $\frac{3}{4}$ ▢ $\frac{4}{5}$

f) $-\frac{3}{4}$ ▢ $-\frac{4}{5}$

g) $-\frac{7}{8}$ ▢ $-\frac{3}{4}$

h) $-\frac{5}{12}$ ▢ $-\frac{3}{8}$

14 Das Diagramm zeigt den Temperaturverlauf an zwei Dezembertagen in Düsseldorf.

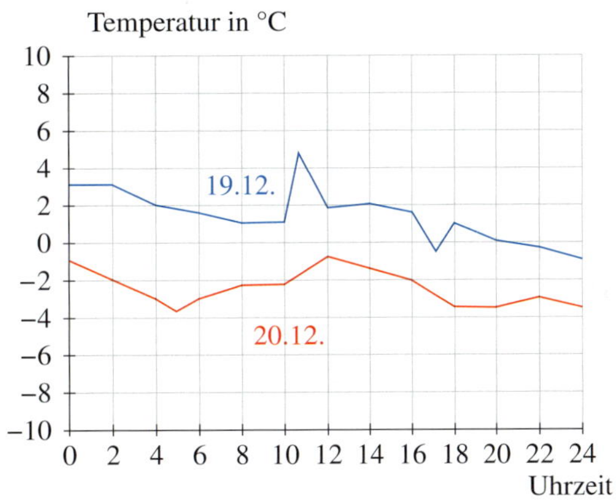

a) Beschreibe die Verläufe der Graphen.

b) Übertrage die Tabelle zweimal ins Heft. Trage für beide Tage die Temperaturen auf ein halbes Grad genau ein.

Uhrzeit	0	2	4	…	24
Temp. (in °C)	−1				

c) Bestimme die jeweilige Tageshöchst- und Tagestiefsttemperatur.

d) In welchem Zeitraum schien am 19. 12. kurzzeitig die Sonne?

e) Marc meint: „Die Datumsangaben sind nicht nötig. Es ist doch klar, dass der obere Graph immer der des ersten dargestellten Tages sein muss.“ Hat Marc Recht?

Temperatur und Wetter in den USA

Dies ist eine Wetterkarte der Vereinigten Staaten von Amerika. Wegen der Größe des Landes ist auch das Klima sehr unterschiedlich. Während das Wetter im Südosten für gewöhnlich feucht und warm ist, herrscht im Südwesten trockenes Wüstenklima vor.

1 Was wird in der Karte einander zugeordnet, was im Diagramm unten links?

2 Barrow liegt in Alaska und gilt als kältester Ort in den USA.
Zeichne die Tabelle in dein Heft und fülle sie mit den Temperaturen aus dem Diagramm unten aus.

Monat	Jan.	Feb.	...	Dez.
Tagestemperatur	–22 °C			
Nachttemperatur	–30 °C			

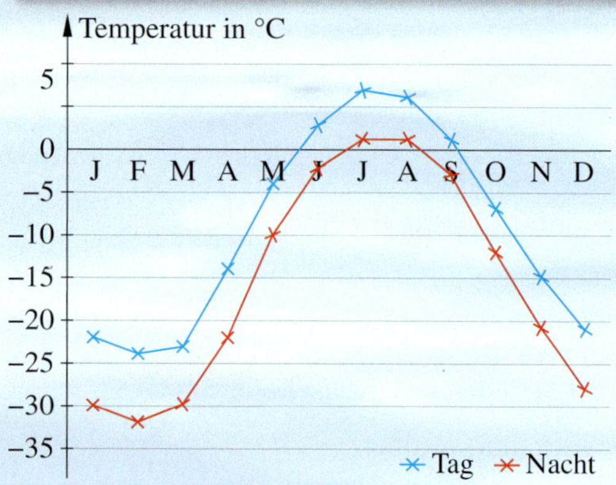

3 Arizona ist der Staat mit der höchsten Jahrestemperatur.
Erstelle zur Tabelle ein Diagramm, das die durchschnittliche Sonnenscheindauer pro Tag und die durchschnittlichen Niederschlagstage pro Monat in Arizona darstellt.

Monat	Jan.	Feb.	März	Apr.	Mai	Jun.	Jul.	Aug.	Sep.	Okt.	Nov.	Dez.
Sonnenschein-stunden pro Tag	8	9	10	12	13	14	12	12	11	10	9	8
Niederschlags-tage pro Monat	4	4	3	2	1	1	4	5	3	3	2	4

In Amerika misst man Temperaturen nicht in Grad Celsius (°C), sondern in Grad Fahrenheit (°F). Der Physiker Daniel Fahrenheit wählte als Nullpunkt seiner Temperaturskala die tiefste Temperatur des strengen Winters 1708/1709 in seiner Heimatstadt Danzig (– 17,8 °C). Fahrenheit wollte dadurch negative Temperaturen vermeiden. Als 100 °F legte er seine eigene Körpertemperatur fest.

Temperaturlegende

30	40	50	60	70	80	90	100	°F
-1	4	10	16	21	27	32	38	°C

So rechnet man eine Temperaturangabe (T) von °C in °F um:
(T + 40) · 1,8 – 40

BEISPIEL 20 °C = 68 °F
(20 + 40) · 1,8 – 40 = 68

So rechnet man eine Temperaturangabe (T) von °F in °C um:
(T + 40) · 0,56 – 40

BEISPIEL 35 °F = 2 °C
(35 + 40) · 0,56 – 40 = 2

4 Zeichne die Skala des Thermometers ab.

a) Ergänze die Temperaturangaben in Grad Fahrenheit (°F).

b) Gibt es noch weitere Länder, in denen die Temperatur in Fahrenheit angegeben wird?

5 Schreibe alle Orte von der Karte auf, für die Sonnenschein vorhergesagt wurde. Rechne deren Temperaturen in °C um.

6 Überprüfe mit Beispielen, ob die Formeln richtig sind.
Zur Umrechnung zwischen den Temperaturangaben gibt es mehrere Formeln.

a) In einem Schülerlexikon findet man z. B. folgenden Text:
Bei der Umrechnung von °F in °C gilt folgende Formel: C = [(F – 32) · 5] : 9

b) Ein Reiseführer gibt folgende Faustformel an:
Fahrenheit minus 32, dividiert durch 2, plus 10 % = Celsius (aufrunden)

7 Suche im Lexikon oder im Internet nach Informationen zur Geschichte der Temperaturmessung.

Vermischte Übungen

1 Ergänze die Aussagen. Findest du mehrere Lösungen?
a) Jedem Lehrer kann ▒ zugeordnet werden.
b) Jedem ▒ kann sein Preis zugeordnet werden.
c) Jeder Schule kann ▒ zugeordnet werden.

BEISPIEL
für eine **Zuordnungsvorschrift**:
Jedem Element aus Menge 1 sind die kleineren Elemente aus Menge 2 zugeordnet.

2 Begründe, welche Mengendiagramme Zuordnungen darstellen und welche Zuordnungen eindeutig sind. Finde für jedes Diagramm eine Zuordnungsvorschrift.

a)
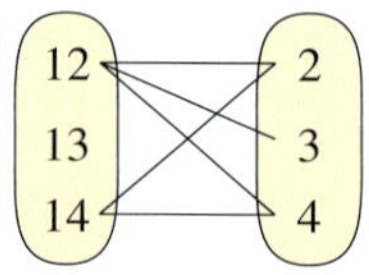

b)
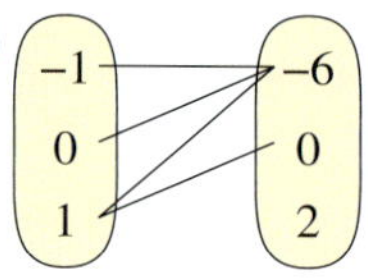

c)
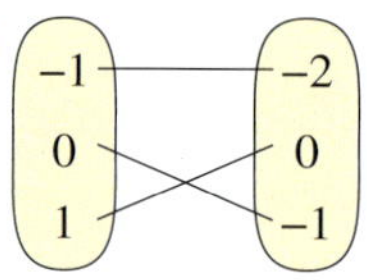

3 Das Diagramm zeigt die Temperaturen an einer Wetterstation im Januar.

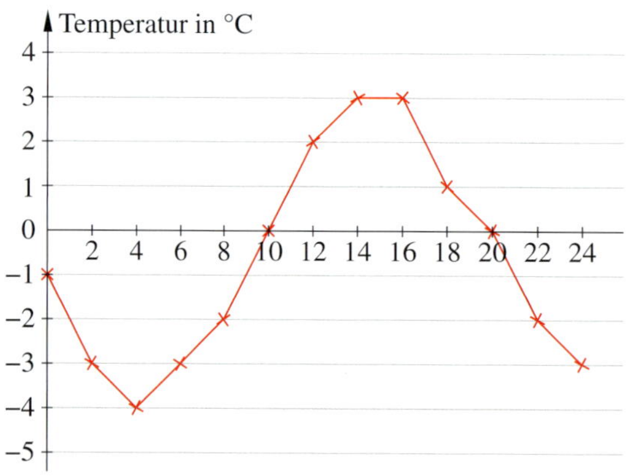

Ergänze die Tabelle in deinem Heft.

Uhrzeit	0	2	…	24
Temp. (in °C)	−1			

4 An einer Wetterstation wurden folgende Tageshöchsttemperaturen gemessen:

Mo	Di	Mi	Do	Fr	Sa	So
12 °C	8 °C	7 °C	1 °C	−3 °C	−5 °C	−2 °C

Zeichne ein zugehöriges Diagramm.

5 Bei einem 1000-m-Lauf geht ein Läufer die erste Runde (400 m) sehr langsam an. Zu Beginn der zweiten Runde und nach 600 m wird das Tempo jeweils gesteigert. 100 m vor dem Ziel beginnt der Endspurt. Zeichne ein zugehöriges Diagramm.

6 Das Diagramm zeigt die Fahrzeiten und Haltestationen zweier Züge.

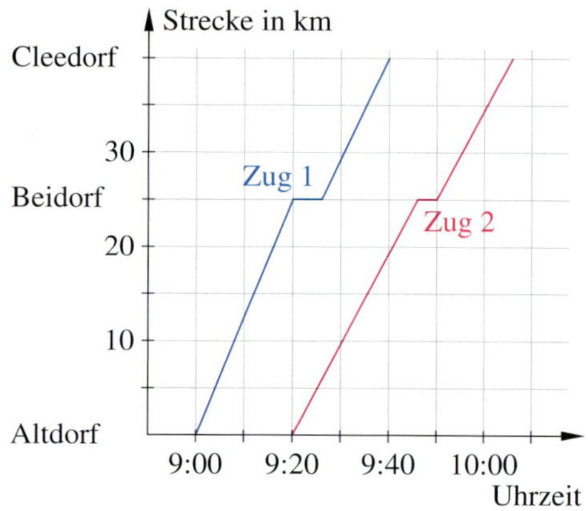

a) Wann verlässt Zug 1 den Bahnhof in Altdorf? Wann kommt er in Cleedorf an? Berechne die Fahrtzeit.
b) Wie lange hält Zug 1 in Beidorf?
c) Wie viel Minuten ist Zug 1 schneller als Zug 2?
d) Erstelle für die Züge einen Fahrplan.

7 Die Tabelle gibt Auskunft über Züge, die von Astadt nach Destadt fahren.

km	Ort	SE	IR	IC
0	Astadt	8:10	8:17	8:28
15	Bestadt	8:25	8:32	
15	Bestadt	8:28	8:34	
35	Cestadt	8:45	8:47	
35	Cestadt	8:50	8:49	
60	Destadt	9:15	9:11	9:02

a) Stelle die Angaben des Fahrplans in einem Weg-Zeit-Diagramm dar.
b) Wie viele Gleise muss der Bahnhof in Cestadt mindestens haben? Begründe.
c) Welcher Zug ist auf dem Streckenabschnitt zwischen Be- und Cestadt am schnellsten, welcher am langsamsten? Begründe.

8 Welche Zahlen müssen anstelle der Buchstaben stehen?

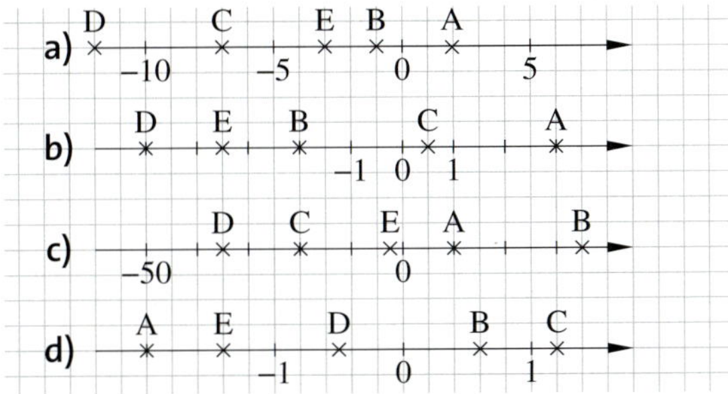

9 Zeichne eine 12 cm lange Zahlengerade und markiere die Zahlen.

a) –6; 3; –1; 5; –4; 0
b) –17; –10; –12; –7; –15
c) –150; 250; –200; 0; 50; –300
d) –740; –690; –800; –750; –710

10 Setze die Begriffe „ist wärmer als" und „ist kälter als" ein.

a) 5 °C ▢ 15 °C
b) 8 °C ▢ 0 °C
c) –2 °C ▢ 2 °C
d) –6 °C ▢ 0 °C
e) –7 °C ▢ –9 °C
f) –10 °C ▢ –1 °C
g) –8 °C ▢ –15 °C
h) –3 °C ▢ –2 °C
i) –0,5 °C ▢ –1 °C
j) –2 °C ▢ –2,5 °C

11 Setze im Heft < oder > ein.

a) 24 ▢ –3
b) –7 ▢ 2
c) –5 ▢ 0
d) –9 ▢ –8
e) –67 ▢ –76
f) –4 ▢ –40
g) $-\frac{3}{8}$ ▢ $-\frac{3}{4}$
h) $-\frac{2}{3}$ ▢ $-\frac{2}{5}$
i) $-\frac{1}{6}$ ▢ $-\frac{2}{9}$
j) –0,8 ▢ $-\frac{7}{10}$
k) $-\frac{4}{5}$ ▢ –0,9
l) –0,12 ▢ –0,4

12 Übertrage die Tabelle in dein Heft und ergänze das richtige Zeichen (>, <, =).

	0	–9	3	$\frac{4}{5}$	$-\frac{1}{2}$
–3	<	>			
5					
–5					
$-\frac{3}{4}$					
0,8					

13 Ordne die Zahlen von klein nach groß.

a) 1; –1; 8; –8; 18; –18; 81; –81
b) 6; –6; 7; –7; 67; –67; 76; –76
c) –102; –201; –120; –210; –21; –12
d) –0,9; $-\frac{1}{9}$; –1,9; 0,9; –0,09; $\frac{1}{9}$; 0,09
e) $\frac{1}{3}$; $-\frac{1}{3}$; $\frac{2}{9}$; $-\frac{2}{9}$; $\frac{1}{6}$; $-\frac{1}{6}$; $\frac{1}{2}$; $-\frac{1}{2}$

14 Die Tabelle zeigt Kälterekorde von verschiedenen Kontinenten und Ländern.

	tiefste Temp.
Afrika	–23,9 °C
Antarktis	–89,2 °C
Asien	–69,8 °C
Australien	–23 °C
Deutschland	–45,9 °C
Europa	–55 °C
Nordamerika	–63 °C
Nordrhein-Westfalen	–29,7 °C
Südamerika	–33 °C

a) Ordne die Kälterekorde nach ihrer Größe. Beginne mit der tiefsten Temperatur.
b) Übertrage die Skala aus der Randspalte ins Heft und ergänze die weiteren Werte.

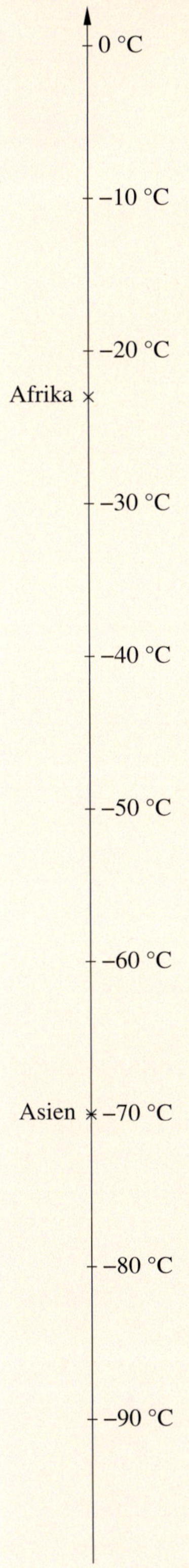

15 Das Koordinatensystem kann in den negativen Bereich erweitert werden.

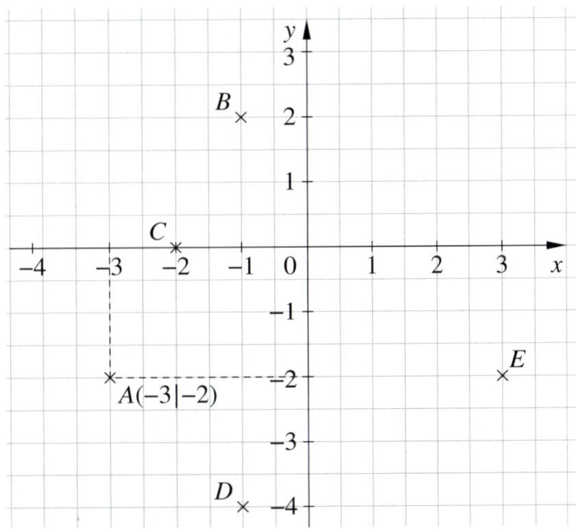

a) Gib die Koordinaten der Punkte B bis E an.
b) Übertrage das Koordinatensystem (ohne die Punkte) ins Heft. Trage ein: $A(-4|3)$, $B(-2|-3)$; $C(1|-2)$; $D(0|-1)$; $E(2|-4)$; $F(-3|1)$

Ebbe und Flut

Wenn du einmal Urlaub an der Nordsee gemacht hast, kennst du sicherlich den Wechsel von Ebbe und Flut.
Die beiden extremen Wasserstände nennt man Hoch- bzw. Niedrigwasser.

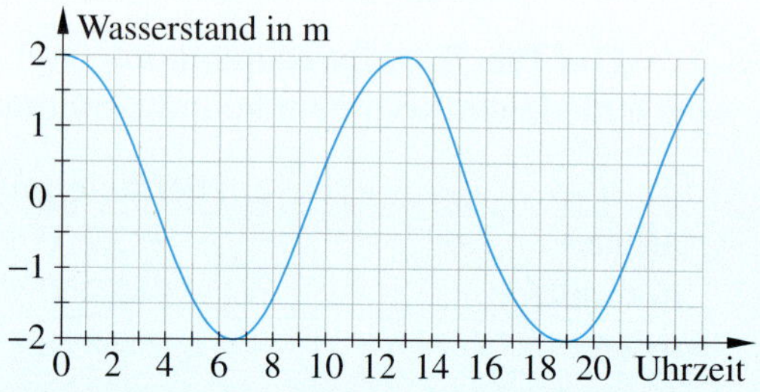

Das Diagramm zeigt die Wasserstände an einem Tag an der Nordsee.

a) Welche Größen werden in dem Diagramm einander zugeordnet?

b) Übertrage die Tabelle in dein Heft und fülle sie aus.

Uhrzeit	0	2	4	6	8	10	12	14	16	18	20	22	24
Wasserstand (in m)													

c) Zu welchen Zeitpunkten gab es an diesem Tag Hoch- bzw. Niedrigwasser?
Wann lag der Meeresspiegel auf einem mittleren Niveau?

d) Bestimme für das obige Diagramm den zeitlichen Abstand zwischen zwei Hochwassern (zwei Niedrigwassern, Hoch- und Niedrigwasser).
Wann ist am nächsten Tag mit Hoch- und Niedrigwasser zu rechnen?

BEACHTE
+2,1 m NN bedeutet 2,1 Meter über Normal-Null. Die Höhe des Normalhöhenpunktes wird durch den Amsterdamer Pegel festgelegt.

e) Im Hamburger Hafen läuft der zeitliche Wechsel zwischen Ebbe und Flut weniger gleichmäßig ab. Die Tabelle zeigt die Zeitpunkte der Hoch- und Niedrigwasser an zwei Tagen im Juli.

Tag	13.07.				14.07.			
Uhrzeit	3:28	8:33	15:33	20:43	04:02	09:10	16:10	21:21
Wasserstand (in m)	– 1,5	2	– 1,5	2,3	– 1,5	2	– 1,5	2,3

Skizziere dazu ein Diagramm. Der Uhrzeit wird der zugehörige Wasserstand zugeordnet.

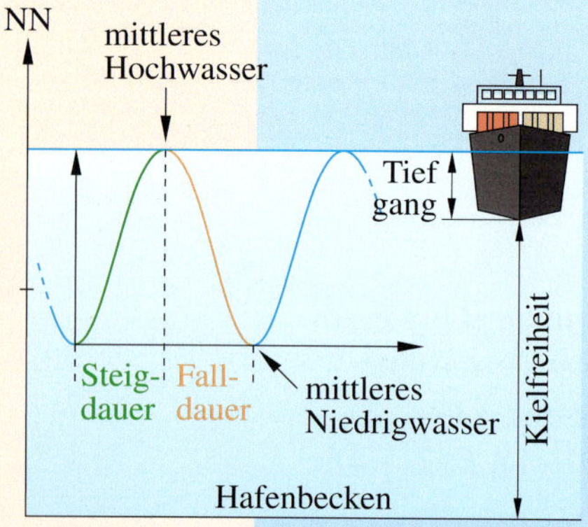

f) Schätze mit Hilfe der Tabelle unter e), wann am 15.07. im Hamburger Hafen mit Hoch- und Niedrigwasser zu rechnen war. Begründe.

g) Das Hamburger Hafenbecken hat bei mittlerem Niedrigwasser eine maximale Tiefe von 14,4 m. Hier liegt das mittlere Hochwasser bei +2,1 m NN und das mittlere Niedrigwasser bei – 1,5 m NN. Übertrage die Abbildung für den Hamburger Hafen maßstabsgetreu in dein Heft.

h) Recherchiere, ob Containerschiffe der neuesten Generation jederzeit in den Hamburger Hafen einlaufen können.

Alles klar?

Entscheide, ob die Aussagen richtig oder falsch sind.
Begründe deine Entscheidung im Heft und korrigiere gegebenenfalls.

1 Zuordnungen

a) Zuordnungen können nur durch einen Text oder ein Diagramm dargestellt werden.

b) Das Mengendiagramm stellt eine Zuordnung dar.

c) Die Zuordnung des Mengendiagramms ist eindeutig.

d) Die Zuordnungsvorschrift als Text, die Tabelle und das Diagramm passen zusammen.

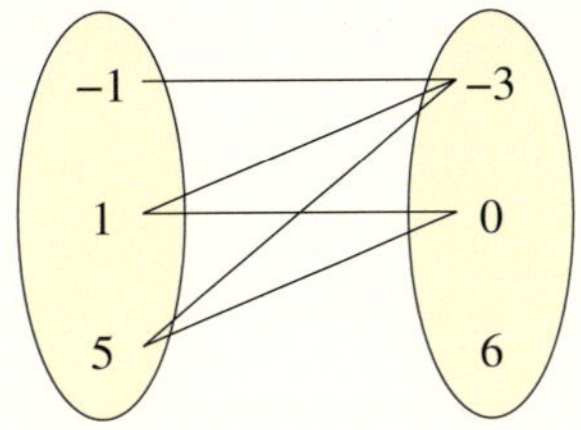

In einem Fass befinden sich 50 Liter Wasser. In jeder Minute laufen aus dem Fass 12 Liter aus.

Zeit (in min)	0	1	2	3	4
Inhalt (in ℓ)	50	38	26	14	2

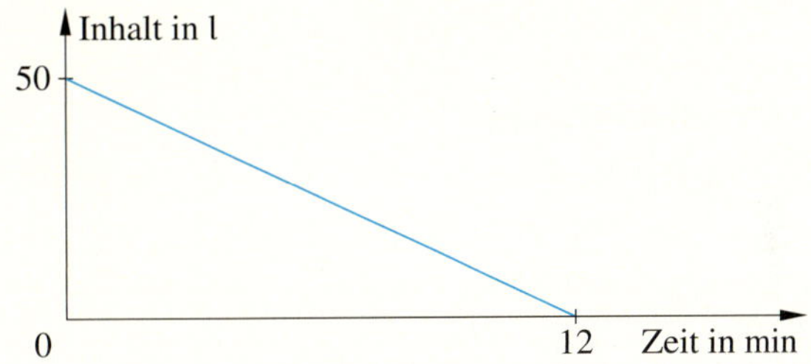

2 Bewegungsgeschichten

a) Läufer A startet zwei Sekunden vor Läufer B.

b) Läufer A läuft zunächst schnell und wird nach 32 m langsamer.

c) Läufer B läuft die 50 m in sieben Sekunden, Läufer A in acht Sekunden. Dennoch ist Läufer A eher im Ziel.

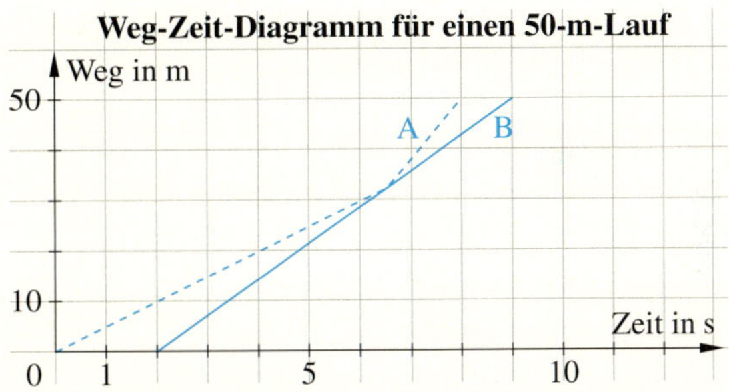

3 Negative Zahlen

a) Jede negative Zahl ist kleiner als 0.

b) Auf der ersten Zahlengeraden ist A = –3 und B = –7.

c) Auf der zweiten Zahlengeraden ist C = –260 und D = – 120.

d) Es gilt: $3 > 2 > -4 > -1$

e) Für zwei positive Zahlen a und b gilt: Wenn $a > b$, dann ist auch $-a > -b$.

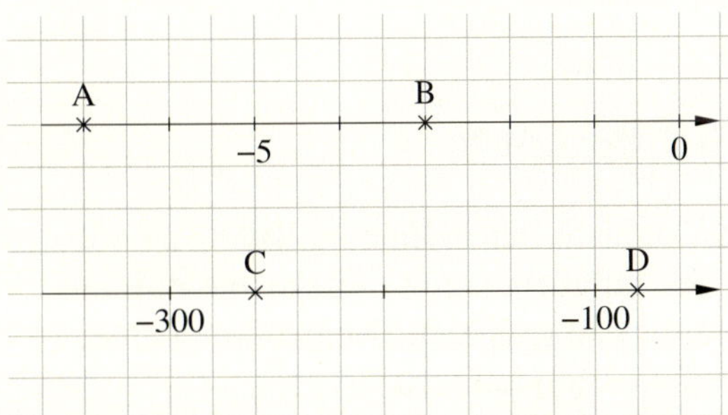

BEACHTE
Die Lösungen zu den Aufgaben auf dieser Seite sowie dazu passende Trainingsaufgaben findest du ab Seite 206.

Zusammenfassung

→ Seite 156

Zuordnungen

Bei **Zuordnungen** wird jedem Element oder Wert aus einem vorgegebenen Bereich ein oder mehrere Elemente oder Werte aus einem anderen Bereich zugeordnet.

Ort	→ Temperatur
London:	6 °C
Paris:	9 °C
Berlin:	8 °C

Eine Zuordnung zwischen zwei Größen kann gegeben sein durch:

- einen **Text**

Ein Trödelhändler verkauft Comics für 1,20 € pro Heft.

- eine **Tabelle**

Anzahl Hefte	1	2	3	4
Preis (in €)	1,20	2,40	3,60	4,80

- ein **Diagramm**

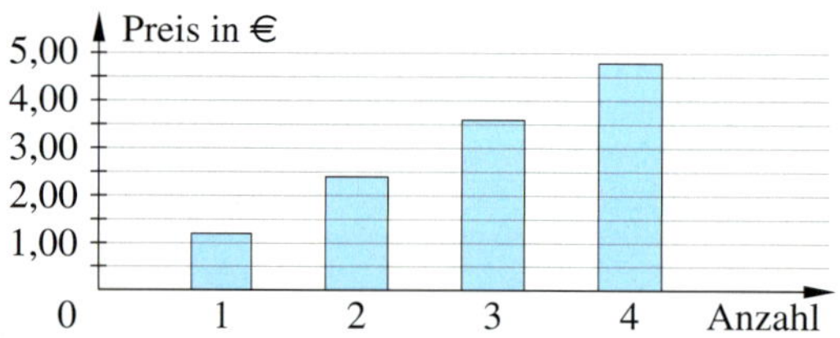

- ein **Mengendiagramm**

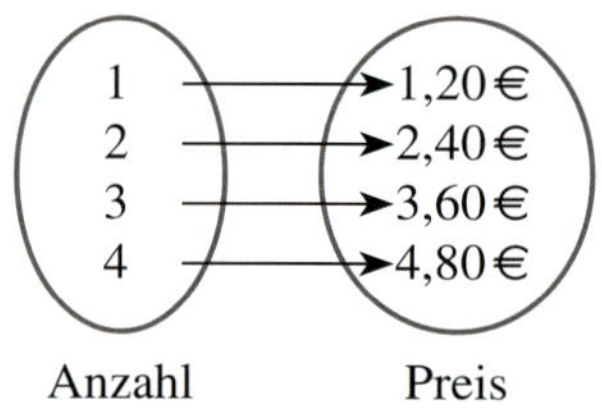

→ Seite 160

Bewegungsgeschichten

Für Zuordnungen der Art *Zeit → zurückgelegter Weg* können Weg-Zeit-Diagramme erstellt werden. Sie liefern zusätzliche Informationen, z. B. über die Geschwindigkeit. Auch die Informationen aus Fahrplänen kann man in Weg-Zeit-Diagrammen darstellen.

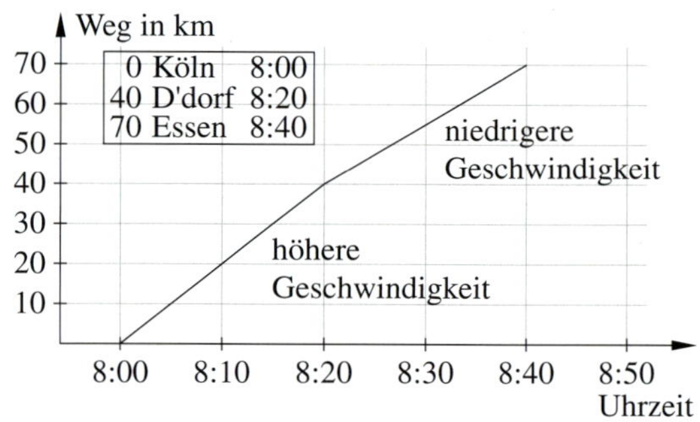

→ Seite 164

Negative Zahlen

Neben natürlichen Zahlen, Brüchen und Dezimalbrüchen gibt es **negative Zahlen**. Damit gibt man z. B. Temperaturen unter dem Gefrierpunkt an.

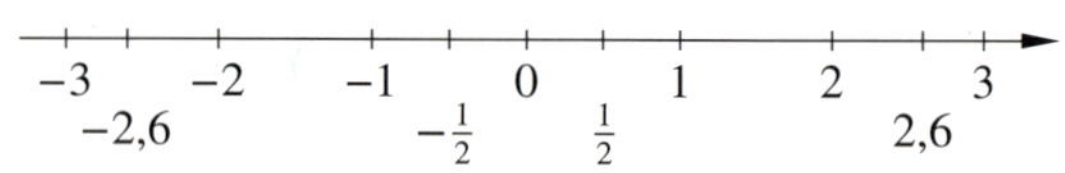

Positive und negative Zahlen bilden zusammen mit der Null die **rationalen Zahlen**. Mit Hilfe der Zahlengerade lassen sich rationale Zahlen vergleichen. Je weiter links eine Zahl auf der Zahlengeraden steht, desto kleiner ist sie.

$$-3 < -2{,}6 < -1 < 0 < 2 < 2{,}6$$

Daten

Krankenhäuser dokumentieren unter anderem die Daten neugeborener Babys. Notiert werden neben dem Geburtsdatum und dem Geschlecht auch die Körpergröße, das Gewicht und der Kopfumfang. In diesem Kapitel lernst du, wie man Daten anhand von Mittelwerten vergleichen kann und wie man sie übersichtlich darstellt.

Noch fit?

Name	Gewicht	Alter
Jenny	4200 kg	44
Ganesh	4900 kg	24
Bala	450 kg	2
Tuffi	3400 kg	13
Calvin	4500 kg	20
Indra	3800 kg	33
Dunja	3600 kg	25
Farina	470 kg	2

1 In einem Zoo leben acht Elefanten.

a) Bestimme Minimum, Maximum und Spannweite für das Gewicht und für das Alter der Elefanten.

b) Gib für das Gewicht und das Alter der Elefanten den jeweiligen Zentralwert an.

c) Bilde für das Gewicht und das Alter jeweils drei Klassen und erstelle zwei Strichlisten mit Häufigkeitstabelle.

d) Erstelle auf der Basis von Aufgabenteil c) zwei Säulendiagramme, die Gewicht und Alter der Elefanten darstellen.

2 Miss die Größe der Winkel und gib an, ob es sich um einen spitzen, stumpfen oder überstumpfen Winkel handelt.

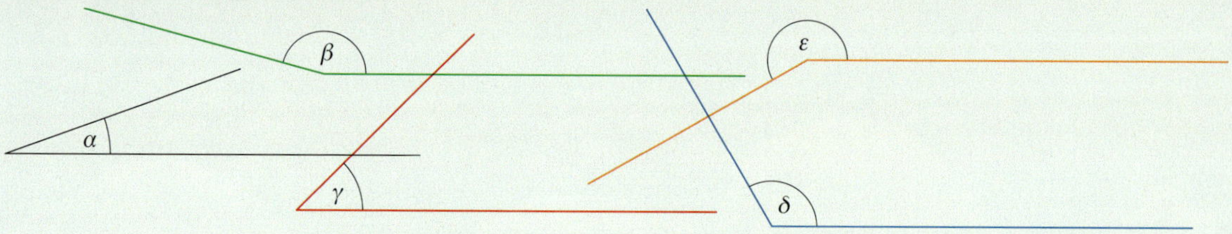

3 Kennst du dich mit Winkeln aus?

a) Erkläre: Scheitelpunkt, Schenkel, rechter Winkel, Vollwinkel, gestreckter Winkel.

b) Zeichne Winkel mit den Größen: 35°, 72°, 90°, 108°, 145°, 180°, 215°, 252°.

174-1
Unter dem Webcode findest du eine interaktive Übung zu Dezimalbrüchen, Brüchen und Prozentangaben.

4 Gib die Anteile in Bruch-, Dezimalbruch- und Prozentschreibweise an.

		Bruch	Bruch mit Nenner 100	Dezimalbruch	Anteil in Prozent
	17 von 20	$\frac{17}{20}$	$\frac{85}{100}$	0,85	85 %
a)	3 von 10				
b)	23 von 50				
c)	320 von 400				
d)	5 von 250				

5 Welcher Bruchteil ist orange eingefärbt? Gib in Bruch- und Prozentschreibweise an.

① 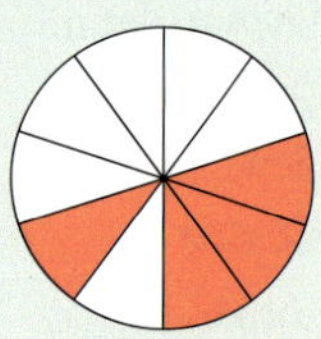
② 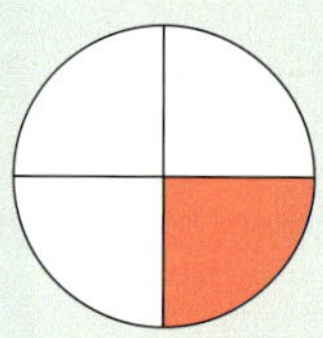
③ 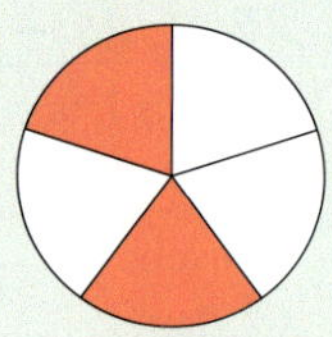
④ 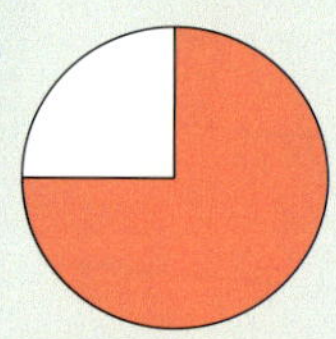
⑤ 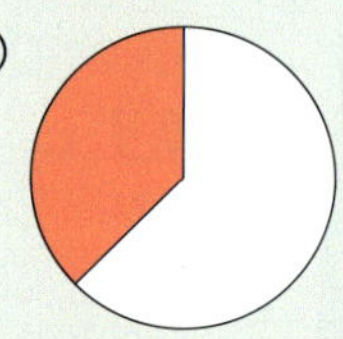

Bunt gemischt

1. Berechne vorteilhaft im Kopf: $38 + 57 + 243 + 46 + 62$
2. Begründe, ob richtig oder falsch: Wird ein Kreis in fünf gleich große Kreisteile unterteilt, so hat jedes Kreisteil eine Winkelgröße von 75°.
3. Berechne: $6 \cdot 2 + 7 \cdot 3 + 8 \cdot 4$
4. Welches Rechengesetz lässt sich bei der Lösung von $7 \cdot 12 + 13 \cdot 12$ nutzen? Berechne.

Arithmetisches Mittel und Median

Erforschen und Entdecken

1 Du findest hier die Ergebnisse von drei unterschiedlichen Klassenarbeiten.

a) Welche Darstellungsform findest du am übersichtlichsten?

b) Handelt es sich bei der Benotung von Klassenarbeiten um eine Zuordnung? Begründe.

c) Stelle die Ergebnisse aller Klassenarbeiten als Strichliste mit Häufigkeitstabelle und als Säulendiagramm dar.

d) Welche Klassenarbeit ist am besten ausgefallen? Begründe.

1. Klassenarbeit (Eintrag im Notenbuch)

Klasse:	6a Kl.-Arbeit	1	2	11	Littmann, Michael	5	
Nr.	Name			12	Mencük, Mehmet	4	
1	Albrecht, Tanja	4		13	Niessen, Lisa	3	
2	Bülbül, Reham	3		14	Özyurt, Adi	2	
3	Cipollo, Daniela	2		15	Paglino, Vita	4	
4	Dammer, Tim	4		16	Reimers, Sebastian	2	
5	Ehlers, Jessica	3		17	Schuster, Jens	4	
6	Faber, Denis	3		18	Sentürk, Yüksel	3	
7	Grabitzky, Anna	4		19	Starowicz, Claudia	3	
8	Hansen, Katharina	1		20	Theißen, Florian	3	
9	Hartmann, Moritz	3		21	Wynhoff, Simone	5	
10	kamps, Tobias	4		22	Ziegler, Jan	2	

2. Klassenarbeit (Klassenspiegel)

1	2	3	4	5	6
1	4	9	9	6	0

3. Klassenarbeit (Säulendiagramm)

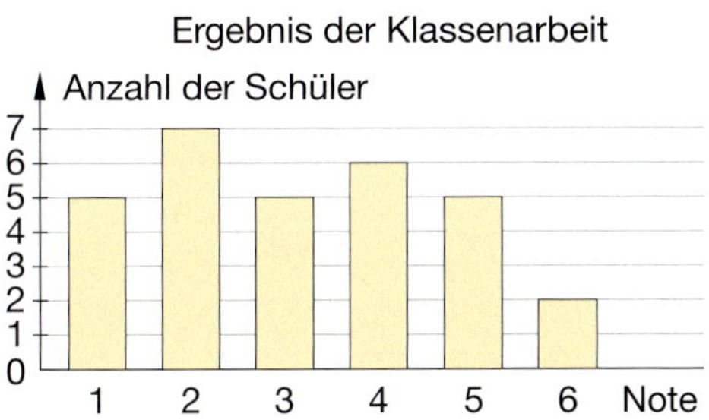

2 Bei den Bundesjugendspielen erreichten die Jungen der Klasse 6a folgende Punktzahlen:
784, 698, 790, 812, 770, 724, 956, 756, 708, 732, 911, 925, 880, 992

Die Jungen der Parallelklasse 6b erzielten folgende Ergebnisse:
678, 753, 761, 965, 1044, 997, 623, 1010, 644, 872, 673

a) Sortiere die Punktzahlen der Klassen aufsteigend nach Größe.

b) Bestimme für beide Klassen getrennt die Anzahl der Schüler, die keine Urkunde, eine Siegerurkunde und eine Ehrenurkunde erhalten.

c) Bestimme den Zentralwert der beiden Datenreihen.

d) Felix aus der 6a meint, dass seine Klasse erfolgreicher war. Moritz aus der 6b sagt das Gleiche für seine Klasse. Finde Argumente für beide Ansichten.

Lesen und Verstehen

Tina möchte die Durchschnittsnote ihrer Klassenarbeiten in Mathematik berechnen.
Sie hat bisher folgende Noten geschrieben: 5, 2, 5, 1, 2 und 3.

Beim Vergleich von Datenreihen sind Mittelwerte von großer Bedeutung, insbesondere dann, wenn die Anzahl der Daten in den Datenreihen unterschiedlich groß ist.
Es gibt in der Mathematik zahlreiche verschiedene Mittelwerte.

ERINNERE DICH
Bei einer geraden Anzahl von Daten wird der Zentralwert als gemittelter Wert der beiden in der Mitte stehenden Werte berechnet.

Ein Mittelwert ist der **Median (Zentralwert)**.
Er liegt in der Mitte der geordneten Datenreihe

Ein anderer Mittelwert ist der **Durchschnitt, (arithmetisches Mittel)**.
So berechnet man das arithmetische Mittel:
– Alle Werte der Datenreihe werden addiert.
– Die Summe wird durch die Anzahl der Werte dividiert.

BEISPIEL
1, 2, **2**, **3**, 5, 5 (geordnete Datenreihe)
Median: 2,5

$5 + 2 + 5 + 1 + 2 + 3 = 18$
$18 : 6 = 3$
oder $\frac{1 + 2 \cdot 2 + 3 + 2 \cdot 5}{6} = \frac{18}{6} = 3$
arithmetisches Mittel: 3

Median und arithmetisches Mittel einer Datenreihe können verschieden sein.

Basisaufgaben

1 Berechne das arithmetische Mittel und den Zentralwert der Datenreihen.
a) 8, 7, 3, 3, 4
b) 5, 3, 6, 10
c) 42, 66, 15, 74, 38
d) 26, 48, 39, 77, 52, 70

2 Ist das arithmetische Mittel der Datenreihe 10? Begründe.
a) 10, 10, 10, 10
b) 10, 11, 12, 13
c) 8, 9, 10, 11, 12
d) 1, 5, 10, 11, 15
e) 5, 7, 10, 13, 15
f) 5, 7, 13, 15
g) alle Zahlen zwischen 1 und 20

3 Bei einer Klassenarbeit erhielten die Schülerinnen und Schüler folgende Noten:
3, 2, 1, 4, 5, 4, 3, 4, 4, 1, 4, 3, 2, 5, 3, 3, 5, 4, 4, 2, 2, 3, 4, 3, 3, 1.
Bestimme das arithmetische Mittel und den Median der Datenreihe.

BEACHTE
bei Aufgabe 4:
Mit dem Klassen- oder Notendurchschnitt ist das arithmetische Mittel aller erhaltenen Noten gemeint.

4 Dies ist das Ergebnis einer Klassenarbeit.

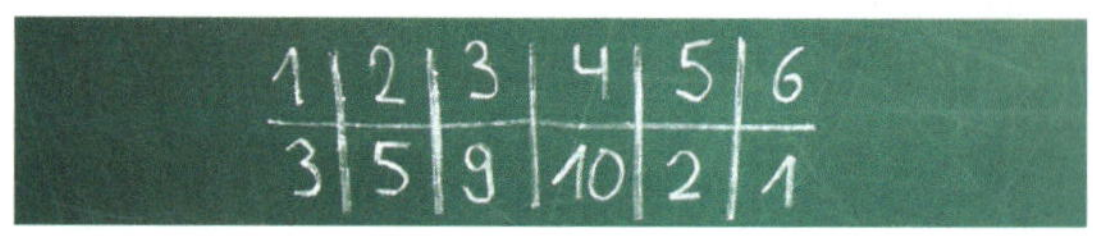

a) Wie viele Zweien gab es?
b) Wie viele Schüler haben mitgeschrieben?
c) Lässt sich der Notendurchschnitt der Klasse mit Rechnung ① oder ② berechnen? Begründe.
① $(3 + 5 + 9 + 10 + 2 + 1) : 6 = 30 : 6 = 5$
② $(3 \cdot 1 + 5 \cdot 2 + 9 \cdot 3 + 10 \cdot 4 + 2 \cdot 5 + 1 \cdot 6) : 30 = 96 : 30 = 3{,}2$

5 Berechne den Klassendurchschnitt.

Note	1	2	3	4	5	6
Anzahl	2	7	9	9	3	0

6 Auf Ayshes Zeugnis steht zweimal die Note „sehr gut“, viermal „gut“, dreimal „befriedigend“ und einmal „ausreichend“. Berechne Ayshes Notendurchschnitt.

7 Familie Sauer macht mit ihren Kindern in den Osterferien eine viertägige Fahrradtour. Christiane Sauer liest jeden Abend auf ihrem Tachometer die gefahrene Streckenlänge ab:

1. Tag: 48 km	2. Tag: 52 km
3. Tag: 40 km	4. Tag: 36 km

Wie viele Kilometer ist Familie Sauer im Durchschnitt täglich gefahren?

8 Am 13. Juni 2014 wurden in Münster folgende Temperaturen gemessen:

Uhrzeit	0	6	12	18
Temperatur	13°	14°	16°	15°

Berechne das arithmetische Mittel und den Zentralwert. Zeichne ein Säulendiagramm.

9 Gib eine Datenreihe mit drei (vier) unterschiedlichen Werten an, die folgende Eigenschaft besitzt:

a) Das arithmetische Mittel ist 5.

b) Das arithmetische Mittel ist 6,5.

c) Das arithmetische Mittel ist 9 und der Zentralwert ist 10.

10 Berechne die Jahresdurchschnittstemperatur, also das arithmetische Mittel der Monatstemperaturen.

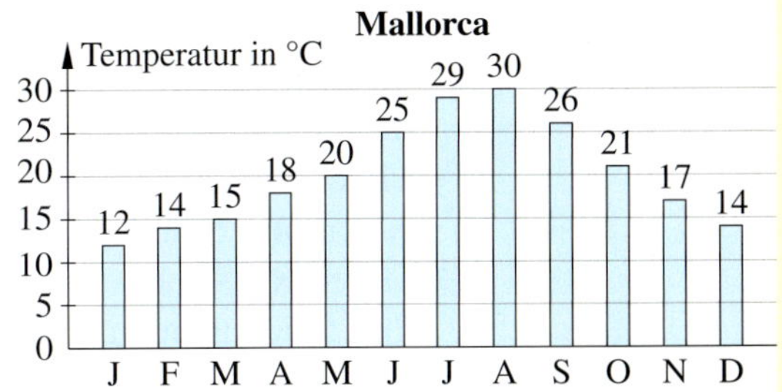

Weiterführende Aufgaben

11 Durchschnittlich fielen in Frankfurt folgende Niederschlagsmengen:

Januar	60 mm	Juli	70 mm
Februar	45 mm	August	80 mm
März	35 mm	September	55 mm
April	45 mm	Oktober	50 mm
Mai	60 mm	November	55 mm
Juni	75 mm	Dezember	54 mm

a) Bestimme für Frankfurt die durchschnittliche Niederschlagsmenge pro Monat und den Zentralwert.

b) Das Diagramm zeigt die durchschnittlichen Niederschlagsmengen in Acapulco (Mexiko).

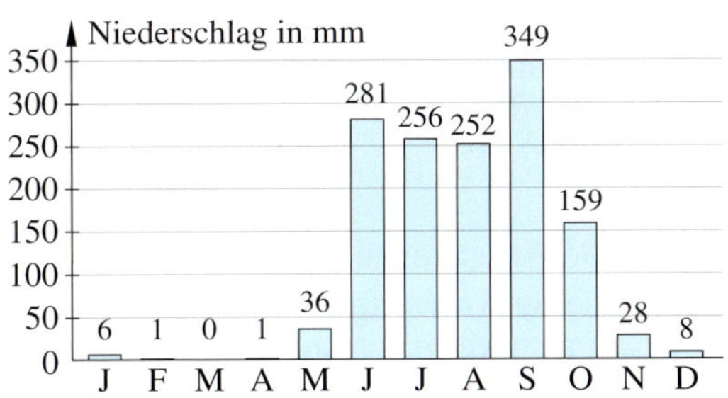

Bestimme die durchschnittliche Niederschlagsmenge und den Zentralwert.

c) Welcher Mittelwert ist bei diesen Beispielen für Vergleichszwecke besser geeignet?

12 Das Diagramm zeigt die Temperaturen vom 23. 9. 2013 am Flughafen in Düsseldorf.

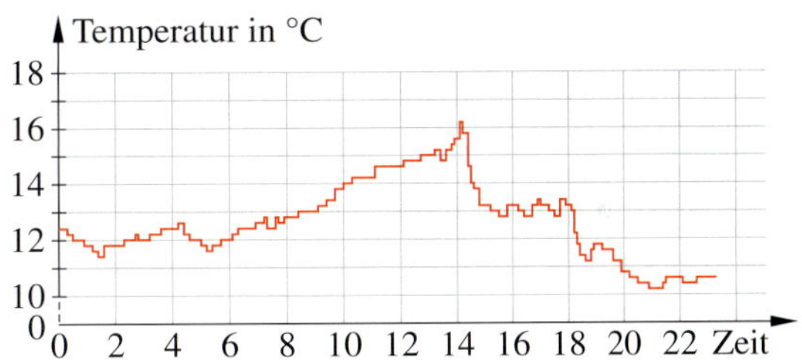

a) Übertrage die Tabelle und fülle sie aus.

Uhrzeit	0	6	12	18
Temperatur				

b) Berechne aus den Angaben der Tabelle die Durchschnittstemperatur.

c) Wie kann ein genauerer Wert für die Durchschnittstemperatur gefunden werden?

13 Kevin hat den Klassenspiegel nicht vollständig abgeschrieben.

1	**2**	**3**	**4**	**5**	**6**
4	7	8			2

Der Klassendurchschnitt lag genau bei 3,1 und 30 Schüler haben die Arbeit mitgeschrieben. Finde heraus, wie viele Schüler eine 4 bzw. eine 5 geschrieben haben.

14 Anna hat in den ersten beiden Mathematikarbeiten dieses Schuljahres eine 2 und eine 4 geschrieben.
Bis zum Halbjahreszeugnis wird noch eine Arbeit geschrieben.
Kann Anna für ihre schriftlichen Leistungen im Durchschnitt noch eine 2,0 erreichen?

15 Vergleiche die Aussagen.
① Marco Reus schoss an den vergangenen fünf Spieltagen fünf Tore.
② Marco Reus schoss in jedem der vergangenen fünf Spiele ein Tor.
③ Marco Reus schoss an den vergangenen fünf Spieltagen durchschnittlich ein Tor pro Spiel.
Finde Beispiele. Welche Aussagen sind gleich? Worin unterscheiden sie sich?

16 Die Jahresdurchschnittstemperatur in Hamburg beträgt 12,8°C. Am kältesten ist es im Januar und im Februar mit durchschnittlich 4°C. Die wärmsten Monate sind Juli und August mit 22°C.
a) Gib mögliche Durchschnittstemperaturen für die fehlenden Monate an. Erkläre, wie du vorgegangen bist.
b) Vergleicht in Kleingruppen und einigt euch auf ein Ergebnis.
c) Recherchiert die realen Werte und vergleicht eure Lösung damit.

17 Erstellt in Kleingruppen ein Plakat zu einem der folgenden Themen: Durchschnittsberechnungen im Sport oder am Menschen oder bei Pflanzen oder bei Fahrzeugen oder in der Schule.

18 Gib je eine Datenreihe mit 10 (mit 15) Daten an, für die gilt:
a) Der Median ist 5.
b) Das arithmetische Mittel ist 10.
c) Der Median ist 5 und das arithmetische Mittel ist 10.

19 Dies ist der Klassenspiegel der letzten Deutscharbeit:

Anzahl	1	2	3	4	5	6
Note	3	7	9	7	3	–

Antonia behauptet ohne zu rechnen, dass der Klassendurchschnitt 3,0 ist.
Ist Antonias Behauptung richtig?
Begründe. Wie ist Antonia vorgegangen?

20 Dies sind die Ergebnisse der Mathearbeit von drei 6. Klassen.

①

1	2	3	4	5	6
0	0	15	15	0	0

②

1	2	3	4	5	6
3	4	7	8	7	1

③

1	2	3	4	5	6
2	11	1	5	8	3

a) Bestimme den Klassendurchschnitt für jede der drei Klassenarbeiten.
b) Gib zwei weitere Klassenspiegel für eine Klasse mit 30 Schülern an, die den gleichen Klassendurchschnitt haben.
c) Gib drei verschiedene Klassenspiegel mit einem Klassendurchschnitt von 3,0 an.
d) Welche Informationen werden durch die Angabe des Durchschnittswertes verschleiert?

21 Sind die Aussagen sinnvoll? Begründe deine Antworten.
a) Der Durchschnitt der Hausnummern von Emil, Tino und Len beträgt 8,5.
b) Mayas Klasse hat bei den Bundesjugendspielen durchschnittlich 834 Punkte pro Schüler erreicht.
c) Finde Beispiele, bei denen Durchschnittswerte nicht sinnvoll sind.

Absolute und relative Häufigkeit

Erforschen und Entdecken

1 Julian und Felipe spielen leidenschaftlich gerne Basketball. Beide trainieren Freiwürfe. Julian hat 25-mal geworfen und dabei 14-mal den Korb getroffen. Felipe hat nur 11-mal den Korb getroffen. Julian behauptet: „Dann bin ich wohl der bessere Freiwerfer!"
Felipe hingegen meint: „Nur weil du häufiger getroffen hast, heißt das noch lange nicht, dass du erfolgreicher warst als ich!"

a) Welche Information musst du besitzen, um die Leistung von Julian und Felipe gerecht miteinander vergleichen zu können?

b) Setze den Dialog zwischen Julian und Felipe so fort, dass Julian am Ende einsehen muss, dass Felipe der bessere Freiwerfer ist.

2 Die Polizei kontrolliert an den Schulen die Verkehrssicherheit von Fahrrädern.

	Sekundarschule	Gesamtschule	Grundschule	Gymnasium
Gesamtanzahl der untersuchten Räder	120	120	60	90
Anzahl der Räder mit Mängeln	18	24	15	18

a) Begründe, dass die Sekundarschule bei der Kontrolle besser abschneidet als die Gesamtschule und das Gymnasium.

b) Ordne die Aussagen den Schulen zu:
„Jeder vierte Schüler hatte Mängel am Rad." „15% der Räder wiesen Mängel auf."
„8 von 10 Fahrrädern waren ohne Mängel." „80% der Räder hatten keine Mängel."

c) Welche Schule hat bei der Kontrolle am besten, welche am schlechtesten abgeschnitten?

3 Die Klassen 6a und 6b haben jeweils ihren Klassensprecher gewählt.

Ergebnis in der Klasse 6a:

Ergebnis in der Klasse 6b:

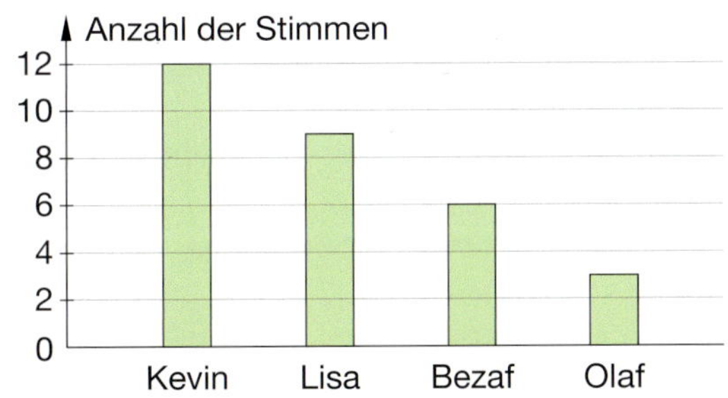

a) Wie viele Schülerinnen und Schüler haben in der 6a gewählt?

b) Stelle die Ergebnisse der Klassensprecherwahl in der 6a in einem Säulendiagramm dar.

c) Wie viele Schülerinnen und Schüler der 6a haben Max gewählt?
Gib ihren Anteil in Prozent an.

d) Stelle die Ergebnisse der Wahl in der 6b in einer Häufigkeitstabelle dar.

e) Gib den Anteil der Schülerinnen und Schüler der 6b an, die Kevin zu ihrem Klassensprecher gewählt haben.

f) Max aus der 6a und Kevin aus der 6b streiten sich, wer das bessere Wahlergebnis erzielt hat.

Lesen und Verstehen

Özil verwandelte 9 seiner letzten 12 Elfmeter, Schweinsteiger 7 der letzten 8.

Möchte man Ereignisse vergleichen, so sind dafür die Anzahlen (**absolute Häufigkeiten**) wegen der meist unterschiedlichen Gesamtzahlen ungeeignet.

Zum Vergleich von Ereignissen dividiert man die absoluten Häufigkeiten durch die Gesamtzahl aller Ereignisse und erhält so die **relativen Häufigkeiten**.

$$\text{relative Häufigkeit eines Ereignisses} = \frac{\text{absolute Häufigkeit des Ereignisses}}{\text{Gesamtzahl aller Ereignisse}}$$

Relative Häufigkeiten kann man als Bruch oder in Prozent angeben.

BEISPIEL

Özil: $\frac{9}{12} = \frac{3}{4} = \frac{75}{100} = 75\,\%$

Schweinsteiger: $\frac{7}{8} = 7 : 8 = 0{,}875 = 87{,}5\%$

Schweinsteiger ist in diesem Fall der erfolgreichere Elfmeterschütze.

Basisaufgaben

BEACHTE
Die Lösungen zu Aufgabe 4 ergeben in der richtigen Reihenfolge den Namen einer europäischen Hauptstadt. Zu welchem Land gehört die Stadt?
0,03 (U); 0,05 (A); 0,2 (H); 0,25 (C); 0,3 (S); 0,4 (R); 0,6 (W); 0,75 (A)

1 Berechne die relativen Häufigkeiten und vergleiche.

Schule	St. Georg	Marienschule	Liebfrauen
Räder mit Mängeln	24	15	12
untersuchte Räder	100	50	60

2 Vergleiche jeweils beide relativen Häufigkeiten.

a) 5 Gewinne auf 20 Lose – 7 Gewinne auf 25 Lose

b) 4 Körbe von 8 Würfen – 6 Körbe von 15 Würfen

c) 9 von 30 Schülern – 16 von 50 Schülern

d) 12 von 15 Stimmen – 15 von 20 Stimmen

3 Piet und Lukas sind Torhüter. Piet hat drei der letzten zehn Elfmeter gehalten, Lukas zwei von acht Elfmetern.

a) Gib für Piet und Lukas die relativen Häufigkeiten der gehaltenen Elfmeter an.

b) Für welchen Torwart sollte sich der Trainer beim Elfmeterschießen entscheiden?

4 Berechne die relative Häufigkeit.

a) 3 von 5 **b)** 15 von 20

c) 30 von 75 **d)** 60 von 200

e) 51 von 204 **f)** 42 von 210

g) 9 von 180 **h)** 21 von 700

5 Welche Aussagen gehören zusammen?

4 %	20 von 500	4 von 20
25 %	jeder Vierte	20 %
jeder 25.	20 von 80	jeder Fünfte

6 Finde zu den Beispielen andere Zahlenangaben mit der gleichen relativen Häufigkeit.

BEISPIEL 5 von 15 Kindern sind Jungen.
$\frac{5}{15} = \frac{1}{3} = \frac{3}{9}$ 3 von 9 Kindern sind Jungen.

a) 16 Lose von 64 gewinnen.

b) Es sind unter 125 Menschen 3 Rothaarige.

c) 5 von 120 Schrauben sind defekt.

d) 7 von 25 Bäumen sind krank.

e) Von 10 T-Shirts sind 6 rot.

Weiterführende Aufgaben

7 Arbeitet zu zweit. Einer würfelt 20-mal und notiert die Anzahl der geworfenen Sechsen. Der andere würfelt 25-mal und notiert ebenfalls die Sechsen.

a) Berechnet die relative Häufigkeit, mit der jeder von euch eine „Sechs“ geworfen hat. Vergleicht eure Ergebnisse.

b) Ändert nun die Anzahl der Würfe auf 12 und 15. Vergleicht erneut eure Ergebnisse. Was fällt euch auf?

c) ➡ Bei welcher Anzahl von Würfen ist die Angabe der relativen Häufigkeit besonders einfach? Begründe.

8 Untersuche verschiedene Texte.

a) Wähle einen kurzen deutschsprachigen Text mit mindestens 30 Wörtern.

b) Zähle zunächst alle Buchstaben insgesamt. Erstelle eine Häufigkeitstabelle für die Buchstaben E, N, R, A und Y.

c) Bestimme die relative Häufigkeit, mit der jeder der Buchstaben E, N, R, A und Y im Text vorkommt.

d) Präsentiere und vergleiche dein Ergebnis.

e) Untersuche nun die relative Häufigkeit der Buchstaben E, N, R, A und Y in einem kurzen englischsprachigen Text mit mindestens 30 Wörtern.

f) ➡ Sucht im Internet nach Angaben über relative Häufigkeiten für Buchstaben in der deutschen sowie der englischen Sprache und vergleicht die Resultate mit euren Ergebnissen.

9 Auf der Fahrt in den Urlaub haben Sina und Eileen Langeweile. Daher zählen sie Autos. Eileen hat 6 blaue, 8 schwarze, 6 weiße, 2 rote und 10 andersfarbige Autos gezählt. Sina hat 5 Mercedes, 8 VWs, 3 Fiats, 2 BMWs und 6 andere Automarken gezählt. Überprüfe die Behauptungen:

a) Auf der Autobahn sind mehr blaue Autos als VWs unterwegs.

b) Die relative Häufigkeit für einen Fiat ist größer als für ein rotes Auto.

c) Überlege dir ähnliche Aufgaben und lasse sie von deinem Tischnachbarn lösen.

10 Die Polizei kontrolliert häufig die Geschwindigkeit der Kraftfahrzeuge in der Nähe von Schulen und Kindergärten.
Diese Daten wurden bisher gesammelt:

Straße	Gesamtzahl der kontrollierten Fahrzeuge	Zahl der Fahrzeuge mit überhöhter Geschwindigkeit
Boxgraben	550	11
Lindenstr.	800	20
Kiefernweg	600	30
Tulpenweg	900	54
Jahnstr.	520	26
Südring	1300	39
Berliner Weg	500	35

In welchen vier Straßen sollte die Polizei ihre Kontrollen verstärkt durchführen?

11 Die Zusammensetzung von Nahrungsmitteln wird in Eiweiß, Fett und Kohlenhydraten angegeben. Die Energie eines Nahrungsmittels wird häufig noch in Kilokalorie angeführt.

	Eiweiß in g	Fett in g	Kohlenhydrate in g	Energie in kcal
125 g Butter	1,25	100	1,25	955
200 g Bananen	2	–	36	162
60 g Chips	3	24	28	318
100 g Würstchen	15	26	–	296
20 g Schnittkäse	5	6	1	79
250 g Brötchen	23	5	125	657

a) Welches der Lebensmittel enthält relativ gesehen am meisten (am wenigsten) Eiweiß, Fett und Kohlenhydrate?

b) Sortiere die Nahrungsmittel nach ihrem Energiegehalt (pro 100 g) und erstelle dazu ein Diagramm.

c) ➡ Suche zu Hause oder im Supermarkt nach den Zusammensetzungen weiterer Lebensmittel und vergleiche die Angaben. Musst du die relative Häufigkeit berechnen? Begründe.

181-1
Hier findest du ein Arbeitsblatt zu Aufgabe 8 mit vorgegebenen Texten.

BEACHTE
1 Kilokalorie (1 kcal) ist die Energiemenge, die nötig ist, um einen Liter Wasser um ein Grad zu erwärmen.

181-2
Unter dem Webcode befindet sich eine interaktive Übung zum Schätzen von absoluten Häufigkeiten.

Kreisdiagramme auswerten und zeichnen

Erforschen und Entdecken

1 Daten von Umfrageergebnissen lassen sich besonders anschaulich in Kreisdiagrammen darstellen.

100 Schülerinnen und Schüler wurden befragt:

Hobby	Stimmen
Sport	50
Computer	30
Freunde treffen	10
sonstiges	10

Lieblingsfach	Stimmen
Sport	30
Mathe	25
Biologie	25
sonstiges	20

Lieblingsessen	Stimmen
Pizza	30
Nudeln	30
Pommes	25
sonstiges	15

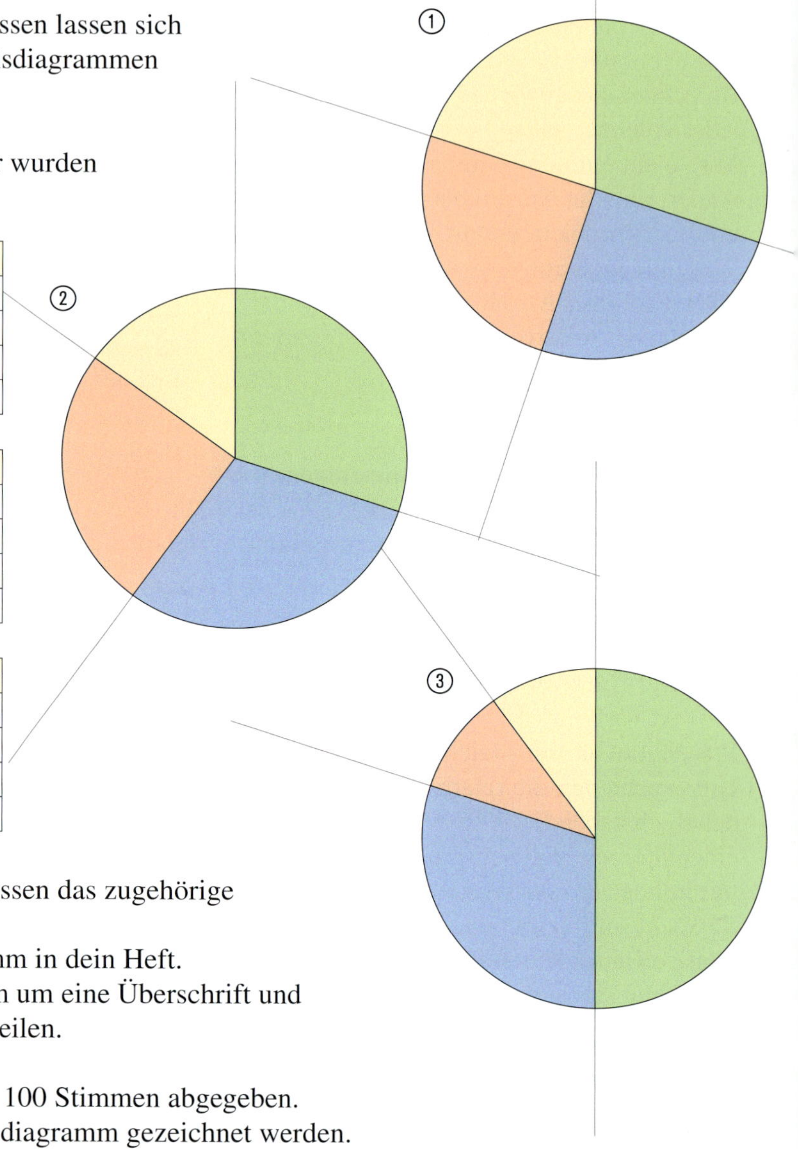

a) Ordne den Umfrageergebnissen das zugehörige Kreisdiagramm zu.

b) Übertrage ein Kreisdiagramm in dein Heft. Ergänze das Kreisdiagramm um eine Überschrift und einen Eintrag an den Kreisteilen.

2 Bei einer Umfrage wurden 100 Stimmen abgegeben. Als Auswertung soll ein Kreisdiagramm gezeichnet werden.

a) Wie groß müssten die Anteile für die Stimmanzahlen in der Tabelle sein? Fülle die Tabelle in deinem Heft aus. Die Lösung von Aufgabe 1 kann dir dabei helfen. Das Diagramm selbst soll nicht gezeichnet werden.

Anzahl Stimmen	Winkelgröße
50	180°
30	
25	
20	
15	
10	
5	

b) Wie groß müsste der Winkel für die Darstellung von 35 (75; 1; 3; 38) Stimmen werden?

c) Bei einer anderen Umfrage wurden die 30 Schülerinnen und Schüler der 6c nach ihrem Lieblingslehrer gefragt:
Herr Meier 10; Frau Müller 6; Frau Schwarz 5; Herr Lang 3; Sonstige 6
Erstelle ein Kreisdiagramm und erkläre, wie du dabei vorgegangen bist.

3 Beide Diagramme zeigen die Ergebnisse derselben Wahl.

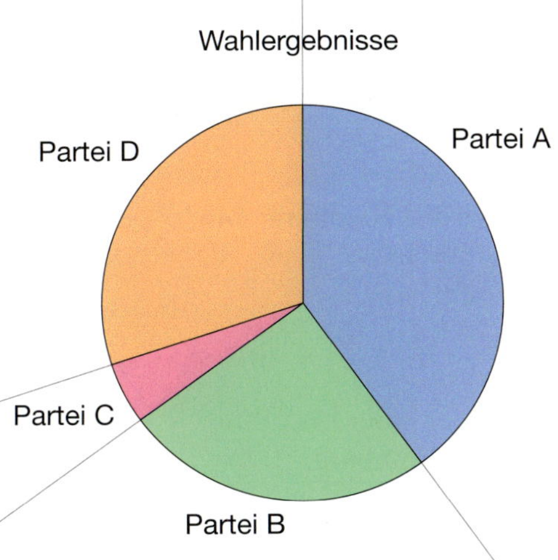

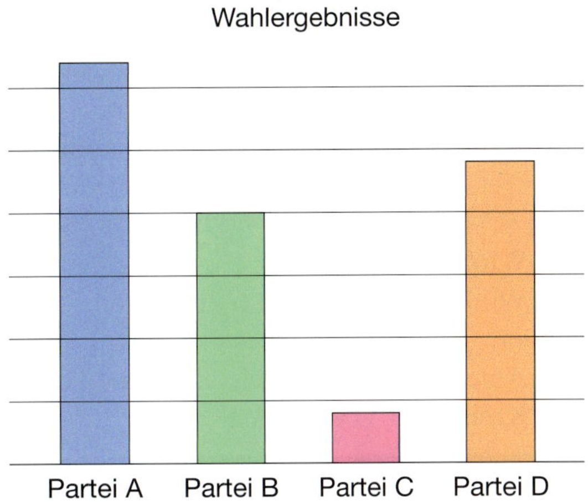

a) Welche Partei hat gewonnen? Schätze die Größe des Stimmanteils für jede Partei.
b) Beschreibe, wie du im Kreisdiagramm den Stimmanteil für jede Partei genau bestimmen kannst. Berechne und vergleiche mit deiner Schätzung aus Aufgabenteil a).
c) Wie viele Stimmen haben die einzelnen Parteien erhalten, wenn 8 000 000 Wahlberechtigte ihre Stimme abgegeben haben?
d) Zeichne das Säulendiagramm ab und ergänze die fehlende y-Achse.
e) Vergleiche die beiden Diagramme.

4 Die Wahl zum Landtag des Landes Nordrhein-Westfalen fand als vorgezogene Wahl am 13. Mai 2012 statt. Dabei erzielten die Parteien folgende Ergebnisse:

Partei	Wahlergebnis
SPD	39,1 %
CDU/CSU	26,3 %
Bündnis 90/Grüne	11,3 %
FDP	8,6 %
Piraten	7,8 %
Sonstige	6,9 %

a) Skizziere grob ein Kreisdiagramm für die Wahlergebnisse. Runde dazu die Ergebnisse auf die Einerstelle. Vergleicht eure Diagramme untereinander.
b) Wie groß müssen die Winkel innerhalb des richtigen Kreisdiagramms sein? Wie seid ihr dabei vorgegangen? Besprecht in der Klasse, wie ihr beim Runden der Winkelgrößen vorgeht.
c) Welche Angaben muss ein Kreisdiagramm haben? Diskutiert darüber in eurer Klasse und legt Standards fest.

Lesen und Verstehen

In den sechsten Klassen wurde über die Ziele der Klassenfahrt abgestimmt. Hamburg, Berlin und München standen zur Auswahl.

BEACHTE
Der ganze Kreis entspricht 100 % oder 360°. Dann entspricht 1 % also $\frac{1}{100}$ von 360°, das sind 3,6°.

So kann man bei einem **Kreisdiagramm** die relative Häufigkeit für ein Kreisteil (in %) berechnen:
- Winkelgröße messen
- Winkelgröße durch 3,6 dividieren

Oder:
- Anteil der Winkelgröße am gesamten Kreis (360°) berechnen

BEISPIEL 1
Winkelgröße Hamburg: 144°
144 : 3,6 = 40
Oder: 144° von 360°
sind $\frac{144}{360} = \frac{4}{10} = \frac{40}{100} = 40\,\%$
40 % der Schüler in der 6 a waren für Hamburg.

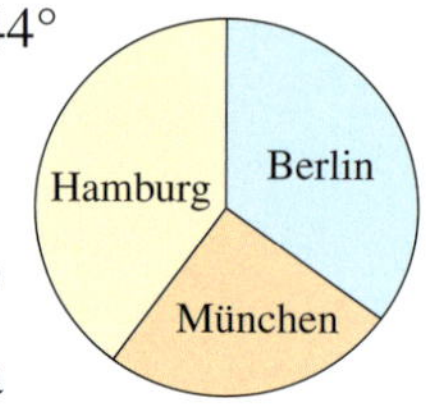

Will man ein **Kreisdiagramm zeichnen**, so hilft die Berechnung der relativen Häufigkeiten weiter:
- relative Häufigkeiten (in %) bestimmen
- Prozentzahl der relativen Häufigkeit mit 3,6 multipliziert ergibt die Winkelgröße

Winkelgröße

: 3,6 ↓ ↑ · 3,6

relative Häufigkeit (in %)

BEISPIEL 2
In der 6 d wollen 12 Schüler nach Berlin, 15 nach München und 3 nach Hamburg.

	absolute Häufigkeit	relative Häufigkeit	Winkelgröße
Berlin	12	$\frac{12}{30} = 40\%$	$40 \cdot 3{,}6° = 144°$
München	15	$\frac{15}{30} = 50\%$	$50 \cdot 3{,}6° = 180°$
Hamburg	3	$\frac{3}{30} = 10\%$	$10 \cdot 3{,}6° = 36°$

Basisaufgaben

184-1
Hier findest du eine interaktive Übung zum Bestimmen von Prozentzahlen aus Diagrammen.

1 Das Diagramm zeigt, welche Haustiere besonders beliebt sind.
a) Bestimme jeweils die Anteile in der Bruchschreibweise, der Dezimalbruchschreibweise und der Prozentschreibweise.
b) Zeichne das Kreisdiagramm in dein Heft und beschrifte es in Prozentschreibweise.

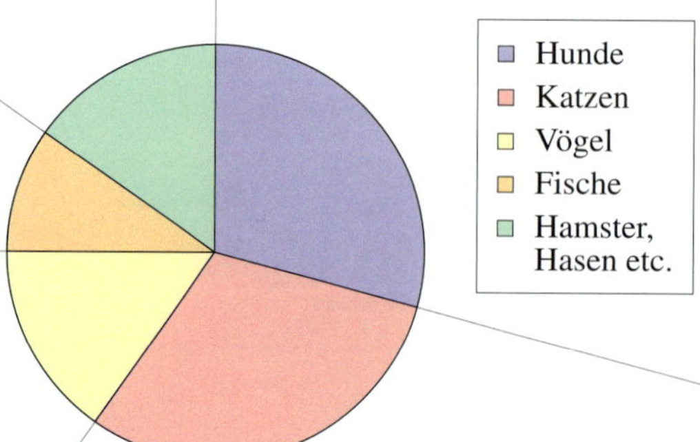

2 Zur Fütterung ihrer Haustiere besorgen die meisten Haushalte besonderes Tierfutter. Das Diagramm zeigt an, wo das Futter eingekauft wurde.
Gib jeweils die Anteile in den verschiedenen möglichen Schreibweisen an.

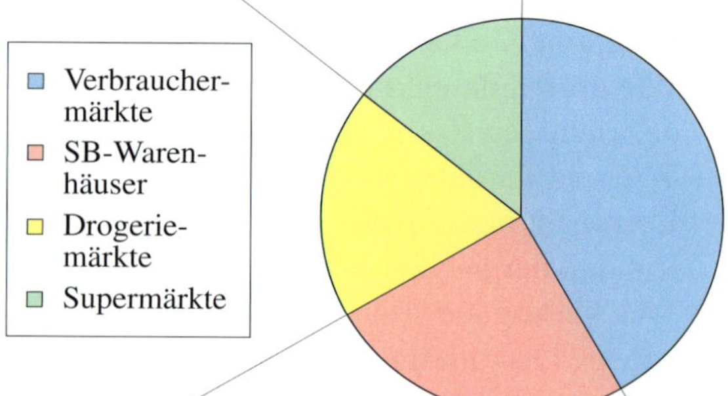

3 Welchen Anteil am Wasserverbrauch im Haushalt haben die einzelnen Tätigkeiten?

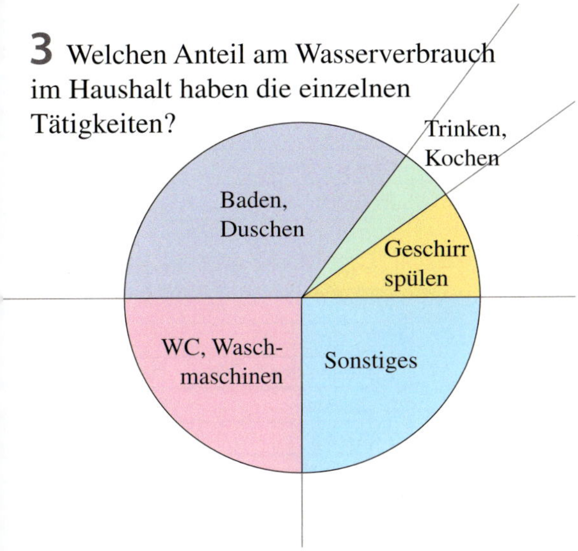

4 Übertrage die Tabelle in dein Heft.

Anteil	Rechnung	Winkelgröße
$\frac{1}{5}$		
$\frac{1}{4}$		
$\frac{2}{5}$		
$\frac{3}{20}$		

a) Berechne die Winkelgrößen für ein Kreisdiagramm.
b) Zeichne das Kreisdiagramm mit einem Radius $r = 5\,\text{cm}$ und beschrifte es.

5 Berechne, falls nötig, die Stimmanteile (in %). Zeichne jeweils ein Kreisdiagramm.
a) Bei den Bürgermeisterwahlen in Kleinfeld entfielen 30 % der Stimmen auf Herrn Jansen und 65 % auf Frau Bongerts. Die restlichen Stimmen waren Enthaltungen.
b) In Großdorf gingen 4000 Bürgerinnen und Bürger zur Wahl. Davon wählten 600 Frau Schad und 3000 Herrn Görtz.
400 Bürger enthielten sich der Stimme.
c) In Dörfling wählten 2400 Bürgerinnen und Bürger Herrn Lange und 3000 Herrn Otto. Es gab 600 Enthaltungen.

6 Nach Angaben des Bundesministeriums für Ernährung, Landwirtschaft und Verbraucherschutz besteht die deutsche Waldfläche zu
28,2 % aus Fichten,
9,6 % aus Eichen,
14,8 % aus Buchen und
23,3 % aus Kiefern.
Die restliche Waldfläche entfällt auf andere Baumarten.
a) Berechne den Anteil, der auf die restlichen Baumarten entfällt.
b) Runde alle Anteile auf die Einerstelle.
c) Zeichne ein Kreisdiagramm zu den Baumarten des deutschen Waldes.

Weiterführende Aufgaben

7 Till hat Mitschüler nach ihrem Taschengeld gefragt. Manche haben geantwortet, wie viel sie pro Monat bekommen, manche pro Woche.

monatlich: 15 €; 10 €; 15 €; 25 €; 10 €; 20 €; 30 €; 12 €; 10 €; 8 €
wöchentlich: 4 €; 5 €; 10 €; 2 €; 3 €; 2,50 €; 4 €; 5 €; 2,50 €; 3 €; 5 €; 4 €; 3 €; 6 €; 4 €

a) Fasse sinnvoll in vier „Klassen" zusammen. Zeichne ein Kreisdiagramm.
b) Till meint: „Schüler, die ihr Taschengeld monatlich erhalten, bekommen mehr." Nimm dazu Stellung.
c) Vergleiche die Ergebnisse von Tills Umfrage mit deinem eigenen Taschengeld.

8 Die Klasse 6c hat 60 Lehrer nach ihren Urlaubstraumzielen gefragt: Welche Überschriften passen?
- Jeder dritte Lehrer würde gerne in die USA reisen.
- Zwei von fünf Lehrern nennen Australien als Traumziel.
- Mehr als die Hälfte der Lehrer würde ihren Urlaub gerne in den USA oder Südafrika verbringen.
- Ein Viertel der Lehrer träumt von Südafrika.
- Traumziele USA und Australien – 65 % der Lehrer sprechen sich für diese beiden Ziele aus.

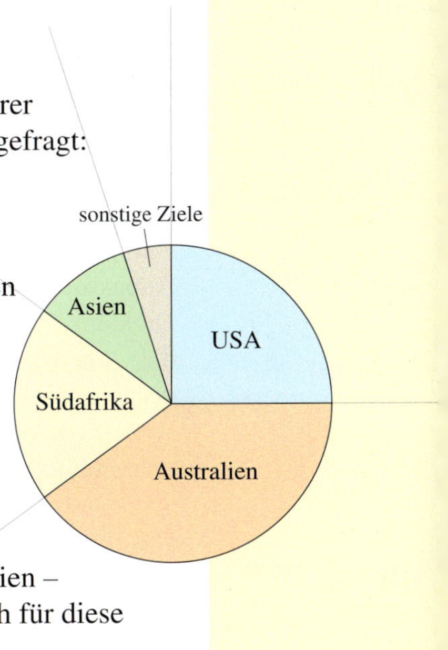

Methode: Kreisdiagramme mit dem Computer erstellen

Kreisdiagramme lassen sich auch mit dem Computer erstellen. Dazu kannst du z. B. ein **Tabellenkalkulationsprogramm** nutzen.

Name des Spielers	Stimmen
Iniesta	19
Messi	17
Ronaldo	17

Hier wird das Ergebnis der Wahl zu Europas Fußballer des Jahres 2012 mit Hilfe des Programms Excel dargestellt.

Die Tabelle wird in das Tabellenkalkulationsprogramm übertragen und markiert.
Zum Markieren klickt man das linke obere Feld der Tabelle (**A1**, Eintrag „Name des Spielers") mit der linken Maustaste an und zieht die Maus bei gedrückter linker Maustaste bis zur unteren rechten Ecke der Tabelle.

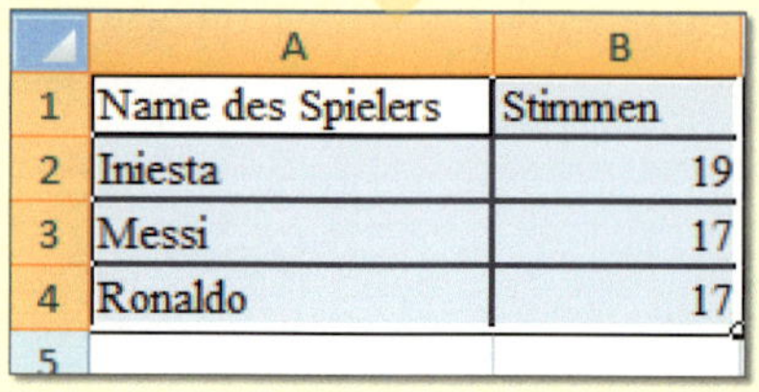

	A	B
1	Name des Spielers	Stimmen
2	Iniesta	19
3	Messi	17
4	Ronaldo	17
5		

Über der Tabelle befindet sich die Menüleiste.
Klickst du auf „Einfügen", öffnet sich ein Menüband.

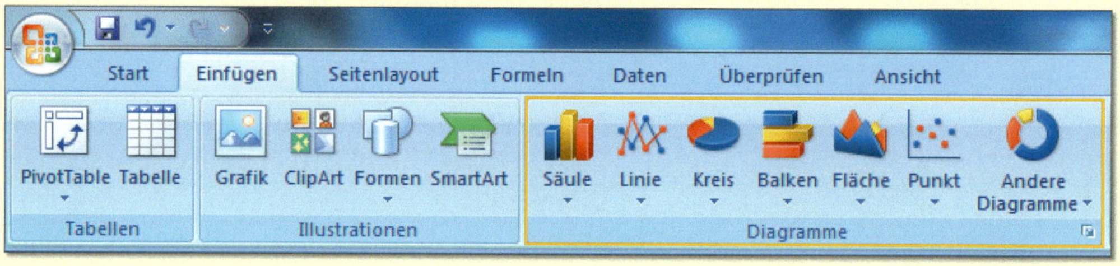

Im Bereich Diagramme (siehe gelbe Umrandung) kann man nun zwischen verschiedenen Diagrammtypen wählen. Wenn du ein Kreisdiagramm zeichnen möchtest, klickst du auf den Button 

.

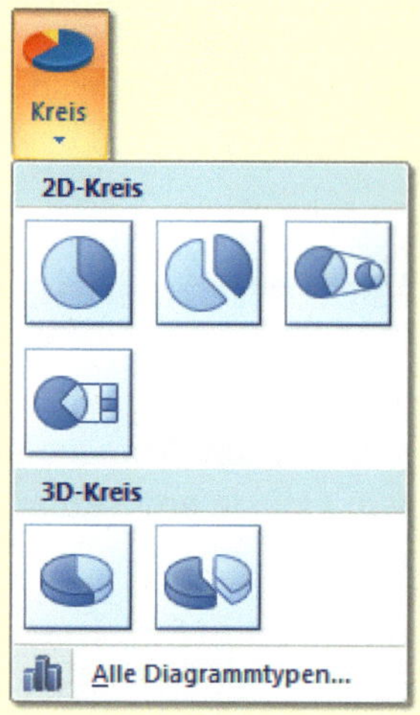

Dann öffnet sich die Auswahl der verfügbaren Kreisdiagramme.

Wählt man die erste Kreisdiagrammart aus, so sieht das Diagramm wie rechts abgebildet aus.

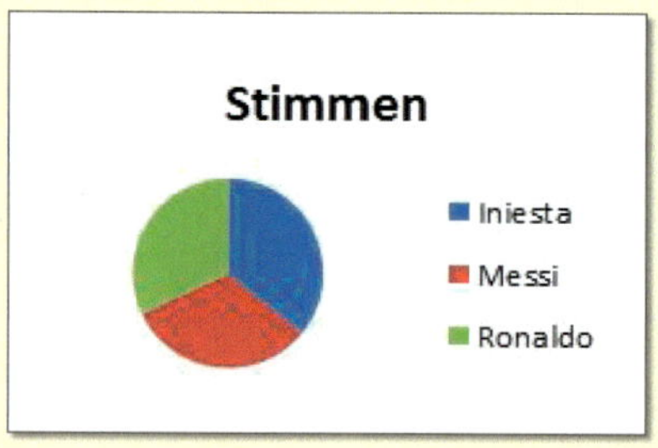

Nun kann man noch beliebige Anpassungen vornehmen. Du kannst beispielsweise die Überschrift oder die Farbe der Kreisteile ändern. Außerdem können Beschriftungen hinzugefügt werden.

Das fertige Diagramm könnte dann z. B. auch wie in der Abbildung rechts aussehen.

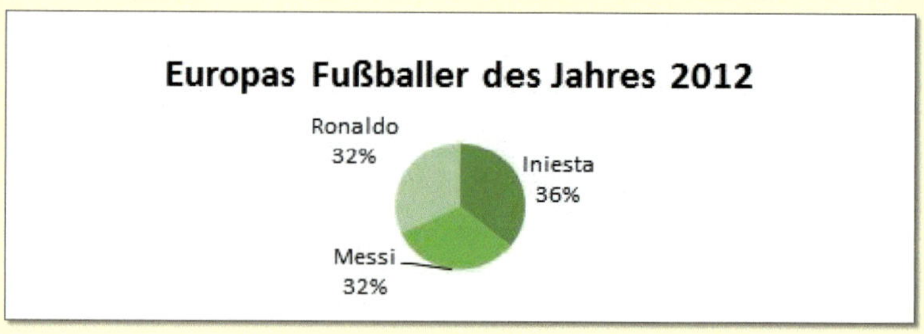

Vorsicht Statistik!

Durch eine entsprechende Auswahl oder Deutung statistischer Daten werden Sachverhalte manchmal bewusst irreführend dargestellt, weil ein besonderes Interesse verfolgt wird.

1 In einer Schreinerei arbeiten drei Lehrlinge, sieben Gesellen, ein Meister und ein Geschäftsführer. Es steht eine Lohnerhöhung an, für die verschiedene Möglichkeiten diskutiert werden.

vor der Lohnerhöhung	
3 · 700 €	= 2100 €
7 · 2800 €	= 19 600 €
1 · 4300 €	= 4300 €
1 · 10 000 €	= 10 000 €
	36 000 €

Möglichkeit 1	
3 · 700 €	= 2100 €
7 · 2800 €	= 19 600 €
1 · 4300 €	= 4300 €
1 · 11 800 €	= 11 800 €
	37 800 €

Möglichkeit 2	
3 · 735 €	= 2205 €
7 · 2940 €	= 20 580 €
1 · 4515 €	= 4515 €
1 · 10 500 €	= 10 500 €
	37 800 €

Der Geschäftsführer unterstützt Möglichkeit 1. Er argumentiert gegenüber den Mitarbeitern, dass bei beiden Alternativen der Durchschnittslohn in gleicher Weise gestiegen ist.

a) Was würdest du ihm darauf erwidern?

b) Wie verändert sich bei den beiden Möglichkeiten der Median gegenüber vorher?

c) Die Lehrlinge regen an, dass jeder einfach 150 € mehr bekommen soll. Was bedeutet das für das arithmetische Mittel und den Median? Wie beurteilst du den Vorschlag der Lehrlinge?

2 In verschiedenen Klassen wurde nach der Höhe des monatlichen Taschengelds gefragt.

6a: 10; 10; 10; 11; 12; 14; 14; 15; 15; 15; 15; 16; 16; 18; 20; 20; 20; 23; 24; 24; 25; 25; 26; 26; 28; 28; 30; 30; 30; 30

6b: 9; 9; 10; 11; 12; 13; 14; 15; 15; 16; 16; 19; 20; 23; 24; 24; 24; 24; 25; 25; 25; 25; 26; 27; 27; 28; 29; 30; 30; 35

6c: 10; 10; 12; 12; 13; 14; 14; 14; 15; 15; 15; 16; 16; 16; 18; 20; 20; 23; 23; 24; 24; 25; 26; 27; 28; 28; 30; 30; 32; 60

a) Berechne für jede Klasse das arithmetische Mittel, den Zentralwert und die Spannweite. Nutze diese Begriffe um zu begründen, in welcher Klasse das Taschengeld am gerechtesten verteilt wird.

b) Setze die Begriffe „Median", Spannweite" und „arithmetisches Mittel" passend ein.
- Der Geldbetrag, den alle hätten, wenn alle gleich viel Taschengeld bekämen, ist ■.
- Der ■ macht eine Aussage darüber, wie viel Taschengeld die eine Hälfte der Klasse mindestens und die andere Hälfte der Klasse höchstens hat.
- Je größer ■, desto größer ist der Unterschied zwischen den Kindern mit dem geringsten und dem höchsten monatlichen Taschengeld.

3 In einer Klasse wird gefragt, wie viele Stunden die Kinder am Vortag PC-Spiele gespielt haben. Die Antworten reichen von „gar nicht" bis zu „vier Stunden".

a) Alexander erzählt nachmittags seinen Eltern, dass er auch mehr am Computer spielen will, weil seine Mitschüler im Durchschnitt zwei Stunden am Computer spielen.
Passt Alexanders Argumentation? Begründe.

b) Es sind 30 Kinder in Alexanders Klasse.
Wie könnte eine Datenreihe aussehen, die zu seiner Aussage passt und bei der sich ein arithmetischer Mittelwert von zwei Stunden und ein Zentralwert von nur einer Stunde ergibt?

Vermischte Übungen

1 360 Schülerinnen und Schüler der Gesamtschule Süd beteiligten sich an einer Umfrage zur Qualität des Mensa-Angebots:

sehr gut	160	schlecht	45
gut	80	weiß nicht	15
mittelmäßig	60		

a) Gib die relative Häufigkeit der Stimmen für die Wertungen als Bruch und in Prozent an. Runde auf die erste Nachkommastelle.
b) Zeichne zu den Werten ein Kreisdiagramm.
c) Mattis meint: „Um das Kreisdiagramm zu zeichnen, musste ich gar nicht rechnen!" Was meint Mattis damit?

2 Die Klassensprecher und die Jahrgangsstufensprecher der Oberstufe wählten den Schülersprecher.

a) Gib die relative Häufigkeit der Stimmen als Bruch und in Prozentschreibweise an.
b) Zeichne ein Kreisdiagramm.

3 Eine Schule hat 740 Schülerinnen und Schüler. Die Anteile der Jahrgangsstufen 5/6, 7/8 und 9/10 zeigt das Kreisdiagramm.
Miss die Winkel und bestimme die jeweiligen Schülerzahlen in den verschiedenen Gruppen.

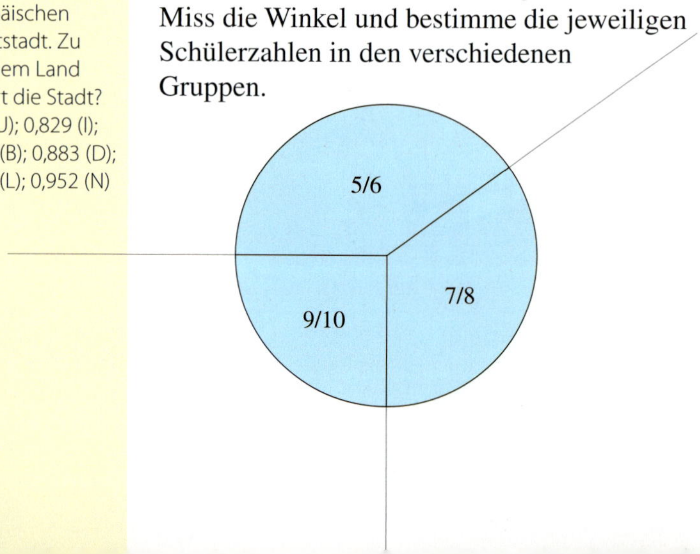

4 Die 6. Klassen haben eine Umfrage zum Thema Taschengeld durchgeführt.
Bestimme die durchschnittliche Taschengeldhöhe pro Monat für alle Klassen zusammen.

Klasse	Anzahl der Schüler	durchschnittliche Taschengeldhöhe pro Monat
6a	30	16 €
6b	25	13 €
6c	26	12 €
6d	30	15 €

5 Lies den Zeitungsartikel in der Randspalte.
a) Berechne den Anteil aller genannten Reiseländer zusammen.
b) Erstelle zu dem Zeitungsbericht ein passendes Kreisdiagramm.

6 Arbeitet in Kleingruppen. Bereitet eine Befragung in der Klasse oder an der Schule zu einem der folgenden Themen vor: Freizeitverhalten, Fernsehkonsum, Politik, Urlaub, Taschengeld.
Erstellt dazu einen Fragebogen.
Führt dann die Befragung durch.
Präsentiert die Ergebnisse mit Hilfe von geeigneten Diagrammen auf einem Plakat.

7 Die Tabelle zeigt die Anzahl der verwandelten und verschossenen Elfmeter einiger ehemaliger Bundesligaspieler.

Spieler	verwandelt	verschossen
M. Kaltz	53	7
G. Müller	51	12
S. Kuntz	30	5
L. Matthäus	30	3
G. Netzer	29	6
R. Bonhof	20	1

a) Bestimme für jeden Spieler die relative Häufigkeit für ein Elfmetertor.
b) Recherchiere die erfolgreichsten Elfmeterschützen der letzten Bundesligasaison. Vergleiche die relativen Häufigkeiten mit denen aus Teilaufgabe a).

Ab in die Ferien
Das beliebteste Urlaubsziel der Deutschen ist weiterhin Deutschland selbst. 40 Prozent aller Reisen über fünf Tage wurden im eigenen Land unternommen. Die beliebtesten ausländischen Reiseziele sind Spanien mit 17 % vor Italien mit 15 % und der Türkei mit 10 %.

BEACHTE
Die Lösungen zu Aufgabe 7 a) ergeben in der richtigen Reihenfolge den Namen einer europäischen Hauptstadt. Zu welchem Land gehört die Stadt?
0,81 (U); 0,829 (I); 0,857 (B); 0,883 (D); 0,909 (L); 0,952 (N)

8 Das Diagramm zeigt die Marktanteile einiger Fernsehsender im Jahresdurchschnitt des Jahres 2012.

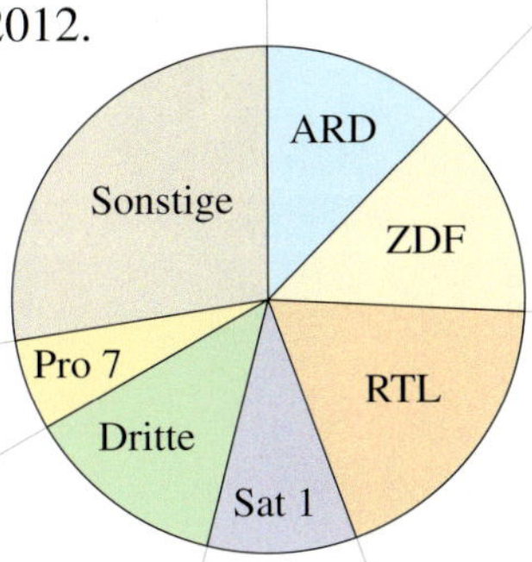

a) Berechne die Marktanteile der einzelnen Fernsehsender.

b) Arbeitet in Gruppen: Schätzt, wie viele Minuten ein „durchschnittlicher" Zuschauer 2012 vor dem Fernseher verbrachte. Wie viele Stunden sah er dann in etwa die Programme der öffentlich-rechtlichen Sender (ARD, ZDF, Dritte)? Erstellt eine Präsentation und führt sie euren Mitschülern vor. Vergleicht eure Ergebnisse.

c) Erkläre, warum dieses Diagramm die Anteile verfälscht wiedergibt.

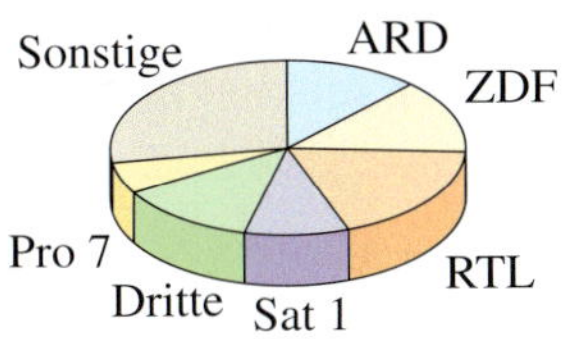

9 An einer Gesamtschule gibt es fünf sechste Klassen:

Klasse	6a	6b	6c	6d	6e
Schüleranzahl	30	28	29	28	30

a) Wie viele Schüler sind durchschnittlich in einer Klasse?

b) Untersuche, wie viele Schülerinnen und Schüler an deiner Schule die sechste Klasse besuchen.

c) David hat herausgefunden, dass an seiner Schule durchschnittlich 28 Schülerinnen und Schüler die fünfte Klasse besuchen. Jeweils 29 Schülerinnen und Schüler besuchen die Klassen 6, 7 und 9 und jeweils 29,5 Schülerinnen und Schüler die Klassen 8 und 10.
Lässt sich mit diesen Angaben die durchschnittliche Klassengröße an Davids Schule berechnen? Berechne oder begründe.

10 Magdalena Neuner gilt als erfolgreichste Biathletin aller Zeiten, obwohl sie im Liegen durchschnittlich bei jedem 9. Schuss das Ziel verfehlte. Beim Stehendschießen traf sie im Durchschnitt zwei von drei Malen.
Berechne das arithmetische Mittel für einen Treffer beim Liegend- und Stehendschießen.

11 In der neunten Staffel (2012) der Sendung „Deutschland sucht den Superstar" kam es beim Televoting in der Runde der letzten Fünf zu folgendem Ergebnis:

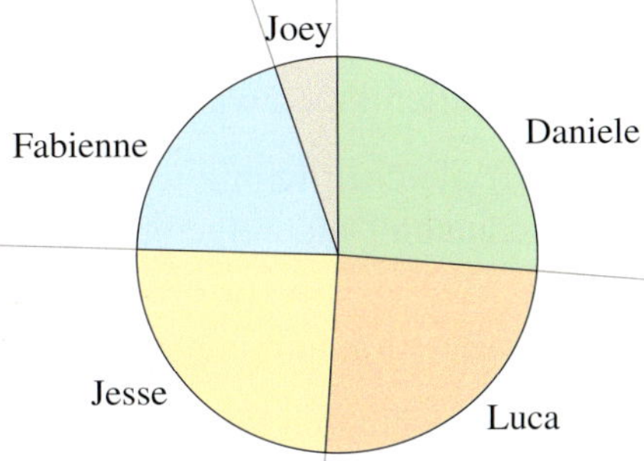

a) Bestimme die Anteile für die einzelnen Kandidaten.
Welcher Kandidat schied aus?

b) In der Runde der letzten Drei erzielten die verbliebenen Kandidaten die folgenden prozentualen Anteile:

Daniele	**Luca**	**Jesse**
35 %	33 %	32 %

Zeichne ein Kreisdiagramm.

12 Gegeben sind verschiedene Anteile der Bevölkerung in der Bundesrepublik Deutschland (bezogen auf das Jahr 2010).

Männer	49,1 %
Katholiken	29,9 %
in NRW lebende Personen	21,8 %
Kinder unter 6 Jahren	5,2 %

Lassen sich diese Angaben in einem Kreisdiagramm darstellen?
Zeichne das Kreisdiagramm in dein Heft oder begründe, warum es sich nicht darstellen lässt.

Gewichtsveränderungen und Body-Mass-Index

Der Body-Mass-Index (BMI) berechnet sich aus dem Körpergewicht dividiert durch das Produkt aus Körpergröße mal Körpergröße. Mit Hilfe des BMI kann man grob beurteilen, ob eine Person Untergewicht, Normalgewicht oder Übergewicht hat.

Bei neun übergewichtigen Patientinnen wurde in einer Reha-Klinik der BMI bestimmt: 35,7 / 33,9 / 34,8 / 30,3 / 35,3 / 33,2 / 36,6 / 32,5 und 33,7.
Nach sechs Wochen hatte sich der BMI bei drei Patientinnen deutlich verringert, bei vier Patientinnen geringfügig verringert und bei zwei Patientinnen war er unverändert.

In der gleichen Klinik wurden auch sechs Männer behandelt. Ihre BMI wurden in einer geordneten Datenreihe gesammelt: 31,8 / 32,6 / ___ / 34,7 / 35,1 / ___

a) Bestimme Median und arithmetisches Mittel der Datenreihe für die neun Frauen.

b) Berechne bei den Frauen die relative Häufigkeit für einen unveränderten BMI.

c) Stelle die Veränderungen bei den Frauen in einem Kreisdiagramm dar.

d) Der Median der Datenreihe bei den Männern ist 34,3 und das arithmetische Mittel 34,5. Bestimme die beiden fehlenden Werte in der Datenreihe.

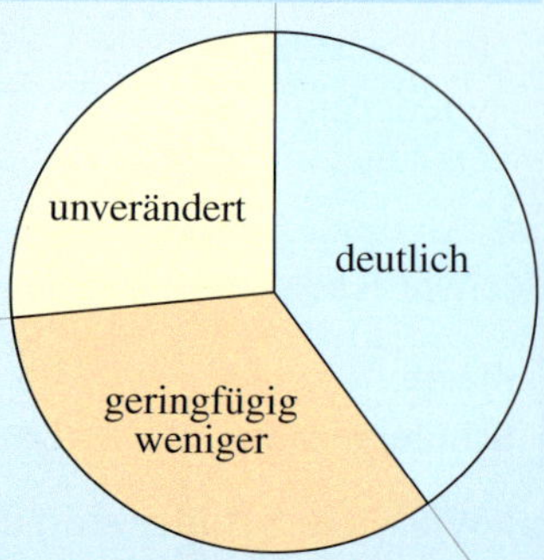

e) Das Kreisdiagramm zeigt die Veränderung des BMI nach dem Klinikaufenthalt bei allen 15 Patientinnen und Patienten.
Bestimme den Anteil und die Anzahl an Personen, bei denen sich deutliche, geringfügige und keine Veränderungen zeigten.

f) Dennis behauptet: „Wenn ich das arithmetische Mittel des BMI der Frauen und das arithmetische Mittel des BMI der Männer addiere und das Ergebnis durch 2 teile, dann erhalte ich das arithmetische Mittel des BMI für alle Patientinnen und Patienten.“
Nimm Stellung zur Aussage von Dennis.

g) Gib eine Datenreihe mit den BMI von fünf Frauen und sechs Männern an, die folgende Eigenschaften besitzen: Bei den Frauen kommt der Median in der Datenreihe zweimal vor. Das Maximum liegt bei 38,1, das Minimum bei 32, der Median bei 33,6 und das arithmetische Mittel bei 34,7.
Bei den Männern kommt kein BMI zweimal vor. Das Maximum liegt bei 35,6, das Minimum bei 34,8. Median und arithmetisches Mittel sind gleich.
Das arithmetische Mittel der gesamten Datenreihe beträgt 35, der Median ist 35,1.

Alles klar?

Entscheide, ob die Aussagen richtig oder falsch sind.
Begründe deine Entscheidung im Heft und korrigiere gegebenenfalls.

BEACHTE
Die Lösungen zu den Aufgaben auf dieser Seite sowie dazu passende Trainingsaufgaben findest du ab Seite 208.

1 Arithmetisches Mittel und Median

Die Tabelle zeigt die monatlichen Durchschnittstemperaturen auf Mallorca.

	J	F	M	A	M	J	J	A	S	O	N	D
Temp. (in °C)	9,3	9,7	10,8	12,9	16,9	21,0	24,0	24,6	21,8	17,7	13,2	10,6

a) Der Median der Temperaturen für das ganze Jahr liegt bei ca. 15 °C.

b) Das arithmetische Mittel der Temperatur liegt bei ca. 16 °C.

c) Gibt es in einer Datenreihe 12 Werte, müssen immer 6 Werte über und 6 Werte unter dem arithmetischen Mittel liegen.

d) Gibt es in einer Datenreihe 11 Werte, müssen immer 5 Werte über und 5 Werte unter dem Zentralwert liegen.

e) Der Median muss immer kleiner als das arithmetische Mittel sein.

2 Absolute und relative Häufigkeit

a) Bei Losbude A gewinnen 3 von 10 Losen, bei Losbude B gewinnt jedes dritte Los, also sind die Gewinnchancen bei Losbude A besser.

b) Will man die relative Häufigkeit eines Ereignisses berechnen, so muss man den Quotienten aus der Gesamtzahl aller Ereignisse und der absoluten Häufigkeit des Ereignisses berechnen.

c) Haben 7 von 210 Autos eine Panne, so liegt die relative Häufigkeit bei 30 %.

d) Wenn Jan jeden dritten Elfmeter hält und Jakob jeden vierten Elfmeter, so sollte Jakob beim Elfmeterschießen ins Tor gehen.

3 Kreisdiagramme auswerten und zeichnen

a) 25 % der Schüler nennen die Katze als Lieblingshaustier.

b) 30 % der Schüler nennen den Hund als Lieblingshaustier.

c) Will man wissen, wie viel Prozent der Schüler als Lieblingshaustier einen Hamster haben, muss man die Größe des Winkels messen und die Gradzahl durch 3,6 teilen.

d) Möchte man ein Kreisdiagramm zeichnen, bei dem 17 von 30 Schülern für Fritz und 13 für Lotte als Klassensprecher stimmten, so wird der Winkel für Fritz 170° groß und der für Lotte 130°.

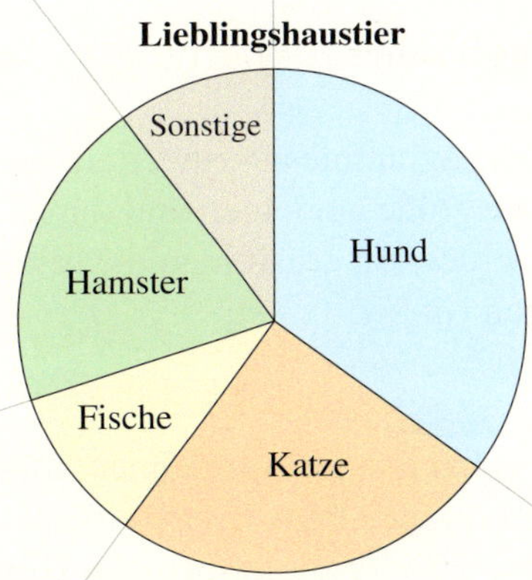

Zusammenfassung

→ Seite 176

Arithmetisches Mittel und Median

Bei der Untersuchung von Daten ist die Berechnung von Mittelwerten hilfreich. Ein Mittelwert ist der Durchschnitt. Er wird auch als **arithmetisches Mittel** bezeichnet.

$$\text{arithmetisches Mittel} = \frac{\text{Summe aller Werte}}{\text{Anzahl der Werte}}$$

Auch der **Median (Zentralwert)** ist ein Mittelwert einer Datenreihe.

Das arithmetische Mittel und der Median einer Datenreihe können einen unterschiedlichen Wert haben.

Tageshöchsttemperaturen

Mo	Di	Mi	Do	Fr	Sa	So
18 °C	18 °C	16 °C	18 °C	21 °C	23 °C	26 °C

arithmetisches Mittel:

$$\frac{16 + 3 \cdot 18 + 21 + 23 + 26}{7} = 20$$

Wochendurchschnitt: 20 °C

geordnete Datenreihe:
16 °C, 18 °C, 18 °C, 18 °C, 21 °C, 23 °C, 26 °C

Median: 18 °C

→ Seite 180

Absolute und relative Häufigkeit

Um Ereignisse besser vergleichen und bewerten zu können, ermittelt man die **relative Häufigkeit** eines Ereignisses.

relative Häufigkeit

$$= \frac{\text{absolute Häufigkeit des Ereignisses}}{\text{Gesamtzahl aller Ereignisse}}$$

	6 a	6 b	6 c
Anzahl der Mädchen (absolute Häufigkeit)	14	11	11
Schüler insgesamt	28	25	20

Relative Häufigkeit der Mädchen:

Klasse 6 a: $\frac{14}{28} = \frac{1}{2} = 50\,\%$

Klasse 6 b: $\frac{11}{25} = \frac{44}{100} = 44\,\%$

Klasse 6 c: $\frac{11}{20} = \frac{55}{100} = 55\,\%$

In der 6 c sind relativ die meisten Mädchen.

→ Seite 184

Kreisdiagramme auswerten und zeichnen

Um Kreisdiagramme auszuwerten, muss die Winkelgröße gemessen und durch 3,6 geteilt werden. So erhält man die relative Häufigkeit (in %).

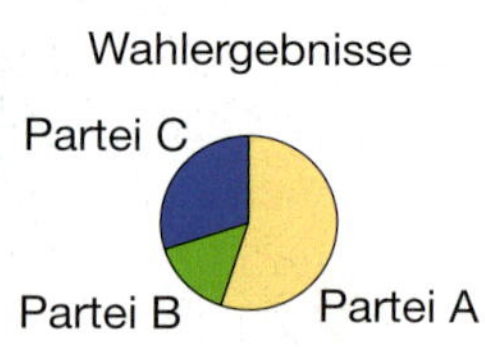

Winkelgröße
Partei A: 198°
198 : 3,6 = 55
Stimmanteil
Partei A: 55 %

Um Kreisdiagramme zu zeichnen, müssen die Winkelgrößen berechnet werden. Hierzu wird die Prozentzahl der relativen Häufigkeit mit 3,6 multipliziert. Das Ergebnis ist die Winkelgröße in Grad.

Partei	Stimmen
A	1100
B	300
C	600
insg.	2000

Stimmanteil Partei B:

$\frac{300}{2000} = 0{,}15 = 15\,\%$

$15 \cdot 3{,}6 = 54$

Winkelgröße
Partei B: 54°

Anhang

Lösungen Alles klar? mit passenden Trainingsaufgaben
Lösungen zum Training
Stichwortverzeichnis
Bildverzeichnis

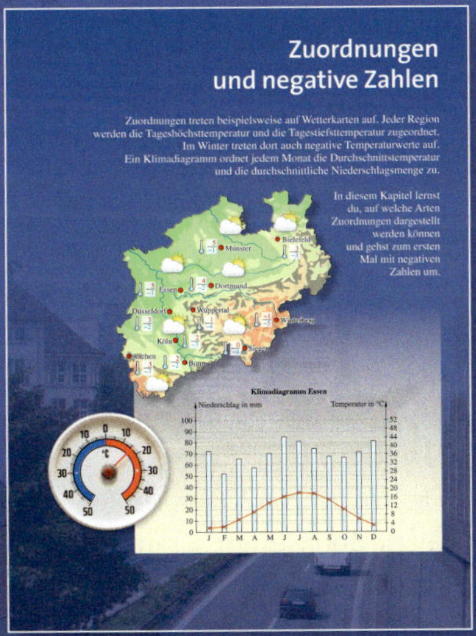

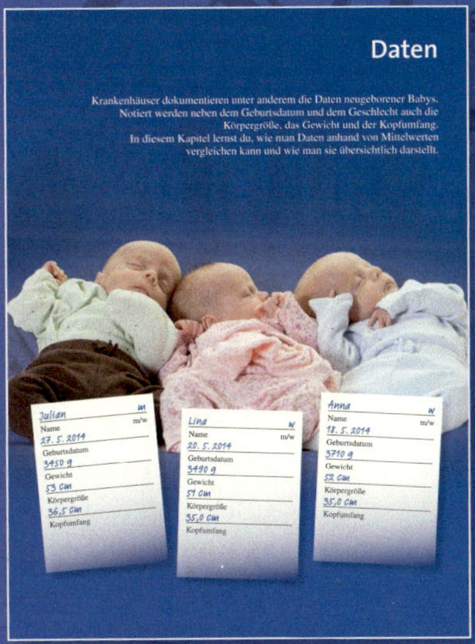

Teilbarkeit

1 Teiler und Vielfache

a) Falsch, die Beziehung gilt umgekehrt: 9 ist Teiler von 63.
b) Richtig, denn $14 \cdot 7 = 98$.
c) Richtig, denn $38 : 6 = 6$ Rest 2.
d) Richtig, denn $184 = 160 + 24$ und nach der Summenregel ist eine Summe durch 8 teilbar, wenn alle ihre Summanden durch 8 teilbar sind ($160 : 8 = 20$ und $24 : 8 = 3$).
e) Richtig, denn $271 = 280 - 9$ und es müssten sowohl 280 als auch 9 durch 7 teilbar sein, damit auch 271 durch 7 teilbar ist (Summenregel).
f) Falsch, denn $18 \cdot 9 = 162$. Man muss eine Zerlegung wählen, bei der mindestens eine Zahl durch 9 teilbar ist (z. B. $162 = 90 + 72$).

► Lies bei Schwierigkeiten auf Seite 8 nach.
Bearbeite dann im Training Aufgabe 1 bis 3.

2 Teilbarkeitsregeln

a) Richtig, denn Teilbarkeit durch 2 liegt vor, wenn die letzte Ziffer gerade ist, Teilbarkeit durch 5, wenn die letzte Ziffer 5 oder 0 ist und Teilbarkeit durch 10, wenn die letzte Ziffer der Zahl 0 ist.
b) Richtig, denn die letzte Ziffer der Zahl ist gerade, aber weder 5 noch 0.
c) Falsch, denn z. B. die Zahl 25 ist durch 5 teilbar, aber nicht durch 10.
d) Richtig, denn $7 + 3 + 4 + 7 = 21$ und 21 ist durch 3 teilbar.
e) Richtig, denn sobald eine Zahl durch 10 teilbar sein soll, muss sie auf 0 enden. Aber z. B. 10 endet auf 0, sie ist durch 2, 5 und 10, aber nicht durch 3 teilbar.

► Lies bei Schwierigkeiten auf den Seiten 12 und 14 nach.
Bearbeite dann im Training Aufgabe 4 bis 7.

3 Teilermengen und Primzahlen

a) Falsch, in der Teilermenge fehlen 1 und 20, richtig ist $T_{20} = \{1; 2; 4; 5; 10; 20\}$.
b) Falsch, es gibt nur folgende sechs Möglichkeiten: 28 Einer-Gruppen, 14 Zweier-Gruppen, 7 Dreier-Gruppen, 3 Siebener-Gruppen, 2 Vierzehner-Gruppen, eine Achtundzwanziger-Gruppe.
c) Richtig, denn Primzahlen sind nur durch 1 und sich selbst teilbar.
d) Richtig, denn 0 und 1 sind keine Primzahlen und alle geraden Zahlen größer als 2 besitzen 2 als Teiler und sind damit keine Primzahlen.
e) Falsch, denn 201 ist durch 3 teilbar und damit keine Primzahl.

► Lies bei Schwierigkeiten auf Seite 20 nach.
Bearbeite dann im Training Aufgabe 8 bis 11.

4 ggT und kgV

a) Richtig, denn der ggT ist die größte Zahl unter allen gemeinsamen Teiler aus den Teilermengen.
b) Richtig, denn in den Teilermengen von Primzahlen stehen immer nur 1 und die Zahl selbst.
c) Falsch, denn 14 ist größer als 7 und teilt ebenfalls 70 und 126, es ist ggT(70; 126) = 14.
d) Falsch, denn 18 ist ein kleineres gemeinsames Vielfaches von 6 und 9, es ist kgV(6; 9) = 18.
e) Richtig, denn der ggT von 360 und 420 ist 60.

► Lies bei Schwierigkeiten auf den Seiten 22 und 23 nach.
Bearbeite dann im Training Aufgabe 12 bis 15.

Training

Aufgabe 1: Welche der Zahlen sind …

a) durch 4 teilbar?
3; 4; 7; 8; 14; 20; 25; 30; 40; 48; 52

b) Vielfache von 6?
12; 19; 28; 36; 48; 66; 76; 100; 102

c) Teiler von 18?
2; 3; 4; 5; 6; 7; 8; 9; 10; 18; 36; 180

Aufgabe 2: Ergänze in deinem Heft:
Weil $6 \cdot 6 = 36$ ist, ist 6 □ von 36 und 36 □ von 6.

Aufgabe 3: Überprüfe mit Hilfe der Summenregel. Welche der Zahlen sind …

a) durch 6 teilbar?
186; 244; 336; 432; 596; 632; 714; 1878

b) durch 7 teilbar?
84; 100; 147; 294; 343; 457; 693; 2191

Aufgabe 4: Ordne die Zahlen im Heft zu. Einige passen nicht, andere mehrfach.
6; 48; 60; 75; 100; 732; 840; 911; 945

teilbar durch	Zahlen
2	
5	
10	
3	

Aufgabe 5: Übertrage in dein Heft und kreuze an, wenn Teilbarkeit vorliegt.

	2	3	5	10
378				
900				
1005				
7608				
9876				

Aufgabe 6: Gib alle Möglichkeiten an, sodass die Zahlen …

a) durch 5 teilbar sind:
84□; 90□; 6□3; 7□5

b) durch 3 teilbar sind:
10□; 33□; 7□4; 9□38

c) durch 3, aber nicht durch 2 teilbar sind:
25□; 75□; 80□; 9□0

Aufgabe 7: Überprüfe an Beispielen, ob die Aussagen wahr oder falsch sind.

a) Ist eine Zahl durch 2 und 5 teilbar, dann ist sie auch durch 10 teilbar.

b) Ist eine Zahl durch 2 und 4 teilbar, dann ist sie auch durch 8 teilbar.

Aufgabe 8: Ergänze die fehlenden Teiler im Heft.

a) $T_{22} = \{$□, 2, □, 22$\}$

b) $T_{75} = \{$□, □, 5, □, 25, □$\}$

c) $T_{30} = \{$□, 2, □, □, □, □, 30$\}$

Aufgabe 9: Bestimme die Teilermenge.

a) T_{14} b) T_{33} c) T_{50} d) T_{40} e) T_{49}

Aufgabe 10: Welche der Zahlen sind Primzahlen?

a) 11 b) 13 c) 15 d) 27 e) 29
f) 31 g) 58 h) 73 i) 75 j) 77

Aufgabe 11: Bestimme …

a) die kleinste dreistellige Primzahl.

b) die kleinste Primzahl, die größer als 300 ist.

c) die größte dreistellige Primzahl.

Aufgabe 12: Bestimme den ggT von …

a) 9 und 21 b) 7 und 25
c) 12 und 78 d) 30 und 75
e) 11 und 36 f) 14 und 49

Aufgabe 13: Bestimme das kgV von …

a) 9 und 12 b) 6 und 7
c) 8 und 36 d) 56 und 84
e) 15 und 21 f) 19 und 76

Aufgabe 14: Welche Zahlen können für die Platzhalter eingesetzt werden?

a) ggT (5, □) = 1 b) ggT (5, □) = 5
c) ggT (6, □) = 3 d) ggT (6, □) = 2
e) kgV (6, □) = 24 f) kgV (8, □) = 24

Aufgabe 15: Eine Messehalle soll 126 m lang und 70 m breit werden. Sie soll aus lauter gleich großen Bauteilen gebaut werden. Wie breit können die Fertigteilwände maximal werden?

Brüche und Dezimalbrüche

1 Brüche kürzen und erweitern

a) Richtig, es wurden jeweils Zähler und Nenner mit 7, mit 2 und dann mit 10 erweitert.
b) Falsch, der letzte Schritt passt nicht, denn Zähler 3 und Nenner 7 sind bereits teilerfremd.
c) Falsch, der Wert eines Bruchs bleibt beim Erweitern immer gleich, z. B. ist $\frac{1}{3} = \frac{2}{6}$.
d) Falsch, denn der Bruch $\frac{3}{9}$ z. B. kann gekürzt werden (zu $\frac{1}{3}$).
e) Richtig, denn die Reihenfolge, in der gekürzt wird, spielt keine Rolle (Kommutativgesetz).

► Lies bei Schwierigkeiten auf Seite 32 nach. Bearbeite dann im Training Aufgabe 1 bis 4.

2 Brüche vergleichen und ordnen

a) Falsch, denn A = $\frac{2}{5}$; B = $\frac{7}{10}$ und C = $\frac{15}{10} = \frac{3}{2} = 1\frac{1}{2}$.
b) Richtig, denn $\frac{4}{5}$ liegt auf dem Zahlenstrahl rechts von $\frac{1}{5}$ oder: gleiche Nenner, im Zähler $4 > 1$.
c) Falsch, denn $\frac{3}{7} > \frac{3}{8}$ (gleiche Zähler, beim ersten Bruch wird das Ganze in 7 Teile geteilt, beim zweiten in 8, also sind die einzelnen Teile beim ersten Bruch größer).
d) Falsch, denn $\frac{3}{7} = \frac{9}{21}$ und $\frac{1}{3} = \frac{7}{21}$. Weil $\frac{9}{21} > \frac{7}{21}$ ist, ist $\frac{3}{7} > \frac{1}{3}$.
e) Richtig, denn $\frac{7}{12} = \frac{14}{24} < \frac{15}{24} = \frac{5}{8}$.
f) Falsch, denn $\frac{3}{4}$ ist kleiner als 1 und $\frac{4}{3} = 1\frac{1}{3}$ ist größer als 1.
g) Richtig, denn $\frac{18}{5} = 18 : 5 = 3$ Rest $3 = 3\frac{3}{5}$.

► Lies bei Schwierigkeiten auf Seite 36 nach. Bearbeite dann im Training Aufgabe 5 bis 9.

3 Dezimale Schreibweise und Prozentschreibweise

a) Falsch, 0,23 wird „Null Komma zwei drei" gelesen. (Nachkommastellen einzeln lesen!)
b) Richtig, denn die Ziffer 2 steht an der Zehntelstelle. Der Bruch wurde dann mit 2 gekürzt.
c) Falsch, denn $\frac{18}{10} = 1{,}8$.
d) Richtig, denn hinter dem Komma darf man beliebig viele Nullen anhängen.
e) Falsch, denn $1{,}5 = 1\frac{5}{10} = 1\frac{1}{2}$.
f) Falsch, denn $2{,}7 = 2{,}70$. (Die erste Ungleichung ist richtig.)
g) Richtig, $\frac{19}{100}$ entspricht in dezimaler Schreibweise 0,19 und in Prozentschreibweise 19 %.
h) Falsch, denn $5\,\% = \frac{5}{100} = \frac{1}{20}$.

► Lies bei Schwierigkeiten auf Seite 40 nach. Bearbeite dann im Training Aufgabe 10 bis 13.

4 Dezimalbrüche runden

a) Falsch, denn $0{,}2591 \approx 0{,}259$. Die Zahl 0,26 erhält man beim Runden auf Hundertstel.
b) Richtig, denn bei einer 7 an der Hundertstelstelle muss aufgerundet werden.

► Lies bei Schwierigkeiten auf Seite 42 nach. Bearbeite dann im Training Aufgabe 14.

5 Umwandeln von Brüchen in Dezimalbrüche

a) Falsch, denn auch $0,\overline{12}$ ist ein reinperiodischer Bruch.
b) Falsch, denn es wird „Null Komma Periode zwei fünf" gelesen.
c) Richtig, denn der Bruch wurde mit 5 auf Hundertstel erweitert.
d) Es wurde richtig dividiert, denn 7 : 6 = 1 Rest 1; 10 : 6 = 1 Rest 4; 40 : 6 = 6 Rest 4, ab hier ergibt sich immer wieder derselbe Rest 4.
e) Falsch, denn $1{,}3 < 1{,}33 < 1,\overline{3} = 1{,}333\,333\,333\ldots < 1{,}4 < 1,\overline{4}$

► Lies bei Schwierigkeiten auf Seite 46 nach. Bearbeite dann im Training Aufgabe 15 bis 17.

Training

Aufgabe 1: Kürze mit 3.

a) $\frac{6}{9}$ b) $\frac{12}{21}$ c) $\frac{27}{30}$ d) $\frac{39}{51}$ e) $\frac{81}{93}$

Aufgabe 2: Erweitere mit 7.

a) $\frac{2}{3}$ b) $\frac{5}{7}$ c) $\frac{9}{13}$ d) $\frac{7}{17}$ e) $\frac{12}{23}$

Aufgabe 3: Bestimme die fehlende Zahl.

a) $\frac{4}{5} = \frac{\square}{20}$ b) $\frac{1}{\square} = \frac{8}{24}$ c) $\frac{3}{8} = \frac{21}{\square}$

d) $\frac{\square}{6} = \frac{30}{36}$ e) $\frac{7}{8} = \frac{\square}{64}$ f) $\frac{54}{117} = \frac{6}{\square}$

Aufgabe 4: Kürze, bis Zähler und Nenner teilerfremd sind.

a) $\frac{12}{30}$ b) $\frac{40}{48}$ c) $\frac{30}{72}$ d) $\frac{21}{84}$

e) $\frac{72}{96}$ f) $\frac{90}{108}$ g) $\frac{60}{105}$ h) $\frac{96}{156}$

Aufgabe 5: Welche Brüche sind auf dem Zahlenstrahl markiert?

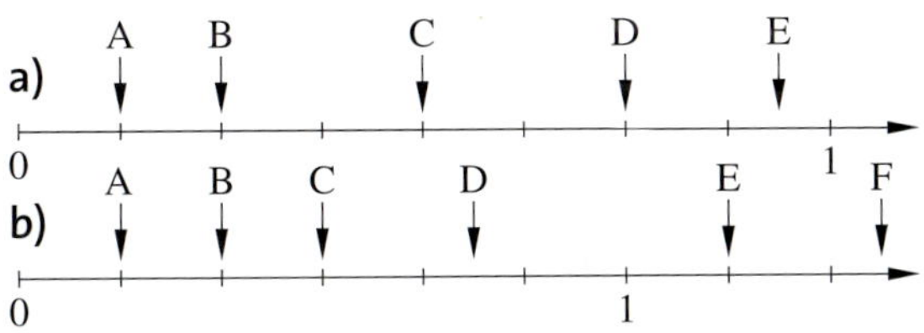

Aufgabe 6: Zeichne einen Zahlenstrahl mit dem genannten Abstand zwischen 0 und 1 (Einheit) und trage die Zahlen ein.

a) Einheit 5 cm
$\frac{1}{5}$; $\frac{3}{5}$; $\frac{1}{2}$; $\frac{3}{10}$; $1\frac{2}{5}$; $1\frac{7}{10}$

b) Einheit 8 cm
$\frac{3}{8}$; $\frac{7}{8}$; $\frac{3}{4}$; $\frac{1}{2}$; $\frac{13}{16}$; $1\frac{1}{8}$; $1\frac{1}{4}$; $1\frac{7}{16}$

Aufgabe 7: Schreibe als gemischte Zahl.

a) $\frac{5}{3}$ b) $\frac{7}{2}$ c) $\frac{11}{4}$ d) $\frac{32}{5}$ e) $\frac{65}{7}$

f) $\frac{67}{5}$ g) $\frac{91}{8}$ h) $\frac{100}{3}$ i) $\frac{99}{10}$ j) $\frac{123}{11}$

Aufgabe 8: Schreibe als Bruch.

a) $1\frac{1}{2}$ b) $2\frac{1}{3}$ c) $2\frac{3}{4}$ d) $4\frac{3}{8}$ e) $7\frac{5}{9}$

Aufgabe 9: Übertrage in dein Heft und setze das richtige Zeichen ein (>, <, =).

a) $\frac{2}{7} \square \frac{4}{7}$ b) $\frac{2}{11} \square \frac{2}{7}$ c) $\frac{2}{3} \square \frac{3}{4}$

d) $\frac{3}{5} \square \frac{9}{15}$ e) $\frac{2}{3} \square \frac{5}{7}$ f) $\frac{2}{9} \square \frac{1}{6}$

Aufgabe 10: Schreibe als Bruch. Kürze – wenn möglich – so weit wie möglich.

a) 0,7 b) 0,8 c) 0,14 d) 0,36
e) 0,75 f) 0,04 g) 0,645 h) 0,375

Aufgabe 11: Übertrage in dein Heft und setze das richtige Zeichen ein (>, <, =).

a) $0{,}9 \square \frac{9}{10}$ b) $0{,}3 \square 0{,}03$

c) $0{,}7 \square 0{,}70$ d) $0{,}8 \square \frac{3}{5}$

e) $0{,}9 \square 0{,}19$ f) $\frac{7}{100} \square 0{,}07$

Aufgabe 12: Ordne die Dezimalbrüche. Beginne mit der kleinsten Zahl.

a) 0,17; 0,71; 0,701; 0,017; 0,107; 0,071
b) 3,8; 8,3; 0,83; 0,38; 3,08; 8,03; 0,803
c) 0,426; 0,264; 0,462; 0,624; 0,246; 0642

Aufgabe 13: Gib als Dezimalbruch und in Prozentschreibweise an.

a) $\frac{89}{100}$ b) $\frac{37}{100}$ c) $\frac{9}{100}$

d) $\frac{7}{10}$ e) $\frac{11}{25}$ f) $\frac{7}{20}$

g) $\frac{3}{4}$ h) $\frac{2}{5}$ i) $\frac{5}{8}$

Aufgabe 14: Runde an der …

a) Zehntelstelle:
0,59 0,11 3,67 4,96

b) Hundertstelstelle:
5,369 4,384 6,297 0,995

Aufgabe 15: Schreibe als Dezimalbruch und als Bruch. Kürze den Bruch, bis Zähler und Nenner teilerfremd sind.

a) 29 % b) 40 % c) 6 %
d) 25 % e) 180 % f) 0,1 %
g) 7,5 % h) 444 % i) 0,05 %

Aufgabe 16: Wandle durch Kürzen oder Erweitern in einen Dezimalbruch um.

a) $\frac{3}{5}$ b) $\frac{1}{2}$ c) $\frac{9}{20}$ d) $\frac{7}{25}$

e) $\frac{18}{20}$ f) $\frac{36}{300}$ g) $\frac{387}{500}$ h) $\frac{385}{500}$

Aufgabe 17: Schreibe als Dezimalbruch.

a) $\frac{2}{3}$ b) $\frac{5}{6}$ c) $\frac{7}{9}$ d) $\frac{5}{12}$ e) $\frac{8}{15}$

Winkel

1 Winkel und Winkelarten

a) Falsch, ein solcher Winkel wird als überstumpfer Winkel bezeichnet.
b) Falsch, ein rechter Winkel misst genau 90°.
c) Richtig, denn weiter bekommt ein Krokodil sein Maul nicht auf.
d) Falsch sind die Winkelarten bei der Uhr für Berlin (spitzer und überstumpfer Winkel) und bei Los Angeles (zwei gestreckte Winkel).
e) Richtig, denn der Winkel misst 120° und ist somit ein stumpfer Winkel.
f) Falsch, denn ein Winkel von 360° (Vollwinkel) ist der volle Winkel innerhalb eines Kreises oder der Winkel, den der große Zeiger einer Uhr innerhalb von einer Stunde überstreicht.

► Lies bei Schwierigkeiten auf Seite 58 nach.
Bearbeite dann im Training Aufgabe 1 bis 3.

2 Winkelgrößen messen

a) Falsch, denn Winkel α misst 20° und Winkel β misst 200°.
b) Richtig, denn 145° – 55° = 90° und ein rechter Winkel ist 90° groß.
c) Falsch, denn man muss die Skala benutzen, die an der angelegten Kante des Geodreiecks mit 0° beginnt.

► Lies bei Schwierigkeiten auf Seite 62 nach.
Bearbeite dann im Training Aufgabe 4 bis 6.

3 Winkel zeichnen

a) Falsch, denn die Winkel müssten so aussehen:

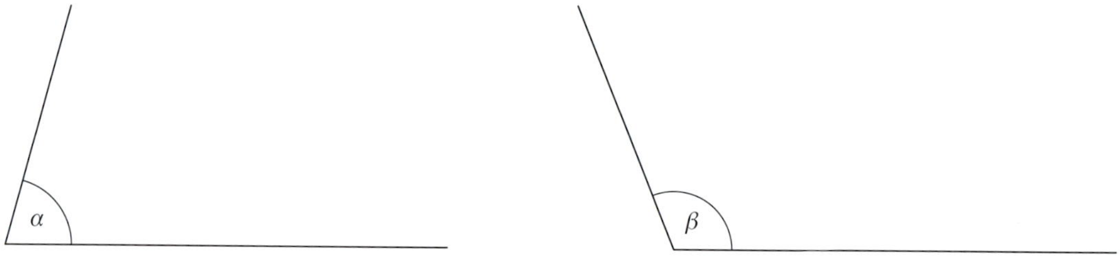

b) Falsch, denn man kann auch einen gestreckten Winkel zeichnen und den fehlenden Teilwinkel ergänzen. Die Größe des Teilwinkels bestimmt man, indem man von der Größe des überstumpfen Winkels 180° subtrahiert.
c) Richtig, denn 30° – 18° = 12° und 160° – 70° = 90°.

► Lies bei Schwierigkeiten auf Seite 66 nach.
Bearbeite dann im Training Aufgabe 7 bis 12.

Training

Aufgabe 1:
Erkläre die Begriffe Schenkel und Scheitelpunkt am Beispiel des Schildes „Vorfahrt achten".

Aufgabe 2: Gib die Winkelart an ohne zu messen.

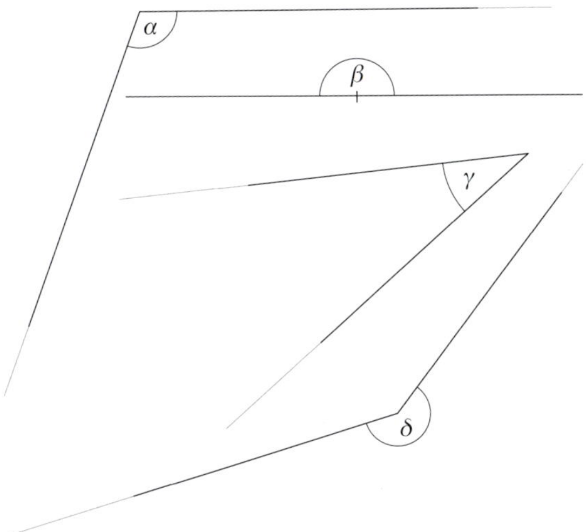

Welche beiden Winkelarten fehlen? Zeichne jeweils ein Beispiel.

Aufgabe 3: Ordne die Winkelgrößen den entsprechenden Winkelarten zu:
39°; 360°; 45°; 138°; 253°; 17°; 90°; 179,5°; 91,8°; 180°; 345°

Aufgabe 4: Miss die Größen der Winkel aus Aufgabe 2.

Aufgabe 5: Zeichne ein beliebiges Fünfeck. Bezeichne die Innenwinkel mit den griechischen Buchstaben Alpha, Beta, Gamma, Delta und Epsilon.
Miss die Winkelgrößen und addiere sie.

Aufgabe 6: Zeichne die Figur in ein Koordinatensystem. Miss die Innenwinkel und gib die Winkelart an.
a) Dreieck mit $A(1|1)$, $B(9|3)$ und $C(2|4)$
b) Viereck mit $A(4|5)$, $B(8|5)$, $C(11|9)$, $D(3|9)$

Aufgabe 7: Setze das Muster im Heft fort.

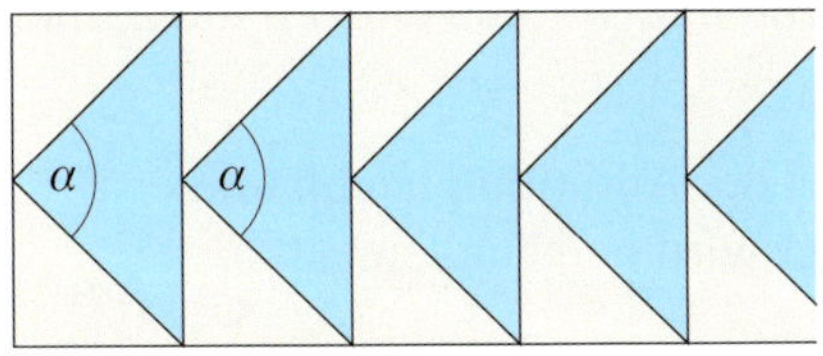

$\alpha = 90°$

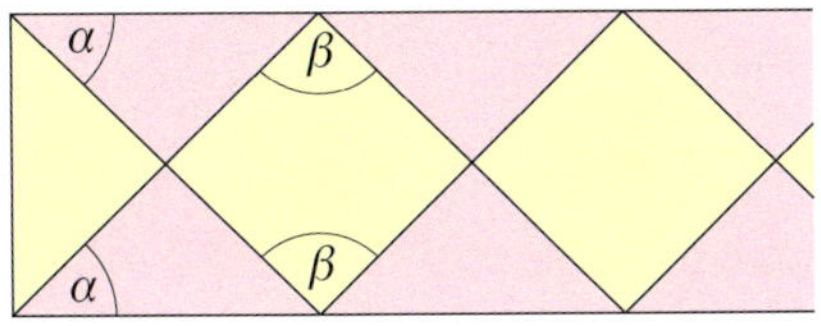

$\alpha = 45°$
$\beta = 90°$

Aufgabe 8: Zeichne folgende Dreiecke. Gib jeweils die Größe der Winkel an.
a) Dreieck mit einem rechten Winkel
b) Dreieck mit einem stumpfen Winkel
c) Dreieck mit drei spitzen Winkeln

Aufgabe 9: Zeichne ein Viereck …
a) mit vier rechten Winkeln.
b) mit zwei rechten Winkeln.
c) mit einem rechten Winkel.
d) mit zwei spitzen Winkeln und zwei stumpfen Winkeln.

Aufgabe 10: Zeichne Winkel mit den Winkelgrößen: 22°; 244°; 350°; 132°; 265°; 185°

Aufgabe 11: Berechne die Größe der fehlenden Winkel.

a)
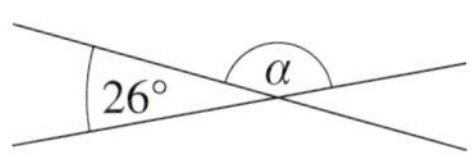

b)
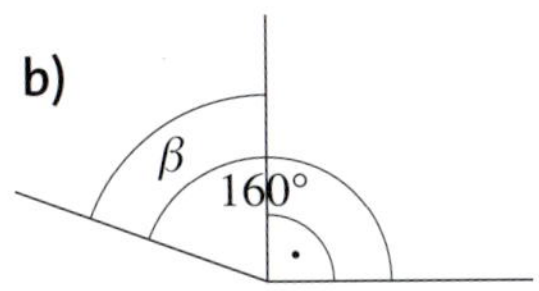

c)
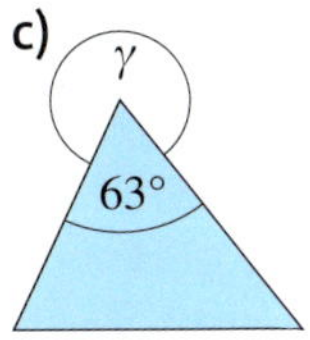

d)
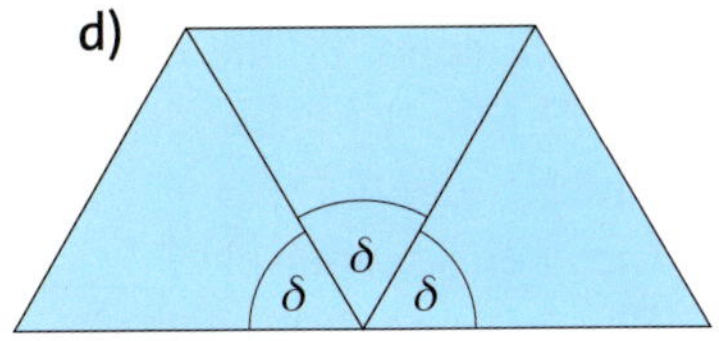

Aufgabe 12: Ein Kreis wird unterteilt in
a) sechs, b) acht, c) 15
gleich große Kreisabschnitte.
Wie groß sind jeweils die Winkel am Mittelpunkt des Kreises?

Brüche und Dezimalbrüche addieren und subtrahieren

1 Brüche addieren und subtrahieren

a) Falsch, denn hier wurden einfach die Zähler und die Nenner addiert.
Richtig ist: $\frac{2}{4} + \frac{1}{4} = \frac{3}{4}$.

b) Falsch, bei der Addition gleichnamiger Brüche werden nur die Zähler addiert, der Nenner wird beibehalten.

c) Richtig, denn $\frac{4}{5} - \frac{3}{10} = \frac{8}{10} - \frac{3}{10} = \frac{5}{10} = \frac{1}{2}$

d) Falsch, denn $\frac{107}{200} + \frac{21}{200} + \frac{56}{200} = \frac{184}{200} \neq 1$.

e) Falsch, im obersten Stein muss $\frac{179}{60}$ stehen.

► Lies bei Schwierigkeiten auf Seite 80 nach.
Bearbeite dann im Training Aufgabe 1 bis 3.

2 Gemischte Zahlen addieren und subtrahieren

a) Falsch, denn sie können auch in reine Brüche oder in Dezimalbrüche umgewandelt und dann addiert bzw. subtrahiert werden. Das ist oftmals sinnvoller.

b) Richtig, denn $1\frac{1}{3} = 1\frac{8}{24}$ und $2\frac{5}{8} = 2\frac{15}{24}$; die Summe ergibt $3\frac{23}{24}$.
$1\frac{1}{3} = 1\frac{7}{21}$ und $4\frac{2}{7} = 4\frac{6}{21}$; die Summe ergibt $5\frac{13}{21}$.
$4\frac{2}{7} = 4\frac{16}{56}$ und $2\frac{5}{8} = 2\frac{35}{56}$; die Summe ergibt $6\frac{51}{56}$.

c) Richtig, denn $1\frac{3}{4} + 1\frac{1}{8} + \frac{1}{2} = 1\frac{6}{8} + 1\frac{1}{8} + \frac{4}{8} = 2\frac{11}{8} = 3\frac{3}{8}$ und $3\frac{3}{8} < 3\frac{4}{8}$

d) Falsch, denn $7\frac{3}{8} - 2\frac{5}{8} = 6\frac{11}{8} - 2\frac{5}{8} = 4\frac{6}{8} = 4\frac{3}{4}$

► Lies bei Schwierigkeiten auf Seite 86 nach.
Bearbeite dann im Training Aufgabe 4 und 5.

3 Dezimalbrüche addieren und subtrahieren

a) Richtig, denn durch das stellengerechte untereinander Schreiben stehen die Kommas automatisch untereinander.

b) Richtig, denn 12,5 + 12,5 + 3,8 + 3,8 = 32,6

c) Falsch, das richtige Ergebnis ist 20,3841.

d) Falsch, es gilt umgekehrt: In Tokio haben 16,899 Mio. Menschen mehr gelebt als in São Paulo.

e) Richtig, denn 18,917 Mio. + 18,573 Mio. = 37,49 Mio. Einwohner, das sind weniger als in Tokio (37,73 Mio.).

f) Falsch, denn die kleinste Differenz liegt zwischen São Paulo und Manila mit 0,177 Mio. Einwohnern. (Bei New York und Mexiko-Stadt sind es 0,297 Mio.)

g) Richtig, denn 37,73 + 22,693 + 21,901 + 20,654 + 19,232 + 18,917 + 18,573 = 159,7.

► Lies bei Schwierigkeiten auf Seite 90 nach.
Bearbeite dann im Training Aufgabe 6 bis 9.

Training

Aufgabe 1: Ergänze die Tabelle in deinem Heft. Kürze, wenn möglich.

+	$\frac{1}{2}$	$\frac{1}{3}$	$\frac{1}{4}$	$\frac{1}{5}$	$\frac{1}{6}$
$\frac{3}{6}$					
$\frac{3}{5}$					
$\frac{3}{4}$					
$\frac{3}{3}$					
$\frac{3}{2}$					

Aufgabe 2: Starte oben mit 1. Mit welcher Zahl kommst du aus dem Labyrinth heraus? Probiere alle Wege (rot, blau, gelb, grün) aus.

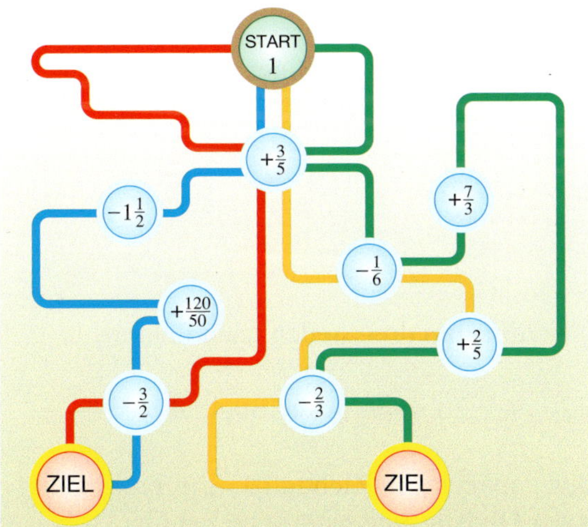

Aufgabe 3: Jonas fährt zu einem Fußballspiel nach Gelsenkirchen.
Er startet in Goch mit dem Zug. Von Goch bis Krefeld sind es $\frac{5}{6}$ h, von dort aus geht es nach $\frac{1}{4}$ h Pause weiter nach Duisburg.
Diese Fahrt sowie die anschließende Umsteigezeit dauern ebenfalls je $\frac{1}{4}$ h.
Von Duisburg nach Gelsenkirchen braucht er noch einmal $\frac{1}{3}$ h.
Nun muss er noch zweimal mit der Straßenbahn fahren, die Fahrten dauern zusammen mit Fußweg zu den Haltestellen $\frac{2}{3}$ h.

a) Wie lange ist er mindestens unterwegs?
b) Um wie viel Uhr kommt er an, wenn er mit dem Zug um 12:36 Uhr startet?

Aufgabe 4: Berechne.

a) $1\frac{1}{4} + 3\frac{1}{5}$ b) $1\frac{1}{2} + 2\frac{1}{3}$
c) $2\frac{3}{8} + 1\frac{2}{9}$ d) $3\frac{1}{7} + 4\frac{3}{8}$
e) $10\frac{5}{6} - 8\frac{2}{3}$ f) $3\frac{11}{12} - 1\frac{3}{4}$
g) $17\frac{7}{15} - 7\frac{9}{10}$ h) $30\frac{1}{4} - 5\frac{2}{6}$
i) $4\frac{2}{5} - 1\frac{9}{15}$ j) $6\frac{8}{12} - 1\frac{5}{6}$

Aufgabe 5: Berechne.

a) $5 - 2\frac{1}{3} + 1\frac{1}{2}$ b) $14 + 6\frac{1}{5} - 7\frac{2}{7}$
c) $6 - (4\frac{1}{8} + 1\frac{2}{3})$ d) $2 - (3\frac{3}{4} - 2\frac{1}{2})$
e) $7\frac{1}{3} + 2\frac{1}{5} - 3$ f) $6\frac{2}{9} - (5\frac{1}{4} - 3)$

Aufgabe 6: Ergänze die Tabelle im Heft.

+	1	0,1	0,01	0,001	0,0001
27,34					
3,069					
2,4599					
8,6					
9,999					

Aufgabe 7: Berechne den neuen Kontostand.

Datum	Kontobewegung	Betrag in €
alter Kontostand		512,67
22.4.	Überweisung	− 47,36
23.4.	Gutschrift	+ 66,13
1.5.	Gehaltseingang	+ 2375,92
1.5.	Miete	− 584,00
neuer Kontostand		

Aufgabe 8: Finde zur Abbildung in der Randspalte den Weg mit der kleinsten und den mit der größten Summe. Jedes Feld darf nur einmal betreten werden.

Aufgabe 9: Für eine Käsesuppe braucht man 2 Pakete Frischkäse zu je 250 g, 1,5 kg Lauch und $\frac{3}{4}$ kg Hackfleisch. Das Ganze wird mit $1\frac{1}{2}$ ℓ Wasser aufgegossen.

a) Wie schwer wird der Einkauf?
b) Wie schwer wird der Topf (764 g) mit der Käsesuppe?

Dezimalbrüche multiplizieren und dividieren

1 Dezimalbrüche multiplizieren

a) Richtig, denn insgesamt haben die beiden Faktoren zusammen drei Nachkommastellen und die letzte dieser Stellen ist keine Null.

b) Falsch, denn wenn der zweite Faktor kleiner als 1 ist, so ist der Wert des Produkts kleiner als der erste Faktor.

c) Richtig, denn $3{,}1 \cdot 2{,}5 = 7{,}75$.

d) Falsch, es wurde beim Multiplizieren der einzelnen Ziffern der Übertrag vergessen.
Richtig ist:

$$\begin{array}{r} \underline{2{,}702 \cdot 1{,}48} \\ 2702 \\ 10808 \\ \underline{21616} \\ 3{,}99896 \end{array}$$

e) Richtig, denn $574 \cdot 13 = 7462$ und die Faktoren haben zusammen fünf Nachkommastellen.

f) Falsch, denn $60 \cdot 1{,}14 = 68{,}40$.

g) Richtig, denn um den kleinstmöglichen Wert zu erreichen, müssen die kleineren Ziffern immer vor dem Komma stehen und die größeren dahinter, es ist $0{,}4 \cdot 2{,}5 = 1$ (und $0{,}5 \cdot 2{,}4 = 1{,}2$ ist etwas größer).

h) Richtig, denn $2 \cdot 3{,}2\,€ + 3 \cdot 1{,}85\,€ = 6{,}4\,€ + 5{,}55\,€ = 11{,}95\,€$ (einzelner Eintritt) und $11{,}95\,€ - 9\,€ = 2{,}95\,€$.

i) Falsch, denn $3{,}5 \cdot 4{,}2 = 14{,}7$ und $3{,}2 \cdot 4{,}5 = 14{,}4$.

► Lies bei Schwierigkeiten auf Seite 102 nach.
Bearbeite dann im Training Aufgabe 1 bis 5.

2 Dezimalbrüche dividieren

a) Richtig, denn bei Division durch 1000 wird das Komma um drei Stellen nach links verschoben.

b) Falsch, denn eine Überschlagsrechnung ergibt $120 : 4 = 30$. Richtig ist $130{,}4 : 4 = 32{,}6$, das Komma wurde also zu früh gesetzt.

c) Falsch, die Begriffe Dividend und Divisor wurden verwechselt. Richtig ist: „…, so werden beide so mit einer Stufenzahl multipliziert, dass der **Divisor** eine natürliche Zahl ist."

d) Richtig, denn in Dividend und Divisor wurde das Komma um die gleiche Anzahl von Stellen (hier zwei Stellen nach rechts) verschoben.

e) Falsch, denn wenn der Divisor kleiner als 1 ist, so ist der Wert des Quotienten **größer** als der Dividend.

f) Falsch, denn $1{,}5 : 0{,}4 = 15 : 4 = 3$ Rest 3.

g) Falsch, denn $1{,}85 : 2{,}5 = 18{,}5 : 25 = 0{,}74$, also liegt der Kilopreis bei 74 Cent.

h) Richtig, denn für 100 € bekommt sie 137 CAD, also bekommt sie für 1 € dann 1,37 CAD.

i) Richtig, denn bei dem großen Weihnachtsmann kostet 1 kg dann
$45{,}50\,€ : 3{,}5 = 455\,€ : 35 = 13\,€$, also kosten 100 g 1,30 €.
Bei dem 400-g-Weihnachtsmann kosten 100 g jedoch $5{,}68\,€ : 4 = 1{,}42\,€$.

► Lies bei Schwierigkeiten auf Seite 106 nach.
Bearbeite dann im Training Aufgabe 6 bis 12.

Training

Aufgabe 1: Gib jeweils an, wie viele Nachkommastellen das Ergebnis hat.

a) 3,09 · 1,225　　b) 0,4 · 13,6
c) 5,1207 · 1,278　　d) 0,3 · 0,01
e) 23,6 · 1,89　　f) 1354,7 · 2,9

Aufgabe 2: Berechne im Kopf.

a) 3 · 0,4　　b) 0,1 · 5,5　　c) 2 · 3,4
d) 1,2 · 0,5　　e) 3,6 · 0,3　　f) 1,1 · 11

Aufgabe 3: Die Ziffern der Ergebnisse wurden alle richtig berechnet. Aber manche Kommas stehen an der falschen Stelle. Berichtige in deinem Heft.

a) 7,345 · 10,9 = 80,0605
b) 2,114 · 56,8 = 1200,752
c) 0,458 · 7,1 = 0,32518
d) 670,5 · 14,3 = 9588,15
e) 0,004 · 3,7 = 0,00148
f) 59,4 · 33,11 = 19667,34

Aufgabe 4: Berechne die Flächeninhalte der Rechtecke.

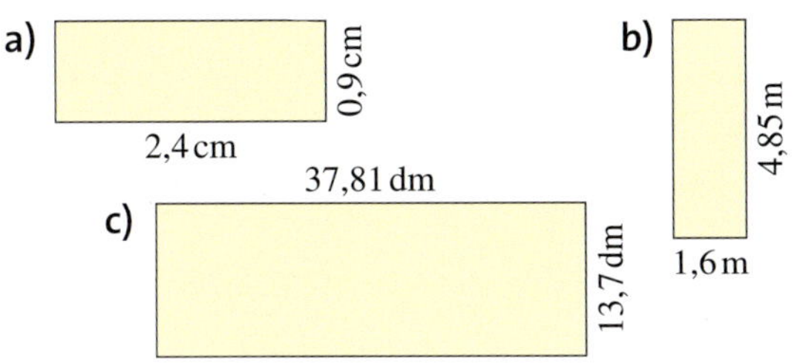

Aufgabe 5: Maximilian geht mit seinen Eltern, seiner Oma und seinem Bruder in den Zoo. Der Eintritt beträgt 7,50 € für Erwachsene und 4,20 € für Kinder.

a) Was müssen sie zahlen?
b) Eltern und Kinder könnten auch eine Familienkarte für 25 € kaufen. Ist das empfehlenswert?

Aufgabe 6: Dividiere die Zahlen durch 100.

a) 234,5　　b) 7,25　　c) 7892,54
d) 1,784　　e) 0,3　　f) 19,045

Aufgabe 7: Berechne im Kopf.

a) 3,8 : 2　　b) 15,6 : 3　　c) 36,06 : 6
d) 72,72 : 8　　e) 99,22 : 11　　f) 45,025 : 5

Aufgabe 8: Dividiere schriftlich.

a) 4,92 : 0,3　　b) 8,162 : 1,1
c) 49,4433 : 4,01　　d) 0,01 624 : 0,005
e) 8,645 : 0,13　　f) 5737,5 : 1,5

Aufgabe 9: Ergänze die Tabelle im Heft.

	1. Faktor	2. Faktor	Wert des Produkts
a)	4,2	1,77	
b)	3,5		4,27
c)		2,1	7,749
d)		0,45	0,468
e)	0,6		3,1278
f)		0,004	0,0108
g)		3,9	86,463
h)	1,03		0,06 901

Aufgabe 10: Stefan hat für seinen Geburtstag Zitronenlimonade gemixt. Davon sind noch 1,2 Liter übrig.

a) Er möchte den Rest gerecht an seine fünf Gäste verteilen. Wie viel bekommt jeder?
b) Wie viele 0,3-l-Gläser lassen sich mit den 1,2 Litern füllen?

Aufgabe 11: Eine 200-g-Tüte Weingummi kostet 0,89 €, die Partygröße von 1,2 kg kostet 5,79 €.

a) Gib jeweils den Preis für 100 g an.
b) Wie viele 200-g-Tüten könntest du für 5,79 € kaufen?
c) Als Sondergröße wird eine Tüte mit 1 kg Inhalt angeboten. Sie kostet 4,69 €. Ist ihr Preis günstiger oder teurer im Vergleich zu den anderen beiden Packungsgrößen?

Aufgabe 12: Frau Fenker steht im Baumarkt vor 4 m breiten Teppichrollen. Sie überlegt, ob sie damit ihr Wohnzimmer gut auslegen könnte. Das Wohnzimmer ist 5,50 m lang und insgesamt 22,55 m^2 groß, daran erinnert sich Frau Fenker noch.
Aber reicht die Breite des Teppichs aus?

Körper

1 Körper beschreiben und zeichnen

a) Richtig, denn nach hinten verlaufende Linien werden im Schrägbild um die Hälfte verkürzt dargestellt.
b) Falsch, es sind nur 3, denn die gegenüber liegenden Flächen sind jeweils gleich groß.
c) Falsch, denn es fehlen die gestrichelten unsichtbaren Linien.
d) Richtig, denn jeder Würfel besitzt sechs rechteckige Seitenflächen, da jedes Quadrat auch ein Rechteck ist.

► Lies bei Schwierigkeiten auf den Seiten 122 und 124 nach.
Bearbeite dann im Training Aufgabe 1 und 2.

2 Netze von Quadern und Würfeln

a) Richtig, aus dem Netz lässt sich durch Falten ein Würfel herstellen.
b) Falsch, das Netz besteht aus sieben Rechtecken, ein Quadernetz besteht aus nur sechs Rechtecken.
c) Falsch, es lässt sich kein Würfel herstellen, da das rechte äußere Quadrat sich mit einem anderen Quadrat überlappt.
d) Falsch, denn die Kantenlängen passen nicht zusammen.

► Lies bei Schwierigkeiten auf Seite 128 nach.
Bearbeite dann im Training Aufgabe 3 und 4.

3 Volumeneinheiten

a) Zweiter Teil der Gleichung falsch, denn $1\,dm^3 = 1000\,cm^3$ und damit gilt $3\,m^3 = 3000\,dm^3 = 3\,000\,000\,cm^3$.
b) Richtig, denn $1\,dm^3 = 1000\,cm^3$ und $1\,dm^3 = 1\,\ell$.
c) Zweiter Teil der Gleichung falsch, denn $1\,dm^3 = 0{,}001\,m^3$ und damit gilt $35\,000\,cm^3 = 35\,dm^3 = 0{,}035\,m^3$.
d) Richtig, denn die Umrechnungszahl bei Volumeneinheiten beträgt 1000 (zwischen benachbarten Einheiten) und damit gilt $800\,000\,mm^3 = 800\,cm^3 = 0{,}8\,dm^3 = 0{,}8\,\ell$.
e) Falsch, denn $1000\,cm^3 = 1\,\ell$ und damit gilt $2500\,ml = 2500\,cm^3 = 2{,}5\,\ell$.
f) Richtig, denn $1000\,ml = 1\,\ell$, also $100\,ml = 0{,}1\,\ell$ bzw. $200\,ml = 0{,}2\,\ell$.
Außerdem ist $1\,\ell = 1\,dm^3 = 0{,}001\,m^3$ und damit $0{,}1\,\ell = 0{,}1\,dm^3 = 0{,}0001\,m^3$, also $0{,}2\,\ell = 0{,}0002\,m^3$.

► Lies bei Schwierigkeiten auf Seite 136 nach.
Bearbeite dann im Training Aufgabe 5 und 6.

4 Oberflächeninhalt und Volumen von Quadern und Würfeln

a) Richtig, denn $V = 120\,cm \cdot 50\,cm \cdot 40\,cm = 240\,000\,cm^3 = 240\,dm^3 = 0{,}24\,m^3$ und $O = 2 \cdot 120\,cm \cdot 50\,cm + 2 \cdot 40\,cm \cdot 120\,cm + 2 \cdot 40\,cm \cdot 50\,cm = 25\,600\,cm^2 = 256\,dm^2$.
b) Richtig, denn $12\,dm \cdot 5\,dm \cdot 2{,}5\,dm = 150\,dm^3 = 150\,\ell$.
c) Zweiter Teil falsch, das Volumen des Würfels beträgt $V = 5\,dm \cdot 5\,dm \cdot 5\,dm = 125\,dm^3 = 125\,\ell$, aber sein Oberflächeninhalt beträgt $O = 6 \cdot 5\,dm \cdot 5\,dm = 150\,dm^2 = 1{,}5\,m^2$.
d) Richtig, denn es gilt dann z. B. $V = (2 \cdot a) \cdot b \cdot c = 2 \cdot (a \cdot b \cdot c)$.
e) Falsch, denn zwei Seitenflächen bleiben gleich groß, während die anderen vier Flächen sich jeweils verdoppeln.

► Lies bei Schwierigkeiten auf Seite 132 und 140 nach.
Bearbeite dann im Training Aufgabe 7 bis 11.

Training

Aufgabe 1: Richtig oder falsch?
a) Jeder Quader ist auch ein Würfel.
b) Ein Quader mit 12 gleich langen Kanten ist ein Würfel.
c) Ein Quader besteht aus sechs rechteckigen Seitenflächen, von denen jeweils drei gleich groß sind.

Aufgabe 2: Zeichne jeweils ein Schrägbild des Körpers.
a) Quader mit $a = 6{,}4\,\text{cm}$, $b = 4\,\text{cm}$ und $c = 3{,}6\,\text{cm}$
b) Quader mit $a = 8{,}4\,\text{cm}$, $b = 5{,}6\,\text{cm}$ und $c = 4{,}8\,\text{cm}$
c) Würfel mit $a = 5\,\text{cm}$

Aufgabe 3: Welche Figuren sind Würfelnetze? Welche Flächen liegen sich dort gegenüber?

a) b) c) d)

Aufgabe 4: Zeichne jeweils ein Körpernetz.
a) Würfel mit $a = 2{,}5\,\text{cm}$
b) Quader mit $a = 3\,\text{cm}$, $b = 2\,\text{cm}$ und $c = 1{,}5\,\text{cm}$
c) Quader mit $a = 4\,\text{cm}$, $b = 1{,}5\,\text{cm}$ und $c = 2{,}5\,\text{cm}$

Aufgabe 5: Schreibe in der Einheit, die in der Klammer steht.
a) $4\,\text{dm}^3$ (cm^3) b) $17\,000\,\text{dm}^3$ (m^3)
c) $8\,\text{cm}^3$ (mm^3) d) $3\,\text{m}^3$ (cm^3)
e) $45\,\text{cm}^3$ (dm^3) f) $700\,000\,\text{cm}^3$ (m^3)
g) $8500\,\text{mm}^3$ (cm^3) h) $1{,}5\,\text{m}^3$ (dm^3)

Aufgabe 6: Schreibe in der angegebenen Einheit.
a) in ℓ: $2000\,\text{cm}^3$; 3750 ml; $15\,\text{dm}^3$; 12 hl
b) in ml: 450 ℓ; $35\,\text{cm}^3$; 2 hl; 1,5 ℓ
c) in cm^3: 5 ml; 0,75 ℓ; 3 ℓ 50 ml; 150 ml
d) in dm^3: 32 ℓ; 4500 ml; 1,5 ℓ; 2 ℓ 250 ml

Aufgabe 7: Berechne das Volumen und den Oberflächeninhalt.
a) Würfel mit $a = 12\,\text{cm}$
b) Würfel mit $a = 1{,}5\,\text{dm}$
c) Würfel mit $a = 2{,}5\,\text{cm}$

Aufgabe 8: Berechne die fehlenden Angaben für die Quader.

	Länge	Breite	Höhe	*V*	*O*
a)	4 cm	5 cm	3 cm		
b)	8,5 dm	6 dm	4 dm		
c)	11 dm	7 dm		$462\,\text{dm}^3$	
d)		12 cm	8 cm	$1440\,\text{cm}^3$	
e)	25 m		10 m	$3750\,\text{m}^3$	
f)	5 cm	5 cm			$150\,\text{cm}^2$

Aufgabe 9: Vervollständige die Sätze zu wahren Aussagen.
a) Wenn man bei einem Würfel die Kantenlänge verdoppelt, dann wird das Volumen …
b) Wenn man bei einem Quader eine Kantenlänge verdoppelt, dann wird das Volumen …
c) Wenn man bei einem Quader eine Kantenlänge halbiert, dann wird das Volumen …
d) Wenn man bei einem Würfel die Kantenlänge halbiert, dann wird der Oberflächeninhalt …

Aufgabe 10: Ein Dachbalken ist 10 m lang, 25 cm hoch und 15 cm breit.
Er besteht aus Tannenholz, das etwa 0,5 kg pro dm^3 wiegt.
a) Wie schwer ist der Dachbalken?
b) Der Dachbalken erhält einen Schutzanstrich. Reicht ein Eimer Farbe, der für $10\,\text{m}^2$ vorgesehen ist?

Aufgabe 11: Eine Milchtüte ist 7 cm lang, 7 cm breit und 20,5 cm hoch.
a) Passt 1 Liter Milch in die Tüte?
b) Wie hoch stehen 700 ml Milch in der Tüte?
c) Wie viel cm^2 Verpackungsmaterial werden mindestens für die Tüte benötigt?

Zuordnungen und negative Zahlen

1 Zuordnungen

a) Falsch, denn Zuordnungen können auch durch eine Tabelle oder ein Mengendiagramm dargestellt werden.
b) Richtig, denn jedem Wert aus der ersten Menge werden ein oder mehrere Werte aus der zweiten Menge zugeordnet.
c) Falsch, denn den Werten 1 und 5 sind jeweils zwei Werte aus der zweiten Menge zugeordnet.
d) Falsch, denn der Text und die Tabelle passen zusammen, das Diagramm passt nicht.

► Lies bei Schwierigkeiten auf Seite 156 nach.
Bearbeite dann im Training Aufgabe 1 bis 3.

2 Bewegungsgeschichten

a) Richtig, denn der Graph von Läufer A beginnt bei 0 s, der von Läufer B 2 s später bei 2 s.
b) Falsch, denn der Graph wird nach 32 m steiler, das heißt, Läufer A wird nach 32 m schneller.
c) Richtig, denn Läufer A hat das Ziel nach acht Sekunden erreicht, Läufer B nach neun Sekunden. Läufer B ist aber erst nach zwei Sekunden losgelaufen, hat also eine Laufzeit von sieben Sekunden.

► Lies bei Schwierigkeiten auf Seite 160 nach.
Bearbeite dann im Training Aufgabe 4 und 5.

3 Negative Zahlen

a) Richtig, denn negative Zahlen liegen auf dem Zahlenstrahl stets links von der 0.
b) Falsch, denn $A = -7$ und $B = -3$.
c) Falsch, denn $D = -80$ (C ist korrekt angegeben).
d) Falsch, denn $-4 < -1$ (die anderen Angaben sind richtig).
e) Falsch, wenn $a > b$, dann ist $-a < -b$ (Beispiel $2 > 1$, aber $-2 < -1$).

► Lies bei Schwierigkeiten auf Seite 164 nach.
Bearbeite dann im Training Aufgabe 6 bis 9.

Training

Aufgabe 1: Ergänze die Aussagen.
Findest du mehrere Lösungen?

a) Jedem Schüler kann … zugeordnet werden.
b) Jedem … kann die Seitenanzahl zugeordnet werden.
c) Jedem … kann die Höchstgeschwindigkeit zugeordnet werden.
d) Jedem See kann … zugeordnet werden.

Aufgabe 2: Betrachte das Diagramm und ergänze den Text in deinem Heft.

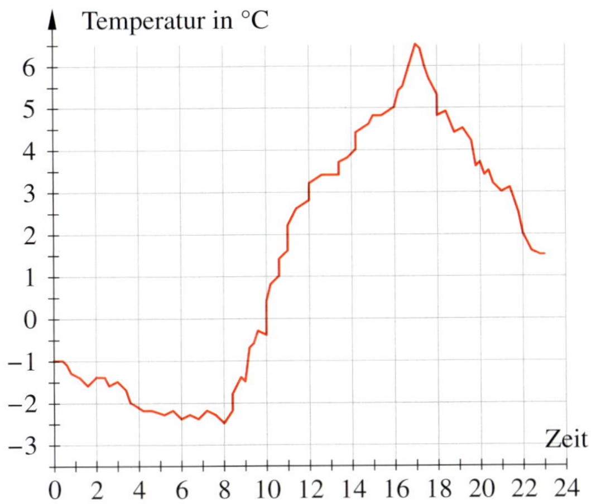

Um 0 Uhr herrschte in der Kölner Innenstadt eine Temperatur von ▢ °C.
Bis 8 Uhr sank die Temperatur auf ▢ °C.
Um ▢ Uhr zeigte das Thermometer 3 °C an, um 17 Uhr wurde mit ▢ °C die Tageshöchsttemperatur erreicht. Bis 23 Uhr sank die Temperatur aber wieder auf ▢ °C.

Aufgabe 3: Zeichne ein Diagramm:

Zeit	0	4	8	12	16	20	24
Temp. in °C	−4	−7	−6	−4	−3	−5	−6

Aufgabe 4: Erfinde zu dem folgenden Weg-Zeit-Diagramm eine Geschichte.

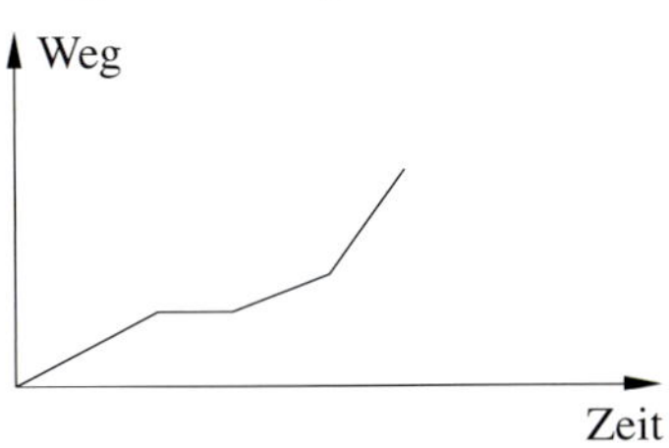

Aufgabe 5: Übertrage diese Tabelle für eine Zugverbindung in ein Diagramm.

Bahnhof	Entfernung	an	ab	Zug-Nr.
Overath	0 km		9:16	SE 6416
Köln Hbf	26 km	9:49	10:20	RB 8024
Düren	67 km	10:56		

Aufgabe 6: Welche Zahlen müssen anstelle der Buchstaben stehen?

a)

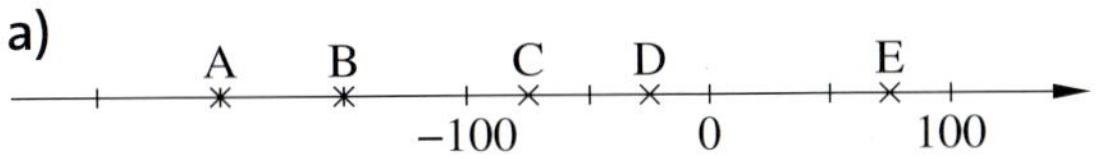

b)

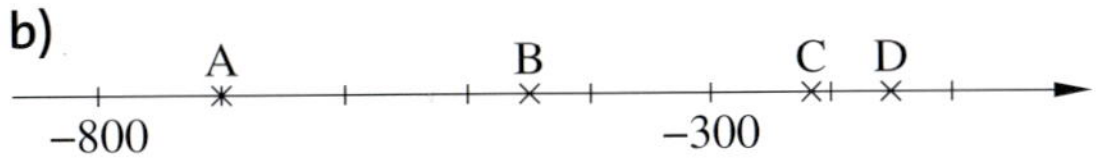

Aufgabe 7: Übertrage die Tabelle ins Heft und ergänze das richtige Zeichen (>, <, =).

	−6	−0,25	7	$-\frac{3}{8}$	−0,1
5	>				
−8					
0					
$-\frac{1}{4}$					

Aufgabe 8: Ordne die Zahlen ihrer Größe nach. Beginne mit der größten Zahl.

a) 2; −2; 12; −12; 21; −21; 0; −1; 1
b) −135; −153; −531; −351; −513; −315
c) −0,7; $-\frac{2}{7}$; −2,7; −7,2; $-\frac{7}{2}$; −0,2

Aufgabe 9: Als Schmelztemperatur bezeichnet man die Temperatur, bei der ein Stoff schmilzt, also vom festen in den flüssigen Aggregatzustand übergeht. Die Schmelztemperatur von Wasser liegt bei 0 °C, von Chlor bei −102 °C, von Neon bei −248 °C, von Sauerstoff bei −218 °C, von Stickstoff bei −210 °C und von Wasserstoff bei −259 °C. Ordne die Materialien nach ihrer Schmelztemperatur. Beginne mit der tiefsten Schmelztemperatur.

Daten

1 Arithmetisches Mittel und Median

a) Richtig, in der geordneten Datenreihe stehen 13,2 °C und 16,9 °C in der Mitte, daraus ergibt sich ein Median von 30,1 °C : 2 = 15,05 °C.

b) Richtig, das arithmetische Mittel ergibt sich aus der Rechnung 192,5 °C : 12 = 16,041… °C.

c) Falsch, z.B. hat das arithmetische Mittel der Datenreihe 1, 1, 1, 1, 1, 1, 1, 1, 1, 1, 7, 7 den Wert 2, es liegen 10 Werte unter und 2 Werte über dem arithmetischen Mittel.

d) Falsch, denn z.B. in einer Datenreihe mit lauter gleichen Werten sind Median und alle Werte gleich groß.

e) Falsch, der Median kann sowohl kleiner als auch größer oder auch genauso groß wie das arithmetische Mittel sein, z.B. bei der Datenreihe 1, 2, 3, 100, 100, 100, 100 (Median 100 > arithm. Mittel 58) oder einer Datenreihe mit lauter gleichen Werten (Gleichheit).

► Lies bei Schwierigkeiten auf Seite 176 nach.
Bearbeite dann im Training die Aufgaben 1 bis 3.

2 Absolute und relative Häufigkeit

a) Falsch, bei Losbude A gewinnen 9 von 30 Losen und bei Losbude B gewinnen 10 von 30 Losen.

b) Falsch, denn Dividend und Divisor wurden vertauscht. Es muss der Quotient aus der absoluten Häufigkeit des Ereignisse und der Gesamtzahl aller Ereignisse berechnet werden.

c) Falsch, denn $\frac{7}{210} = \frac{1}{30} = 3{,}\overline{3}\,\%$.

d) Falsch, denn Jan hielt $\frac{1}{3}$ aller Elfmeter, das sind etwa 33,3 %, Jakob hielt nur $\frac{1}{4} = 25\,\%$.

► Lies bei Schwierigkeiten auf Seite 180 nach.
Bearbeite dann im Training die Aufgaben 4 bis 6.

3 Kreisdiagramme auswerten und zeichnen

a) Richtig, der zu „Katze" gehörige Winkel hat eine Größe von 90°, das entspricht $\frac{1}{4} = 25\,\%$.

b) Falsch, der zu „Hund" gehörige Winkel hat eine Größe von 126°, das entspricht 35 %.

c) Richtig, denn (Winkelgröße : 360) · 100 = Winkelgröße : 3,6

d) Falsch, denn die Winkelsumme muss sich auf 360° summieren.

Der Winkel für Fritz muss $\frac{17}{30}$ von 360° = 204° groß werden, der für Lotte 360° – 204° = 156°.

► Lies bei Schwierigkeiten auf Seite 184 nach.
Bearbeite dann im Training die Aufgaben 7 und 8.

Training

Aufgabe 1: Während eines Frühlingstages wurde alle vier Stunden die Lufttemperatur gemessen und notiert:
4 °C, 6 °C, 8 °C, 12 °C, 11 °C, 7 °C.

a) Berechne die Durchschnittstemperatur.
b) Bestimme den Zentralwert.

Aufgabe 2: Bei einer Klassenarbeit erhielten die Schülerinnen und Schüler folgende Noten:
3, 2, 3, 2, 5, 4, 3, 5, 4, 2, 2, 1, 5, 3, 4, 2, 2, 3, 5, 4, 3, 4, 2, 3, 1, 2, 3, 5, 4, 2.

a) Fertige eine Häufigkeitstabelle an.
b) Stelle die Ergebnisse der Klassenarbeit in einem Säulendiagramm dar.
c) Berechne das arithmetische Mittel und bestimme den Median der Datenreihe.
d) Jette sagt: „Mehr als die Hälfte meiner Mitschüler haben eine schlechtere Note erhalten als ich." Welche Noten kann Jette bekommen haben?

Aufgabe 3: Jascha hat den Zensurenspiegel der letzten Klassenarbeit nicht vollständig abgeschrieben.

1	2	3	4	5	6
5	8			2	0

Er kann sich daran erinnern, dass der Klassendurchschnitt genau bei 2,6 lag und dass 25 Schüler die Arbeit mitgeschrieben haben. Finde heraus, wie viele Schüler eine 3 bzw. eine 4 geschrieben haben.

Aufgabe 4: Bestimme die relativen Häufigkeiten und vergleiche.

a) 4 Treffer bei 5 Elfmetern – 9 Treffer bei 10 Elfmetern.
b) 3 Fehler bei 50 Aufgaben – 4 Fehler bei 80 Aufgaben.
c) 18 von 30 Stimmen – 27 von 50 Stimmen.

Aufgabe 5: Nach einer repräsentativen Untersuchung aus dem Jahre 2014 sehen drei Viertel der Deutschen Thomas Gottschalk gerne im Fernsehen. Für Günther Jauch stimmten 9 von 10 Zuschauern, für Oliver Geißen 60 % der Deutschen.
Bestimme für jeden Moderator den Anteil in Bruch- und Prozentschreibweise und stelle eine Beliebtheitsskala auf.

Aufgabe 6: Welche der Aussagen gehören zusammen?

50 %	jeder Fünfzigste	20 %
7 von 35	jeder Zweite	5 %
jeder Fünfte	8 von 160	27 von 54
3 von 150	2 %	jeder Zwanzigste

Aufgabe 7: Die „Pizzeria Roma" hat ihre Gäste zu deren Lieblingspizza befragt (siehe Kreisdiagramm). Bestimme jeweils die Anteile in Bruch- und Prozentschreibweise.

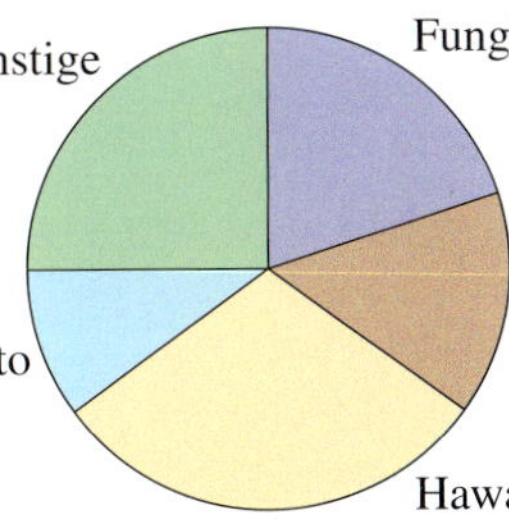

Aufgabe 8: Auch die „Pizzeria Luisa" befragt ihre Kunden nach deren Lieblingsgericht:

Lieblingsgericht	Anzahl Gäste
Pizza Bolognese	6
Pizza Salami	8
Lasagne	12
Tortellini a la Casa	9
sonstiges	15

a) Stelle das Ergebnis der Umfrage in einem Kreisdiagramm dar.
b) Berechne die relativen Häufigkeiten. Gib sie als Bruch, als Dezimalbruch und in Prozentschreibweise an.

Lösungen zum Training

▶ Seite 195 Teilbarkeit

1 **a)** 4; 8; 20; 40; 48; 52 **b)** 12; 36; 48; 66; 102
c) 2; 3; 6; 9; 18

2 …, ist 6 **Teiler** von 36 und 36 **Vielfaches** von 6.

3 **a)** 186; 336; 432; 714; 1878
b) 84; 147; 294; 343; 693; 2191

4

teilbar durch	Zahlen
2	6; 48; 60; 100; 732; 840
5	60; 75; 100; 840; 945
10	60; 100; 840
3	6; 48; 60; 75; 732; 840; 945

5

	2	3	5	10
378	×	×		
900	×	×	×	×
1005		×	×	
7608	×	×		
9876	×	×		

6 **a)** 84**0** oder 84**5**; 90**0** oder 90**5**; geht nicht; beliebig
b) 10**2** oder 10**5** oder 10**8**; 33**0** oder 33**3** oder 33**6** oder 33**9**; 7**1**4 oder 7**4**4 oder 7**7**4; 9**1**38 oder 9**4**38 oder 9**7**38
c) 25**5**; 75**3** oder 75**9**; 80**1** oder 80**7**; geht nicht

7 **a)** Richtig, denn die Zahl muss auf 0 enden.
b) Falsch, denn 12 ist durch 2 und 4, aber nicht durch 8 teilbar.

8 **a)** $T_{22} = \{\mathbf{1}, 2, \mathbf{11}, 22\}$
b) $T_{75} = \{\mathbf{1}, \mathbf{3}, 5, \mathbf{15}, 25, \mathbf{75}\}$
c) $T_{30} = \{\mathbf{1}, 2, \mathbf{3}, \mathbf{5}, \mathbf{6}, \mathbf{10}, 30\}$

9 **a)** $T_{14} = \{1, 2, 7, 14\}$ **b)** $T_{33} = \{1, 3, 11, 33\}$
c) $T_{50} = \{1, 2, 5, 10, 25, 50\}$
d) $T_{40} = \{1, 2, 4, 5, 8, 10, 20, 40\}$
e) $T_{49} = \{1, 7, 49\}$

10 **a)** 11, **b)** 13, **e)** 29, **f)** 31 und **h)** 73

11 **a)** 101 **b)** 307 **c)** 997

12 **a)** 3 **b)** 1 **c)** 6 **d)** 15 **e)** 1 **f)** 7

13 **a)** 36 **b)** 42 **c)** 72 **d)** 168 **e)** 105 **f)** 76

14 **a)** z. B. 6 oder 7; kein Vielfaches von 5
b) z. B. 10 oder 15; immer ein Vielfaches von 5
c) z. B. 9 oder 15; Vielfaches von 3, das nicht durch 6 (oder 2) teilbar ist
d) z. B. 8 oder 10; Vielfaches von 2, die nicht durch 6 (oder 3) teilbar ist
e) 8
f) 6 oder 12

15 ggT (126; 70) = 14
Die Wände können maximal 14 m breit werden.

▶ Seite 197 Brüche und Dezimalbrüche

1 **a)** $\frac{2}{3}$ **b)** $\frac{4}{7}$ **c)** $\frac{9}{10}$ **d)** $\frac{13}{17}$ **e)** $\frac{27}{31}$

2 **a)** $\frac{14}{21}$ **b)** $\frac{35}{49}$ **c)** $\frac{63}{91}$ **d)** $\frac{49}{119}$ **e)** $\frac{84}{161}$

3 **a)** $\frac{16}{20}$ **b)** $\frac{1}{3}$ **c)** $\frac{21}{56}$ **d)** $\frac{5}{6}$ **e)** $\frac{56}{64}$ **f)** $\frac{6}{13}$

4 **a)** $\frac{2}{5}$ **b)** $\frac{5}{6}$ **c)** $\frac{5}{12}$ **d)** $\frac{1}{4}$ **e)** $\frac{3}{4}$
f) $\frac{5}{6}$ **g)** $\frac{4}{7}$ **h)** $\frac{8}{13}$

5 **a)** $A = \frac{1}{8}$; $B = \frac{1}{4}$; $C = \frac{1}{2}$; $D = \frac{3}{4}$; $E = \frac{15}{16}$
b) $A = \frac{1}{6}$; $B = \frac{1}{3}$; $C = \frac{1}{2}$; $D = \frac{3}{4}$; $E = 1\frac{1}{6}$; $F = 1\frac{5}{12}$

6

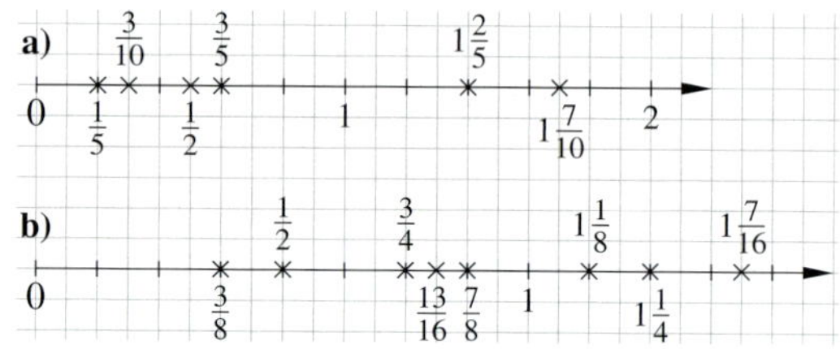

7 **a)** $1\frac{2}{3}$ **b)** $3\frac{1}{2}$ **c)** $2\frac{3}{4}$ **d)** $6\frac{2}{5}$ **e)** $9\frac{2}{7}$
f) $13\frac{2}{5}$ **g)** $11\frac{3}{8}$ **h)** $33\frac{1}{3}$ **i)** $9\frac{9}{10}$ **j)** $11\frac{2}{11}$

8 **a)** $\frac{3}{2}$ **b)** $\frac{7}{3}$ **c)** $\frac{11}{4}$ **d)** $\frac{35}{8}$ **e)** $\frac{68}{9}$

9 **a)** $\frac{2}{7} < \frac{4}{7}$ **b)** $\frac{2}{11} < \frac{2}{7}$ **c)** $\frac{2}{3} < \frac{3}{4}$
d) $\frac{3}{5} = \frac{9}{15}$ **e)** $\frac{2}{3} < \frac{5}{7}$ **f)** $\frac{2}{9} > \frac{1}{6}$

10 **a)** $\frac{7}{10}$ **b)** $\frac{8}{10} = \frac{4}{5}$ **c)** $\frac{14}{100} = \frac{7}{50}$
d) $\frac{36}{100} = \frac{9}{25}$ **e)** $\frac{75}{100} = \frac{3}{4}$ **f)** $\frac{4}{100} = \frac{1}{25}$
g) $\frac{645}{1000} = \frac{129}{200}$ **h)** $\frac{375}{1000} = \frac{3}{8}$

11 **a)** = **b)** > **c)** = **d)** > **e)** > **f)** =

12 **a)** 0,017 < 0,071 < 0,107 < 0,17 < 0,701 < 0,71
b) 0,38 < 0,803 < 0,83 <3,08 < 3,8 < 8,03 < 8,3
c) 0,246 < 0,264 < 0,426 < 0,462 < 0,624 < 0,642

13 **a)** 0,89 = 89 % **b)** 0,37 = 37 % **c)** 0,09 = 9 %
d) 0,7 = 70 % **e)** 0,44 = 44 % **f)** 0,35 = 35 %
g) 0,75 = 75 % **h)** 0,4 = 40 % **i)** 0,625 = 62,5 %

14 **a)** 0,6; 0,1; 3,7; 5,0 **b)** 5,37; 4,38; 6,30; 1,00

15 **a)** $0{,}29 = \frac{29}{100}$ **b)** $0{,}4 = \frac{4}{10} = \frac{2}{5}$
c) $0{,}06 = \frac{6}{100} = \frac{3}{50}$ **d)** $0{,}25 = \frac{1}{4}$
e) $1{,}8 = 1\frac{8}{10} = 1\frac{4}{5}$ **f)** $0{,}001 = \frac{1}{1000}$
g) $0{,}075 = \frac{75}{1000} = \frac{3}{40}$ **h)** $4{,}44 = 4\frac{44}{100} = 4\frac{11}{25}$
i) $0{,}0005 = \frac{5}{10000} = \frac{1}{2000}$

16 **a)** $\frac{6}{10} = 0{,}6$ **b)** $\frac{5}{10} = 0{,}5$ **c)** $\frac{45}{100} = 0{,}45$
d) $\frac{28}{100} = 0{,}28$ **e)** $\frac{9}{10} = 0{,}9$ **f)** $\frac{12}{100} = 0{,}12$
g) $\frac{774}{1000} = 0{,}774$ **h)** $\frac{77}{100} = 0{,}77$

17 **a)** $0{,}\overline{6}$ **b)** $0{,}8\overline{3}$ **c)** $0{,}\overline{7}$ **d)** $0{,}41\overline{6}$ **e)** $0{,}5\overline{3}$

▶ Seite 199 Winkel

1 Jede Ecke des Schildes ist der Scheitelpunkt eines (60°-)Winkels, die beiden Kanten, die dort zusammen treffen, sind die beiden dazugehörigen Schenkel, die den Winkel einschließen.

2 α stumpfer Winkel; β gestreckter Winkel; γ spitzer Winkel; δ überstumpfer Winkel
Es fehlen rechter Winkel und Vollwinkel.

3 spitzer Winkel: 39°; 45°; 17°
rechter Winkel: 90°
stumpfer Winkel: 91,8°; 138°; 179,5°
gestreckter Winkel: 180°
überstumpfer Winkel: 253°; 345°
Vollwinkel: 360°

4 $\alpha = 110°$; $\beta = 180°$; $\gamma = 36°$; $\delta = 144°$

5 Zeichnung und Winkelgrößen individuell; die Summe der Winkelgrößen ist 540°.

6 **a)** spitzer Winkel bei A mit 58°; spitzer Winkel bei B mit 23°; stumpfer Winkel bei C mit 99°
b) stumpfer Winkel bei A mit 103°; stumpfer Winkel bei B mit 126°; spitzer Winkel bei C mit 55°; spitzer Winkel bei D mit 76°

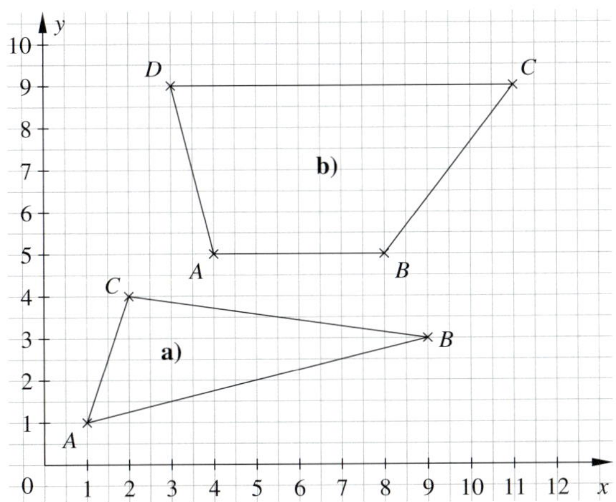

7 Zeichenübung

8 Zeichen- und Messübung

9 Zeichenübung; in **a)** wie in **b)** ergibt sich jeweils ein Viereck mit vier rechten Winkeln, also ein Quadrat bzw. ein Rechteck. **c)** und **d)** individuell.

10

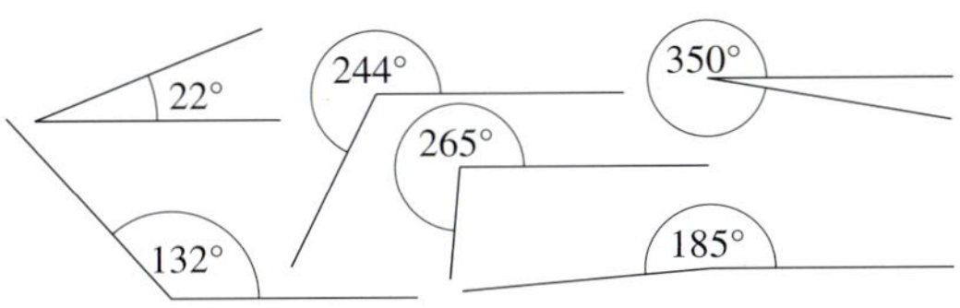

11 a) $\alpha = 154°$ **b)** $\beta = 70°$ **c)** $\gamma = 297°$ **d)** $\delta = 60°$

12 a) 60° **b)** 45° **c)** 24°

▶ Seite 201 Brüche und Dezimalbrüche addieren und subtrahieren

1

+	$\frac{1}{2}$	$\frac{1}{3}$	$\frac{1}{4}$	$\frac{1}{5}$	$\frac{1}{6}$
$\frac{3}{6} = \frac{1}{2}$	1	$\frac{5}{6}$	$\frac{3}{4}$	$\frac{7}{10}$	$\frac{2}{3}$
$\frac{3}{5}$	$1\frac{1}{10}$	$\frac{14}{15}$	$\frac{17}{20}$	$\frac{4}{5}$	$\frac{23}{30}$
$\frac{3}{4}$	$1\frac{1}{4}$	$1\frac{1}{12}$	1	$\frac{19}{20}$	$\frac{11}{12}$
$\frac{3}{3} = 1$	$1\frac{1}{2}$	$1\frac{1}{3}$	$1\frac{1}{4}$	$1\frac{1}{5}$	$1\frac{1}{6}$
$\frac{3}{2} = 1\frac{1}{2}$	2	$1\frac{5}{6}$	$1\frac{3}{4}$	$1\frac{7}{10}$	$1\frac{2}{3}$

2 roter Weg $1 + \frac{3}{5} - \frac{3}{2} = \frac{1}{10}$
blauer Weg $1 + \frac{3}{5} - 1\frac{1}{2} + \frac{120}{50} - \frac{3}{2} = 1$
gelber Weg $1 + \frac{3}{5} - \frac{1}{6} + \frac{2}{5} - \frac{2}{3} = 1\frac{1}{6}$
grüner Weg $1 + \frac{3}{5} - \frac{1}{6} + \frac{7}{3} + \frac{2}{5} - \frac{2}{3} = 3\frac{1}{2}$

3 **a)** $\frac{5}{6} + \frac{1}{4} + \frac{1}{4} + \frac{1}{4} + \frac{1}{3} + \frac{2}{3} = 2\frac{7}{12}$
Er ist mindestens 2 h und 35 min unterwegs.
Bei Umrechnung in Minuten:
50 min + 15 min + 15 min + 15 min + 20 min + 40 min = 155 min = 2 h 35 min
b) um 15:11 Uhr

4 **a)** $4\frac{9}{20}$ **b)** $3\frac{5}{6}$ **c)** $3\frac{43}{72}$ **d)** $7\frac{29}{56}$
e) $2\frac{1}{6}$ **f)** $2\frac{1}{6}$ **g)** $9\frac{17}{30}$ **h)** $24\frac{11}{12}$
i) $2\frac{4}{5}$ **j)** $4\frac{5}{6}$

5 **a)** $4\frac{1}{6}$ **b)** $12\frac{32}{35}$ **c)** $\frac{5}{24}$
d) $\frac{3}{4}$ **e)** $6\frac{8}{15}$ **f)** $3\frac{35}{36}$

6

+	1	0,1	0,01	0,001	0,0001
27,34	28,34	27,44	27,35	27,341	27,3401
3,069	4,069	3,169	3,079	3,07	3,0691
2,4599	3,4599	2,5599	2,4699	2,4609	2,46
8,6	9,6	8,7	8,61	8,601	8,6001
9,999	10,999	10,099	10,009	10	9,9991

7 neuer Kontostand 2323,36 €

8 Die kleinste Summe ergibt sich, wenn man am linken Rand herunterläuft:
$\frac{1}{3} + 0 + 0{,}25 + 2\frac{5}{8} + 17{,}1 = 20\frac{37}{120}$
Die größte Summe ergibt sich, wenn man rechts oben startet, dann in die Mitte und am Ende wieder an den rechten Rand läuft:
$1 + 2\frac{3}{5} + 0{,}4 + \frac{3}{7} + 1\frac{5}{6} + 1{,}2 + 17{,}1 = 24\frac{59}{105}$

9 **a)** $2 \cdot 0{,}25$ kg + 1,5 kg + 0,75 kg = 2,75 kg
b) 5,014 kg

► Seite 203 Dezimalbrüche multiplizieren und dividieren

1 **a)** 5 **b)** 2 **c)** 7 **d)** 3 **e)** 3 **f)** 2

2 **a)** 1,2 **b)** 0,55 **c)** 6,8 **d)** 0,6 **e)** 1,08 **f)** 12,1

3 **a)** richtig **b)** 120,0752 **c)** 3,2518
d) richtig **e)** 0,0148 **f)** 1966,734

4 **a)** $2{,}16\,\text{cm}^2$ **b)** $7{,}76\,\text{m}^2$ **c)** $517{,}997\,\text{dm}^2$

5 **a)** 3 · 7,50 € + 2 · 4,20 € = 30,90 €
b) Nein, denn dann würden sie 25 € + 7,50 € = 32,50 € zahlen.

6 **a)** 2,345 **b)** 0,0725 **c)** 78,9254
d) 0,01784 **e)** 0,003 **f)** 0,19045

7 **a)** 1,9 **b)** 5,2 **c)** 6,01
d) 9,09 **e)** 9,02 **f)** 9,005

8 **a)** 16,4 **b)** 7,42 **c)** 12,33 **d)** 3,248
e) 66,5 **f)** 3825

9 **a)** 7,434 **b)** 1,22 **c)** 3,69 **d)** 1,04
e) 5,213 **f)** 2,7 **g)** 22,17 **h)** 0,067

10 **a)** 0,24 ℓ **b)** 4 Gläser

11 **a)** 0,445 € ≈ 0,45 € und 0,4825 € ≈ 0,48 €
b) 6 (ganze) Tüten
c) Bei dieser Größe kosten 100 g dann 0,469 € ≈ 0,47 €.
Sie ist also im Vergleich billiger als die 1,2-kg-Packung und teurer als die 200-g-Packung.

12 Die Breite reicht nicht aus, da das Wohnzimmer 4,1 m breit ist.

► Seite 205 Körper

1 **a)** Falsch, denn beim Quader müssen die Seitenflächen keine Quadrate sein.
b) Richtig.
c) Falsch, denn beim Quader sind jeweils zwei Seitenflächen gleich groß.

2 Zeichnungen auf 25 % verkleinert

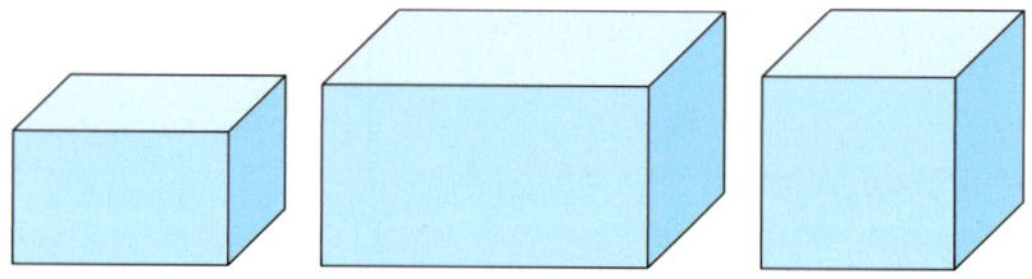

3 **a)**, **c)** und **d)** sind Netze von Würfeln.
Es liegen sich gegenüber
a) beige – orange; blau – rosa; lila – grün
c) beige – lila; blau – orange; grün – rosa
d) beige – orange; blau – lila; grün – rosa

4 individuell verschiedene Netze möglich

5 **a)** $4000\,\text{cm}^3$ **b)** $17\,\text{m}^3$ **c)** $8000\,\text{mm}^3$
d) $3\,000\,000\,\text{cm}^3$ **e)** $0{,}45\,\text{dm}^3$ **f)** $0{,}7\,\text{m}^3$
g) $8{,}5\,\text{cm}^3$ **h)** $1500\,\text{dm}^3$

6 **a)** 2 ℓ; 3,75 ℓ; 15 ℓ; 1200 ℓ
b) 450 000 ml; 35 ml; 200 000 ml; 1500 ml
c) $5\,\text{cm}^3$; $750\,\text{cm}^3$; $3050\,\text{cm}^3$; $150\,\text{cm}^3$
d) $32\,\text{dm}^3$; $4{,}5\,\text{dm}^3$; $1{,}5\,\text{dm}^3$; $2{,}25\,\text{dm}^3$

7 **a)** $V = 1728\,\text{cm}^3$; $O = 864\,\text{cm}^2$
b) $V = 3{,}375\,\text{dm}^3$; $O = 13{,}5\,\text{dm}^2$
c) $V = 15{,}625\,\text{cm}^3$; $O = 37{,}5\,\text{cm}^2$

8 **a)** $V = 60\,\text{cm}^3$; $O = 94\,\text{cm}^2$
b) $V = 204\,\text{dm}^3$; $O = 218\,\text{dm}^2$
c) Höhe 6 dm; $O = 370\,\text{dm}^2$
d) Länge 15 cm; $O = 792\,\text{cm}^2$
e) Breite 15 m; $O = 1550\,\text{m}^2$
f) Höhe 5 cm; $V = 125\,\text{cm}^3$

9 **a)** verachtfacht. **b)** verdoppelt
c) halbiert. **d)** geviertelt.

10 **a)** $V = 0{,}375\,\text{m}^3 = 375\,\text{dm}^3$
Der Balken wiegt 187,5 kg.
b) $O = 8{,}075\,\text{m}^2$; ein Eimer Farbe reicht aus.

11 **a)** $V = 1004{,}5\,\text{cm}^3 = 1{,}0045$ ℓ; es passt ein Liter Milch hinein.
b) $700\,\text{cm}^3 : (7\,\text{cm} \cdot 7\,\text{cm}) = 14{,}28\ldots\,\text{cm}$; die Milch steht etwa 14,3 cm hoch.
c) $O = 672\,\text{cm}^2$; es werden mindestens $672\,\text{cm}^2$ Verpackungsmaterial benötigt.

▶ Seite 207 Zuordnungen und negative Zahlen

1 a) z. B. sein Geburtstag, die Note der letzten Mathearbeit, die Anzahl der Muttermale, …
b) z. B. Buch, Heft, Comic, Bücherstapel, …
c) z. B. Zug, Auto, Flugzeug, Schiff, …
d) z. B. sein Oberflächeninhalt, seine maximale Tiefe, die Anzahl der Fische darin, …

2 –1 °C; –2,5 °C; 12 Uhr; 6,5 °C; 1,5 °C

3

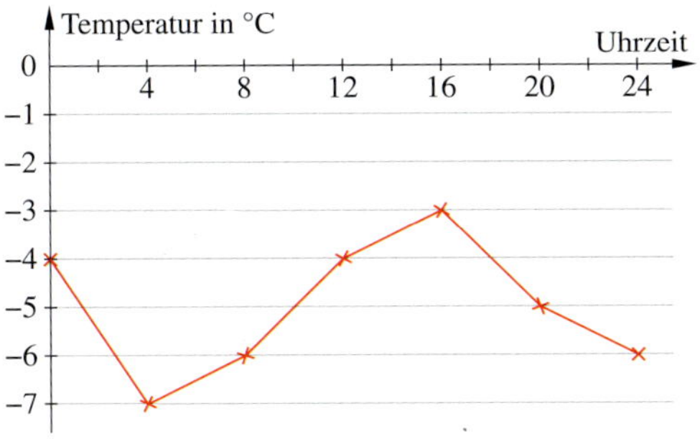

4 Individuell verschieden, z.B. Auto oder Zug fährt langsam los – Pause – langsamer – schnell.

5

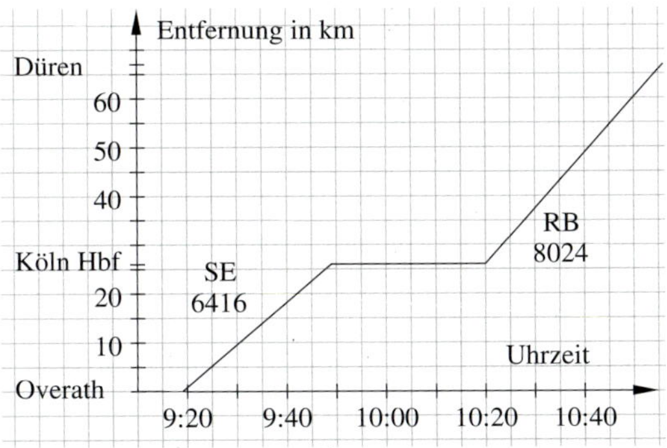

6 a) A = –200; B = –150; C = –75; D = –25; E = 75
b) A = –700; B = –450; C = –220; D = –150

7

	–6	–0,25	7	$-\frac{3}{8}$	–0,1
5	>	>	<	>	>
–8	<	<	<	<	<
0	>	>	<	>	>
$-\frac{1}{4}$	>	=	<	>	<

8 a) $21 > 12 > 2 > 1 > 0 > -1 > -2 > -12 > -21$
b) $-135 > -153 > -315 > -351 > -513 > -531$
c) $-0{,}2 > -\frac{2}{7} > -0{,}7 > -2{,}7 > -\frac{7}{2} > -7{,}2$

9 –259 °C (Wasserstoff) < –248 °C (Neon) < –218 °C (Sauerstoff) < –210 °C (Stickstoff) < –102 °C (Chlor) < 0 °C (Wasser)

▶ Seite 209 Daten

1 a) Die Durchschnittstemperatur beträgt (4 + 6 + 8 + 12 + 11 + 7) : 6 = 8 [°C].
b) Der Zentralwert beträgt 7,5 °C.

2 a)

1	2	3	4	5	6
2	9	8	6	5	0

b)

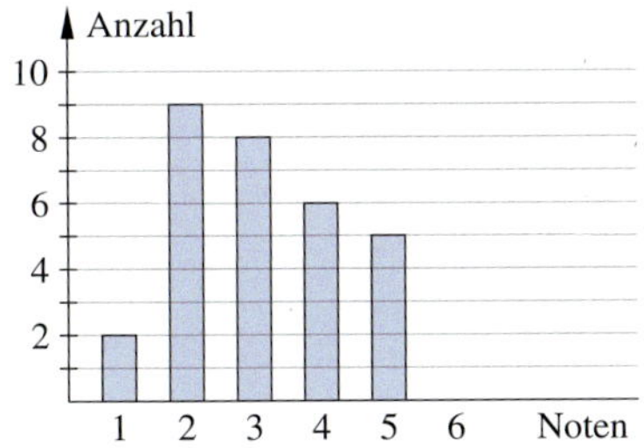

c) 93 : 30 = 3,1 (arithmetisches Mittel)
Der Median beträgt 3.
d) Jette kann eine 1 oder eine 2 erhalten haben.

3 Es müssen sechs Schüler eine Drei und vier Schüler eine Vier geschrieben haben.

1	2	3	4	5	6
5	8	6	4	2	0

4 a) Trefferhäufigkeiten $\frac{4}{5} = 80\,\% < \frac{9}{10} = 90\,\%$
b) Anteil der fehlerhaften Aufgaben
$\frac{3}{50} = 6\,\% > \frac{4}{80} = \frac{1}{20} = 5\,\%$
c) Anteil der Stimmen $\frac{18}{30} = \frac{6}{10} = 60\,\% > \frac{27}{50} = 54\,\%$

5 Jauch $\frac{9}{10} = 90\,\%$; Gottschalk $\frac{3}{4} = 75\,\%$; Geißen $\frac{3}{5} = 60\,\%$

6

50 %	jeder Zweite	27 von 54
20 %	jeder Fünfte	7 von 35
5 %	jeder Zwanzigste	8 von 160
2 %	jeder Fünfzigste	3 von 150

7 Funghi $\frac{1}{5} = 20\,\%$; Tonno $\frac{3}{20} = 15\,\%$
Hawaii $\frac{3}{10} = 30\,\%$; Prosciutto $\frac{1}{10} = 10\,\%$
sonstige $\frac{1}{4} = 25\,\%$

8 a)

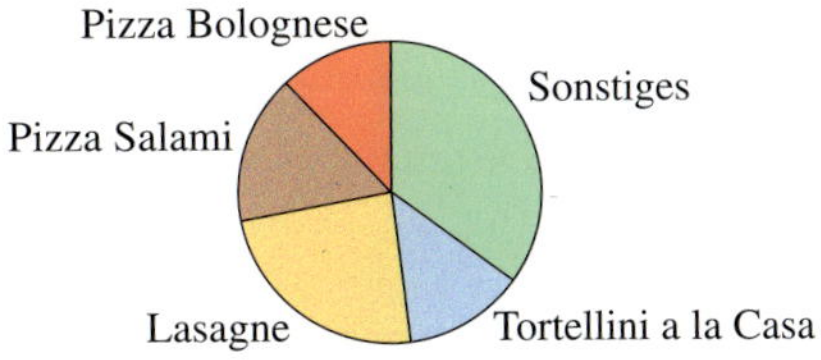

b) Pizza Bolognese: $\frac{3}{25} = 0{,}12 = 12\,\%$ (43,2°)
Pizza Salami: $\frac{4}{25} = 0{,}16 = 16\,\%$ (57,6°)
Lasagne: $\frac{6}{25} = 0{,}24 = 24\,\%$ (86,4°)
Tortellini a la Casa: $\frac{9}{50} = 0{,}18 = 18\,\%$ (64,8°)
sonstiges: $\frac{3}{10} = 0{,}3 = 30\,\%$ (108°)

Stichwortverzeichnis

Bildverzeichnis

Cover	Corbis/Joel W. Rogers
5/1	Matthias Hamel, Berlin
7/1	Matthias Hamel, Berlin
9/1	EZB, Frankfurt a. M.
13/1	Fotolia/Tatjana Balzer
14/2	EZB, Frankfurt a. M.
19/1	panthermedia/Günter B. Beu
29/1	Corbis/Benno de Wilde
31/1	Udo Wennekers, Goch
31/2	Udo Wennekers, Goch
33/1	Udo Wennekers, Goch
33/2	Udo Wennekers, Goch
36/1	Heike Schulz, Berlin
37/1	Cornelsen Schulverlage GmbH
39/1	Udo Wennekers, Goch
42/1	Clipdealer/Richard Kittenberger
45/4	Cornelsen Schulverlage GmbH
45/5	Cornelsen Schulverlage
45/3	EZB, Frankfurt a. M.
45/2	ClipDealer/Andrea Soziaghi
45/1	vario images/Westend61
49/1	mauritius images/United Archives
50/1	Udo Wennekers, Goch
55/1	picture-alliance/dpa
57/4	Ines Knospe, Goch
57/5	Ines Knospe, Goch
57/6	Ines Knospe, Goch
57/7	Ines Knospe, Goch
57/8	Ines Knospe, Goch
57/9	Ines Knospe, Goch
57/10	Ines Knospe, Goch
57/1	PantherMedia/Heike Jestram
57/2	PantherMedia/Petro Korchmar
57/3	picture-alliance/Bildagentur-online
59/2	Okapia/Winfried Wisniewski
60/1	Cornelsen Schulverlage/Kartographie
61/1	Heike Schulz, Berlin
61/2	Heike Schulz, Berlin
61/3	Heike Schulz, Berlin
61/4	Heike Schulz, Berlin
61/5	Heike Schulz, Berlin
61/6	Heike Schulz, Berlin
61/7	Heike Schulz, Berlin
62/1	Heike Schulz, Berlin
63/1	Heike Schulz, Berlin
65/1	PantherMedia/ELINA
71/7	Okapia/Dannegger
71/1	Juniors/K. H. Volkmar/WILDLIFE
71/2	OKAPIA/imagebroker/Christian Hütter
71/3	OKAPIA/Reinhard Dirscherl/OKAPIA
71/4	OKAPIA/imagebroker/Paul Whippey
71/5	OKAPIA/† Willi Rolfes/OKAPIA
71/6	OKAPIA/R. Dirscherl/BIOS/OKAPIA
73/1	Matthias Felsch, Berlin
74/1	Hemera Photo Objects
77/1	imago
79/2	Volker Döring, Hohen Neuendorf
79/1	Volker Döring, Hohen Neuendorf
81/1	Getty images/Stockbyte/George Doyle
85/1	EZB, Frankfurt a. M.
86/1	Fotolia/MP2 #23 224 577
88/1	shutterstock/ilazlos
89/3	Volker Döring, Hohen Neuendorf
89/2	Fotolia/Sergej Razvodovskij
89/1	TRELOCK GmbH
90/1	Fotodesign Märzinger
92/1	akg-images/De Agostini Pict.Lib.
95/1	Cornelsen Schulverlage GmbH
99/1	Corbis/Poppy Berra
100/1	Cornelsen Schulverlage GmbH
101/1	Jürgen Brinckmann, Berlin
101/2	akg-images/Bildarchiv Monheim
102/1	dpa Picture-Alliance
102/2	shutterstock/Nuttapong
103/1	Panasonic Marketing Europe GmbH
105/2	Volker Döring, Hohen Neuendorf
110/1	Ilona Gabriel, Dinslaken
113/1	PantherMedia/Frank Fischer
114/1	Infochart Peter Diehl, München
114/3	mauritius images/Alamy
116/2	akg-images
116/1	akg-images/Helene Skupy
117/1	vario images/RHPL
119/1	mauritius images/Bridge
121/1	Heike Schulz, Berlin
123/1	shutterstock/T. W. van Urk
123/2	Blickwinkel/Luftbild Bertram
124/2	Laura Gabriel, Dinslaken
124/4	Laura Gabriel, Dinslaken
124/1	Laura Gabriel, Dinslaken
124/3	Laura Gabriel, Dinslaken
126/1	Mathias Wosczyna, Berlin
127/1	Laura Gabriel, Dinslaken
127/2	Laura Gabriel, Dinslaken
127/3	Laura Gabriel, Dinslaken
130/1	Cornelsen Schulverlage
130/2	Heike Schulz, Berlin
131/1	Cornelsen Schulverlage
131/2	F1online
133/1	OKAPIA/BIOS/Michel Gunther
133/2	Fotolia/Charly
135/1	Gerald Zörner, Berlin
135/4	Cornelsen Schulverlage
135/2	Gerald Zörner, Berlin
135/3	Volker Döring, Hohen Neuendorf
136/2	Günther Liesenberg, Berlin
136/4	Jens Schacht, Düsseldorf
136/5	Jens Schacht, Düsseldorf
136/1	Volker Döring, Hohen Neuendorf
136/6	Volker Döring, Hohen Neuendorf
136/3	Fotolia/Kaarsten
139/2	Jens Schacht, Düsseldorf
139/1	Volker Döring, Hohen Neuendorf
139/3	Matthias Hamel, Berlin
142/1	Heike Schulz, Berlin
144/1	Infochart Peter Diehl, München
144/2	Infochart Peter Diehl, München
145/2	Infochart Peter Diehl, München
145/1	Fotolia/Aleksey Stemmer
146/1	Volker Döring, Hohen Neuendorf
148/1	Corbis/Crocodile Images
149/1	Volker Döring, Hohen Neuendorf
150/3	Fotolia/Chris Hill
150/1	picture alliance/Mary Evans Picture Library
150/2	Fotolia/TRAN-Photography
153/1	Jürgen Brinckmann, Berlin
153/2	Fotolia/Valerii Zan
160/1	Fotolia/Rafal Glebowski
162/1	akg-images, Berlin
162/2	bpk – Bildagentur für Kunst, Kultur und Geschichte
163/2	Cornelsen Schulverlage GmbH/Kartografie
166/1	Infochart Peter Diehl, München
167/1	mauritius images/Alamy
170/1	mauritius images/imagebroker
173/1	Getty images/Nicole Hill
176/1	Katja Fibig, Berlin
179/1	Katja Fibig, Berlin
183/1	picture-alliance/Ralph Goldmann
187/1	Clipdealer
190/1	picture-alliance/beyond foto

Die Screenshoots auf Seite 186 wurden mit Microsoft© Excel© erstellt. Microsoft© Excel© ist ein eingetragenes Warenzeichen der Microsoft Corporation.

Größen und ihre Einheiten

Zeit

Einheiten	Zeichen	Umrechnung
Tag	d	1 d = 24 h
Stunde	h	1 h = 60 min
Minute	min	1 min = 60 s
Sekunde	s	

Masse

Einheiten	Zeichen	Umrechnung
Tonne	t	1 t = 1000 kg
Kilogramm	kg	1 kg = 1000 g
Gramm	g	1 g = 1000 mg
Milligramm	mg	

Länge

Einheiten	Zeichen	Umrechnung
Kilometer	km	1 km = 1000 m
Meter	m	1 m = 10 dm = 100 cm = 1000 mm
Dezimeter	dm	1 dm = 10 cm = 100 mm
Zentimeter	cm	1 cm = 10 mm
Millimeter	mm	

Flächeninhalt

Einheiten	Zeichen	Umrechnung
Quadratkilometer	km^2	$1\,km^2 = 100\,ha$
Hektar	ha	1 ha = 100 a
Ar	a	$1\,a = 100\,m^2$
Quadratmeter	m^2	$1\,m^2 = 100\,dm^2$
Quadratdezimeter	dm^2	$1\,dm^2 = 100\,cm^2$
Quadratzentimeter	cm^2	$1\,cm^2 = 100\,mm^2$
Quadratmillimeter	mm^2	